G. Hiltscher, W. Mühlthaler, J. Smits

Molchtechnik

 WILEY-VCH

Gerhard Hiltscher
Wolfgang Mühlthaler
Jörg Smits

# Molchtechnik

Grundlagen
Komponenten
Anwendungstechnik

WILEY-VCH

Weinheim · New York · Chichester
Brisbane · Singapore · Toronto

Dr. Ing. Gerhard Hiltscher
BASF Aktiengesellschaft
ZIB/D-Q920
D-67056 Ludwigshafen

Dipl. Ing. Wolfgang Mühlthaler
BASF Aktiengesellschaft
DWX/CK-R700
D-67056 Ludwigshafen

Dipl. Ing. Jörg Smits
BASF Aktiengesellschaft
ZEW/EA-L443
D-67056 Ludwigshafen

Die Deutsche Bibliothek – CIP-Einheitsaufnahme

**Hiltscher, Gerhard:**
Molchtechnik : Grundlagen, Komponenten, Anwendungstechnik /
Gerhard Hiltscher ; Wolfgang Mühlthaler ; Jörg Smits. – Weinheim ;
New York ; Chichester ; Brisbane ; Singapore ; Toronto : Wiley-
VCH, 1999
   ISBN 3-527-29616-6

© WILEY-VCH Verlag GmbH, D-69469 Weinheim (Federal Republic of Germany). 1999

Gedruckt auf säurefreiem und chlorfrei gebleichtem Papier.

Satz: K+V Fotosatz GmbH, D-64743 Beerfelden. Druck: betz-druck gmbh, D-64291 Darmstadt.
Bindung: Wilhelm Osswald & Co., D-67433 Neustadt.
Printed in the Federal Republic of Germany.

# Vorwort

Die Idee des Molches ist genial und einfach zugleich.

Die Molchtechnik, entdeckt und entwickelt ursprünglich für die Ölindustrie vor mehr als 100 Jahren, hat auch in anderen Bereichen Einzug gehalten.

Primär wird mit der Molchtechnik der Begriff „Reinigen" in Zusammenhang gebracht.

Molchen ist jedoch mehr als reinigen. Inzwischen haben sich für die Molchtechnik zahlreiche weitere Aufgabenbereiche erschlossen; Molche können auch inspizieren, detektieren, reparieren, messen oder prüfen. In vielen Anwendungsgebieten ist die Molchtechnik heute unerläßlich und selbstverständlich geworden: in der Steril- und Lebensmitteltechnik, in der Pharma- und Kosmetikindustrie sowie bei Fernleitungen.

Desweiteren leistet die Molchtechnik einen nicht unerheblichen Beitrag zum Umweltschutz. Ressourcen werden geschont, der Energieverbrauch wird gesenkt und die Abwasserbelastung verringert. Richtig eingesetzt führt die Molchtechnik zur Kostenminimierung bei vorgesehenen Investitionen. Durch geringere Abwasserbelastung werden zudem die Betriebskosten gesenkt.

Das Buch gibt einen Überblick über die grundsätzlichen Möglichkeiten und Grenzen der Molchtechnik. Zusätzlich werden die technischen, wirtschaftlichen und qualitätsorientierten Einsatzkriterien zur Verwendung eines Molchsystems erläutert.

Neben der systematischen Behandlung der verschiedenen Aufgaben der Molchanlagen werden ihre Einzelkomponenten bis hin zur Prozeßleittechnik beschrieben und mit Beispielen ausgeführter Anlagen ergänzt. Auf theoretische Grundlagen wird, falls notwendig, näher eingegangen.

Rechtliche Anforderungen, sowie Sicherheit und Arbeitsschutz beim Betreiben einer Molchanlage, werden anwenderbezogen erläutert.

Ziel dieses Buches ist es, Interessierten die Molchtechnik näherzubringen und bei der Planung und Einführung der Molchtechnik Hilfestellung zu leisten. Dadurch sollen sowohl Planer, Anwender als auch Betreiber angesprochen werden. Es wurde Wissen zusammengetragen aus der Praxis für die Praxis. Das Buch soll den Bekanntheitsgrad der Molchtechnik erhöhen, sowohl in der Ausbildung, bei Universitäten, Fachhochschulen als auch in der Industrie.

Schließlich existiert bislang kein geschlossenes Werk über die gesamte Molchtechnik.

Hier erfolgt erstmals eine strukturierte Übersicht über dieses Fachgebiet. Begriffe werden zum klaren Sprachgebrauch definiert und abgegrenzt.

Das Buch entstand aufgrund der Nachfrage vieler Anwender, die nach einer Alternative zu bestehenden herkömmlichen Rohrsystemen suchten und sich umfassend informieren wollten. Ein erster Leitfaden [1]* stellte den Anfang dar, war jedoch bald vergriffen. Die nun vorliegende Schrift ist die überarbeitete thematisch stark erweiterte Fassung dieses Leitfadens. Auch hier war es jedoch nicht möglich, das Fachgebiet allumfassend zu behandeln; einige Spezialgebiete konnten nur gestreift werden.

Besonderes Anliegen der Autoren ist es, mit dieser Veröffentlichung einen Beitrag zur Verringerung der Typenvielfalt (Standardisierung) auf dem Gebiet der Molchtechnik zu erreichen.

Jede neue Molchanlage hat ihre eigenen Gesetzmäßigkeiten. Diese zu erkennen, der Erfolg bei der Planung und das Gelingen bei Umsetzung hängen u.a. auch vom Engagement der Beteiligten ab. Neue Wege zu gehen lohnt hier besonders.

Die Verfasser danken den Firmen, die Bildmaterial und Informationen bereitgestellt haben.

Namentlich seien erwähnt die Firmen: Butting, I.S.T., Kiesel, und Pfeiffer.

Schließlich danken wir der BASF Aktiengesellschaft, die das Vorhaben unterstützt und die Veröffentlichung ermöglicht hat.

Ludwigshafen, Januar 1999                                    G. Hiltscher
                                                             W. Mühlthaler
                                                             J. Smits

---

* Die Zahlen in den eckigen Klammern verweisen auf das Literaturverzeichnis im Anhang

# Inhaltsverzeichnis

# I Grundlagen der Molchtechnik

# 1 Einführung in die Molchtechnik

## 1.1 Geschichtliche Entwicklung und Definition

Die *Molchtechnik* kann als Teilgebiet von Fördertechnik und Reinigungstechnik angesehen werden. Sie ist ein stark interdisziplinäres Fachgebiet mit engen Berührungspunkten zur Strömungslehre, Rohrleitungstechnik und zum Anlagenbau. Theoretischen Untersuchungen liegen Erkenntnisse aus der Tribologie, der Lehre von Reibung, Schmierung und Verschleiß zugrunde.

*Ganz allgemein versteht man unter Molchen das Durchfahren einer Rohrleitung mittels eines Laufkörpers, welcher im Inneren dieser Rohrleitung bestimmte Tätigkeiten ausführen kann.*

Das Molchverfahren kann beispielsweise verwendet werden, um eine Rohrleitung mechanisch zu reinigen (Molch mit Bürsten), um einen Kanal zu kontrollieren (Molch mit Videokamera) oder um die Schweißnähte von Rohrleitungen zu prüfen (Molch mit Röntgeneinrichtung).

Ausgehend von vielen Anwendungen in der Mineralölindustrie (Pipelines) bereits im letzten Jahrhundert, wurden ab ca. 1970 auch genauer reinigende und abdichtende Molche in der chemischen Industrie eingesetzt; es entstanden die ersten *Prozeßmolchanlagen*. Der Laufkörper entwickelte sich zum Paßkörper. Diese Molchanlagen werden primär dazu verwendet, ein Produkt aus einer Rohrleitung zu entfernen. Es zeigte sich, daß außer dem Molch auch die anderen Anlagenkomponenten wie Rohrleitung, Armaturen und Steuerung sorgfältig auszuwählen und aufeinander abzustimmen sind.

Mit der folgenden, enger gefaßten Definition werden vor allem die Einsatzgebiete in der chemischen Industrie beschrieben [1]; sie stellt die Definition des Molchvorganges bei Prozeßmolchanlagen dar:

*Molchen ist das Hinausschieben eines Rohrinhaltes mit Hilfe eines Paßkörpers mit dem Ziel, das Produkt nahezu vollständig aus der Rohrleitung zu entfernen. Dieser Paßkörper wird dabei mit einem Gas oder einer Flüssigkeit durch die Rohrleitung gedrückt.*

Der Paßkörper kann kugelförmig, länglich oder zusammengesetzt sein und wird als Molch bezeichnet. Im Gegensatz zu einem Laufkörper dichtet der mit Übermaß versehene Paßkörper die Raumteile vor und hinter ihm vollständig ab; er besitzt eine *Dichtwirkung*. Somit kann der Molch durch ein Fluid (ein Gas oder eine Flüssigkeit) angetrieben werden.

Das Gas, am häufigsten wird Druckluft eingesetzt, oder die Flüssigkeit, z.B. Wasser, ein Spülmittel oder ein anderes Produkt einer Produktfamilie, wird als *Treibmedium* bezeichnet.

Im Rahmen dieses Buches werden in erster Linie Prozeßmolchanlagen der Chemischen Industrie behandelt. In speziellen Kapiteln wird jedoch auch auf die ebenso zur Molchtechnik gehörenden Bereiche wie Steriltechnik oder Pipelinetechnik eingegangen.

*Molchanlage und Molcharten*

Oftmals ist die Molchung ein einmaliger Vorgang, wie beispielsweise bei einer Rohrleitungsmontage oder bei einer Inspektion. Auf der Baustelle oder zu Wartungszwecken können durch mobile Geräte Molchfahrten vorgenommen werden, um bestimmte Aufgaben zu erfüllen.

Bei Prozeßmolchanlagen erfolgen dagegen häufig Molchvorgänge. Molchfahrten finden oft und regelmäßig und in kurzen Zeitabständen statt. Die zur Molchung benötigten Apparate und Maschinen sind stationär vor Ort installiert und Teil der Gesamtanlage. Steuerungs-, Automatisierungs- und Visualisierungstechnik nehmen einen immer größeren Raum ein.

Eine solche Molchanlage besteht in der Regel aus folgenden Komponenten:
- Molch
- molchbare Rohrleitung mit diversen molchbaren Armaturen
- Molcheinsatz- und -entnahmestation
- Versorgungseinheit für das Treibmedium
- Steuerungseinrichtung.

Im einfachsten Fall besteht die Molchanlage (s. Abb. 1-1) aus einer einzigen Rohrleitung, die von einem Molch durchfahren werden soll. Diese Molchleitung muß je nach Einsatzzweck bestimmten Kriterien genügen, in der Summe ausgedrückt durch den Begriff der *Molchbarkeit*. Die von einem Molch durchfahrenen Armaturen müssen ebenfalls molchbar sein.

Die *Molche*, das bewegliche Teil der Molchanlage, gibt es in unzähligen Ausführungen, Größen und Materialien. Vom einfachen Kugelmolch über den Reinigungsmolch, Trennmolch und Absperrmolch zum Prüf- und Inspektionsmolch; schließlich vom mediumgetriebenen Paßkörper bis zum selbstgetriebenen oder gezogenen Molchwagen. Die gesamte Bandbreite der Molchanwendungen ist somit sehr groß.

Jeweils am Beginn und am Endpunkt der Molchleitung sind die Molchstationen angeordnet. Als Steuerungseinrichtung wird der elektro-, meß- und regeltechnische Teil der Molchanlage bezeichnet. Die Steuerungseinrichtung kann Bestandteil der gesamten Prozeßleittechnik einer Anlage sein.

Tabelle 1-1 zeigt eine Übersicht über die verschiedenen Molcharten.

**Tab. 1-1.** Übersicht über die verschiedenen Molcharten

| Molchart | Antrieb | Antriebs-Energie | Signalübertragung | Hauptanwendungs-bereich |
|---|---|---|---|---|
| Paßkörper Dichtwirkung | Treibmedium | externe Pumpe | Magnet/Detektor | Prozeßmolchanlagen |
| Bürstenmolch bzw. intelligente Molche mit Dichtwirkung Laufkörper mit Dichtelementen | Treibmedium | externe Pumpe | Magnet/Detektor Telemetrie Signalspeicherung | Prozeßmolchanlagen Fernleitungen |
| angetriebene Reibräder zur Fortbewegung u./o. Zentrierung Inspektionsmolche mit Rändern | Elektromotor | Batterie (Anhänger) | Magnet/Detektor Telemetrie Signalspeicherung | Fernleitungen Freispiegelleitungen Kanalisation |
| Gezogene/gedrückte Molche | Seilwinde | externer Motor | Magnet/Detektor Telemetrie Signalspeicherung | Fernleitungen Freispiegelleitungen Kanalisation |
| Düsen mit Schlauch | Rückstoß/Impuls Ausstoß einer Flüssigkeit | externe Pumpe | – | Fernleitungen Freispiegelleitungen Kanalisation |

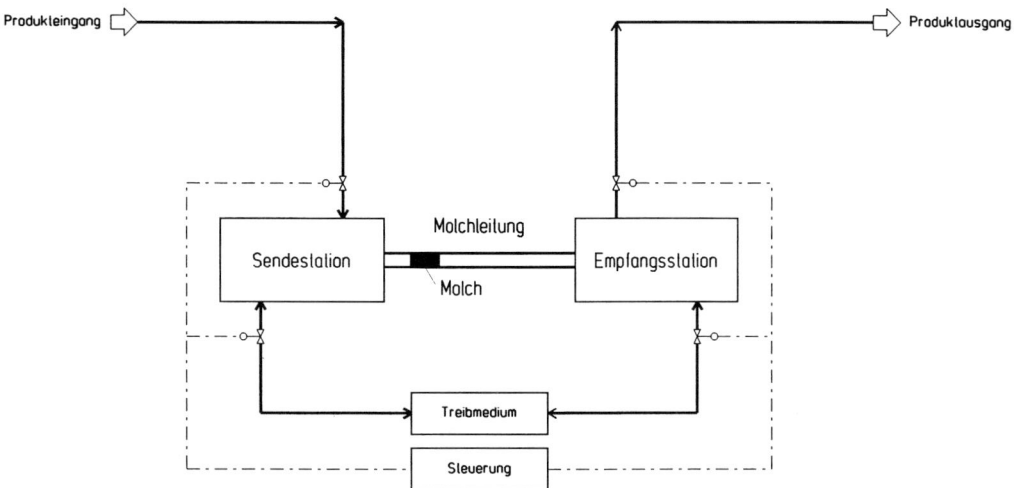

**Abb. 1-1.** Schematische Darstellung der Komponenten einer Molchanlage

## 1.2   Einsatzgebiete der Molchtechnik

Gasfernleitungen müssen von dem sich an den Tiefpunkten ansammelnden Kondensat befreit werden. Rohöl- und Mineralölpipelines müssen von einer während der Förderung sich absetzenden Paraffinschicht gereinigt werden. Neben der Reinigung ist auch die Inspektion dieser Leitungen von Bedeutung. Bei Pipelines sind der Innenzustand, die Schweißnähte, die Wanddicke und die Oberflächenqualität zu prüfen.

Freispiegelleitungen (Abwasserkanäle) müssen inspiziert und gewartet werden.

In der Steriltechnik fallen häufige Reinigungsvorgänge an, die qualitätsbedingt sind. Die Reinigung der Rohrleitungen kann in vielen Fällen rationell und zuverlässig durch Molcheinsatz erfolgen [2].

Im folgenden sind für das gesamte Gebiet der Molchtechnik die wichtigsten Einsatzgebiete aufgeführt:

- Ausschieben des Flüssigkeitsinhaltes einer Rohrleitung
- Verkrustungen und Beläge entfernen
- Kondensat entfernen (Gasfernleitungen)
- Befüllen/Entleeren einer Leitung in Kolbenströmung
- Trennen von Produkten, falls gleichzeitig mehrere Produkte *hintereinander* durch eine Rohrleitung gefördert werden (z.B. Produkt A – Molch 1 – Produkt B – Molch 2 – Treibmedium). Diese Technik wird als „batch pigging" bezeichnet.
- Inspizieren, Detektieren und Beobachten
- allgemeine Reinigungsaufgaben
- Messen und Prüfen
- Reparieren.

Die Einsatzgebiete für Prozeßmolchanlagen können auf vier Hauptaufgaben zurückgeführt werden:

– *Mehrere* Produkte werden durch eine *einzige* Rohrleitung gefördert. An Stelle von vielen Einzelleitungen wird lediglich eine Molchleitung benötigt. Erforderlich ist jeweils eine Molchfahrt bei Produktwechsel.
– Eine Produkt wird aus einer Rohrleitung entfernt, d.h. die Rohrleitung wird gereinigt indem das Produkt beinahe vollständig herausgeschoben wird. Dabei kann auch das Produkt aus einer ohne Gefälle verlegten oder aus einer mit sogenannten Säcken versehenen Rohrleitung entfernt werden.
– Man spült mit einem Spül- bzw. Lösemittel (z.B. Wasser), das zwischen zwei Molchen eingeschlossen ist („Zwischenspann"). Die beiden Molche fahren in gleicher Richtung. Diese Technik wird als „tandem pigging" bezeichnet.
– Die Schaumbildung wird durch einen vor dem Produkt eingesetzten Molch verhindert bzw. reduziert. Bei einer anfangs leeren Rohrleitung wird vor allem bei fallendem Leitungsverlauf durch einen vom Produkt geschobenen Molch eine schonende Förderung erreicht. Eine Vermischung mit Luft wird vermieden.

Bei Chemieanlagen ist der Einsatz der Molchtechnik an verschiedenen Stellen möglich:

– zwischen Apparaten innerhalb eines Produktionsbetriebes; z.B. Behälter – Filterstation, Reaktor – Behälter, Rührkessel – Vorlagebehälter;
– oder bei der Verbindung von Anlagenteilen außerhalb des Produktionsgebäudes; z.B. Roh-Anlage – Rein-Anlage, Produktionsanlage – Tanklager, Tanklager – Abfüllstellen.

Diese Teile einer Anlage sind in der Regel mit vielen einzelnen Rohrleitungen verbunden. Eine Molchanlage kann hier sinnvoll sein.

Insbesondere bei langen Rohrleitungen, Mehrproduktanlagen oder Chargenfahrweise machen sich die wirtschaftlichen Vorteile der Molchtechnik besonders bemerkbar:

– eine Rohrleitung für mehrere Produkte (Investitionskosten, Platzbedarf)
– einfache Entleerung der Rohrleitung bei Produkten, die einfrieren, kondensieren, sich zersetzen oder polymerisieren können
– Verzicht auf Isolierung und/oder Begleitheizung
– Zeitersparnis gegenüber manuellen Entleervorgängen
– keine Spülvorgänge bzw. erheblich geringere Spülmittelmengen (CSB[1]-Entlastung, geringere Verbrennungskosten, Verminderung von Wertproduktverlust)
– keine Verlegung mit Gefälle bzw. sackfreie Rohrleitungsverlegung notwendig, um die Rohrleitung vollständig entleeren zu können.

Vor allem diese Vorteile haben der Molchtechnik in der Chemischen Industrie zum Durchbruch verholfen.

Allerdings sind auf diesem Gebiet zahlreiche Probleme wie Materialbeständigkeit, Auswahl der Molchbauart und des Molchsystems zu lösen, so daß die Projektierung eine sorgfältige Abstimmung mit dem Betreiber erfordert. Hierzu sollen die nachfolgenden Kapitel des Buches einen wesentlichen Beitrag leisten.

---

[1] CSB = Chemischer Sauerstoffbedarf

# 2 Molchanlagen und Molchsysteme

## 2.1 Begriffsdefinitionen

Die folgenden Begriffe finden sich in den weiteren Kapiteln immer wieder. Sie sind von elementarer Bedeutung für die Molchtechnik und für das Verständnis von Prozeßmolchanlagen unverzichtbar.

### Molchleitung

Eine molchbare Rohrleitung (Molchleitung) kann eine bereits unter Berücksichtigung der Molchbarkeit geplante und montierte Rohrleitung sein. Es können in Ausnahmefällen je nach Anforderungen an die Molchung auch normale Rohrleitungen je nach Zustand nachträglich molchbar gemacht werden. Dies ist jedoch nicht zu empfehlen.

### Molchanlage

Eine Molchanlage ist die gesamte apparatetechnische Ausrüstung, welche zur Durchführung einer Molchfahrt benötigt wird. Sie ist Teil einer Gesamtanlage, die zum Reinigen, Trennen oder Entfernen eines flüssigen Stoffes aus einer Rohrleitung dient. Die Molchanlage ist eine Zusammenfassung verschiedener Ausrüstungsteile; sie bildet eine Einheit, eine sog. Unit.

Eine Molchanlage besteht entweder aus einer einzigen molchbaren Rohrleitung oder aus mehreren zusammenhängenden molchbaren Rohrleitungen mit mindestens einer Quell- und Zielstation und einer Molchentnahmestation.

Zusammenhängend sind molchbare Rohrleitungen dann, wenn ein Molch durch das Treibmedium an jeden Ort innerhalb dieser verzweigten Rohrleitungen gelangen kann, ohne herausgenommen zu werden. Dies bedeutet, daß auch mit Weichen verbundene Rohrleitungsstücke als eine Molchanlage anzusehen sind.

Molchanlagen, bestehend aus einer einzigen molchbaren Rohrleitung, werden als *einfache Molchanlage* bezeichnet. Molchanlagen mit einer oder mehreren Weichen sind *verzweigte Molchanlagen*.

*Produktförder- und Molchbewegungsrichtung*

Produktförderrichtung ist die vorwiegend benutzte Richtung des Produktflusses durch die Produktpumpe, welche durch das Pumpensymbol im Rohrleitungs- und Instrumentierungsschaubild (R & I-Schema) ersichtlich wird.

Die Molchbewegungsrichtung kann in Produktförderrichtung (= *Vorwärtsmolchen*), oder entgegengesetzt (= *Rückwärtsmolchen*) erfolgen. Molche, die sowohl vorwärts- als auch rückwärtsmolchen können, werden als *bidirektionale* Molche bezeichnet (engl. BiDis).

*Sende- und Empfangsstation*

Die in Produktförderrichtung zuerst durchströmte Molchstation wird als Sende- , die zuletzt durchströmte als Empfangsstation bezeichnet. Beide Stationen werden oftmals auch Molchbahnhof genannt. Es sind die wichtigsten Molcharmaturen.

Sende- und Empfangsstation sind örtlich fest zugeordnete Stationen. Eine verzweigte Molchanlage besitzt mehrere Empfangsstationen (mindestens zwei). Über weitere Eigenschaften dieser Bahnhöfe – wie z.B. das Entnehmen und Einsetzen von Molchen – informiert der Abschnitt 4.3.1.

*Treibmedium*

Das Treibmedium ist das hinter dem Molch sich befindliche Medium mit der Aufgabe, den Molch anzutreiben.

*Molchsystem*

Als Molchsystem bezeichnet man die verschiedenen Möglichkeiten des Molchvorgangs in einer bestehenden Molchanlage; also den zeitlichen Ablauf der einzelnen Arbeitsschritte. Man unterscheidet offene und geschlossene Molchsysteme, Einmolch- und Zweimolchsysteme [1].

*Offene/geschlossene Molchsysteme*

Bei einem *offenen* Molchsystem kann der Molch nur in einer Richtung die Rohrleitung durchfahren. An der Zielstation wird der Molch entnommen und extern (also außerhalb der Rohrleitung, z.B. in einem Fahrzeug) zur Quellstation zurücktransportiert.

In der Regel werden beim offenen Molchsystem Manschettenmolche verwendet, die nur in einer Richtung geschoben werden können. Oftmals sind an der Sendestation mehrere Molche vorhanden, die auch an der Zielstation zum gemein-

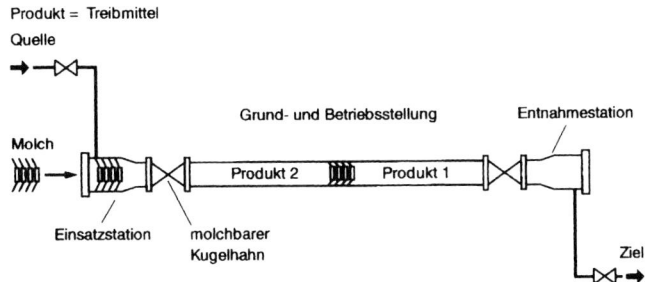

**Abb. 2-1.** Offenes Molchsystem, schematische Darstellung

samen Rücktransport gesammelt werden. Die Reinigung des Molchs erfolgt ebenfalls manuell außerhalb der Molchanlage. An der Zielstation muß kein Treibmedium eingespeist werden. Für das offene System eignen sich besonders lange Molchleitungen (Größenordnung >1 km), in der chemischen Industrie z.B. vom Tanklager zur Schiffsverladung am Steiger oder bei Pipelines (Produktfernleitungen). Hier ist in der Regel an der Zielstation keine Treibenergie zum Zurückfahren des Molchs vorhanden und die Häufigkeit eines Molcheinsatzes gering.

In Sonderfällen, wenn Treibenergie vorhanden ist, kann der Molch manuell entnommen, gewendet und wieder zurückgefahren werden (offenes System mit manueller Molchwendung).

In einem *geschlossenen* Molchsystem verbleibt der Molch während seiner gesamten Lebensdauer in der Rohrleitung, er muß nicht ständig ein- und ausgeschleust werden. Es können nur Molche eingesetzt werden, deren Form eine Bewegung in beide Richtungen erlaubt. Das geschlossene Molchsystem bietet eine Vielzahl von Anwendungsmöglichkeiten, z.B. können über molchbare Weichen verzweigte Molchanlagen aufgebaut werden.

*Ein-Molch-System (EMS)*

Befindet sich in einer Molchanlage nur ein einziger Molch, so spricht man von einem Ein-Molch-System (EMS). Ein EMS kann offen oder geschlossen sein. Mit Ausnahme von sehr langen Molchleitungen ist das geschlossene EMS das am häufigsten eingesetzte Molchsystem. Eine ausführliche Beschreibung folgt im Abschnitt 2.4.2.

*Zwei-Molch-System (ZMS)*

Analog zur Definition des EMS sind im Zwei-Molch-System (ZMS) zwei Molche vorhanden.

Sie können gemeinsam (gleiche Bewegungsrichtung) mit oder ohne Abstand voneinander oder in entgegengesetzten Richtungen durch die Rohrleitung gefahren wer-

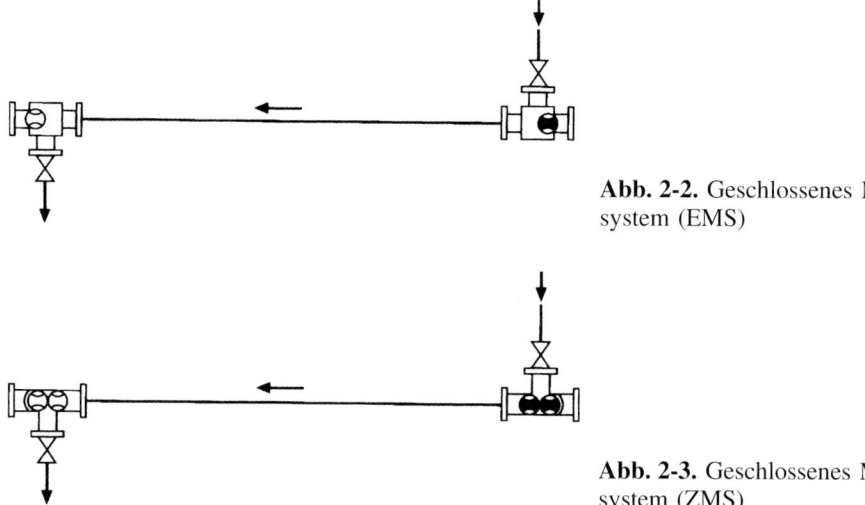

**Abb. 2-2.** Geschlossenes Molch-system (EMS)

**Abb. 2-3.** Geschlossenes Molch-system (ZMS)

den. Auf die Funktionsweise und die Vorteile des ZMS wird in Abschnitt 2.4.3 ein-gegangen. Prinzipiell sind auch Anlagen mit drei, vier oder mehr Molchen denkbar. Mehr als zwei Molche in einer Molchanlage werden jedoch relativ selten eingesetzt. Solche Vielmolchanlagen arbeiten ähnlich dem Zwei-Molch-System.

*Quell- bzw. Zielstation*

Quell- bzw. Zielstation ist die bei der jeweiligen Molchfahrt benutzte Ausgangs-bzw. Endstation. Dies bedeutet, daß auch eine Empfangsstation eine Quellstation sein kann (beim Rückwärtsmolchen).

Quell- bzw. Zielstation wechseln zeitlich in Abhängigkeit der Molchbewe-gungsrichtung.

*Fang- bzw. Haltedorn*

Der Fangdorn ist ein Stab der senkrecht zur Rohrleitung angebracht und mittels einer Führung manuell oder angetrieben in die Rohrleitung eingeführt werden kann. Produkt und Treibmitteldurchfluß sind gewährleistet, die Molchfahrt kann dadurch gestoppt werden (Molchstopper). Der Haltedorn ist ein Fangdorn in schwächerer Ausführung, der den Molch in seiner Lage (auch bei wechselnden Druckverhältnissen) halten kann.

## 2.2   Auswahl- und Konstruktionskriterien

Im folgenden wird beschrieben, welche Randbedingungen für die Auswahl eines Molchsystems wichtig sind. Die Überlegungen, die zur Festlegung der Schrittfolge bei der Durchführung einer Molchung notwendig sind, führen auf die in Abschnitt 2.4.1 behandelten prinzipiellen Möglichkeiten.

Zuerst ist die Aufgabe der Molchung zu klären:

– Soll die Leitung lediglich weitgehend entleert werden oder muß die Leitung nach der Molchung vollständig gereinigt sein?
– Sind kleine Rückstände in den Toträumen z. B. zwischen geschlossenem Kugelhahn und Flansch noch tolerierbar?
– Wie groß darf die nach der Molchfahrt noch verbleibende Innenwandbenetzung gerade noch sein?
– Welche Verunreinigungen sind bei Produktwechsel noch zulässig?

Spülvorgänge mit geringen Mengen Reinigungs-/Lösungsmittel sind nur mit dem ZMS möglich.

Als nächstes sollte sich über die für die Molchtechnik relevanten Produkteigenschaften Klarheit verschafft werden. Handelt es sich um eine Ein-Produkt-Molchleitung oder sollen mehrere Produkte durch eine molchbare Rohrleitung gefördert werden? Bei einer Ein-Produkt-Molchleitung kann es sich nur um eine Entleerung mittels Molchung handeln. Bei einer Mehr-Produkte-Molchanlage sind mögliche geringe Verunreinigungen durch das vorherige Produkt zu bedenken.

Neben den leicht erfaßbaren und bekannten physikalischen und chemischen Produkteigenschaften sind auch die tribologischen Eigenschaften des flüssigen Produkts von Bedeutung, d. h. die Eigenschaften, die die Gleit- und Schmierfähigkeit und damit Verschleiß und Standzeit beeinflussen. Das Tribosystem Molchwerkstoff-Produkt-Rohrleitung ist auf günstige Schmiereigenschaften bei geringster verbleibender Innenwandbenetzung abzustimmen. Während Klebeneigung, Polymerisation und Aushärtung des Produktes bekannt sind, ist die Auswirkung auf die Gleitfähigkeit, d. h. auf die Bildung eines hydrodynamischen Schmierfilms, nur schwer vorhersehbar.

Die chemischen, physikalischen und sicherheitsrelevanten Produkteigenschaften beeinflussen die Wahl des Treibmediums. Luft oder Stickstoff können mit dem Produkt reagieren bzw. zur Austrocknung der Leitung führen. Das Produkt kann erhärten und einen erhöhten Verschleiß bei den folgenden Molchfahrten ergeben. Aus tribologischen Gründen sollte eine trockene Molchfahrt, d. h. eine Molchfahrt ohne Flüssigkeit vor dem Molch, vermieden werden.

Bei schäumenden Produkten ist es oft sinnvoll, einen Molch *vor* dem Produkt anzuordnen. Dies ist besonders bei senkrechten Rohrleitungsverläufen wichtig, wenn die Leitung von oben mit Produkt gefüllt wird.

Als nächstes ist zu klären, welche Anlagenteile miteinander verbunden werden sollen. Es gibt folgende Möglichkeiten:

– Nur zwei Anlagenteile werden miteinander verbunden (ZA)
– Mehrere Anlagenteile werden durch T-Stücke mit der Molchleitung verbunden (MA)
– Mehrere Anlagenteile werden durch verzweigte Molchleitungen verbunden (VA).

Besondere Aufmerksamkeit erfordert die Gestaltung der nichtmolchbaren Zu- und Ableitungen zur Molchleitung bzw. zu den Molchstationen. Diese Rohrleitungen sollten:

– so kurz wie möglich ausgeführt werden (totraumfrei)
– leerlaufen können
– spülbar sein.

Im Idealfall bestehen diese Leitungsstücke nur aus einer Armatur. Bei größeren Entfernungen, ohne Gefälle oder Spülmöglichkeit, muß die Molchleitung zur Vermeidung von Verunreinigungen mit einer Weiche verlängert werden.

## 2.3 Molchanlagen

### 2.3.1 Molchanlage ohne Abzweig

Abbildung 2-4 zeigt das Prinzip einer einfachen *Molchanlage ohne Abzweig* (MOA). Sie besteht aus je einer Quell- und Zielstation, an mindestens einer Station kann auch der Molch entnommen werden. Die Produktförderrichtung ist durch den Pfeil der Produktpumpe erkennbar.

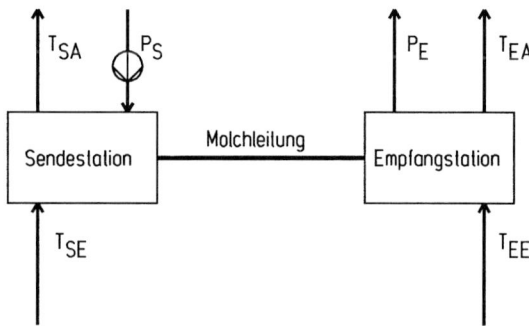

$P_S$:        Produkteingang mit Produktlampe
$P_E$:        Produktausgang
$T_{SE}$.$T_{EE}$:  Treibmedium – Eingänge
$T_{SA}$.$T_{EA}$:  Treibmedium – Ausgänge

**Abb. 2-4.** Prinzip einer einfachen Molchanlage ohne Abzweig

Die einfache Molchanlage besteht aus einer einzigen, durchgehenden molchbaren Rohrleitung. Der Hauptzweck dieser Rohrleitung ist die Fortleitung des Fördergutes, die Produktförderung. Die Anwendung der Molchtechnik ist nur ein Hilfsmittel zur Erfüllung bestimmter Anforderungen an die Produktförderung (wie z. B. Reinheit oder vollständige Entleerung). Ein Beispiel hierzu sind die meisten Fernleitungsmolchanlagen.

### 2.3.2  Molchanlage mit Abzweig

Bei einer *Molchanlage mit Abzweig* (MMA) besitzt die Molchleitung einen rechen- bzw. kammartig strukturierten Aufbau. Der Abzweig dient lediglich als Produktabzweig; der Molch kann sich nur in der durchgehenden Molchleitung bewegen. Produkt kann innerhalb der Molchleitung auch an mehreren Stellen herausgeführt oder dosiert werden. In den meisten Fällen ist ein Zweimolchsystem mit Fangdornen zur Positionierung des Molchs notwendig. Das Herausführen von Produkt, nicht aber vom Molch erfordert spezielle Armaturen (s. Abschnitt 4.3.2). Eine schematische Übersicht zeigt Abb. 2-5.

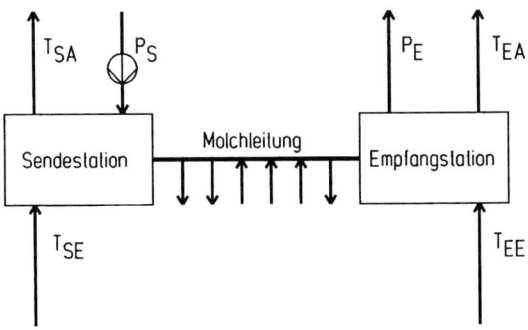

**Abb. 2-5.** Prinzip einer Molchanlage mit Abzweig

$P_S$:  Produkteingang mit Produktlampe
$P_E$:  Produktausgang
$T_{SE}.T_{EE}$:  Treibmedium – Eingänge
$T_{SA}.T_{EA}$:  Treibmedium – Ausgänge

### 2.3.3  Molchanlage mit Weiche

Bei einer *Molchanlage mit einer Weiche* (MMW) oder mehreren Weichen, d. h. eine verzweigte Molchanlage (Abb. 2-6), kann der Molch über Weichen in verschiedene molchbare Rohrleitungen gelangen. Der Weg kann vor der Molchung manuell gestellt oder in der Meßwarte vorgegeben werden.

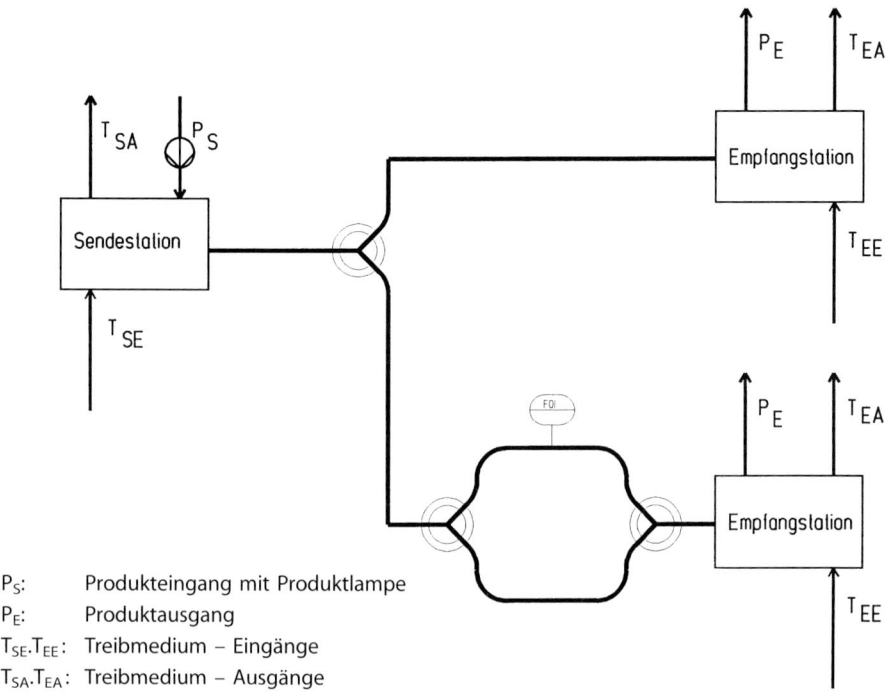

P$_S$:      Produkteingang mit Produktlampe
P$_E$:      Produktausgang
T$_{SE}$.T$_{EE}$:  Treibmedium – Eingänge
T$_{SA}$.T$_{EA}$:  Treibmedium – Ausgänge

**Abb. 2-6.** Prinzip einer verzweigten Molchanlage

Weichen sind nötig, wenn

–  verschiedene Produktbestimmungsorte durch molchbare Rohrleitungen erreicht werden müssen. Ein häufiger Anwendungsfall ist die Molchung des Behälters eines Tanklagers; und zwar wahlweise zu einer Abfüllstation für Tankkraftwagen (TKW) oder zu einem Eisenbahnkesselwagen (EKW) oder zur Gebindeabfüllung.
–  eine nichtmolchbare Armatur, Meßstelle, Pumpe oder ein nichtmolchbares Rohrleitungsteil für die Produktförderung benötigt wird. Der Molch kann nur mit Hilfe von Weichen diese Stelle umfahren. Ein häufiger Anwendungsfall ist eine volumetrische oder gravimetrische Messung in der Produktleitung, die über einen molchbaren Umgang (Bypass) überbrückt wird.

## 2.4    Molchsysteme

Jede Molchanlage arbeitet nach einem bestimmten Molchsystem (Definition siehe Abschnitt 2.1); zur Unterscheidung der verschiedenen Molchsysteme wird die Betriebsweise herangezogen. Zur systematischen Beschreibung der einzelnen Arbeitsschritte empfiehlt sich eine Ablauftabelle, die nun behandelt wird:

### 2.4.1 Ablauftabellen

Bei der Planung einer Molchanlage muß eine sorgfältige Analyse der einzelnen Arbeitsschritte erfolgen. Dies geschieht am besten in Tabellenform.

Die sog. *Ablauftabelle* ist eine wichtige Voraussetzung für die Planung der Molchanlage, insbesondere für die Abläufe der elektro-, meß- und regeltechnischen Steuerung.

Wesentliche Arbeitsschritte bei einer Molchanlage sind die einzelnen Molchfahrten und der eigentliche Produktfördervorgang. Es muß jedoch auch der Grundzustand, d.h. der Ausgangs- oder Ruhezustand exakt definiert werden. Dazu dienen die folgenden Überlegungen. Am Beispiel einer einfachen Molchanlage werden prinzipiell die verschiedenen möglichen Konstellationen beschrieben (s. Tab. 2-1 bis 2-3).

Vor Beginn einer Molchung befindet sich die gesamte Anlage in *Grundstellung*, d.h. die Leitungen sind entspannt (drucklos). Der Standort des Molches (M) in der Grundstellung (Ausgangszustand) muß festgelegt werden: der Molch kann entweder in der Sendestation (S) oder Empfangsstation (E) geparkt sein. Für die Beschreibung der Grundstellung ist weiterhin wichtig, mit welchem Medium die Molchleitung gefüllt ist (beispielsweise mit Luft (L), Treibmedium (T) oder Produkt (P)).

Zu beachten ist, daß in der Grundstellung die Molchleitung drucklos ist, d.h. Gase müssen entspannt sein, und Flüssigkeiten dürfen nicht eingesperrt werden.

Oftmals kann ohne Molchfahrt sogleich mit der *Produktförderung* begonnen werden. Die molchbare Rohrleitung (R) ist schon im Ausgangszustand für die Produktförderung vorbereitet. Sämtliche notwendige Molchfahrten zur Reinigung finden im Anschluß dieser Produktförderung statt. Bei der Beschreibung des Vorgangs „Produktförderung" muß nur der Standort des Molchs berücksichtigt werden. Prinzipiell kann sich der Molch in der Sendestation, in der Empfangsstation oder innerhalb der Molchleitung an einem Produktabzweig befinden.

Befindet sich der Molch während der Produktförderung in der Sendestation, so kann das in der Molchleitung enthaltene Produktvolumen zur Zielstation hinausgeschoben werden. Im umgekehrten Fall wird durch Rückwärtsmolchen das Produkt wieder zum Ausgangsbehälter geschoben. Ist der Molch kurz hinter einem Produktabzweig geparkt, verhindert er das Weiterströmen des Produktes in die restliche Molchleitung.

Nach der Produktförderung soll im nächsten Arbeitsschritt durch eine *Molchfahrt* das in der Molchleitung stehende Produkt herausgedrückt werden. Bei der Molchfahrt wird neben der Fahrtrichtung (von der Sende (S) zur Empfangsstation (E) oder umgekehrt) auch das Treibmedium angegeben. Das Treibmedium kann Produkt, Druckluft, Wasser oder ein Reinigungsmittel sein.

Für die Molchfahrt wird bei der Ablauftabelle in der Spalte „Treibmedium" nicht das Medium *vor* dem Molch, sondern das Medium *nach* dem Molch (das Treibmedium) angegeben.

Mit einer sogleich vorgenommenen weiteren Molchfahrt von der Quell- zur Zielstation kann der Ausgangszustand wiederhergestellt werden.

In Tabelle 2-1 ist eine der möglichen Kombinationen beispielhaft dargestellt.

**Tab. 2-1.** Ablauftabelle eines Molchvorganges.

| Arbeitsschritt Nr. | Vorgang | Molchort/ -fahrtrichtung | Rohrleitung | |
|---|---|---|---|---|
| | | | Inhalt | Treibmedium |
| 1 | Ausgangszustand | M = S | L | – |
| 2 | Molchfahrt | M → E | – | P |
| 3 | Produktförderung | M = E | P | – |
| 4 | Molchfahrt | M → S | – | L |

Erläuterungen:
M = Molch; S = Sendestation; E = Empfangsstation; P = Produkt; L = Luft;
= : Ort bzw. Zustand; → : Molchfahrt nach ...

Die Ablauftabelle beschreibt formell in Abhängigkeit von den verschiedenen Arbeitsschritten bzw. Zuständen (Zeilen der Tabelle) den Standort bzw. die Fahrtrichtung des Molchs (2. Spalte der Tabelle) und das Medium, mit dem die Molchleitung gefüllt ist (3. Spalte der Tabelle).

Durch diese Ablauftabelle sind die einzelnen Arbeitsschritte der Molchung festgelegt. Die Tabelle ist wichtig für die Planung und Beschaffung der Molchanlage und dient als Grundlage für die Erstellung der Steuerung der Anlage (Funktionspläne). Bereits im Planungsstadium kann der spätere Betreiber der Anlage die einzelnen Arbeitsschritte erkennen und überprüfen.

### 2.4.2 Ein-Molch-System

Das Ein-Molch-System (EMS) kann verwendet werden, wenn nur jeweils ein Behälter an Quell- oder Zielstation angeschlossen ist. Mehrere Behälter sind möglich, wenn sie über eine Spinne verbunden sind und die Rohrleitungen leerlaufen können. Je nach Tolerierbarkeit der Verunreinigungen kann ein EMS auch für mehrere Behälter verwendet werden.

Als Beispiel für ein EMS soll die Molchleitung zwischen einem Tank und einer TKW-Abfüllstelle analysiert werden. Die Molchtechnik wurde für diese Aufgabe eingesetzt, da das Produkt nicht einfrieren und sich nicht stark erwärmen darf. Findet keine Verladung statt, ist die Leitung mit Luft gefüllt.

Die Verrechnungsmessung (Ovalradzähler, Massenstromdurchflußmesser FQI) kann an der Verladestation (Tab. 2-2) oder an der Pumpe angebracht sein (Tab. 2-3).

Im Fall 1 kann das in der Molchleitung noch stehende Produkt nach Beendigung des Verladevorgangs durch den Molch in den Tank zurückgeschoben werden. Es ergibt sich folgende Funktionstabelle:

Im Fall 2 ist der Inhalt der Molchleitung bereits in der Messung berücksichtigt worden; der Inhalt muß zum TKW hinausgeschoben werden.

**Tab. 2-2.** Ablauftabelle für Fall 1.

| Arbeitsschritt Nr. | Vorgang | Molchort/ -fahrtrichtung | Rohrleitung | |
|---|---|---|---|---|
| | | | Inhalt | Treibmedium |
| 1 | Ausgangszustand | M = E | L | – |
| 2 | Produktförderung | M = E | P | – |
| 3 | Molchfahrt | M → S | – | L |
| 4 | Molchfahrt | M → E | – | L |

Erläuterungen:
M = Molch; S = Sendestation; E = Empfangsstation; P = Produkt; L = Luft;
=: Ort bzw. Zustand; →: Molchfahrt nach …

**Tab. 2-3.** Ablauftabelle für Fall 2.

| Arbeitsschritt Nr. | Vorgang | Molchort/ -fahrtrichtung | Rohrleitung | |
|---|---|---|---|---|
| | | | Inhalt | Treibmedium |
| 1 | Ausgangszustand | M = S | L | – |
| 2 | Produktförderung | M = S | P | – |
| 3 | Molchfahrt | M → E | – | L |
| 4 | Molchfahrt | M → S | – | L |

Erläuterungen:
M = Molch; S = Sendestation; E = Empfangsstation; P = Produkt; L = Luft;
=: Ort bzw. Zustand; →: Molchfahrt nach …

### 2.4.3 Zwei-Molch-System

Zwei Molche werden verwendet, wenn mehr als zwei Anlagenteile mit einer Molchleitung zu verbinden sind und nur geringe Verunreinigungen zugelassen werden können. Beim Zwei-Molch-System sind die Molchbahnhöfe in ihrer Länge für zwei Molche hintereinander ausgelegt. In der Grundstellung können beide Molche in einem Bahnhof oder jeweils ein Molch in einem Bahnhof sein.

Typische Beispiele für das Zwei-Molch-System sind:

– beide Molche fahren aus verschiedenen Richtungen zu einer Abzweigstelle und entleeren auf diese Weise die Rohrleitung (s. Abb. 2-7);
– zwischen den Molchen ist in geringen Mengen Löse- bzw. Reinigungsmittel eingesperrt.

Im ersten Fall werden die Molche zunächst getrennt, d. h. der vordere Molch wird durch das Produkt zur nächsten Molchstation geschoben. Die gesamte Molchleitung ist nun mit Produkt gefüllt. Durch Öffnen eines Kugelhahns an einem T-Stück kann ein bestimmter Abgang vom Produkt durchströmt werden. Die Produktförderung beginnt. Nach einer Produktförderung fahren beide Molche aus entgegengesetzten Richtungen zu diesem Abgang und entleeren auf diese Weise die Molchleitung. Danach können beide Molche gemeinsam in die Grundstellung zurückfahren.

Im zweiten Fall wird die Molchanlage wie ein Ein-Molch-System betrieben. Zwischen beiden Molchen wird beispielsweise auf einer Länge von 2 bis 3 m Wasser eindosiert, danach werden beide Molche hintereinander mittels Treibmedium durch die Rohrleitung gefahren. Dieser Vorgang kann durch Hin- und Herfahren der beiden Molche mehrfach wiederholt werden, bis der gewünschte Reinigungseffekt erzielt ist. Das Reinigungsmittel (Lösemittel) kann aufgefangen, mehrfach eingesetzt oder wiederaufbereitet werden. Die zeitliche Veränderung der Verunreinigung im Reinigungsmittel (z. B. Konzentrationsänderung im Verlauf eines Monats) kann als Maß für den Molchverschleiß verwendet werden.

Ein Beispiel für Fall 1 ist in Abbildung 2-7 dargestellt. Die dazugehörige Ablauftabelle zeigt Tabelle 2-4.

Die Leitung ist mit Luft gefüllt, beide Molche befinden sich in der linken Molchstation (S1). Das Produkt schiebt den ersten Molch (M1) bis zur Molchstation rechts (S2) (Phase 1). Das Tankventil B2 öffnet, die Produktförderung beginnt.

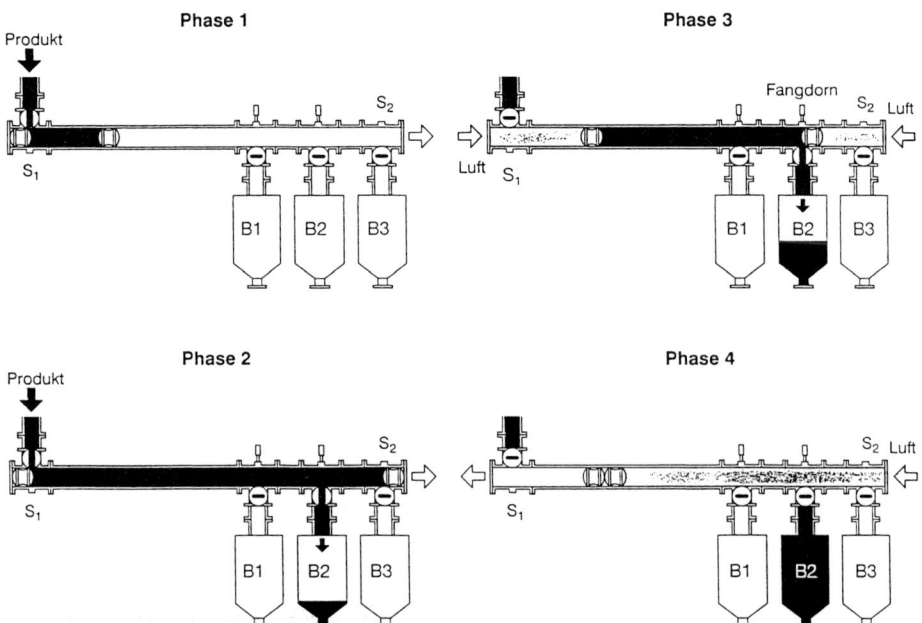

**Abb. 2-7.** Wirkungsweise eines Zwei-Molch-Systems

**Tab. 2-4.** Ablauftabelle für ein Zwei-Molch-System.

| Arbeitsschritt Nr. | Vorgang | Molchort/-fahrtrichtung | Rohrleitung | |
|---|---|---|---|---|
| | | | Inhalt | Treibmedium |
| 1 | Ausgangszustand | $M_1 = S_1$, $M_2 = S_1$ | L | – |
| 2 | Molchfahrt | $M_2 \to S_2$ | – | P |
| 3 | Produktförderung | $M_1 = S_1$, $M_2 = S_2$ | P | – |
| 4 | Fangdorn ausfahren | – | – | – |
| 5 | Molchfahrt | $M_1 \to F$, $M_2 \to F$ | – | L |
| 6 | Fangdorn ziehen | – | – | – |
| 7 | Molchfahrt | $M_1 \to S_1$, $M_2 \to S_1$ | – | L |

Erläuterungen:
$M_1$, $M_2$ = Molche; $S_1$, $S_2$ = Stationen; F = Fangdorn; L = Luft; P = Produkt;
=: Ort bzw. Zustand; $\to$: Molchfahrt nach …

Das Produktventil schließt, der Fangdorn am B2 wird gesetzt (Phase 2). Beide Molche fahren am Fangdorn zusammen und drücken das Produkt aus der Molchleitung in den B 2 (Phase 3). Der Fangdorn wird zurückgezogen, beide Molche fahren gemeinsam zur linken Molchstation S1 (Phase 4). Anschließend wird die Molchleitung entspannt.

# II  Technik der Komponenten

# 3   Molche

## 3.1   Molche für Prozeßmolchanlagen

Grundsätzlich können alle pumpfähigen Produkte gemolcht werden („if you can pump, you can pig it"). Für den Molch gibt es in den einzelnen Ländern die unterschiedlichsten Ausdrücke:

Im Englischen wird „*Molchen*" als „*pigging*" bezeichnet. Dieser Begriff ist in der Erdölindustrie entstanden. Dort wurden Rohrleitungen mit Metallpaßkörpern gereinigt, wobei durch die Reibung der Metalle ein schreiendes Geräusch entstand, das an quiekende Schweine erinnerte. Hinzu kommt, daß die Molche nach der Molchung einer Ölpipeline stark verdreckt waren und wie schmutzige Schweine aussahen. So entstand der Begriff *pig* (Schwein). Im Englischen ist auch der Begriff *scrabber* üblich.

Der französische Begriff *picage* oder *racleur* läßt sich mit „*Abstreifer*" übersetzen. In jedem Falle ist immer an einen Paßkörper gedacht, den wir im deutschen Sprachraum Molch nennen.

Der Name *Molch* läßt sich nicht einfach aus der Übersetzung des Begriffs *pig* herleiten. Der Begriff *pigging* (Molchvorgang) kann nicht direkt ins Deutsche übersetzt werden.

Also mußte für den deutschen Sprachraum ein anderer Begriff für *pigging* gefunden werden. Da ein Molchvorgang in der Regel immer in Verbindung steht mit Flüssigkeiten und/oder Luft und sich vorwiegend in dunklen Räumen vollzieht, liegt der Analogieschluß zur Tierwelt der Amphibien sehr nahe. Lurche und Molche (lat. salamandra) gehören zur Familie der Amphibien. Sie leben an feuchten und dunklen Orten und scheuen das Tageslicht.

Die Eigenschaften der Amphibien haben letztendlich geholfen, dem Paßkörper den Namen „*Molch*" zu geben.

### 3.1.1   Funktion

Molche sind Paßkörper, die durch ein Treibmedium bewegt werden und die Rohrleitung durchfahren. Der Molch reinigt dabei über zwei oder mehrere schmale Lippen die Rohrleitung und gleitet auf einem dünnen Flüssigkeitsfilm. Die Filmdicke bewegt sich im Mikrometerbereich. Er hat ein Übermaß gegenüber dem Rohrinnendurchmesser und wird in die Rohrleitung eingepreßt. Die Vorspannung, die je nach Molchdurchmesser und Molchart in ihrem Übermaß ca. 3% beträgt, soll einen Aquaplaning-Effekt verhindern. Dadurch ist ein hoher Reinigungsgrad gewährleistet. Molche mit Lippen gewährleisten auch die Dichtheit im Rohrbogen und in molchbaren T-Abgängen. Das Länge zu Durchmesser-Verhältnis L/D (s. Tab. 3-1) spielt eine wichtige Rolle für die Laufstabilität des Molches im Rohr. Im Innern des Molches befindet sich ggfs. ein Permanentmagnet, der zur Detektion des Molches benötigt wird. In Abschnitt 8.1.2 werden Permanentmagnete und Sensoren näher beschrieben.

**Tab. 3-1.** Länge-Durchmesser-Verhältnis von Molcharten.

| Hersteller | Molchart | L/D-Verhältnis |
|---|---|---|
| Kiesel | einteilige Molche | 1,2 |
| I.S.T. | Vollkörper Molche | 1,16 … 1,3 |
| Pfeiffer | | 1,15 … 1,2 |
| Kiesel | mehrteilige Molche | 1,25 … 1,3 |
| I.S.T. | Wechsellippenmolche | 1,16 … 1,3 |
| Pfeiffer | | 1,15 … 1,2 |
| Prematechnik | | 1,3 |
| I.S.T. | Reinigungsmolche | 1,4 |
| Prematechnik | | 1,3 … 3,0 |
| Kiesel | Molche für den Sterilbereich | 1,25 … 1,3 |
| I.S.T. | | 1,16 … 1,3 |
| Pfeiffer | | 1,15 … 1,2 |
| Tuchenhagen | | 1,0 … 2,0 |

### 3.1.2  Einsatzgebiete

Abhängig von Form und Material können Molche in der Mineralölindustrie, Farbindustrie, chemischen Industrie, Kosmetikindustrie (z. B. Hautcreme), Lebensmittelindustrie (z. B. Schokolade, Getränke), pharmazeutischen Industrie etc. eingesetzt werden.

Molche werden zur Entleerung von Rohrleitungen, die im wesentlichen Wertstoffe enthalten, zur Trennung verschiedener Produkte einer Produktfamilie von Produkten die untereinander verträglich sind, zwischen Produkt und Treibmedium und zur Reinigung von Rohrleitungen, in denen sich Ablagerungen gebildet haben, eingesetzt.

Gleichzeitig werden auch Molche zur Produktabsperrung in Armaturen verwendet.

Molche können je nach Form und Einsatzgebiet in jede Richtung, d.h. bidirektional, bewegt werden.

Zur blasenfreien Beschickung eines Behälters, eines Kesselwagens oder eines Tankzuges werden häufig zwei Molche in Tandemfahrweise eingesetzt, d.h. das zu fördernde Produkt befindet sich zwischen den beiden Molchen.

Besonders zu beachten ist, daß Molche für die Kosmetikindustrie, die pharmazeutische Industrie, die Lebens- und Genußmittelindustrie den Anforderungen des „Hygiene-Designs" entsprechen und zugelassen sein müssen. Sie müssen hitzebeständig und z.B. aus Kautschuk oder Polyurethan hergestellt sein. Im sogenannten Sterilbereich spricht man auch von CIP- (Cleaning in place) und SIP- (Sterilisation in place) Anlagen. CIP/SIP bedeutet, daß der Molch, sowie die Sende- oder Empfangsstation einer Molchanlage, im eingebauten Zustand gereinigt bzw. sterilisiert werden kann (siehe Kap. 16).

## 3.2 Werkstoffauswahl

Die unterschiedlichen chemischen und physikalischen Eigenschaften der zu molchenden Produkte beeinflussen entscheidend die Wahl der Werkstoffe für die Molche. Die Chemikalienbeständigkeit von Molchmaterialien ist im Anhang in den Tabellen 1 bis 20 der Beständigkeitslisten angegeben. Die Tabellenangaben resultieren aus Testergebnissen oder Empfehlungen der Chemikalienlieferanten sowie aus Erfahrungen von Anwendern. Trotzdem können die Angaben nur zur Orientierung dienen. Sie sind nicht ohne weiteres auf alle Betriebsverhältnisse anzuwenden. Im Zweifelsfall und bei neuen nicht erprobten Anwendungsfällen muß die Chemikalienbeständigkeit für das ausgewählte Molchmaterial durch spezielle Untersuchungen festgestellt werden (s. Abschn. 3.2.2).

Zur richtigen Auswahl der Werkstoffe für Molche gehört auch die Kenntnis über die Grundbegriffe von Werkstoffgruppen wie z.B.:

| | |
|---|---|
| – *Kautschuk* | nennt man Hochpolymere, die durch Vulkanisation in den gummielastischen Zustand übergeführt werden können, gleich, ob es sich um Natur- oder Synthesekautschuk handelt. |
| – *Gummi und Vulkanisat* | sind Synonyme für vulkanisierten Kautschuk. |
| – *Elastomere* | sind darüber hinaus alle vernetzten Hochpolymere mit gummielastischen Eigenschaften. |
| – *Thermoplaste oder Plastomere* | sind nicht vernetzte Hochpolymere, die unter Einwirkung von Druck und Temperatur bleibend verformt werden können. |
| – *Duroplaste und Duromere* | sind vernetzte Hochpolymere, die bei sehr geringer Deformierbarkeit hartelastisch sind. |

In DIN 7724 werden die strukturellen Hauptmerkmale der hochpolymeren Werkstoffe erläutert.

## 3.2.1   Molchmaterialien

Je nach Anwendungsfall kommen unterschiedliche Molchwerkstoffe zum Einsatz. Wird kein geeigneter Molchwerkstoff gefunden, so muß auf eine Molchanlage verzichtet werden.

Die am häufigsten eingesetzten Werkstoffe für Molche sind gummielastische Basispolymere, auch Elastomere genannt. Die DIN 7724 gibt die Definition für Elastomere an. In der Tabelle 3-2 werden die Eigenschaften einiger Elastomere verglichen. Ihre chemische Bezeichnung, die Kurzbezeichnungen nach ASTM, ISO und DIN, sowie einige ihrer gebräuchlichsten Handelsnamen, sind in der Tabelle 3-3 erfaßt.

Molche werden auf dem Markt u.a. aus den Werkstoffen Vulkollan (PU-gegossen) und Vulkozell (PU-geschäumt) angeboten. Diese beiden Materialien erhalten den Vorzug gegenüber Elastomeren wie z.B. NBR, SBR (Viton), EPDM, EVO und Kautschuk wegen ihrer besseren Abriebseigenschaften. Molche aus PTFE können auf Grund ihrer schlechten Elastizitätswerte nicht verwendet werden.

Eine Ummantelung eines elastischen Molchkörpers mit PTFE ist jedoch möglich.

Die von den Herstellern bevorzugten Werkstoffe zur Herstellung der Molchkörper und den Lippen für Wechsellippenmolche sind in der Tabelle 3-9 aufgeführt.

Da nur Anwender das Know-how über das zu molchende Produkt besitzen, muß das Molchmaterial auch vom Anwender spezifiziert werden. Die Tabellen 1–20 im Anhang geben dem Anwender vor der Durchführung eines Tests einen Überblick über mögliche beständige Materialien.

## 3.2.2   Test zur Auswahl des Molchwerkstoffes

Bei der Einwirkung von Kontaktmedien (Produkte und/oder Treibmedien) auf Molchwerkstoffe können physikalische und chemische Reaktionen ablaufen. Durch Bestimmung der Änderungen von Gewicht, Volumen und Abmessung erfaßt man hauptsächlich die Folgen physikalischer Prozesse, durch die Messung der Änderungen der Härte, der Reißfestigkeit und der Reißdehnung vorwiegend die Folgen chemischen Reaktionen.

### Vorbereitungen

In das Datenblatt werden die bekannten Daten eingetragen.

Die Dauer des Tests wird festgelegt. Dies sollte zusammen mit dem Betreiber und in Übereinstimmung mit den geplanten Molcheinsätzen geschehen und nach Möglichkeit die Verweildauer des Molches im Produkt nicht unterschreiten.

Die Versuchstemperatur muß den tatsächlichen Einsatzbedingungen entsprechen.

Die Prüfkörper müssen bei einer Temperatur von 23±2 °C drei Stunden gelagert werden, um sicherzustellen, daß alle Probekörper die gleiche Temperatur haben.

**Tab. 3-2.** Eigenschaftsvergleich[a] einiger Elastomere, Fa. Freudenberg.

| Kurzzeichen | Kautschukart | Glasübergangstem. $T_G$ °C | Kälterichtwert $T_R$ °C | Zugfestigkeit[b] | Weiterreißwiderstand[b] | Abriebbeständigkeit[b] | Ozonbeständigkeit[b] | Druckverformungsrest bei −20°C % | Druckverformungsrest bei 20°C % | Druckverformungsrest +120°C % | Wärmebeständigkeit nach 5 Std. °C | Wärmebeständigkeit nach 70 Std. °C | Wärmebeständigkeit nach 1000 Std. °C | Betriebstemp. °C | Quellung 70 Std. in ASTM-Öl % (°C) | Quellung 70 Std. (20°C) in Kraftstoff % |
|---|---|---|---|---|---|---|---|---|---|---|---|---|---|---|---|---|
| ACRM | Acrylatkautschuk | −22 bis −40 | −10 bis −20 | M | M | M | H | 25 | 5 | 10 | 240 | 180 | 150 | 170 | 25(150) | 65 |
| AU | Polyester-Urethankautschuk | −35 | −22 | H | H | H | H | 25 | 7 | 79 | 170 | 100 | 70 | 75 | 40(100) | |
| CR | Polychloropren | −45 | −25 | H | H | M/H | M | 50 | 10 | 30 | 180 | 130 | 100 | 125 | 80(100) | |
| ECO | Epichlorhydrin (Copolymere) | −45 | −25 | M | M | M | H | | | 20 | 220 | 150 | 130 | 135 | 10(150) | 30 |
| EPDM,S | Ethylen-Propylen-Terpolymer, schwefelvernetzt | −55 | −35 | M | M | M | H | 20 | 8 | 50 | 200 | 170 | 130 | 140 | >140(70) | |
| EU | Polyether-Urethankautschuk | −55 | −35 | H | H | H | H | 25 | 7 | 70 | 170 | 100 | 70 | 75 | 40(100) | |
| FKM | Fluorkautschuk | −18 bis −50 | −10 bis −35 | M/H | M | M | SH | 50 | 18 | 20 | >300 | 280 | 220 | 250 | 20(150) | |
| FVMQ | Fluorsilicon-Kautschuk | −70 | −45 | G | G | G | SH | | | 30 | >300 | 220 | 200 | 215 | 20(150) | 20 |
| H-NBR | hydrierter Nitrilkautschuk | −30 | −18 | M/H | M | H | H | | | 30 | 230 | 180 | 150 | 160 | 15(150) | 65 |
| HR | Butylkautschuk | −66 | −38 | M | M/H | M | M | 12 | 10 | 60 | 200 | 160 | 130 | 150 | >140(70) | |
| NBR | Nitrilkautschuk | | | | | | | | | | | | | | | |
| | geringer ACN-Gehalt | −45 | −28 | M/H | M | H | G | 40 | 8 | 45 | 170 | 140 | 110 | 125 | 25(100) | 45 |
| | mittlerer ACN-Gehalt | −34 | −20 | M/H | M | H | G | 45 | 8 | 50 | 180 | 145 | 115 | 125 | 10(100) | 35 |
| | hoher ACN-Gehalt | −20 | −10 | M/H | M | H | G | 45 | 8 | 55 | 190 | 150 | 120 | 125 | 5(100) | 25 |
| SBR | Stryolbutadien-Kautschuk | −50 | −28 | H | H | H | G | | | | 195 | 130 | 100 | 110 | >140(70) | |

[a] Die Eigenschaftsangaben sind typische Beispiele. Da bei manchen Kautschuken ein umfangreiches Sortiment zur Verfügung steht und die Eigenschaften zudem durch das Compoundieren bestimmt werden, sind keine Absolutwerte angegeben.

[b] G: gering; M: mittel; H: hoch; SH: sehr hoch

**Tab. 3-3.** Basispolymere: chemische Bezeichnung, Kurzbezeichnung nach Normen, Handelsnamen.

| Chemische Bezeichnung | Kurzbezeichnungen nach | | | Handelsname |
|---|---|---|---|---|
| | ASTM D 1418-72a | ISO R 1629 | DIN 3760 | |
| Acrylnitril-Butadien-Kautschuk | NBR | NBR | NB | Perbunan, Hycar, Chemigum, Breon, Butakon, Europrene N, Elaprim, Butacril, Krynac, JSR-N |
| Chlorbutadien-Kautschuk | ACM | ACM | AC | Neoprene, Baypren, Butachlor, Denka Chloroprene |
| Silikon-Kautschuk | | | | |
| Vinyl-Methyl-Polysiloxan | VMQ | MPQ | SI | Cyanacryl, Hycar, Thiacril, |
| Phenyl-Vinyl-Methyl-Polysiloxan | | | | Krynac, Elaprim AR |
| Fluor-Kautschuk | FKM | PFM | FP | Viton, Fluorel, Tecnoflon |
| Polyurethane | | | | |
| Polyester-Urethan | AU | AU | – | Vulkollan, Urepan, Desmopan |
| Polyether-Urethan | EU | EU | – | Adipren, Estane, Elastothane |
| Ethylenoxid-Epichlorhydrin-Kautschuk | ECO | ECO | | Herclor H und C, Hydrin 100 und 200 |
| Styrol-Butadien-Kautschuk | SBR | SBR | – | Buna Hüls, Europrene, ACRC, Krylene, Cariflex, Solprene, Philprene |
| Ethylen-Propylen-Dien-Kautschuk | EPDM | EPDM | – | Dutral, Keltan, Vistalon, Nordel, Epsyn, Buna AP |
| Butyl-Kautschuk | IIR | IIR | – | Bucar, Enjay Butyl, Petro-Tex Butyl, Polysarbutyl |

ASTM = American Society for Testing and Materials
ISO  = International Organization for Standardization
DIN  = Deutsches Institut für Normung e.V.

*Durchführung*

Die Durchführung dieser Versuche orientiert sich an der DIN-Norm 53521 zur Prüfung von Kautschuk und Elastomeren „Bestimmung des Verhaltens gegen Flüssigkeiten, Dämpfe und Gase". Die Versuche werden mit DIN Normstäben S2 (DIN 53502) durchgeführt.

Um eine Aussage bezüglich der Verwendbarkeit von Molchwerkstoffen machen zu können, müssen vor und nach dem Beständigkeitstest folgende Messungen durchgeführt werden:

1 Bestimmung linearer Abmessungen
2 Bestimmung der Masse
3 Bestimmung der Shore (A) Härte
4 Bestimmung der Reißfestigkeit.

Da durch die Ermittlung der Reißfestigkeit die Proben zerstört werden, muß mit zwei Probesätzen gearbeitet werden. Der erste Probesatz dient zur Ermittlung der Meßwerte 1, 2, 3 und wird dann der Produktberührung unterzogen. Nach dem Prüfungszeitraum werden am Probesatz 1 die Versuche 1–4 durchgeführt.

Probesatz 2 dient ausschließlich der Ermittlung der Reißfestigkeit (4) vor Produktberührung.

Die Prüfgeräte müssen aus Werkstoffen bestehen, die gegen das Produkt beständig und nicht katalytisch wirksam (z.B. Cu-Anteile) sind. Die Lagerbehälter müssen verschließbar sein, um Verdunstung und Luftaustausch zu vermeiden.

Das Volumen des Prüfmittels (Produkt) sollte mindestens das 15fache, vorzugsweise das 80fache des Probekörpervolumens haben. Das Prüfmittel muß den Prüfkörper allseitig mit einer mindestens 20 mm dicken Schicht umgeben.

Vorzugsweise sind Einwirkdauern von $(22\pm0{,}25)$ h, $(70\pm2)$ h, 7 d$\pm$2 h oder ein Vielfaches von 7 Tagen anzuwenden.

Während der Versuchsdurchführung müssen Prüfkörper sowie Prüfmittel mehrfach visuell überprüft werden. Kriterien sind farbliche Veränderungen, Aufwellungen, Risse und Blasen.

Das Prüfmittel sollte auf Verfärbungen, Trübung und Bildung von Sedimenten kontrolliert werden.

*Probenahme*

Die Eigenschaften, deren Änderung durch die Einwirkung des Prüfmittels bestimmt werden soll, werden vor der Einwirkung, direkt nach der Einwirkung und ggf. nach anschließender Trocknung, gemessen. Reinigung, Trocknung und Messung am Probekörper müssen direkt nach der Entnahme aus dem Prüfmittel erfolgen. Bei langwierigen Tests müssen die Proben entsprechend länger im Prüfmittel verweilen, so daß sichergestellt ist, daß die Zeit von der Probeentnahme bis zur Messung annähernd gleich ist.

*Eigenschaftsänderung*

Bei der Härte wird die absolute Veränderung des Nullmeßwertes (Anfangszustand) angegeben. Bei den anderen Eigenschaften, wie Abmessungen, Masse und Reißfestigkeit, wird die relative Eigenschaftsänderung in Prozent, bezogen auf den Anfangszustand vor der Einwirkung angegeben.

$$X_a = \frac{L - L_0}{L_0} \times 100\%$$

$X_a$ = relative Eigenschaftsänderung [%]
$L_0$ = Anfangszustand              [mm; g; MPa]
$L$    = Endzustand                  [mm; g; MPa]

Die Genauigkeit der ermittelten Maße und Gewichte sollte gleich oder besser als 1/10 mm bzw. 1/10 g sein.

*Härte*

Die Ermittlung der Härte erfolgt nach DIN 53505. Die Prüfkörper erfüllen die maßlichen Anforderungen der Norm nicht, können aber eingesetzt werden, da eine qualitative Aussage zur Beurteilung des Werkstoffes ausreicht. Die Dicke der Werkstoffprobe soll >6 mm sein. Zur Erreichung dieser Dicke dürfen max. drei Prüfkörper übereinandergeschichtet werden.

Die DIN 53505 läßt Härtemessungen an zelligem Material (AU) nicht zu.

Da aber zur Beurteilung der Produktbeständigkeit eines Molchwerkstoffes nur die Härteänderung von Interesse ist, darf hier eine vergleichende Messung durchgeführt werden. Es muß allerdings immer an derselben markierten Stelle gemessen werden. Der Meßwert ist deshalb von Bedeutung, da ein chemischer Angriff der Stoffe an der Oberfläche erfolgt und diese im Regelfall in ihrer Beschaffenheit verändert. Dies schlägt sich in einer Aufweichung oder Verhärtung der Randschicht nieder.

*Reißfestigkeit*

Die Feststellung der Reißfestigkeit folgt der DIN-Norm 53504. Ist eine Zugprüfmaschine nicht vorhanden, kann der Test auch in einer Weise vereinfacht werden, daß vergleichbare Ergebnisse zur Verfügung stehen. Hierzu kann die erforderliche Kraft mit einer Federwaage (bis ca. 1000 N) aufgebracht und gemessen werden. Die zu erwartenden Kräfte liegen zwischen 50 und 500 N.

*Prüfbericht*

In den Prüfbericht (siehe Tab. 3-4) werden alle ermittelten Daten eingetragen:

– Art, Bezeichnung und Lieferform der Prüfkörper
– Form und Maße
– Lage des Probekörpers im Erzeugnis
– Einwirktemperatur

**Tab. 3-4.** Formblatt zur Erstellung eines Prüfberichts über Molchmaterial

Bearbeiter<br>Kunde<br>Produkt

*Werkstoff und Prüfkörper:*
Bezeichnung      Anzahl
     Probekörper: Normstab S2 / andere

*Prüfbedingungen:*
Prüfmittel      Prüfbeginn (Datum)
Einwirkdauer      Einwirktemperatur
Trocknungsbedingungen      Volumenverhältnis des Probekörpers zum Prüfmittel

*Prüfergebnisse:*

| | Ausgangszustand | nach Einwirkung | | nach Trocknung | |
|---|---|---|---|---|---|
| | Eigenschaftswert | Eigenschaftswert | Änderung gegenüber Ausgangszustand [%] | Eigenschaftswert | Änderung gegenüber Ausgangszustand [%] |
| Änderung der Masse $[g, \%]$ | | | | | |
| Abänderung der linearen Abmessungen $[mm, \%]$ | | | | | |
| Härte [Shore A] | | | | | |
| Reißfestigkeit [MPa] | | | | | |
| Reißdehnung [%] | | | | | |

Bemerkungen:
Datum:      Der Werkstoff ist nicht / bedingt / geeignet      Geprüft:

- Einwirkdauer
- Spülflüssigkeit und -bedingungen
- Trocknungs- und Rekonditionierungsbedingungen
- sichtbare äußere Veränderung der Probekörper und des Prüfmittels
- gegebenenfalls Untersuchung des Prüfmittels nach der Einwirkung
- Eigenschaftswerte der Probekörper vor und nach der Einwirkung des Prüfmittels
- gegebenenfalls Darstellung der zeitlichen Abhängigkeit der Eigenschaftsänderung
- Prüfdatum
- Bearbeiter.

*Auswertung*

Um die Ergebnisse bewerten zu können, muß die Fehlerrate der Messung bekannt sein. Die Längenmessung an Elastomeren ist ungenau, so daß ein Fehler von 0,5% akzeptabel ist (DIN 7715 T2 M2).

Die Gewichtsmessung ist, bei sorgfältiger Probevorbereitung, allein von der Genauigkeit der Waage abhängig und damit auch die genaueste der durchgeführten Messungen (in der Regel ±1 N).

Die Härtemessung ist recht ungenau. Die DIN 53505 gibt für einen Prüfer und ein Meßgerät eine Wiederholungsgenauigkeit von 2 Shore, bei zwei Prüfern und zwei Meßgeräten von 3 Shore an. Als Abweichung sind 5 Shore zulässig.

Die Reißfestigkeit ist sehr von der Struktur und Bearbeitung des Prüfkörpers abhängig. Auch die Tatsache, daß verschiedene Prüfkörper gemessen werden, macht Abweichungen von 10–20% möglich. Da die Härteprüfung jedoch nur Aussagen über vergleichbare Werte macht, kann dies toleriert werden.

*Bewertung*

Grundsätzlich ist die Eignung eines Molchwerkstoffes für ein Produkt als gegeben anzusehen, wenn sich durch die Produktberührung *keine Veränderung* der gemessenen Eigenschaften ergibt.

Jede *geringe Veränderung* der Eigenschaften des Werkstoffes schränkt seinen Einsatz für ein bestimmtes Produkt ein. Allerdings müssen die Veränderungen im Zusammenhang mit der Fahrweise des Molches und der Dauer der Produktberührung gesehen werden.

Bei einer *starken Veränderung* ist der Werkstoff ungeeignet. Als Anhalt für eine starke Veränderung sind folgende Werte anzusehen:

- Quellung (lineare Ausdehnung)          ± 2%
- Gewichtsveränderung nach Trocknung     ± 2%
- Härteschwankungen                      ±15 Shore
- Änderung der Reißfestigkeit            ±20%.

Die Zahlen in der Tabelle sind als Anhaltswerte anzusehen, da durch verschiedene Anlagetypen oder Molchfahrweisen teilweise Werte akzeptabel werden, die von den genannten stark abweichen.

### 3.2.3 Scherfestigkeit des Molchwerkstoffes

Abgeschätzt werden soll die Geschwindigkeit, die erforderlich ist, um den Magnetkern aus dem Innern des Molchkörpers bei schlagartigem Abbremsen des bewegten Molches durch Scherung auszutreiben.

Bei der Betrachtung wurde von einer in etwa ringförmigen Abstützfläche beim Auftreffen auf ein Hindernis ausgegangen.

Der folgenden Beispielrechnung liegt ein Vollkörpermolch aus Polyurethan mit einer Magnetkernmasse von $m_M = 160$ g zugrunde:

| | |
|---|---|
| Länge: | $L$ |
| Schnittlänge: | $l_s = L/2$ |
| Scherdicke: | $s = l_s - L_m/2$ |
| Zugfestigkeit: | $R_m = 30 \text{ N/mm}^2$ |
| Magnetdurchmesser: | $d_m$ |
| Magnetlänge: | $L_m$ |

Die maximale Schneidkraft berechnet sich zu:

$$F_{smax} = A_s \cdot k_s = (l_s \cdot s) \cdot 0{,}8 \cdot R_m$$

Durch eine abschätzende Integration kann die aufgebrauchte Energie ermittelt werden.

$$W = \int_0^{l_s} F_s \, dx \approx \frac{2}{3} \cdot F_{s\,max} \cdot l_s$$

Die kinetische Energie des Molches wird bei dem Auftreffen auf ein Hindernis in Scherenergie und gespeicherte, elastische Energie umgewandelt; die ebenfalls entstehende Reibungswärme wird vernachlässigt.

$$\frac{1}{2} m_M \cdot c_{scher}^2 = \frac{2}{3} F_{s\,max} \cdot l_s + \frac{1}{2} \cdot s_1 \cdot \frac{\pi \cdot D^2}{L} \cdot \sigma_{zul}$$

$$\rightarrow c_{scher} = \sqrt{\frac{4}{3} F_{s\,max} \cdot \frac{l_s}{m_M} + \frac{s_1}{m_M} \cdot \frac{\pi \cdot D^2}{4} \cdot \sigma_{zul}}$$

Hier beträgt der zulässige „Federweg" $s_1$ 50 % des Abstandes s Molchkopf – Magnetkern.

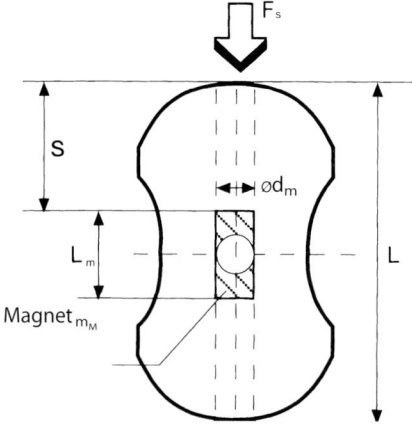

**Abb. 3-1.** Abmessungen eines Molches mit Magnetkern

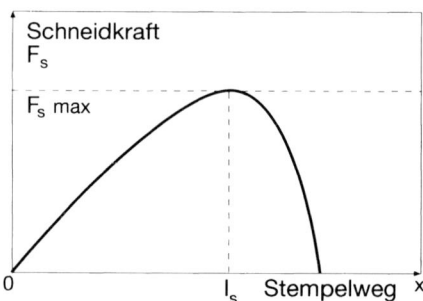

**Abb. 3-2.** Kraft-Weg-Kurve zur Ermittlung der Schneidkraft

Die Werkstoffkennwerte von Molchmaterialien unter Scherung sollten $R_m = 30$ N mm$^{-2}$ und $\sigma_{zul.} = 1,5$ N mm$^{-2}$ betragen.

Die so ermittelten Grenzgeschwindigkeiten des Molches für die Scherfestigkeit des eingearbeiteten Magnetkernes zeigen, daß im Vergleich zum Abschnitt 4.6 die Dimensionierung auf Druckbelastung des Molchmaterials das entscheidende Kriterium ist. In der Praxis sind scharfe Kanten an Molcharmaturen zu vermeiden, da sonst schon wesentlich geringere Geschwindigkeiten für ein Austreten des Magnetkerns ausreichend sind.

### 3.2.4 Formänderung eines Vollkörpermolches unter Druck

Die überwiegende Mehrzahl der Molche ist mit zwei oder mehr Dichtlippen ausgestattet, die über die Vorspannung des Molchmaterials aufgrund des Übermaßes des Molches in der Rohrleitung eine Dichtwirkung gewährleisten und dadurch auch das gewünschte Abreinigungsverhalten garantieren.

Der Abstand der Dichtlippen, in bezug auf den Rohrinnendurchmesser, gewährleistet zum einen die Laufstabilität, verhindert aber auch bei Längen-Durchmesserverhältnissen >1 ein Kippen oder Drehen des Molches in der Rohrleitung, wie es bei einer Kugel der Fall ist.

**Tab. 3-5.** Zulässige Geschwindigkeit für Molche ohne Ausscherung des Magnetkernes.

| DN | D [mm] | $d_m$ [mm] | $m_M$ [kg] | $L_m$ [mm] | L [mm] | $l_s$ [mm] | s [mm] | $s_1$ [mm] | $F_{s\ max}$ [N] | $c_{scher}$ [ms$^{-1}$] |
|----|--------|-----------|-----------|-----------|--------|-----------|--------|-----------|------------------|------------------------|
| 50 | 55,1 | 25 | 0,16 | 40 | 71 | 35,5 | 15,5 | 7,8 | 13206 | 64 |
| 80 | 82,5 | 35 | 0,42 | 55 | 103 | 51,5 | 24 | 12 | 29664 | 71 |
| 100 | 102,1 | 35 | 0,54 | 70 | 126 | 63 | 28 | 14 | 42336 | 83 |
| 150 | 158,3 | 35 | 0,66 | 85 | 185 | 92,5 | 50 | 25 | 111000 | 148 |

mit D:     Innendurchmesser der Rohrleitung
$d_m$:    Durchmesser des Magnetkerns
$m_M$:   Masse des Magnetkerns
$L_m$:   Länge des Magnetkerns
L:     Länge des Molches
$l_s$:    Schnittlänge
s:     Scherlänge
$s_1$:    50% von s
$F_{s\ max}$:  Maximale Schneidkraft
$c_{scher}$:  Schergeschwindigkeit

Es ist einzusehen, daß ein Kippen des Molches zu einer unerwünschten Lage in der Rohrleitung führt und sich somit auf das Abreinigungsverhalten ungünstig auswirkt.

Dies ist insbesondere bei Kurvenfahrten in Rohrbögen zu befürchten, wenn das L/D-Verhältnis konstruktionsbedingt nahe 1 liegt. Da für die Molche überwiegend Werkstoffe mit elastischem Verhalten eingesetzt werden (Übermaß), läßt sich noch eine andere Ursache für das Kippen vermuten, auch wenn das L/D-Verhältnis des ruhenden Molches >1 ist. Mit zunehmendem Druck auf eine oder beide Stirnflächen des Molches deformiert sich der Werkstoff elastisch-reversibel. Wird der Druck groß genug, kann eine Stauchung bis zu einem L/D-Verhältnis = 1 auftreten. In einer Versuchsreihe wurde untersucht, wie hoch der auf den Molch übertragene Treibmitteldruck sein muß, um den Werkstoff auf L/D = 1 zu stauchen. Dazu wurden drei Molche unterschiedlicher Bauart und -formen in ein Rohrstück eingesetzt und, mit der Molchform angepaßten Druckscheiben über einen Stempel, wegabhängig mit einer Kraft F belastet.

Über die Aufzeichnung einer Kraft-Weg-Kurve bis zu einem Verhältnis L/D = 1 ließ sich die maximale Kraft ermitteln und daraus, mit Hilfe der Stempelfläche, der zugehörige Druck bestimmen. Es zeigten sich werkstoffabhängig unterschiedliche Ergebnisse, die in der folgenden Abbildung 3-3 und der Tabelle 3-6 dargestellt werden. Für die Versuche wurden Molche DN 50 der Firmen I.S.T., Pfeiffer und Kiesel eingesetzt.

Die Werkstoffe sind als linear-elastisch anzusehen, was aber auf die notwendige Maximalkraft keinen Einfluß hat. Da die Molche unterschiedliche Längen hatten,

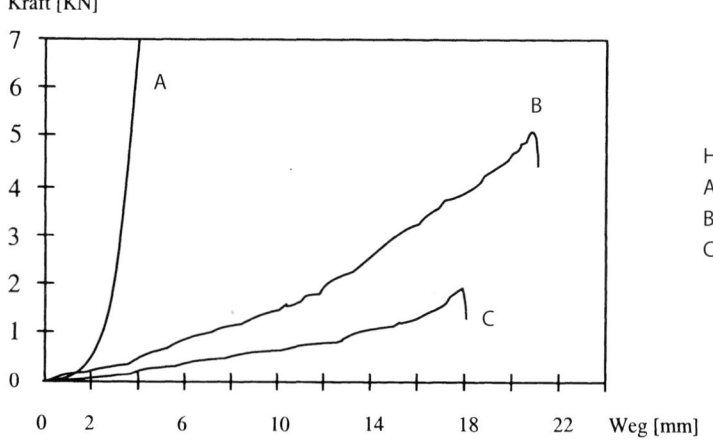

Kraft [KN]

Hersteller der Molche:
A, Firma Kiesel
B, Firma I.S.T.
C, Firma Pfeiffer

**Abb. 3-3.** Kraft-Weg-Kurve, Druckversuch

**Tab. 3-6.** Versuchsergebnisse.

| Hersteller | Molchlänge [mm] | Verformungsweg zu L/D = 1 [mm] | Maximalkraft [N] | Kippdruck [bar] |
|---|---|---|---|---|
| I.S.T. | 71 | 21 | 6100 | 42 |
| Pfeiffer | 68 | 18 | 1850 | 13 |
| Kiesel | 79 | 29 | – | – |

ist der Kraftweg bis zum Erreichen von L/D = 1 ebenfalls unterschiedlich lang. Nach Erreichen des Maximalwertes wurde der Versuch abgebrochen, so daß an dieser Stelle dem Diagramm der Wert für die Kraft entnommen werden kann.

Beim Molch der Firma Kiesel konnte der Wert L/D = 1 nicht erreicht werden, da die zusammengesetzte Bauweise den notwendigen Verformungsweg nicht zuläßt. Lediglich die Dichtscheiben lassen eine Kompression zu, die allerdings keinen nennenswerten Verformungsweg bewirkt. Diese Molchbauart verhindert daher ein Kippen in der Rohrleitung.

In der Tabelle 3-7 ist der mit den jeweiligen Versuchen korrespondierende rechnerisch ermittelte Kippdruck auf den Molch aufgeführt, der erforderlich ist, um ein L/D = 1 zu erreichen. Hierzu wurde die Maximalkraft auf die Tellerfläche des Druckstempels bezogen.

Der Unterschied zeigt deutlich den Einfluß des Werkstoffes. Obwohl das Grundmaterial chemisch die gleiche Struktur hat, verhalten sich die beiden Molche durch ihre unterschiedlichen Shore-Härten anders. Dies hängt zum großen Teil mit dem Anteil der Poren im polymerisierten Kunststoff zusammen. Da der Treibmitteldruck vor allem, wenn es sich um gasbetriebene Anlagen handelt, deut-

**Tab. 3-7.** Erforderliche Kippgeschwindigkeit

| Hersteller | Kippdruck [bar] | Molchmasse [g] | Kippgeschwindigkeit [m/s] |
|---|---|---|---|
| I.S.T. | 42 | 97 | 66 |
| Pfeiffer | 13 | 91 | 35 |

lich unter dem berechneten „Kippdruck" (s. Tabelle 3-7) liegt, muß es einen weiteren Grund für das betrachtete Kippen geben. Dieser ist in der kinetischen Energie der bewegten Molche zu suchen. Wird der Molch durch ein Hindernis oder durch den „Stick-slip-Effekt" (s. Abschn. 7.1.1) abrupt abgebremst, wandelt sich die Bewegungsenergie auf einer sehr geringen Wegstrecke in eine Kraft um, die eine Verdichtung des Molchwerkstoffes bewirkt. Dadurch wird der Molch in Längsrichtung stark deformiert. Setzt man als Verformungsweg die Längendeformation bis zum Erreichen von L/D = 1 ein, erhält man dadurch die zum Kippen des Molches erforderliche Geschwindigkeit, wenn die Masse des Molches bekannt ist.

Für die beiden Vollkörpermolche der Firmen Pfeiffer und I.S.T. aus Tabelle 3-7 sind die Geschwindigkeiten in Tabelle 3-8 aufgeführt. Aus Abschnitt 7.1.1 ist zu entnehmen, daß diese Geschwindigkeiten aufgrund des Stick-slip-Effektes im Bereich der erwarteten Geschwindigkeitsspitzen liegen. Abhilfe kann hier durch eine Drosselung des Abluftweges oder eine Veränderung in der Auswahl des Molchwerkstoffes geschaffen werden. Aufschluß über den erforderlichen Verformungswiderstand des Materials gegen die kinetische Energie aufgrund der Eigengeschwindigkeit kann nur ein Druckversuch geben.

Da die Molchwerkstoffe herstellerspezifisch sind, muß bei Bedarf im einzelnen bei den Firmen nachgefragt werden.

## 3.3  Molchbauarten

Eine eindeutige Zuordnung der Bauart zum Einsatzzweck ist nicht möglich, da es in den Anwendungsfällen große Überlappungsbereiche gibt.

Die richtige Wahl des Molchsystems und der Molche hat einen wesentlichen Anteil am störungsfreien Ablauf des Molchvorgangs sowie der erzielbaren Reinigungsqualität.

Angeboten werden im allgemeinen Kugelmolche, Vollkörpermolche, Lippenmolche, Zylindermolche, Molche mit Wechsellippen, Manschettenmolche und diverse Sonderausführungen. Entsprechend der Aufgabenstellung des geforderten Reinigungsgrades, der Rohrleitungsnennweite und des Systemdrucks wird die geeignete Molchbauart ausgewählt.

Grundsätzlich kann man unterscheiden zwischen einteiligen und mehrteilig zusammengesetzten Molchen (gebaute Molche, engl. mandrel pigs). Beim einteiligen Molch sind Grundkörper und die Reinigungslippen eine Einheit, während der mehrteilige Molch aus einem Grundkörper besteht und mit Reinigungselementen aus verschiedenen Werkstoffkombinationen bestückt werden kann.

## 3.3.1  Einteilige Molche

### Kugelmolch

Der einfachste aller Molche ist der Kugelmolch. Er kann sich durch die zu reinigende Leitung drehen und in jede Richtung gefördert werden. Es macht keinen Sinn, einen Permanentmagneten in das Innere des Molches einzugießen, da seine instabile Lage während des Fördervorganges keine zur Detektion optimale Ausrichtung des Magnetfeldes erlaubt, das durch einen Permanentmagneten erzeugt wird.

Es gibt massive, aufblasbare und auffüllbare Kugelmolche. Sie können u. a. gefüllt werden mit Luft oder z. B. mit einer Glykol-Wasser-Mischung. Der Molchkörper ist nahtlos aus Voll-Polyurethan, einem dickwandigen PU-Elastomer, mit ein oder zwei Rückschlagventilen, hergestellt. Die Rückschlagventile dienen der Druckhaltung und Entleerung des Kugelmolches. Der Kugelmolch besitzt überdurchschnittlich gute physikalische und chemiebeständige Eigenschaften. Kugelmolche aus Polyurethan oder Schwammgummi werden zum Befüllen, Entleeren, Trennen, Trocknen, zum Reinigen und Entfernen von Fremdkörpern, zum Trockenwischen und Aufsaugen von Wasserrückständen, zum Trennen von verschiedenen Medien beim Pipeline-Transport eingesetzt (s. Kapitel 17). Sie sind beständig gegen Benzin und andere Aromaten, Öl, Methanol und Wasser.

Die massiven Kugelmolche werden beispielsweise in den Größen von 1,5″ bis 8″, die aufblasbaren in den Größen 3″ bis 36″ angeboten.

### Vollkörpermolch

Der Vollkörpermolch ist einer der häufigsten eingesetzten einteiligen Molche und letztendlich aus dem Kugelmolch entstanden. Vollkörpermolche sind Standardmolche, die den meisten Anforderungen bei Molchvorgängen genügen. Sie sind sehr robust, mit zwei breiten oder schmalen und festen, aber nicht biegsamen, Lippen ausgestattet, die die Reinigung der Rohrleitung übernehmen. Der Vollkörpermolch wird unter Vorspannung in die Rohrleitung eingepreßt und kann bidirektional bewegt werden. Das zulässige Übermaß des Molchlippenaußendurchmessers gegenüber dem Rohrleitungsinnendurchmesser wird beispielhaft in Kapitel 11 beschrieben. Mit dem Vollkörpermolch, der in vielen Materialvarianten angeboten wird (s. Tab. 3-8), können hohe Standzeiten erreicht werden. Die besten mechanischen Eigenschaften hat dabei Polyurethan. Der Vollkörpermolch wird angeboten für

**Tab. 3-8.** Molchmaterialien von Vollkörpermolchen.

| Hersteller | Molchart | Nennweite [mm] | Material | Härte [Shore A] | Magnet | Pulverfüllung | Temperaturbereich [°C] |
|---|---|---|---|---|---|---|---|
| I.S.T. | Duo-Molch | 50–200 | Auzell Vulkollan Vulkozell | 550 kg/m³ ** | x | – | +5 bis +80 |
| | | 50–100 | VMQ rot/weiß * | 45±5 | x | – | –20 bis +230 |
| | | | NBR schwarz | 50±5 | x | – | –20 bis +120 |
| | | | NBR-L, hell * | 45±5 | x | – | |
| | | | EPDM, schwarz | 45±5 | x | – | –20 bis +150 |
| | | | EPDM-L, hell * | 65±5 | x | – | |
| | | | NR-L, Sand * | 50±5 | x | – | –20 bis +90 |
| | | | FKM schwarz | 60±5 | x | – | –20 bis +260 |
| | | | FKM hell | | | | |
| | | | CR schwarz | 45±5 | x | – | –20 bis +110 |
| Kiesel | Zylinder-Molch | 6–125 | Silikon blau | 60±5 | x | – | –40 bis +180 |
| | | | HNBR schwarz | 60±5 | x | – | –25 bis +150 |
| | | | HNBR weiß * | 60±5 | x | – | –25 bis +150 |
| | | | FPM (Viton) | 60±5 | x | – | –20 bis +240 |
| Pfeiffer | Molch | 50–100 | VMQ | ~50 | x | x | –20 bis +180 |
| | TWIN TYP 1 | | PU | 450 kg/m³ ** | x | – | 0 bis +80 |
| | Molch | 50–80 | VMQ | 50 | x | x | –20 bis +200 |
| | TWIN TYP 2 | | EPDM | 50 | x | x | –20 bis +150 |
| | | 100 | FKM | ~70 | x | – | –20 bis +200 |
| | | | weitere auf Anfrage | | | | |

Alle Molche können auch ohne Magnet angefordert werden.
* Diese Materialien werden gem. BGA (Bundesgesundheitsamt) für Lebensmittelbereiche empfohlen.
** spez. Gewichtsangabe, da die Härte nicht eindeutig bestimmbar ist.

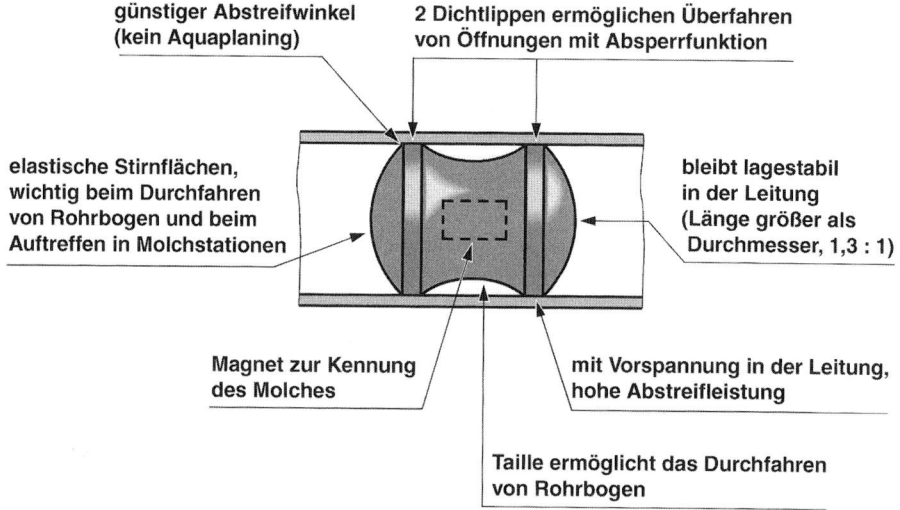

**günstiger Abstreifwinkel
(kein Aquaplaning)**

**2 Dichtlippen ermöglichen Überfahren
von Öffnungen mit Absperrfunktion**

**elastische Stirnflächen,
wichtig beim Durchfahren
von Rohrbogen und beim
Auftreffen in Molchstationen**

**bleibt lagestabil
in der Leitung
(Länge größer als
Durchmesser, 1,3 : 1)**

**Magnet zur Kennung
des Molches**

**mit Vorspannung in der Leitung,
hohe Abstreifleistung**

**Taille ermöglicht das Durchfahren
von Rohrbogen**

**Abb. 3-4.** Vollkörpermolch, DUO-MOLCH, Firma I.S.T.

Rohrleitungsnennweiten von DN 10, 25, 50, 80, 100 bis 150. Einer der bekanntesten Vollkörpermolche ist der DUO-MOLCH der Firma I.S.T.

Die Vollkörpermolche der Firma Pfeiffer werden in zwei Gruppen eingeteilt:

– TWIN-Typ 1, für hohe Laufleistung
– TWIN-Typ 2, für hohe Abstreifleistung.

Die Molche sind gefertigt als massiver Elastomerkörper mit zwei Dichtlippen und ausgeprägter Taille. Hervorzuheben ist, daß einige Magnetausführungen mittels Pulverfüllung (Bariumferrit) hergestellt werden; dadurch besteht keinerlei Gefahr des Austritts eines Permanentmagneten aus dem Elastomerkörper.

Der Zylindermolch der Firma Kiesel besitzt alle positiven Eigenschaften eines Vollkörpermolches, darüber hinaus kann in seinem Innern eine kunststoffgebundene Magnetscheibe einvulkanisiert werden.

Die Reinigungswirkung des Zylindermolches wird als gut bis mittel, je nach Viskosität des Produktes, angegeben. Das Molchübermaß beträgt je nach Einsatz und Nennweite 0,5–2 mm. Da er CIP-reinigungsfähig ist, sind seine Haupteinsatzgebiete die Lebensmittelindustrie sowie die Kosmetikindustrie und die chemische Industrie.

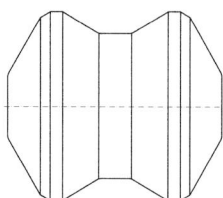

**Abb. 3-5.** Vollkörpermolch, TWIN Typ 1, Firma Pfeiffer

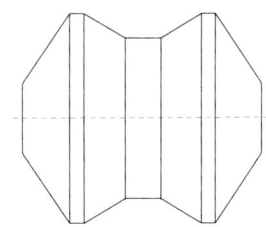

**Abb. 3-6.** Vollkörpermolch, TWIN Typ 2, Firma Pfeiffer

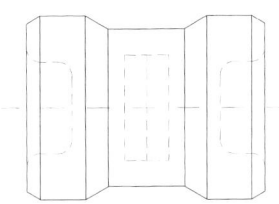

**Abb. 3-7.** Vollkörper-Zylindermolch, Firma Kiesel

## Lippenmolche

Der Lippenmolch ist auch ein einteiliger Molch, der aus einem Standardmolch entstanden ist und dann weiterentwickelt wurde. Nahezu bei *allen Herstellern* hat er zwei robuste Führungslippen und zwei bewegliche Dichtlippen. Das äußere Lippenpaar ist zuständig für die Führung des Molches im Rohr, das innere Lippenpaar übernimmt die Reinigungs- und Absperrfunktion und sorgt dadurch für eine verbesserte Dichtwirkung (s. Abb. 3-8 und Abb. 3-9). Eine Variante des Lippenmolches (Abb. 3-10) besitzt zwei angeschrägte Lippenpaare mit unterschiedlichen Durchmessern. Die Lippen sind durch Stege miteinander verbunden. Im geraden Rohr liegen auch hier nur die äußeren Lippen unter Vorpressung an und

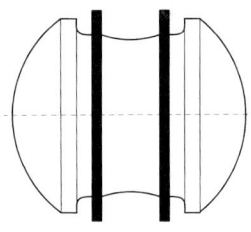

**Abb. 3-8.** Lippenmolch, Firma I.S.T

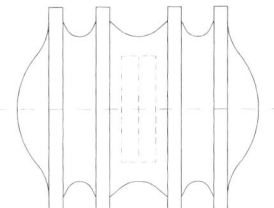

**Abb. 3-9.** Kompakt-Lippenmolch, Firma Kiesel

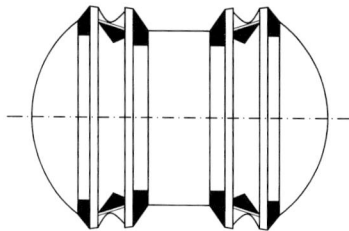

**Abb. 3-10.** Lippenmolch, Firma ABK

wirken als Dichtringe, die das Produkt von der Leitungsoberfläche sauber abstreifen. Die angeschrägten Laufflächen sollen den Aquaplaning-Effekt verhindern. Die inneren Lippen haben gegenüber dem Rohrinnendurchmesser ein geringeres Übermaß und verschleißen dadurch kaum. Die Reibungsverluste sind vernachlässigbar, so daß kein zusätzlich erhöhter Treibmediumdruck benötigt wird. Die Hauptaufgabe der inneren Lippen liegt in der Dichtwirkung im Rohrbogen. Die inneren Lippen legen sich im Bogen an die Wand an, während die äußeren Lippen als kreisrunde Dichtscheiben nicht mehr senkrecht zur Rohrachse stehen und dadurch, projiziert, zu Ellipsen verkürzt werden. Die Folge können je nach Verschleiß der Lippen besonders an der Innenseite des Rohrbogens eine sichelfömige Spalte zwischen den Lippen und der Wand sein.

### 3.3.2   Mehrteilige Molche

#### Wechsellippenmolch

Der Wechsellippenmolch, ein mehrteiliger Molch, hat einen festen Grundkörper, der aus Kunststoff oder auch Metall sein kann, mit je zwei auswechselbaren elastischen Dicht- und Führungslippen. Nach dem Austausch defekter Lippen kann der Grundkörper weiter verwendet werden.

Je größer die Nennweite der Rohrleitung, desto wirtschaftlicher ist der Einsatz eines Wechsellippenmolches. Für die Dicht- und Führungslippen können z.B. Materialien, wie in der Tabelle 3-9 aufgeführt, eingesetzt werden. Eine absolute Produktbeständigkeit der Lippen muß nicht in allen Anwendungsbereichen gegeben sein, da ein Austausch der Lippen keine hohen Kosten verursacht.

Der neue Sondermolch TWIN 3 der Firma Pfeiffer ist z.B. hochbeständig gegen Lösemittel und andere aggressive Medien. Für die Materialkombinationen, den Grundkörper sowie die Lippen gibt es eine Vielzahl von Alternativen.

Sollen Wechsellippenmolche eingesetzt werden, muß das Molchsystem für diesen Molch speziell konzipiert werden. Es ist darauf zu achten, daß besonders bei Lippenmolchen eine Gas-Molch-Gas-Fahrweise vermieden wird oder immer ein ausreichender Gegendruck beim Molchen vorhanden ist, damit die Fahrgeschwindigkeit nicht zu hoch wird und immer unter Kontrolle gehalten werden kann. Der Differenzdruck ist so gering wie möglich zu halten. Wechsellippenmolche können auch bei höheren Systemdrücken eingesetzt werden. Grundsätzlich gilt es auch

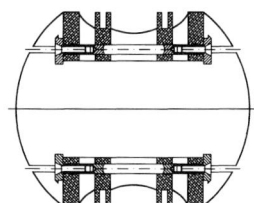

**Abb. 3-11.** Wechsellippenmolch, Firma I.S.T.

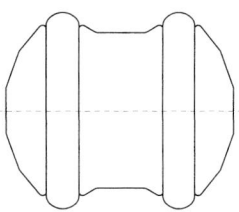

**Abb. 3-12.** Wechsellippenmolch TWIN 3, Firma Pfeiffer.

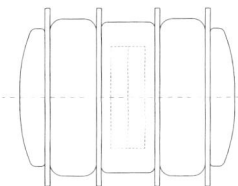

**Abb. 3-13.** Wechsellippenmolch, Firma Kiesel

hier, die Treibmediumzuführung ausreichend groß zu dimensionieren, damit es nicht zu einer „Stick-slip-Bewegung" des Molches kommt, die zu System- und Molchbeschädigungen führen kann (s. Abschn. 7.1.1). Es empfiehlt sich, solch ein System möglichst mit einer automatischen Steuerung auszurüsten. Die Rohrleitungen sollten aus Edelstahlrohren mit bester Qualität gefertigt sein, d.h. z.B. der arithmetische Mittenrauhigkeitswert muß im Bereich von 2–5 μm liegen. Die Wechsellippenmolche werden häufig in der Farben- und Lackindustrie eingesetzt.

**Festkörperlippenmolch**

Der Festkörperlippenmolch ist eine Weiterentwicklung des Lippenmolches. Der feste Grundkörper besteht aus einem produktbeständigen Material aus Kunststoff oder Metall.

Im Innern des Festkörpermolches kann ein Permanentmagnet untergebracht werden. Die doppelzüngigen Wechsellippen werden mit einem Spezialwerkzeug ausgetauscht. Die Wechsellippen sitzen unter Vorspannung in einer Nut des Festkörpers.

Die Führung des Molches in der Rohrleitung wird von den beiden festen Lippen des Grundkörpers übernommen. Die Reinigungsarbeit erledigen die beiden

**Tab. 3-9.** Materialkombinationen beim Wechsellippenmolch.

| Hersteller | Material Körper | Material Lippen | DN [mm] | Bemerkungen |
|---|---|---|---|---|
| I.S.T. | PVDE, PP | AU voll | 50–200 | Befestigungselemente abgedeckt |
| Pfeiffer | PTFE/TFM | NBR, EPDM, VMQ, FPM | 50–100 | Lippenfuß eingespannt |
| | RCK 1000 | TFM/Silikon-kautschuk RCH-Silikon-kautschuk | | Spezialmolch erfordert hohe Rohrleitungsquali-tät |
| Kiesel | Edelst. 1.4571 Titan Stützkörper POM-Delrin PTFE Auzell | AU-Vulkollan CR-Neoprene NBR-Perbunan | 40–150 | Kunststoffgebundene Magnetscheibe Stützkörper einstellbar optimale Reinigung |

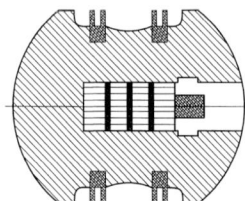

**Abb. 3-14.** Festkörperlippenmolch, Firma I.S.T.

Wechsellippen. Diese Molchart wird bei aggressiven und bei abrasiven Medien eingesetzt.

## Manschettenmolch

Manschettenmolche bestehen aus einem festen oder biegsamen Grundkörper, der je nach Aufgabenstellung mehrere Molchmanschetten aufnehmen kann. Die Manschettenmolche können nur in eine Richtung bewegt werden. Mehrere Molche werden in einer Molchschleuse gesammelt, dann entnommen und zur Sendeschleuse zurückgebracht. Der Grundkörper ist in der Regel je nach Produktanforderung eine geschweißte oder geschraubte Konstruktion aus Stahl oder Edelstahl.

Die Molchmanschetten werden mit einer oder mehreren Schrauben mit dem Grundkörper verbunden. Es werden mindestens zwei, oft auch vier Stück pro Molch eingesetzt. Sie werden hergestellt je nach Einsatzgebiet und Form z. B. aus:

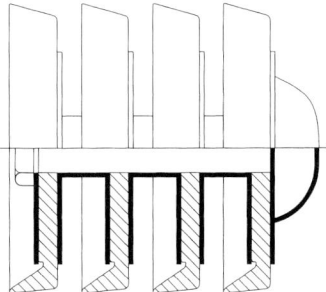

**Abb. 3-15.** Manschettenmolch, Firma Prematechnik

– flexiblem, abriebfestem Polyurethan oder
– speziellen Polyester-Polyurethangemischen.

Die meisten Manschettenmolcharten sind mit verschiedenen Außendurchmessern von 50 bis zu 1500 mm lieferbar.

Die Firma Prematechnik in Frankfurt hat auf diesem Gebiet große Erfahrung und bietet auch Zwischengrößen an. Die Haupteinsatzgebiete für den Manschettenmolch sind die Petrochemische (s. Kapitel 17) und die chemische Industrie. Weitere Zweige sind auch die Nahrungs- und Genußmittelindustrie.

### 3.3.3  Spezialmolche

**Molche im Sterilbereich**

Der Molch im Sterilbereich muß aus produktverträglichem, verschleißfestem, elastischem und temperaturbeständigem Material hergestellt sein. Seine Kontur muß vor allem eine sichere Reinigung der gesamten Oberfläche im eingebauten Zustand zulassen. Die Oberfläche muß glatt sein und darf keine Poren aufweisen. Er muß natürlich auch die bei Molchen für Prozeßmolchanlagen gewohnten Eigenschaften besitzen. So muß er formstabil sein und seine Form muß ein optimales Durchfahren von Rohrbögen sowie T-Stücken ermöglichen. Zur Detektion befinden sich auch in diesem Molch ein oder zwei Permanentmagnete.

Silikon, ein physiologisch einwandfreies Material, wird am häufigsten im Sterilbereich eingesetzt. VMQ rot, weiß, NBR-L hell, EPDM-L hell und NR-L sand, sind ebenfalls im Lebensmittelbereich gemäß BGA*-Empfehlung, zugelassen. Molche für den Sterilbereich werden von allen namhaften Lieferanten für Molchanlagen angeboten. Weitere Informationen siehe Kapitel 16.

---

* BGA = Bundesgesundheitsamt

**Abb. 3-16.** Doppelkugelmolch,
Firma Tuchenhagen.

*Molche zu Reinigungszwecken*

Für besondere Anforderungen sind spezielle Sondermolche verfügbar.

Die Molche werden hauptsächlich in der Petrochemischen Industrie (s. Kapitel 17) vor Inbetriebnahme neuer Rohrleitungen zur Trocknung und Reinigung von leichten und festeren Ablagerungen benötigt. Die Firma Prematechnik Frankfurt bietet einen Schaumstoffmolch in zylindrischer Form mit parabolischer Spitze, mit spiralförmiger PU-Kreuzbeschichtung und hohlem Boden an. Zur Abreinigung von festeren Ablagerungen sind am Umfang des Molches Silizium-Karbid-Streifen (s. Abschn. 17.3) oder gehärtete Stahlbürsten angebracht. Die Firma I.S.T. setzt Düsen- und Bürstenmolche oder eine Kombination aus beiden zur Beseitigung von Rückständen in Rohrleitungen ein.

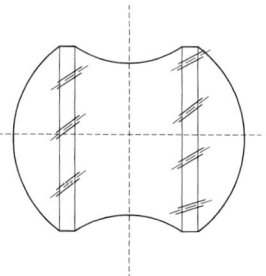

**Abb. 3-17.** Kerbenmolch, Firma I.S.T.

Bürstenmolche werden zur Reinigung von Rohrleitungen eingesetzt, an deren Innenwand sich ausgehärtete Produktreste befinden.

Im Bürstenmolch befindet sich kein Permanentmagnet. Eine Detektion ist mit den handelsüblichen Molchmeldern nicht möglich.

Die Bürstenmolche können nur in eine Richtung bewegt werden, ausschließlich in molchbaren Leitungen eingesetzt, mit geringer Geschwindigkeit (max. 1,0 m/s) kontrolliert durch die Rohrleitung gefahren und möglichst nur mit Flüssigkeit getrieben werden.

**Molche für Schüttgüter**

Schüttgüter, wie z. B. Granulate und Pulver, sind mit speziellen Molchen ebenfalls molchbar. Zur Molchung von Schüttgütern werden normalerweise Kerben- und Ventilmolche eingesetzt. Diese Molche werden unter anderem in der Nahrungsmittelindustrie zur Entleerung und Reinigung von Rohrleitungen, die z. B. mit Kakaopulver, Backpulver oder Mehl gefüllt sind, eingesetzt. In Kerben- sowie Ventilmolchen können Permanentmagnete installiert werden.

*Kerbenmolch*

Schüttgüter neigen zur Ansammlung und Verdichtung in einer Rohrleitung. Beim Molchbetrieb wird Druckluft als Treibmedium benutzt. Über die Kerben des Kerbenmolches, die in Längsrichtung am Umfang verteilt sind, wird Druckluft in das Produkt vor dem Molch dosiert. Das Treibmedium sorgt für eine „Auflockerung" und verstopfungsfreie Beförderung des Schüttgutes vor dem Molch und verhindert so eine Klumpenbildung. Bleibt der Molch dennoch stecken, so kann das Treibmedium weiter über die Kerben im Molch vorbeiströmen und das Schüttgut soweit auflockern, daß der Molch durch das Treibmedium wieder weiterbewegt werden kann.

*Ventilmolch*

Der Ventilmolch ist eine Weiterentwicklung des Kerbenmolches. Für die Molchung von Granulat und Pulver ist der Kerbenmolch ein sicheres Transportmittel. In einem geschlossenen System einer automatischen Anlage kann die Rückfahrt des Kerbenmolches jedoch problematisch sein, da dieser Molch nur für eine Fahrtrichtung ausgelegt ist.

Der Ventilmolch ist bidirektional bewegbar und arbeitet wie der Kerbenmolch. Er hat jedoch ein eingebautes Rückschlagventil für das Treibmedium. Das Rückschlagventil läßt das Treibmedium beim Vorwärtsmolchen in Richtung Produkt einströmen, beim Rückwärtsmolchen sperrt das Ventil den Durchgang für die Druckluft. Dadurch erweitern sich die Einsatzmöglichkeiten des Ventilmolches gegenüber dem Kerbenmolch.

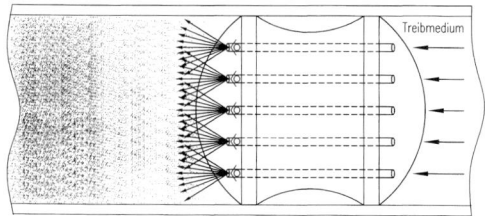

**Abb. 3-18.** Düsenmolch, Vorwärts-molchung bei mit Schüttgut gefüllter Rohrleitung, Firma I.S.T.

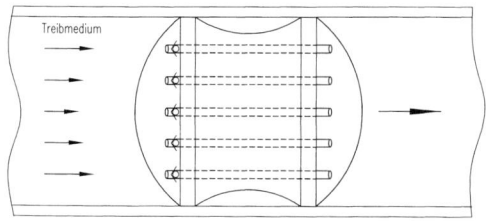

**Abb. 3-19.** Düsenmolch, Rückwärts-molchung, Rückschlagventile geschlossen, Firma I.S.T.

## 3.4  Herstellung von Molchen

Als Werkstoffe für Molche kommen wegen der erforderlichen Abriebfestigkeit gegenüber den teilweise unebenen und stufigen Rohrrinnenflächen solche Elastomere in Frage, die eine hohe mechanische Elastizität mit der Beständigkeit gegenüber den jeweiligen Medien optimal verbinden.

Die am häufigsten eingesetzten Molchwerkstoffe gehören zur Gruppe der Polyurethane mit der Materialkurzbezeichnung: AU (s. Tab. 3-3). Diese unterteilen sich in kompakte (z. B. Baytec) und geschäumte Qualitäten (z. B. Zell-Vulkollan). Bei der Molchherstellung werden Materialien beider Gruppen gegossen, wobei die Polymerisation in einer Molchform geschieht. Zum Erreichen der maximalen Qualität der Eigenschaften ist ein genaues Einhalten der Gewichtsverhältnisse der einzelnen Komponenten (äquivalente Reaktionsanteile) und eine Wärmebehandlung zwingend erforderlich. Bevor der Molch gegossen werden kann, wird, sofern vorgesehen, der Magnet über eine Halterung zentrisch in die Molchform eingebracht. Die Elastomer-Mischung, die den gekapselten Magnet umschließt, wird in pastöser Form in eine elektrisch beheizte Stahlform gepreßt und unter hohem Druck bei Temperaturen zwischen 150 °C und 200 ° C vulkanisiert (vernetzt). Infolge des teilweise recht großen Volumens der Molche ist eine, je nach Größe der Teile, recht lange Vulkanisierzeit erforderlich. Bei bestimmten Werkstoffen schließt sich an den eigentlichen Vulkanisierprozeß noch eine Nachvulkanisation in Heißluft bei einer Dauer bis zu 24 h an, ehe der Molch seine optimalen Werkstoffeigenschaften erreicht hat.

Der fertige Molch wird aus der Molchform entnommen. Es bleibt lediglich eine kleine Bohrung im Molch, welche von der Magnetkernhalterung verursacht wurde. Diese wird nach der Endbearbeitung mit einem Elastomer verschlossen.

## 3.5  Qualitätssicherung bei Molchen

Der Bestellung von Molchen liegt ein sogenanntes *technisches Blatt* zugrunde. Der Inhalt des technischen Blattes wird durch den Lieferant ergänzt und durch seine Unterschrift bestätigt. Jeder Molch erhält eine unverwechselbare, durch Verschleiß unzerstörbare Kennzeichnung.

Die Lieferung wird im Rahmen der Qualitätssicherung einer Eingangskontrolle unterzogen. Geprüft werden Aussehen, Übereinstimmung mit der Kennzeichnung, Farbe, Härte, Maßhaltigkeit, die Feldstärke des Magneten, sowie seine Lage. Bei manchen Molchanlagen ist es erforderlich, Molche in der Molchleitung zentimetergenau zu plazieren. Die Lage der Molche wird über Detektoren erfaßt. Um zu gewährleisten, daß alle Molche gleich plaziert werden können, muß die Lage des Magneten im Molch kontrolliert werden.

Zur Kontrolle der Lage des Magneten im Molch wird eine spezielle Prüfeinrichtung verwendet (s. Abb. 3-20).

Der Erfolg der Molchtechnik basiert auf dem effizienten Einsatz geeigneter Molche, deren Laufeigenschaften oder Produktstabilität entscheidend sind. Die Automatisierung fordert für eine entscheidende Meßgröße die zuverlässige Detektierbarkeit der Molche in der Rohrleitung. Dazu wird in der Regel die Magnetfeldstärke eines im Molch eingebrachten Permanentmagneten herangezogen.

Der zu untersuchende Molch wird unter definierten Bedingungen in eine Prüfeinrichtung eingespannt. Zwei Molchmelder sind in Analogie zur identischen Anordnung im Feld zur Detektion der Magnetfeldstärke installiert. Sind die Molche gemäß ihrer Spezifikation konstruiert und hergestellt, ergeben beide Molchmelder nach Signalauswertung ein positives Signal. Das Ergebnis der Untersuchung wird in dem für jeden Molch individuell erstellten technischen Blatt festgehalten. Ziel ist, daß durch Prüfung der Gleichheit aller eingesetzten Molche keine aufwendige Nachjustierung an den vor Ort installierten Molchmeldern notwendig ist. Die auf dem Molch eingravierte Kennung wird in das technische Blatt eingetragen und da-

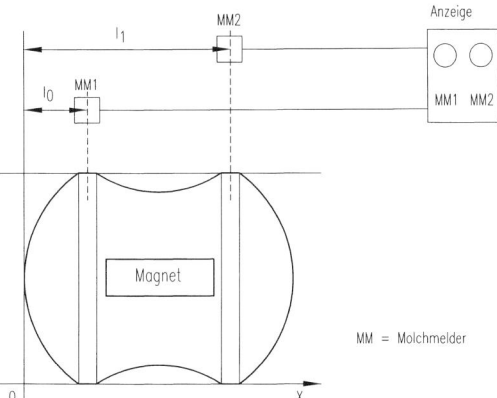

**Abb. 3-20.** Molchprüfeinrichtung für einen Vollkörpermolch

Molchart : Vollkörpermolch

Molchkennzeichnung : Duo — Molch   Nr.:

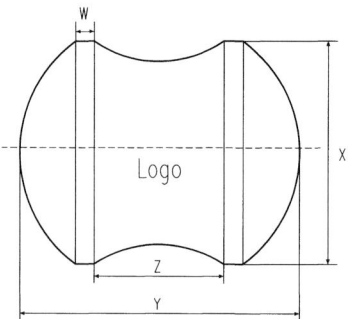

| Typ | | | | D | | | | A | | | | B | | | | C | | | |
|---|---|---|---|---|---|---|---|---|---|---|---|---|---|---|---|---|---|---|---|
| DN | | | | 50 | | | | 80 | | | | 100 | | | | 150 | | | |
| Rohr–Innen–⌀ [mm] | | | | 54,5± 1% | | | | 82,5± 1% | | | | 107,1± 1% | | | | 158,3 ± 1% | | | |
| Werkstoff | | | | Au–zell | | | | Au–zell | | | | Au–zell | | | | Au–zell | | | |
| Farbe | | | | | | | | | | | | | | | | | | | |
| Magnetfeld [mT] | | | | >2 | | | | >2 | | | | >2 | | | | >2 | | | |
| Shorehärte | | | | | | | | | | | | | | | | | | | |
| | W | X | Y | Z | W | X | Y | Z | W | X | Y | Z | W | X | Y | Z | | | |
| | 5 | 56,0 | 71 | 31 | 5 | 85 | 103 | 48 | 5 | 111 | 127 | 57 | 10 | 163 | 207 | 95 | | | |
| Soll–Abmessungen [mm] | ± 0,5 | ±1 | ±1 | ±1 | ±0,5 | ±1 | ±1 | ±1 | ±1 | ±1 | ±2 | ±1 | ±2 | ±1 | ±2 | ±1 | | | |

| Produkt | | Bemerkung |
|---|---|---|
| Einsatzort | | |
| Eingesetzt von / bis | | |
| Anzahl der Molchanlagen | | |
| Streckenlänge [m] | | |
| Laufzeit [km] | | |
| Durchschnittsgeschwindigkeit [m/s] | | |
| Temperatur [°C] | | |

**Abb. 3-21.** Technisches Blatt, Vollkörpermolch

nach wird es zur Dokumentation der eingesetzten Molche archiviert. In das technische Blatt sind weitere Informationen einzutragen wie z. B. Einsatzort, Länge der Leitung, Produkt usw. (s. Abb. 3-21).

Nach der Auswechslung eines oder mehrerer Molche in einer Leitung können aufgrund der lückenlosen Dokumentation Rückschlüsse auf die Standzeit von Molchen gezogen werden. Ist die Standzeit zu gering, muß die Molchleitung inklusive der Armaturen und Steuerung einer Prüfung unterzogen werden oder die Molchart gewechselt werden.

# 4 Armaturen

## 4.1 Funktion von Molcharmaturen

Grundsätzlich muß zwischen molchbaren und nichtmolchbaren Armaturen unterschieden werden. Handelsübliche Ventile, Kükenhähne, Kugelhähne mit reduziertem Durchgang z.B. sind nicht molchbar. Sie haben ihren Platz in einem Molchsystem an den Abgängen einer Molchsende- oder -empfangsstation, beispielsweise für die Treibmediumsversorgung.

Armaturen bilden auch häufig die Verknüpfungspunkte zwischen den molchbaren und nichtmolchbaren Anlagenteilen wie z.B. an Produktein- und -ausgängen.

Das Kapitel beschränkt sich auf die Beschreibung der molchbaren Armaturen in molchbaren Rohrleitungen.

In einem molchbaren Rohrleitungssystem kommt der Auswahl der molchbaren Armaturen eine besonders hohe Bedeutung zu. Sie müssen für den individuellen Einsatzzweck optimal angepaßt werden. Die molchbare Armatur öffnet oder schließt den Durchgang in einer Rohrleitung, nur bei einer Weiche kann neben dem Produktstrom auch die Molchfahrtrichtung beeinflußt werden. Neben den allgemeinen Anforderungen an Armaturen, wie Dichtheit, geringe Leckage, Leichtgängigkeit, Maßhaltigkeit usw. muß zusätzlich die Molchbarkeit der Armaturen gewährleistet sein.

Sie wird z.B. gewährleistet durch:

– gleichen Innendurchmesser wie die Rohrleitung,
– zentrierbaren Flansch,
– exakte Justierbarkeit von Küken in Hähnen und Weichen,
– Führungsstäbe bei Abgängen der Armaturen (s. Abschn. 17.2).

Ein wesentliches Kriterium zur Beurteilung der Eignung einer Molcharmatur ist die Reinigbarkeit, Spülbarkeit und Totraumfreiheit. Die Definition für totraumfrei und totraumarm wird in Abschnitt 16.2 beschrieben.

Die Molcharmatur muß geeignet sein für die zum Molchen ausgewählten Molcharten (Kugel-, Lippen-, Manschetten- und alle Arten von Vollkörpermolchen).

Darüber hinaus müssen Molchmelder, Entspannungs- und Belüftungsstutzen exakt plazierbar sein. Produkteigenschaften bestimmen wesentlich den Typ der Molcharmatur, teilweise müssen deshalb auch Einschränkungen für die Einsetzbarkeit von Armaturen gemacht werden. Bei aushärtenden, verklebenden oder stark abrasiv wirkenden Produkten kann es zu Problemen kommen. Unter Umständen können handelsübliche molchbare Armaturen so modifiziert werden, daß sie dem Einsatzfall gerecht werden.

Besondere Produkteinflüsse erfordern eine intensive Zusammenarbeit zwischen dem Kunden und dem Lieferant, damit die optimale Lösung gefunden werden kann.

## 4.2    Einteilung molchbarer Armaturen

Zur Lösung der an das Molchsystem gestellten Aufgabe hat jeder Hersteller sein eigenes Armaturenprogramm. Grundsätzlich können jedoch die molchbaren Armaturen in folgende Gruppen eingeteilt werden:

| *Standardarmaturen* | *Sonderarmaturen* |
|---|---|
| – Stationen | Kreuzungen zweier molchbarer Leitungen |
| – Abzweige | Molchfangstation für Verladearme |
| – Fangdorne | Molchfangstation für Faßfüllventile |
| – Weichen | Gebindefüllventile |
| | Verteiler |
| | Armaturen im Sterilbereich, siehe Kapitel 16 |

## 4.3    Beispiele ausgeführter Standardarmaturen

Aus Gründen der Übersichtlichkeit können nicht alle molchbaren Armaturen behandelt werden. In der Folge werden jedoch für die einzelnen Armaturengruppen Beispiele genannt und beschrieben.

### 4.3.1    Stationen

Stationen sind Einrichtungen in einem Molchsystem, die am Anfang oder Ende einer Molchleitung angebracht sind. In diesen Stationen werden Molche eingesetzt oder entnommen, geparkt, abgesendet oder empfangen. Stationen werden auch als Bahnhof bezeichnet.

**Sende- und Empfangsstation**

Die in Produktförderrichtung zuerst durchströmte Molchstation wird als Sende-, die zuletzt durchströmte als Empfangsstation bezeichnet.

Sende- und Empfangsstation sind *örtlich fest* zugeordnete Stationen. Nicht zwingend besitzt jede Sende- und Empfangsstation auch eine Einsatz- oder Entnahmemöglichkeit für Molche.

Im Gegensatz zur Sende- und Empfangsstation sind Quell- und Zielstation die bei der jeweiligen Molchfahrt benutzte Ausgangs- bzw. Endstation. Dies bedeutet, daß auch eine Sendestation eine Zielstation sein kann (beim Rückwärtsmolchen).

Quell- und Zielstation wechseln zeitlich in Abhängigkeit des Molchvorgangs.

**Molcheinsatz- und -entnahmestation**

Eine Molcheinsatz- und -entnahmestation hat ihren Platz an einem beliebigen Ende der Molchanlage. Über eine Molcheinsatz- oder -entnahmestation wird der Molch in das Molchsystem eingebracht oder entnommen und kann auch in das Molchsystem mittels eines Treibmediums befördert werden. In dieser Funktion kann eine Molcheinsatz- und -entnahmestation auch gleichzeitig eine Sende- und Empfangsstation sein. Vor dem Molchwechsel muß die Armatur bzw. die Rohrleitung *restlos entspannt* oder durch eine Sicherheitsarmatur vom Rohrleitungssystem getrennt sein.

Das Einsetzen wie das Entnehmen von Molchen muß leicht, schnell und gefahrlos möglich sein.

In keiner Schaltstellung der Armatur darf ein *unkontrollierter Austritt* des Molches oder des Mediums möglich sein.

Die Anbindung von Anschlüssen für ein Treibmedium ist so zu wählen, daß die Molcheinsatz- oder -entnahmestation sowohl in einem Ein- oder auch Zwei-Molch-System eingesetzt werden kann. Je nach Anforderung und Aufbau der Armatur müssen auch Anschlüsse für Reinigungsflüssigkeiten sowie Molchsensoren oder mechanische Molchtaster zur Detektion des Molches an der Armatur vorgesehen werden. Das Einbringen und Entnehmen des Molches wird per Hand durchgeführt.

*Beispiel: Abbildung 4-1: Molcheinsatz- und -entnahmestation, Firma Pfeiffer*

Die Station besteht aus einem Rohrstück, versehen mit den notwendigen Anschlüssen für das Treibmedium, die Entlüftung und der Molchmelderleiste für die Montage von magnetinduktiven Molchsensoren, einem Molcheinschleuskugelhahn mit Sacklochbohrung und einem molchbaren Absperrkugelhahn als Abschlußarmatur der Station. Die Station vereinfacht aufgrund des integrierten Absperrkugelhahnes die Molchein- und -ausgabe, die über die Sacklochbohrung in der Kugel vorgenommen wird, erheblich.

Die Kugel mit der Sacklochbohrung kann zum Einsetzen bzw. Herausnehmen des Molches um 180° gedreht werden.

Damit der Molch leicht in das Sackloch der Kugel eingesetzt werden kann, ist der Durchmesser des Sackloches größer als der Außendurchmesser des Molches

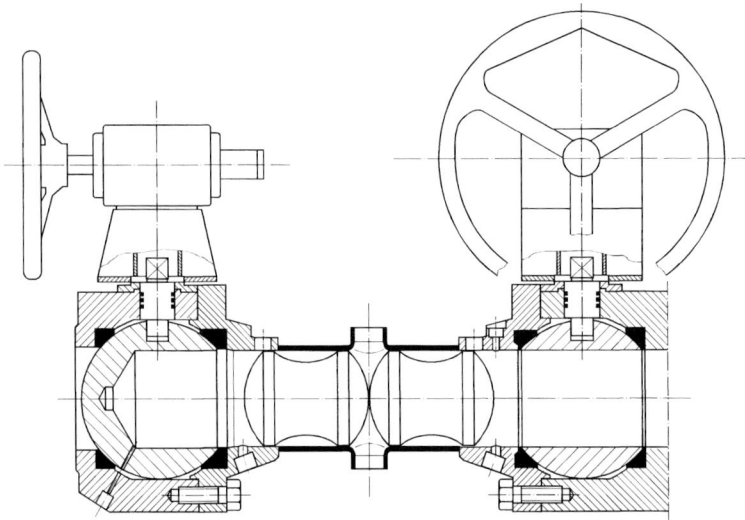

**Abb. 4-1.** Molcheinsatz- und -entnahmestation, Firma Pfeiffer

und der Innendurchmesser des molchbaren Rohres. Der Übergang zwischen Armatur und Rohrleitung ist konisch, damit der Molch durch den Druck des Treibmediums gleitend in die molchbare Rohrleitung eingepreßt werden kann.

Die Länge des Rohrstückes bestimmt die Anzahl der Molche, die darin bevorratet werden können. Diese Station dient nicht nur dem Einsetzen und Entnehmen des Molches, sondern auch dem Absenden des Molches in die Molchanlage.

*Beispiel: Abbildung 4-2: Molcheinsatz- und -entnahmestation, Firma Kiesel*

Diese Molcheinsatz- und -entnahmestation ist auch gleichzeitig Molchsendestation und besteht aus einer erweiterten Molchkammer mit seitlicher Öffnung und Deckel, die durch ein Reduzierstück mit der Molchleitung verbunden ist.

Der Molch wird mit Druck über einen Pneumatikzylinder in die Molchleitung geschoben und dient je nach Ausführung auch als Absperrung, damit sich die erweiterte Kammer nicht mit Produkt füllt.

An die erweiterte Molchkammer sind die Versorgungsarmaturen für Ein- und Ausgang des Treibmediums sowie Spülanschlüsse angeordnet.

Um den Molch daran zu hindern, mit dem Produkt mitgefördert zu werden, ist ein Molchrückhaltedorn mit Pneumatikantrieb angebracht. Alternativ kann die Station durch einen Kugelhahn verschlossen werden.

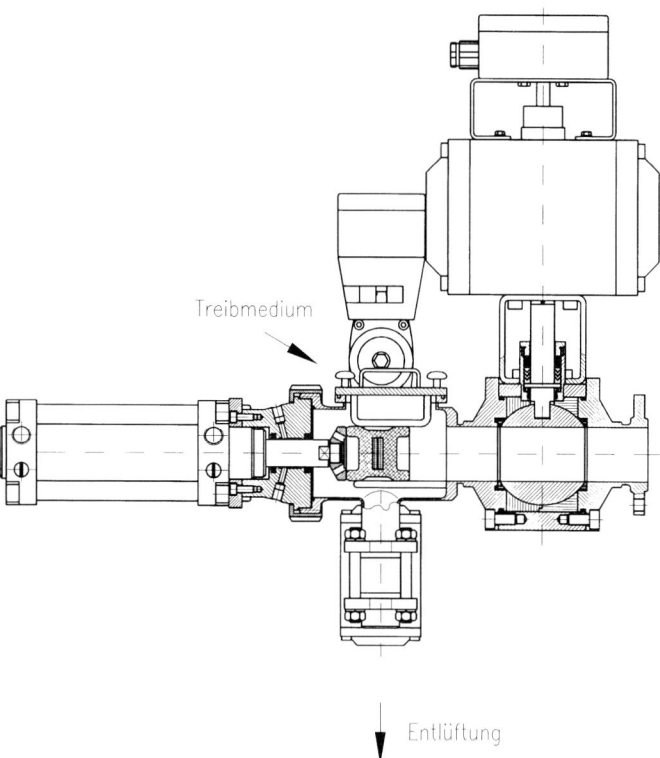

Treibmedium

Entlüftung

**Abb. 4-2.** Molcheinsatz- und -entnahmestation, Firma Kiesel

*Beispiel: Abbildung 4-3: Molcheinsatz- und -entnahmestation, Firma I.S.T.*

Bei den bisher aufgeführten Beispielen der Abbildungen 4-1 und 4-2 handelt es sich um kombinierte Stationen, die durch Zusammenstellung verschiedener Armaturen gleichzeitig als Molcheinsatz-, -entnahme- und -sendestationen verwendet werden können.

Die in Abbildung 4-3 dargestellte Armatur ist eine mobile Molcheinsatz- und -entnahmestation, die im Bedarfsfall an eine Sende- oder Empfangsstation angekoppelt wird. Sie wird häufig in einem verzweigten Molchsystem dort eingesetzt, wo sie gerade benötigt wird, d.h. es müssen nicht mehrere Molcheinsatz- und -entnahmestationen an den verschiedenen Abzweigenden einer Molchanlage fest installiert werden. Von Vorteil ist, daß die kostengünstige Station leicht und schnell (z.B. an einer Molchsendestation) zu montieren ist.

Diese Molcheinsatz- und -entnahmestation kann über eine Gleitkupplung an eine Molchsendestation angeschlossen werden. Sie besteht im wesentlichen aus einem Rohrstück, das im Innendurchmesser größer ist als der maximale Außendurchmesser des Molches.

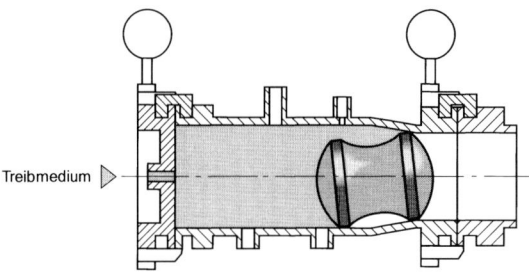

Treibmedium ▷

**Abb. 4-3.** Molcheinsatz- und -entnah-
mestation, Firma I.S.T

Der Innendurchmesser der Station wird an der Anschlußstelle zur Molchleitung
über einen Konus auf den Innendurchmesser der Molchleitung gebracht, damit der
Molch leichter eingepreßt werden kann. Das Rohrstück ist versehen mit Flansch-
ringen der Gleitkupplung, mit zwei Stutzen für die Entspannung und den Treib-
mitteleinlaß, sowie einem mechanischen Molchtaster und einem Manometer. Das
Rohrende ist mit einem Deckelelement verschlossen, das einen schnellen Molchwechsel gewährleistet. Nachdem der Molch in die Molchleitung befördert wurde,
wird die Station entspannt und kann danach abgekuppelt werden. Die Rohrleitung
ist danach mit einem Deckelelement zu verschließen.

**Sende- und Empfangsstationen**

Empfangsstationen sind am Ende einer Molchleitung angebracht. Zu einem geschlossenen Molchsystem gehören immer eine Molchsende- und -empfangsstation.
Nach einem Fördervorgang wird der letzte Molch mit dem Treibmedium zur Empfangsstation gefördert. Das Produkt wird dabei völlig aus der Leitung entleert.
    Der oder die Molche werden in der Empfangsstation bis zum nächsten Verwen-
dungszweck geparkt.
    Sende- und Empfangsstationen erlauben es, daß Molche während ihrer gesam-
ten Lebensdauer im geschlossenen Molchsystem verbleiben können.
    Molchempfangsstationen sind mit Treibmedium- und Entlüftungsstutzen verse-
hen. Sie sind so zu positionieren, daß anfallende Produktrestmengen leicht in ein
Entspannungsgefäß abfließen können. Reinigungsanschlüsse können je nach Aufgabenstellung ebenfalls vorgesehen werden. Zur Detektion des Molches können
Molchtaster oder magnetinduktive Molchsensoren installiert werden.

*Beispiel: Abbildung 4-4: Sende- und Empfangsstation, Firma I.S.T.*

Diese Empfangsstation wird an einem Ende der Molchleitung angeflanscht. Sie besteht aus einem Rohrstück mit dem Innendurchmesser der Molchleitung und einem
Abgang nach unten mit einem reduzierten Durchmesser. Der Abgang ist so mit Ste-
gen gestaltet, daß das Überfahren des Abganges durch den Molch leicht möglich ist.
Mit einem Formeinsatz, der in der Länge variiert werden kann, wird der Molch scho-

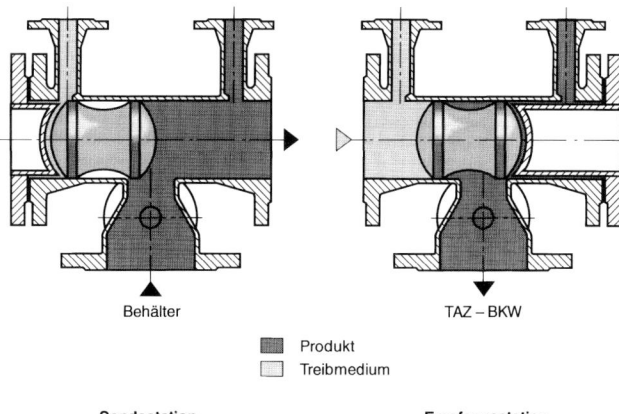

Behälter                    TAZ – BKW

■ Produkt
□ Treibmedium

**Abb. 4-4.** Sende- und
Empfangsstation, Firma
I.S.T.

**Sendestation**                    **Empfangsstation**
                              nach Leerdrücken der Leitung

nend positioniert. Der ankommende Molch schiebt das Produkt durch den Abgang hinaus. Die Station ist für ein Ein- und Zwei-Molch-System verwendbar. Der Grundkörper ist auch für den Aufbau einer Sendestation zu verwenden.

*Beispiel: Abbildung 4-5: Empfangsstation*

Das Beispiel zeigt eine Molchempfangsstation für ein Einmolchsystem. Die Anschlußarmaturen sind mit pneumatisch betriebenen Stellantrieben versehen. Die Armatur besteht aus einem Rohrstück mit T-Abgang nach unten und ist mit Flanschen versehen.

Zur schonenden Positionierung des Molches ist ein Formeinsatz an das Rohrstück angeflanscht. An den Flansch ist das Treibmedium angeschlossen.

Der Molch wird z.B. mit einem Treibmedium in Richtung Empfangsstation getrieben und drückt dabei ein Produkt über den T-Abgang und die geöffnete Abschlußarmatur in einen Behälter. Der Molch ist so positioniert, daß das gesamte Produkt aus der molchbaren Rohrleitung über den Ringraum hinter dem Molch auslaufen kann, ohne das Treibmedium hindurchzulassen. Über den gleichen Ringraum drückt das Treibmedium den Molch wieder aus der Empfangsstation heraus. Neben einem Spülanschluß können die üblichen Einrichtungen der Prozeßleittechnik (PLT) zur Detektion des Molches installiert werden.

*4.3.2 Abzweige*

Soll aus einer molchbaren Rohrleitung Produkt entnommen oder zugeführt werden, so wird ein Abzweig benötigt. In der Regel ist der Abzweig senkrecht zur Rohrleitungsachse angeordnet. Je nach Aufgabenstellung kann die Lage des Abzweiges nach oben oder unten gerichtet sein. Bei *schwierigen* Produkten kommt es ganz besonders auf die Lagerichtigkeit des Abzweiges (oben oder unten) an.

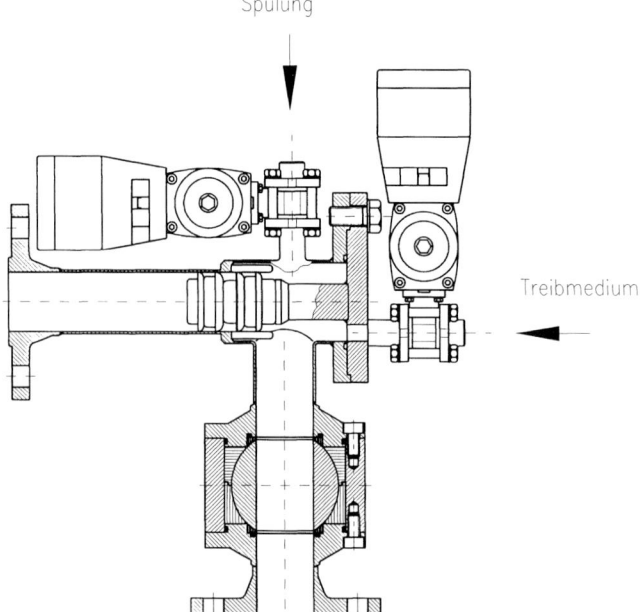

Spülung

Treibmedium

**Abb. 4-5.** Empfangsstation,
Firma Kiesel

Zum Abzweig gehört eine Schaltfunktion, die normalerweise pneumatisch betrieben wird.

Der Antrieb bewegt z. B. entweder einen Dorn oder Ring, die den molchbaren Querschnitt der Armatur verringern.

Wenn der Dorn oder Ring in die molchbare Rohrleitung hineinragt, können von beiden Seiten Molche herangefahren und gehalten werden und dabei das Produkt durch den Abzweig ableiten.

Generell sind Abzweige dadurch gekennzeichnet, daß der Durchgang der Armatur molchbar, der Abzweig oft aber einen kleineren Durchmesser besitzt als die molchbare Rohrleitung und nicht molchbar ist.

*Beispiel: Abbildung 4-6: T-Ringschieber*

Der T-Ringschieber ist eine totraumfreie Spezialarmatur. Er besitzt gleichzeitig die Funktion als Absperrarmatur, molchbares T-Stück und Molchfangeinrichtung.

Der gerade Durchgang kann ohne Totraum gemolcht werden, dabei ist die Armatur geschlossen. Der T-Abgang kann durch den ringförmigen Verschluß, der gleichzeitig den Molch stoppt, abgesperrt werden. Eine weitere Absperrarmatur am T-Abgang ist nicht erforderlich.

Der Antrieb des Ringverschlusses geschieht pneumatisch über einen Hubkolben. Die Abdichtung des Ringverschlusses erfolgt über Seitenteile, die mittels Federpaketen an den Ring gepreßt werden.

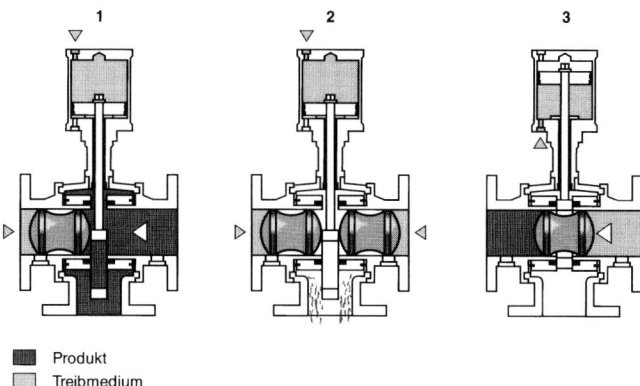

**Abb. 4-6.** T-Ringschieber, Firma I.S.T.

An dem T-Ringschieber sind Bohrungen für Molchdetektoren vorgesehen.
Die gesamte Armatur ist zur Montage mit Flanschen ausgerüstet.

*Beispiel: Abbildung 4-7: T-Stück mit Fangdorn*

Ein T-Stück mit oder ohne Fangdorn ist nicht totraumfrei, da sich im Abgang bis
zur nicht molchbaren Absperrarmatur kleine Restmengen sammeln. T-Stücke habe
keine Absperrfunktion und dienen zur Produktein- oder -ausschleusung in molchbare Rohrleitungen. Der Anschluß des T-Abgangs an das molchbare durchgehende Rohr ist so ausgebildet, daß ein Molch ohne Probleme hindurchfahren kann.
Diese Konstruktion erlaubt es, daß der T-Abgang nach unten den gleichen Querschnitt hat wie das Durchgangsrohr.

Wird in dieses T-Stück ein Fangdorn eingebaut oder eine Molchfangeinrichtung
angeflanscht, so wird aus einem Durchgangs-T-Stück eine Molchfangstation. Der
Molch kann aus wechselnden Richtungen kommen, durch den T-Abgang das Produkt hinausdrücken und wird durch den Fangdorn in der gewünschten Position
festgehalten, ohne daß das Treibmedium an dem Molch vorbei in den T-Abgang
gelangen kann. Ist die Aufgabe des Molches erfüllt, kann er wieder durch die entsprechend installierten Treibmediumanschlüsse mit Treibmedium oder mit Produkt
in seine Ausgangslage zurückgesandt werden.

An den T-Abgang wird normalerweise eine Absperrarmatur mit Stellantrieb installiert. Auch dieses T-Stück kann mit Molchdetektoren ausgestattet werden.

*Beispiel: Abbildung 4-8: Eindosierarmatur*

In der normalen Anlagenpraxis durch ein T-Stück mit Kugelhahn realisiert, wird
hier die Eindosierarmatur, der Kugelhahn, nahezu totraumfrei an die zu molchende Rohrleitung montiert, um Produktrückstände zu vermeiden. Dabei ist in der
Absperrstellung das normalerweise in die Molchleitung ragende Kugelküken der
Rohrkontur angepaßt.

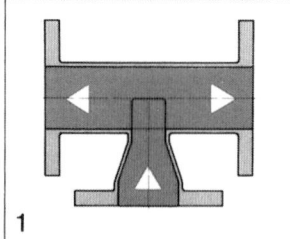
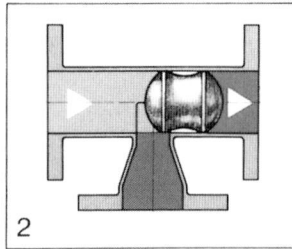
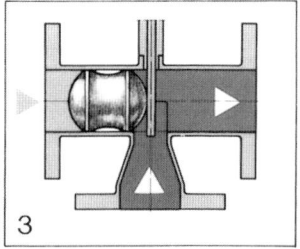

| | | |
|---|---|---|
| Produkt strömt in die molchbare Rohrleitung | Nach dem Pumpvorgang drückt der Molch das Produkt zum Zielbehälter | Der ziehbare Fangdorn als Anbauteil dient als Molchanschlag für Ein- oder Zweimolchsysteme |

**Abb. 4-7.** T-Stück mit Fangdorn, Firma I.S.T.

Aufsicht                                    Querschnitt durch Eindosierung

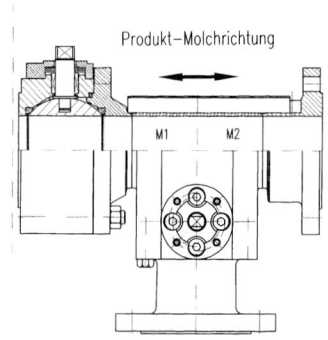
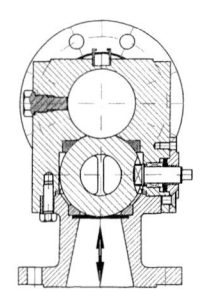

**Abb. 4-8.** Eindosierarmatur, mit Stopperkugelhahn, Firma Pfeiffer

Die Armatur besteht aus einem T-Stück, welches sich aufgrund seiner Konstruktion mit dem integrierten Kugelhahn vollkommen totraumfrei molchen läßt. Die schwimmende Kugel, d. h. beide Sitzringe werden durch Tellerfedern an die Kugel dichtend gepreßt, gewährleistet einen hohen Dichtheitsgrad.

Die Armatur kann in einer Molchanlage vielfältig eingesetzt werden, z. B. als Produkteingang in Ein-Molch-Systemen mit einem Verdrängerkörper, oder als zur Endstation mit Produktein- und/oder -ausgang im Zwei-Molch-System oder zur Zudosierung in den Produktstrom eines Zwei-Molch-Systems.

Die Eindosierarmatur kann auch mit einem Stopperkugelhahn kombiniert werden. Am häufigsten benutzt man diese Ergänzung zur Positionierung von Molchen in Zwei-Molch-Systemen. Durch die äußerst stabile Kugellagerung läßt sich der Molch problemlos und exakt positionieren, indem er gegen die geschlossene Kugel fährt. Die an der Armatur angebrachten Molchmeldeleisten ermöglichen das einfache Anbringen und Positionieren der Molchdetektoren.

*Beispiel: Abbildungen 4-9 und 4-10: Kolbenventile*

Beim Kolbenventil handelt es sich um einen totraumfreien, absperrbaren und spül-
baren Abzweig einer Molchleitung (T-Stück mit Absperrung).

Das Kolbenventil wird zum Einführen bzw. Ausführen von Produkten in oder
aus der Molchleitung eingesetzt.

Im Gegensatz zum T-Stück mit Kugelhahn ist es vollständig totraumfrei und
wird deshalb besonders in Molchanlagen eingesetzt, bei denen geringste Produktvermischungen bzw. -verunreinigungen auszuschließen sind.

Das Kolbenventil wird zwischen die Molchleitung montiert. Im geschlossenen
Zustand verläuft die Molchung völlig glatt und totraumfrei durch das Kolbenventil.

Im geöffneten Zustand wird die Molchleitung mit einer nicht molchbaren ankommenden oder abgehenden Rohrleitung verbunden und das Produkt kann ungehindert in die gewünschte Richtung fließen.

Das Kolbenventil kann im geschlossenen und im geöffneten Zustand gemolcht
werden.

Die nicht molchbare Leitung kann bei geschlossenem Kolbenventil durch einen
Spülanschluß gespült werden.

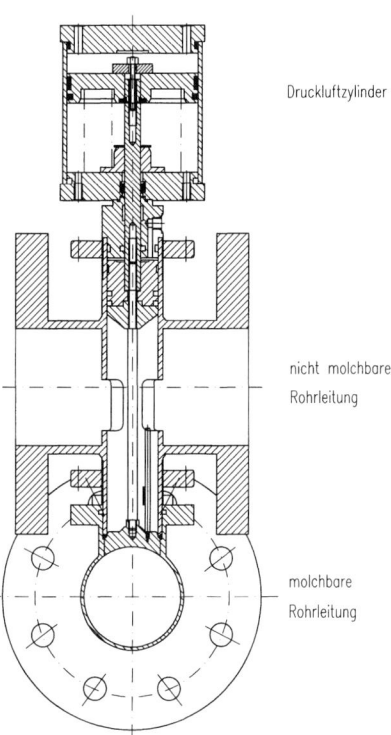

Druckluftzylinder

nicht molchbare
Rohrleitung

molchbare
Rohrleitung

**Abb. 4-9.** Kolbenventil, Firma I.S.T.

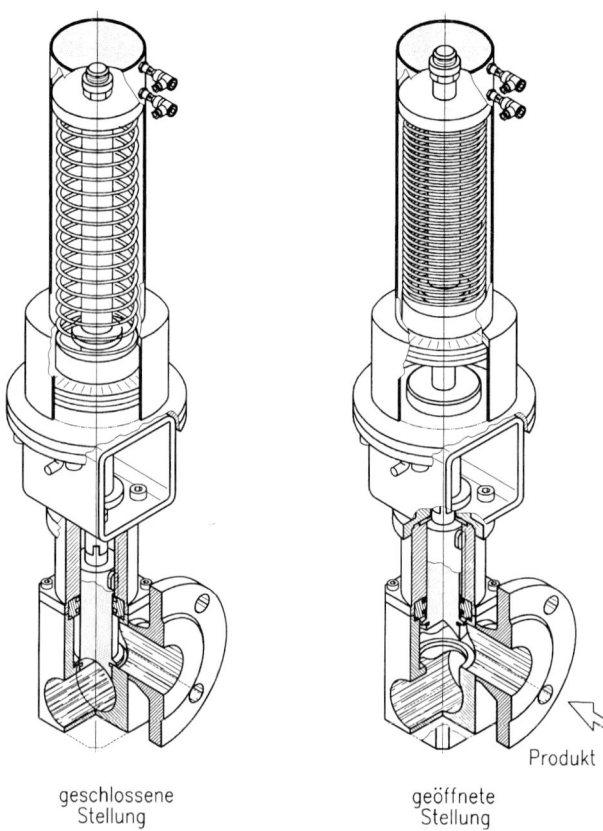

geschlossene
Stellung

geöffnete
Stellung

Produkt

**Abb. 4-10.** Kolbenventil,
Firma Kiesel

### 4.3.3  Fangdorne

Fangdorne werden immer in der Kombination mit einer Armatur installiert, entweder an einer Sende- oder Empfangsstation oder in einem T-Stück. Fangdorne haben dort die Aufgabe einen oder zwei Molche, die aus wechselnden Richtungen kommen können, zu positionieren oder festzuhalten. Dies geschieht, wenn der Fangdorn in die molchbare Rohrleitung hineinragt, d. h. der Fangdorn ausgefahren ist. Ist der Fangdorn gezogen, ist der Durchgang der Molchleitung frei. Der Fangdorn selbst sowie die Lagerung müssen ausreichend dimensioniert sein (s. Abschn. 4.6). Der ausgefahrene Fangdorn sollte in einem Gegenlager arretiert werden, um dem Verbiegen des Dornes durch den Molch vorzubeugen.

*Beispiel: Abbildung 4-11: Fangdorn*

Die Konstruktionen von Fangdornen, die auf dem Markt angeboten werden, sind sehr ähnlich.

**Abb. 4-11.** Fangdorn,
Firma I.S.T.

Das T-Stück mit dem Fangdorn wird zwischen die molchbare Leitung ge-flanscht und stellt ein Abzweig dar. Die Hubbewegung erfolgt über einen pneuma-tischen Antrieb. Die Stellung des Fangdornes wird durch Näherungsinitiatoren überwacht. Der kräftig dimensionierte Fangdorn wird im Gegenlager gehalten. Ist der Dorn verbogen, so kann er seine Endstellung nicht erreichen, dies wird durch einen Stellungsmelder angezeigt.

### 4.3.4  Weichen

Im Gegensatz zu einem Produktabzweig haben Weichen die Aufgabe, Produkt *und* Molch zu verzweigen.

Weichen werden unterschieden nach:

- Bauform des Kükens (Kugel oder Zylinder, s. Tab. 4-1 und Abb. 4.12, Vergleich der Formdichtelemente.)
- Anschlußart (räumliche Anordnung der Stutzen)
- Anzahl der Wege und Schaltstellungen (a/b-Weiche).

**Tab. 4-1.** Vergleich der Formdichtelemente von Zylinder und Kugel einer Drei-Wege-Weiche

| Ventilform | Vorteile | Nachteile |
|---|---|---|
| Zylinder | einfache Fertigung und Montage des Kükens<br>einfache Deckelabdichtung totraumfrei | eine genaue Formgestaltung der Dichtung ist erforderlich<br>vorstehendes, ungekammertes PTFE<br>auf genaue Zentrierung oder Dichtung bei der Montage ist zu achten |
| Kugel | die Dichtungen haben eine kreisförmige Auflagefläche auf der Kugel<br>kein vorstehendes PTFE<br>leichte Montage der Dichtung | hochpräzise Fertigung der Kugel<br>totraumfrei nur durch zusätzliche Abdichtelemente<br>gleichmäßiges Anlegen der Schrauben an den Stutzen erforderlich |

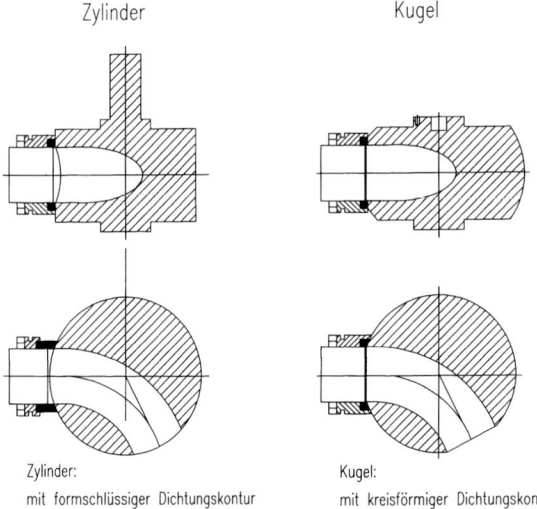

Zylinder    Kugel

Zylinder:    Kugel:
mit formschlüssiger Dichtungskontur    mit kreisförmiger Dichtungskontur

**Abb. 4-12.** Vergleich der Formdichtelemente von Zylinder und Kugel einer Drei-Wege-Weiche, nach Firma ABK

Hauptsächlich werden sogenannte Drei-Wege-Weichen eingesetzt, es sind jedoch auch Mehrwege-Weichen möglich. Die Abgrenzung der Mehrwege-Weichen zu molchbaren Verteilern wiederum ist fließend.

Die Drei-Wege-Weiche gehört zu den wichtigsten Armaturentypen und ist eine molchbare Schaltarmatur, die es erlaubt, das ankommende Produkt in zwei Richtungen umzulenken und anschließend zu molchen. Sie wird an den Stellen eingesetzt, wo eine Rohrverzweigung erforderlich wird oder verschiedene Ziele erreicht werden müssen.

Die Mehrwege-Weichen werden vorwiegend in Mehrproduktanlagen eingesetzt, um die Anzahl der erforderlichen Leitungen zwischen Ziel- und Quellbehälter zu reduzieren.

In der Folge werden wir uns auf die Beschreibung von Drei-Wege-Weichen beschränken.

Drei-Wege-Weichen sind nahezu totraumfrei. Das Küken dreht sich überschneidungsfrei an den Auslässen vorbei.

Je nach Hersteller ist die Bauform des Kükens zylindrisch oder kugelförmig. In beiden Fällen wird der Molch in der Armatur umgelenkt. Die Hauptfunktion liegt also im Bogenbereich. Dadurch ist eine hohe Präzision bei der Bearbeitung und Positionierung erforderlich.

Störkanten an den Übergängen zwischen Küken und Gehäuse müssen vermieden werden, da durch die im Bogenbereich auftretenden Tangentialkräfte am Molch ein erhöhter Verschleiß zu erwarten ist.

Der Einbauort bzw. die Platzverhältnisse entscheiden über die Anschlußart der Weiche (Abb. 4-13): entweder 120° Sternform, Schwalbe oder Geweih. Die Form „Schwalbe" wird zum Einbau als T-Stück, die Form „Geweih" zum Einbau in parallele Rohrleitungen verwendet.

Die Angaben a/b vor der Weiche, z. B. 3/2-Weiche, geben Aufschluß über die Anzahl der Wege (a) und die Anzahl der Schaltstellungen (b).

Die Weichen können mit pneumatischen Antrieben für zwei als auch für drei Schaltstellungen ausgerüstet werden.

Je nach Art des Antriebes ergeben sich verschiedene Schaltfunktionen. Jeder Schaltfunktion ist eine feste Grundstellung zugeordnet (Abb. 4-14).

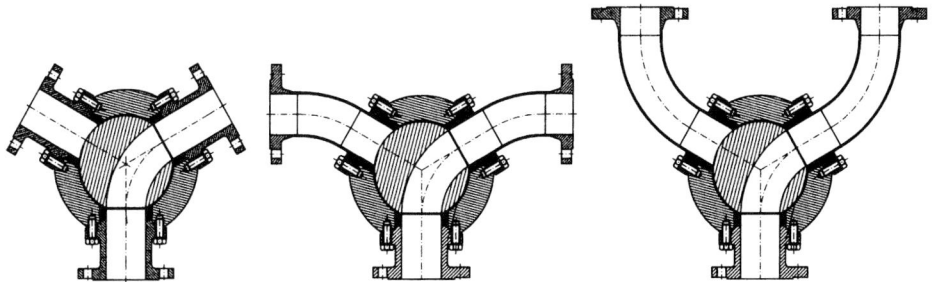

**Abb. 4-13.** Anschlußarten von Weichen

*Beispiel: Abbildung 4-15: Drei-Wege-Weiche mit Küken in Zylinderform*

Diese Drei-Wege-Weiche ist für Produkte einsetzbar, die keine Vermischung oder nur geringe Kontamination erlauben. Sie besitzt ein Küken in Zylinderform. Alle drei Schaltstellungen sind möglich, d. h. Produktströme können in 3 Richtungen umgeleitet werden. Das zylinderförmige Küken ist allseitig von PTFE umschlossen und beidseitig mit kräftigen Zapfen gelagert.

Die zylinderförmige Hauptdichtung (Liner) ist im Bereich der Durchgänge über O-Ringe angefedert. Sie ist seitlich noch zusätzlich durch Nutringe mit Zwischenraumentspannung (Block and Bleed) unterstützt. Die Zwischenräume sind mit Kontaminations-Abfrageöffnungen versehen.

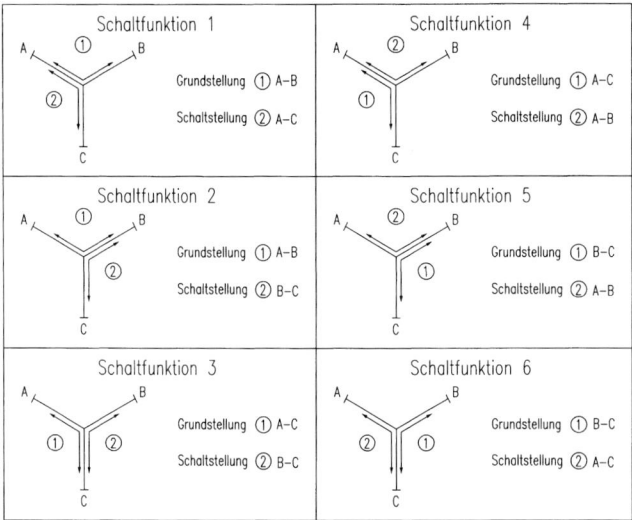

**Abb. 4-14.** Schaltfunktionen einer 3/2-Wege-Weiche.

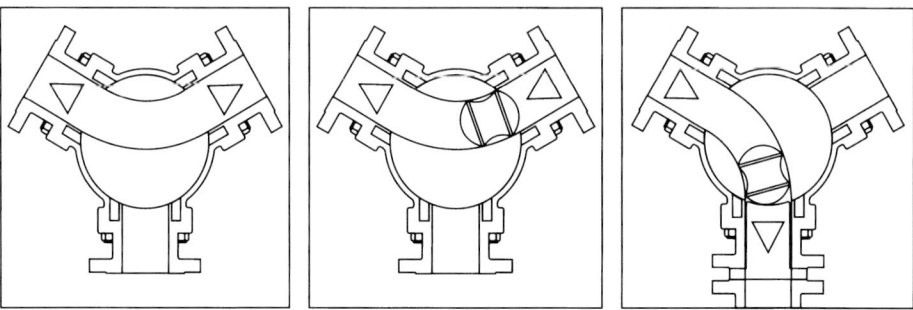

**Abb. 4-15.** Drei-Wege-Weiche, Firma I.S.T.

Im glatten Durchgang bleibt beim Molchen kein Rest stehen.
Die Verstellung der Drei-Wege-Weiche durch pneumatischen Antrieb erfolgt wahlweise für zwei oder drei Stellungen. Die Verstellung ist überschneidungsfrei, d. h. während des Schaltvorgangs sind alle Abgänge gleichzeitig geschlossen.

*Beispiel: Abbildung 4-16: Drei-Wege-Weiche mit Küken in Kugelform*

Im Gegensatz zur Weiche in Abb. 4-15 hat diese Weiche ein Küken in Kugelform. Diese Armatur ist ein 120° Drei-Wege-Kugelhahn. Die Kugel ist hochwertig bearbeitet, um einen hohen Dichtheitsgrad zu erzielen. Je nach Antrieb sind zwei oder auch drei Schaltstellungen möglich.

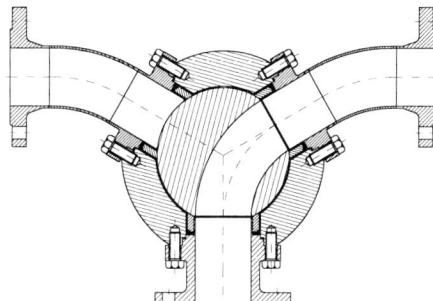

**Abb. 4-16.** Drei-Wege-Weiche, Firma Pfeiffer

Das Grundgehäuse ist mit drei angeschraubten Seitenteilen ausgerüstet und gegen die Kugel abgedichtet. An die Armatur sind alle herkömmlichen Endlagenschalter und Magnetventile anbaubar.

Eine Drei-Wege-Weiche der Firma ABK, Köln ist ähnlich aufgebaut, sie unterscheidet sich nur unwesentlich im Dichtungsaufbau.

## 4.4 Beispiele im Handel erhältlicher Spezialarmaturen

Die Armaturen für den Sterilbereich zählen ebenfalls zu den Spezialarmaturen. Im Kapitel 16 wird auf die Besonderheiten und die Qualitätsmerkmale näher eingegangen.

### 4.4.1 Kreuzung zweier molchbarer Rohrleitungen

Unter Kreuzungen versteht man zwei senkrecht aufeinander zulaufende molchbare Rohrleitungen. Sollen diese miteinander verbunden werden, ohne sie mechanisch zu verschieben oder zu kuppeln, so müssen Sonderarmaturen eingesetzt werden. Diese Armaturen haben die Aufgabe, eine vollautomatische Verteilung von mehreren ankommenden auf mehrere abgehende Molchleitungen in einem festen Rohrleitungssystem zu realisieren.

*Beispiel: Abbildung 4-17: Kreuzkolbenventil*

Das Kreuzkolbenventil gehört zur Familie der Kolbenventile.

Es ist eine Kombination aus dem Kolbenventil und dem Drei-Wege-Kolbenventil und wird zwischen zwei senkrecht zueinander verlaufende Molchleitungen montiert.

Im geschlossenen Zustand verlaufen beide Molchleitungen völlig glatt und totraumfrei durch das Kreuzkolbenventil. Beide Leitungen können unabhängig voneinander gemolcht werden.

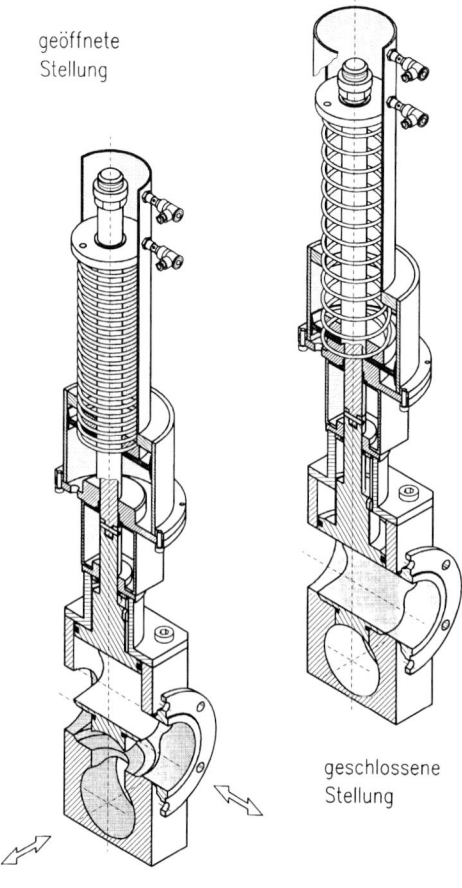

geöffnete
Stellung

geschlossene
Stellung

Molchleitungen

**Abb. 4-17.** Kreuzkolbenventil, Firma Kiesel

Im geöffneten Zustand wird die obere Molchleitung mit der unteren Molchleitung verbunden. Öffnen und Schließen ist unter Produktfüllung möglich.

Die obere Leitung kann bis gegen den geöffneten Kolben, die untere Leitung kann komplett gemolcht werden.

Kreuzkolbenventile bauen sehr kurz, sie können z.B. in der Produktaufgabeachse direkt verschraubt werden. Da sich in dieser Leitung ständig das gleiche Produkt befindet, muß hier nicht gemolcht werden.

Je nach Aufgabenstellung wird das entsprechende Kreuzkolbenventil geöffnet. Gemolcht wird nur in der unteren Leitung vom ersten Kreuzkolbenventil bis zur Zielstation. Wenn erforderlich, kann auch die obere Leitung gemolcht werden.

### 4.4.2 Verteiler

Verteiler ermöglichen es, eine Vielzahl von ankommenden, z. B. molchbaren, Rohrleitungen mit Molchleitungen in einer Ebene zu verbinden. Dazu werden weder Schläuche noch Kupplungen benötigt. Die Verbindungen können manuell oder automatisch hergestellt werden.

Verteiler werden in Mehrprodukteanlagen für Misch-, Abfüll- und Verladevorgänge eingesetzt.

Die Vorteile eines Verteilers sind:

– geschlossenes System
– geringe Baugröße
– wenig bewegte Teile
– System ist erweiterbar
– molchbar von und zu den Anschlüssen
– Aufstellung, nicht an feste Einbaulagen gebunden.

Grundsätzlich können die Verteiler eingeteilt werden in:

– molchbare Mehrfachverteiler
– Drehverteiler
– Linearverteiler
– Matrixverteiler
– Vollsystemverteiler.

Drehverteiler, Linearverteiler und Matrixverteiler basieren auf dem Gleitkupplungssystem.

Eine Gleitkupplung besteht aus zwei glatten Kupplungshälften, die aufeinandergleiten bis sie verriegelt sind. Die molchbaren Gleitkupplungshälften sind über O-Ringe abgedichtet.

Beschrieben werden in Folge der modulare Mehrfachverteiler, der Drehverteiler und der Vollsystemverteiler.

*Beispiel: Abbildung 4-18: Modularer Mehrfachverteiler*

Mit einem modularen Mehrfachverteiler wird die radiale Anordnung der Mehrwege-Weiche auf eine lineare Ebene übertragen. Dieser molchbare Rohrleitungsverteiler mit konstantem Rohrdurchmesser verbindet z. B. 12 Eingänge mit vier Ausgängen. Gleichzeitig können vier Produkte gefördert werden. Der Verteiler ist modular aufgebaut. Soll ein Tankfeld z. B. mit vier Abfülleinheiten verbunden werden, so eignet sich dafür dieser modulare Mehrfachverteiler.

Die Verteilung erfolgt über vier bewegliche Gelenkarme. Zwei Schlitten fahren die Arme in die gewünschte Position.

Das Aus- und Einkuppeln wird mit Pneumatikzylindern durchgeführt.

Blindkupplungen verschließen die nicht benutzten Anschlüsse. Die jeweilige Aufgabenstellung wird von einer speicherprogrammierbaren Steuerung durchgeführt.

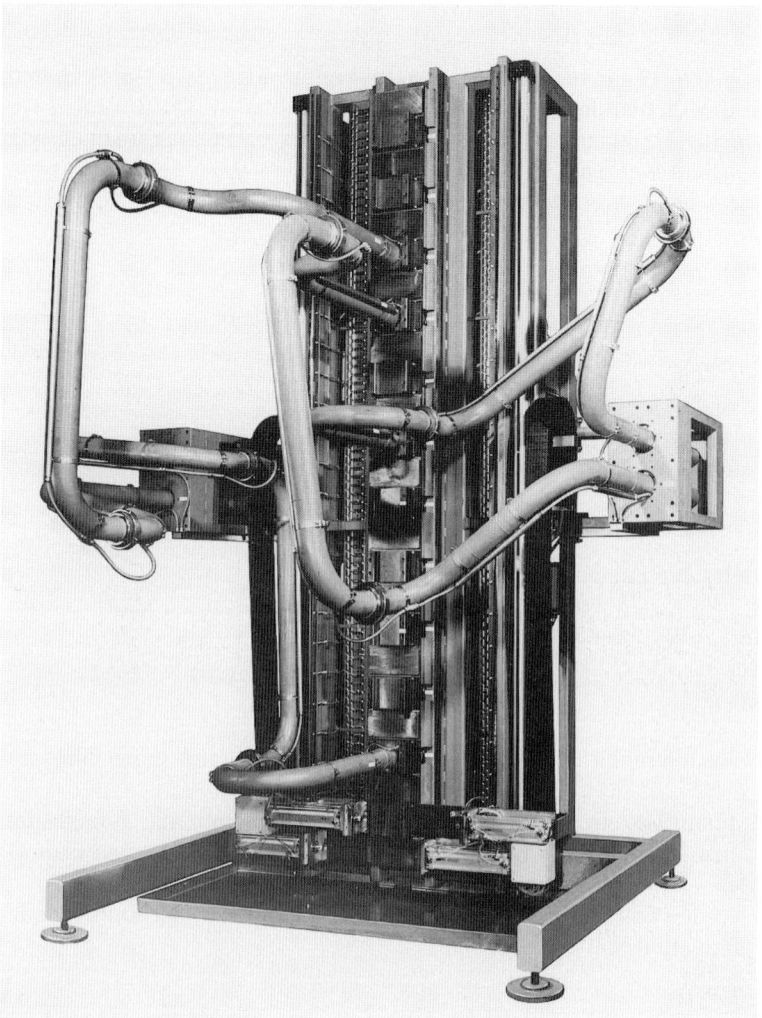

**Abb. 4-18.** Modularer Mehrfachverteiler, Firma I.S.T.

*Beispiel: Abbildung 4-19: Drehverteiler*

Der Drehverteiler (Mehrwege-Weiche mit Vollsystemkupplung) ist integriert in einer Molchanlage zwischen Sende- und Empfangsstation und ist durchgängig molchbar. Der Drehverteiler ist eine Alternative zu Schlauchleitungen. Um einen Rohrstutzen herum sind kreisförmig auf einer Platte mehrere Gleitkupplungen angebracht. An dem zentralen Rohrstutzen sind ein U-Arm und ein S-Arm drehbar befestigt. Das Umschalten der Anschlüsse erfolgt durch Entriegeln der vorhandenen Verbindungen, Verfahren des U-Armes oder S-Armes und erneutem Verrie-

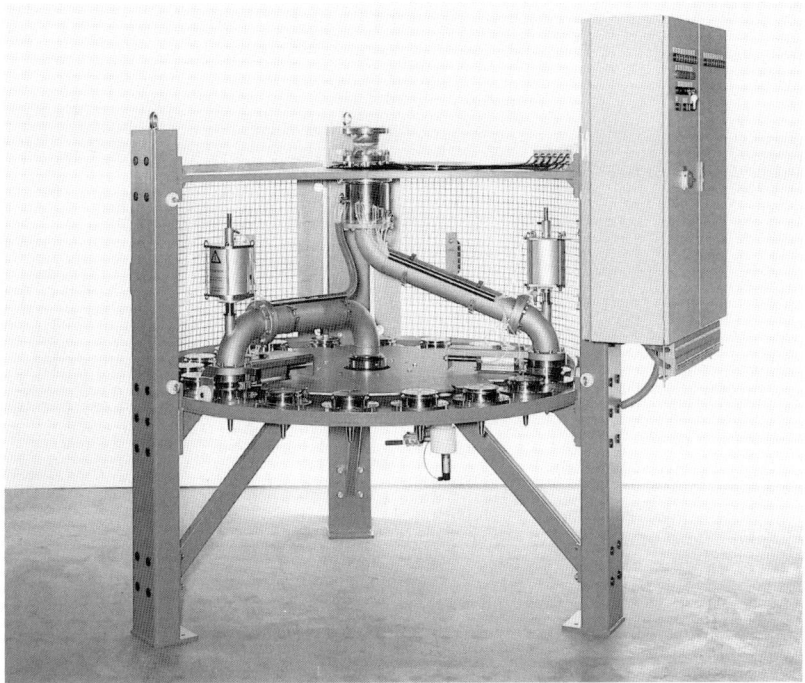

**Abb. 4-19.** Drehverteiler 2/18, Firma I.S.T.

geln der beiden Kupplungshälften. Das Verfahren in die gewünschte Position erfolgt hier pneumatisch.

*Beispiel: Abbildung 4-20: Vollsystemverteiler*

Ein Vollsystemverteiler (VS) ist ein vollständig geschlossenes molchbares System, das die Verzweigung von Rohrleitungen zwischen den Quellen und Zielen optimiert. Mit einem VS kann gemischt und auch zwischen Behältern umgepumpt werden. Das System ist frei von Schläuchen und schließt Produktverluste und Fehlschaltungen zuverlässig aus.

In einem VS können auch unterschiedliche Rohrleitungsnennweiten untereinander verbunden werden. So kann z. B. eine molchbare Rohrleitung DN 50 neben einer molchbaren Rohrleitung DN 100 mit Produkt gefüllt und anschließend gemolcht werden. Ein VS ist leicht durch seine modulare Bauweise erweiterbar. In der maximalen Ausbaustufe können bis zu 50 nicht molchbare Rohrleitungen und 20 molchbare Rohrleitungen kombiniert werden. Der VS besteht aus nicht molchbaren Kanälen, die die Produktzuführungen übernehmen.

Rechtwinklig hierzu befinden sich die molchbaren Rohrleitungen, die im Schnittpunkt nach dem Ringschieberprinzip verbunden sind. Dieser Ringschieber

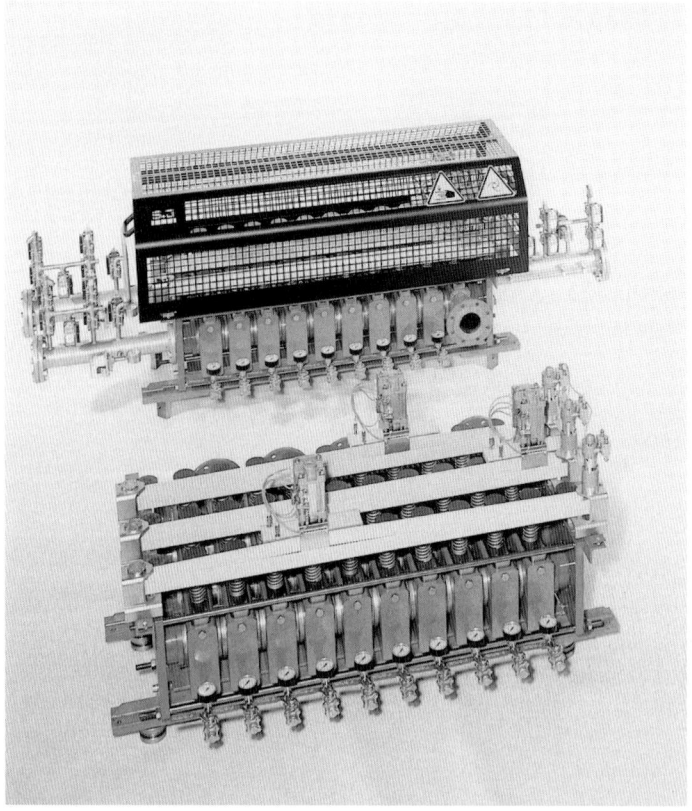

**Abb. 4-20.** Molchbarer Vollsystemverteiler, Firma I.S.T.

öffnet die Verbindung zwischen dem produktführenden Kanal und der Molchleitung. Gleichzeitig dient der Ringschieber als Molchfangeinrichtung. Die jeweiligen Ringschieber werden manuell oder über eine pneumatische Betätigungseinheit geöffnet. Ein Schlitten fährt die Betätigungseinheit parallel über die molchbare Leitung an den gewünschten produktführenden Vollsystemteil. So ist nur eine Betätigungseinheit pro molchbare Leitung notwendig. Es entfallen dadurch Verriegelungen und der Aufwand für die Steuerung wird auf ein Minimum reduziert.

### 4.4.3 Molchbare Verladeeinrichtungen

Eine molchbare Verladeeinrichtung wird immer am Ende einer molchbaren Rohrleitung oder eines molchbaren Gelenkarmes angebracht. Sie ermöglicht das Molchen von Rohrleitungen durch die Verladeeinrichtungen hindurch. Dadurch wird es möglich, beim Befüllen von Tankkraftwagen oder Eisenbahnkesselwagen sämtliches Produkt aus den Rohrleitungen in das Fahrzeug zu drücken oder bei Ansprechen einer Überfüllsicherung das Produkt, das sich in der Rohrleitung befindet, wieder in den Tank zurückzudrücken. Ohne Probleme lassen sich verschiedene Produkte einer Produktfamilie nacheinander durch dieselbe Verladeeinrichtung abfüllen.

*Beispiel: Abbildung 4-21: Füllkopf*

Der Füllkopf ist eine molchbare Verladeeinrichtung, die am Ende einer molchbaren Rohrleitung oder eines molchbaren Gelenkarmes angebracht ist.
   Er besteht aus einem Innenrohr und einer außen angebrachten auf- und abbeweglichen Schiebehülse. Diese Schiebehülse läßt sich durch Steuerluft in die Auf/Zu-

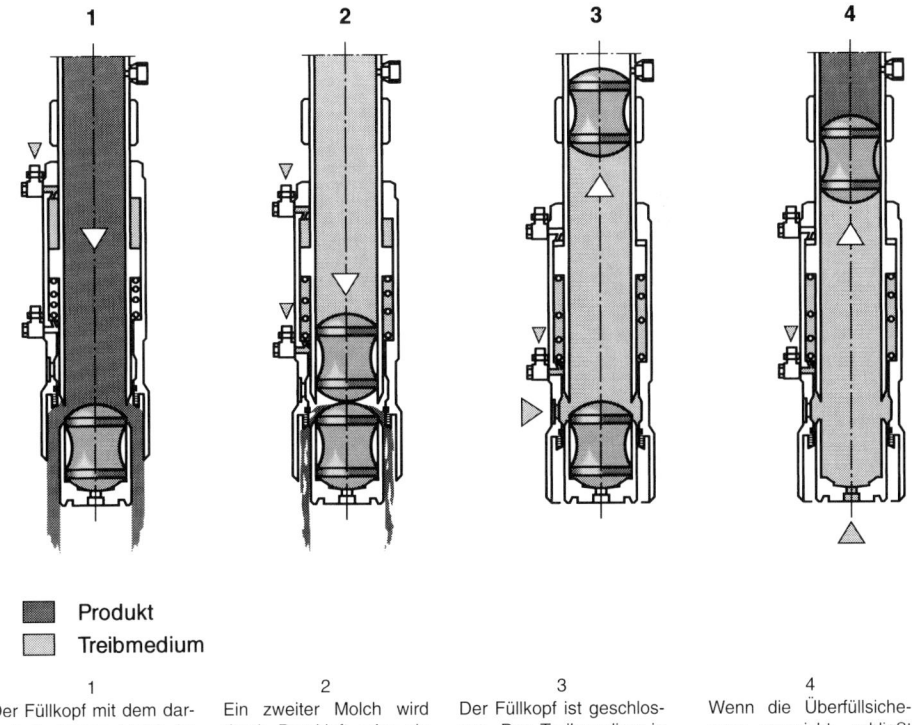

■ Produkt
□ Treibmedium

| 1 | 2 | 3 | 4 |
|---|---|---|---|
| Der Füllkopf mit dem darin befindlichen Molch ist geöffnet, das Produkt fließt am Molch vorbei, z.B. in den Tankkraftwagen | Ein zweiter Molch wird durch Druckluft oder ein anderes Treibmedium herangebracht und drückt das Produkt durch den Füllkopf in den Tankkraftwagen. Der Füllkopf wird in Drossel-Stellung gefahren, der Produktrest läuft langsam aus | Der Füllkopf ist geschlossen. Das Treibmedium in der Produktleitung wird entspannt. Der zweite Molch wird dann vom ersten Molch getrennt und mit Treibmedium wieder zurückbefördert | Wenn die Überfüllsicherung anspricht, schließt der Füllkopf automatisch. Der erste Molch wird dann durch Treibmedium angetrieben und drückt das Produkt, das sich noch in der Rohrleitung befindet, in den Lagertank zurück. Eine Überfüllung wird damit zuverlässig ausgeschlossen. |

**Abb. 4-21.** Füllkopf, Firma I.S.T.

Drossel-Stellung bewegen und dient damit zugleich als Durchflußregeleinrichtung, vor allem am Ende eines Fördervorgangs. Bei Ausfall der Steuerluft schließt die eingebaute Feder den Füllkopf selbsttätig. Der Füllkopf kann mit Molchdetektoren, Luftanschlüssen und einer Überfüllsicherung ausgerüstet werden.

### 4.4.4   Gebindefüllventile

Neben Tankkraftwagen und Eisenbahnkesselwagen werden Fertigprodukte einer Produktionsanlage auch in Fässer, Gebinde und Container verschiedener Größen und Abmessungen gefüllt. In Mehrproduktanlagen müssen, um Vermischungen zu vermeiden, entweder für jedes Produkt ein separates Füllventil oder ein molchbares Faßfüllventil eingesetzt werden. Molchbare Faßfüllventile werden immer am Ende einer molchbaren Produktrohrleitung angebracht.

*Beispiel: Abbildung 4-22: Faßfüllventil*

Über dieses Faßfüllventil können nacheinander mehrere Produkte in Fässer abgefüllt werden. Die Anzahl der Produkte hängt ab von dem vorgeschalteten Verteilersystem.

Das Faßfüllventil besteht aus einer Molchfang- und Sendestation, die ausgerüstet ist mit einem mechanischen Molchmelder, einem Treibmedium- und Entlüftungsanschluß. Am Abgang der Station ist das eigentliche Faßfüllventil angekuppelt, das leicht ausgewechselt werden kann. Die gesamte Station kann pneumatisch auf- und abgefahren werden, damit sind auch Unterspund-Überspiegel- und Unterspiegelbefüllungen möglich.

Das Faßfüllventil eignet sich für die Füllung der meisten Gebindegrößen mit festem Deckel und Spundloch oder auch offenen Fässern.

Stehen die Fässer auf automatischen Waagen, so kann am Ende eines Faßfüllvorgangs das Faßfüllventil automatisch auf eine gedrosselte Feinstromstellung umgestellt werden und nach Erreichen der vorgewählten Menge vollkommen und tropffrei schließen.

Faßfüllventile sind häufig in automatische Gebindeabfüllanlagen integriert. Die Abfüllung von 60 Faß pro Stunde ist durchaus möglich (z. B. Faßabfüllungen der Firma Feige, Bad Oldesloe).

## 4.5   Druckverlust molchbarer Armaturen

Der Druckverlust von molchbaren Armaturen errechnet sich prinzipiell wie bei einer nicht molchbaren Armatur.

Der gesamte Druckverlust in einem molchbaren System hängt ab von der Art der geförderten Flüssigkeit und von den einzelnen Druckverlusten der Rohrlei-

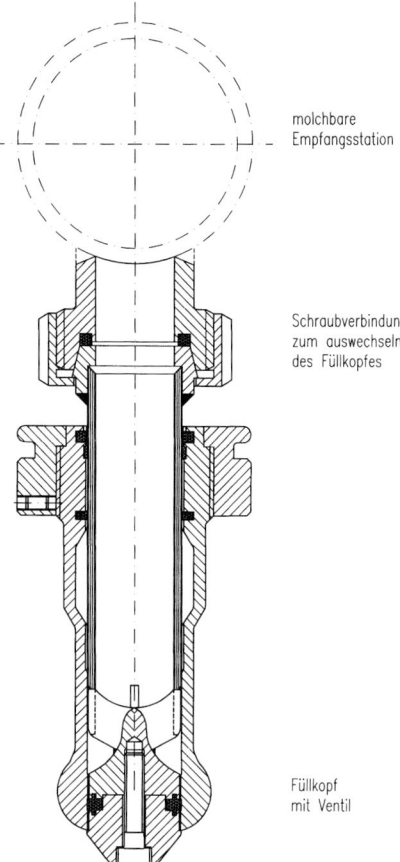

molchbare
Empfangsstation

Schraubverbindung
zum auswechseln
des Füllkopfes

Füllkopf
mit Ventil

**Abb. 4-22.** Faßfüllventil, Firma I.S.T.

tung, den Bögen und den Armaturen. Strömungsverlustuntersuchungen an Armaturen haben gezeigt, daß sich der Druckverlust hinreichend genau mit nachfolgender Gleichung berechnen läßt (vgl. auch Kap. 12).

$$\Delta p = 0{,}5 \cdot \xi \cdot \varrho \cdot v^2$$

$\Delta p$:  Druckverlust            [Pa]
$\xi$:  Widerstandzahl
$\varrho$:  Dichte               [kg/m$^3$]
$v$:  Strömungsgeschwindigkeit  [m/s]

Die Widerstandszahlen $\xi$ z. B. bei der Nennweite 80 liegen, abhängig vom Armaturentyp, zwischen 4,5 und 6,5. Für größere Nennweiten können kleinere $\xi$-Werte erwartet werden und umgekehrt.

In Abb. 4-23 wird der Druckverlust eines T-Ringschiebers, DN 80, der Firma I.S.T. bei der Förderung von Heizöl dargestellt.

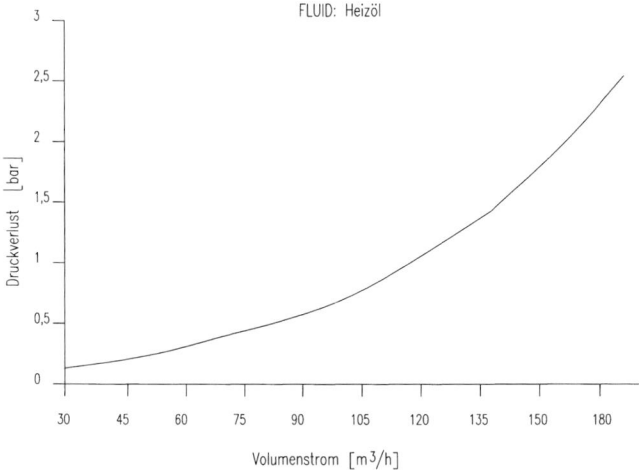

**Abb. 4-23.** Druckverlust an einem T-Ringschieber mit DN 80, Firma I.S.T.

Um genaue $\xi$-Werte zu erhalten, müssen bei der jeweiligen Nennweite und dem Armaturentyp Versuche durchgeführt werden. Für die Dimensionierung einer Molchanlage reichen normalerweise die von den Herstellerfirmen angegebenen Überschlagswerte für die Armaturen aus.

Die prinzipielle Vorgehensweise für die Abschätzung von Druckverlusten wird im Kapitel 12 beschrieben.

Die Widerstandszahlen von DIN-Ventilen und Eckventilen liegen im Bereich von $\xi=3{,}5{-}6{,}0$, für ein Faltenbalgventil DN 80 beträgt ca. $\xi=4{,}9$.

## 4.6    Beanspruchung von Fangdornen

Fangdorne (s. Abschn. 4.3.3) in Form von metallischen Rundstäben dienen als Molchstopper und lassen dabei das ausgeschobene Produkt nahezu ungehindert passieren.

Man unterscheidet einseitig und zweiseitig eingespannte Fangdorne. Die kinetische Energie der auftreffenden Molche darf dabei nicht zu einer bleibenden Verformung der Dorne führen.

### Einseitig eingespannter Fangdorn

Das Lösen der Differentialgleichung der elastischen Linie läßt erkennen, daß sich der Dorn in der Rohrleitungsmitte durchbiegt:

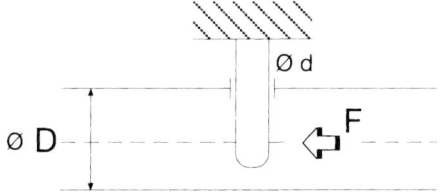

**Abb. 4-24.** Prinzipskizze eines einseitig eingespannten Fangdorns

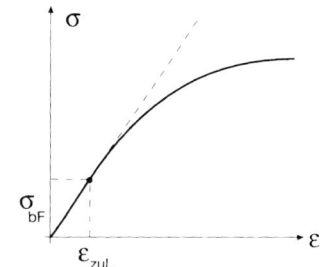

**Abb. 4-25.** Spannung-Dehnung-Diagramm
des Fangdornwerkstoffs

$\sigma$:     Spannung
$\sigma_{bF}$:    Biegefließgrenze
$\varepsilon$:     Dehnung
$\varepsilon_{zul}$:    zulässige Dehnung

$$f = \frac{F \cdot D^3}{24 \cdot E \cdot I_y} \qquad\qquad I_y = \frac{\pi \cdot d^4}{64}$$

Die zulässige Auftreffkraft $F_{zul}$ ist bestimmt durch die Forderung, daß die Biegefließgrenze des Fangdornwerkstoffes nicht überschritten werden darf, da sich das
Material linearelastisch verhalten soll.

$$\sigma_{bF} = \frac{M_b}{W_b} = \frac{F_{zul} \cdot D \cdot 32}{2 \cdot \pi \cdot d^3}$$

Die zulässige Geschwindigkeit $v_{zul}$ des Molches erhält man durch Anwenden des
Energieerhaltungssatzes.

Die kinetische Energie ist gleich der Summe aus elastischer Verformungsarbeit
des Dornes und elastischer Verformungsarbeit des Molches.

Für Abbildung 4-26 wird ein Vollkörpermolch zugrunde gelegt. Es wird angenommen, daß Reibungswärmen vernachlässigbar sind und sich das Material
linearelastisch verhält. Durch Integration der Kraft-Weg-Kurve kann die gespeicherte Energie des Stabes bestimmt werden.

Kunststoffe unter Drucklast verhalten sich ähnlich.

$$F_{zul_M} = \frac{\pi \cdot D^2}{4} \cdot \sigma_{zul_M} = \frac{\pi \cdot D^2}{4} \cdot \sigma_{bF_M}$$

Hier wird der zulässige *Federweg* $s_1$ mit 50 % des Abstands s Molchkopf-Ma-
gnetkern angenommen (Schätzwert); damit folgt:

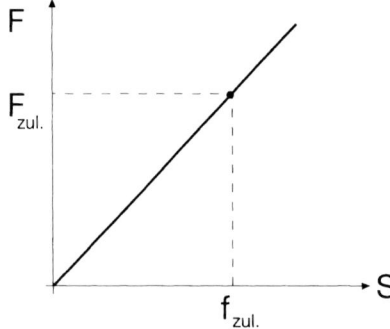

**Abb. 4-26.** Kraft-Weg-Kurve des Fangdornwerkstoffs
F:      Kraft
$F_{zul}$:  zulässige Verformungskraft
S:      Weg
$f_{zul}$:  zulässiger Verformungsweg

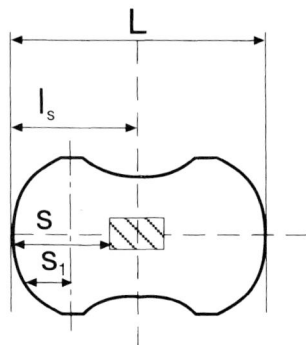

**Abb. 4-27.** Grundmaße eines Molchs mit Magnetkern

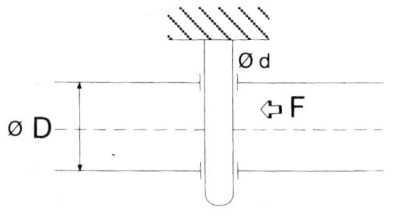

**Abb. 4-28.** Prinzipskizze eines beidseitig eingespannten Fangdorns

$$\int_0^{s_1} F \cdot ds = \frac{1}{2} \cdot F_{zul_M} \cdot s_1$$

Auflösung des Energieerhaltungssatzes nach $c_{zul}$:

$$\frac{1}{2} \cdot m \cdot c_{zul}^2 = \frac{1}{2} \cdot f_{zul} \cdot F_{zul} + \frac{1}{2} \cdot F_{zul_M} \cdot s_1$$

$$\rightarrow c_{zul} = \sqrt{\frac{\sigma_{bF}^2 \cdot D \cdot \pi \cdot d^2}{96 \cdot E \cdot m} + \frac{1}{2} \cdot s_1 \cdot \frac{\pi \cdot D^2}{4} \cdot \sigma_{bF_M} \cdot \frac{2}{m}}$$

**Tab. 4-2.** Werkstoffkennwerte der Biegebeanspruchung

| Werkstoff | Biegefließgrenze | Elastizitätsmodul |
|---|---|---|
| Dorn: 1.4541 | $\sigma_{bF}$ = 498 Nmm$^{-2}$ | E = 199000 Nmm$^{-2}$ |
| Dorn: St 37 | $\sigma_{bF}$ = 332 Nmm$^{-2}$ | E = 205000 Nmm$^{-2}$ |
| Molch: Thermoplast | $\sigma_{bF_M}$ = 1,5 Nmm$^{-2}$ | |

**Tab. 4-3.** Zulässige Geschwindigkeit für Molche ohne bleibende Verformung des Dornes

| DN | D [mm] | d [mm] | m [kg] | L [mm] | ls [mm] | s [mm] | $s_1$ [mm] | $c_{zul}$ einseitig | $c_{zul}$ beidseitig |
|---|---|---|---|---|---|---|---|---|---|
| 80 | 55,1 | 20 | 0,35 | 71 | 35,5 | 15,5 | 7,8 | 8,7 | 15,4 |
| 80 | 82,5 | 20 | 0,43 | 103 | 51,5 | 24 | 12 | 15,1 | 20,6 |
| 100 | 107,1 | 20 | 0,74 | 126 | 63 | 28 | 14 | 16,1 | 20,2 |
| 150 | 158,3 | 30 | 1,79 | 185 | 92,5 | 50 | 25 | 20,4 | 24,9 |

d:   Fangdorndurchmesser
m:   Masse des Molches
$c_{zul}$:   Zulässige Molchgeschwindigkeit

*Beidseitig eingespannter Fangdorn*

Durchbiegung f in der Rohrmitte:

$$f = \frac{F \cdot D^3}{1536 \cdot E \cdot I_y}$$

Hier erträgt der Fangdorn das 64-fache an Belastung bis die Biegefließgrenze erreicht ist, im Vergleich zum einseitig eingespannten Fangdorn.

Alle gefundenen *Ergebnisse* erlauben aufgrund der nicht bekannten Verformungsfähigkeit $s_1$ nur qualitative Aussagen. Sie zeigen, daß mit zunehmender Nennweite des Molches dessen Energiespeicherungsvermögen überproportional zunimmt.

Die Bewegungsenergie wird also vorwiegend vom Molchmaterial aufgenommen, was die Belastung auf den Dorn verringert.

Obwohl der beidseitig eingespannte Dorn eindeutig steifer ist, wird die zulässige Geschwindigkeit bei größeren Nennweiten von der Kompressionsfähigkeit des Molchmaterials bestimmt. Da die im Betrieb auftretenden Geschwindigkeiten in den Rohren oft bis zu 80 m/s betragen können, wird empfohlen, die im Beispiel behandelten Fangdorndurchmesser zu vergrößern. Über den absoluten Wert des Durchmessers kann keine Aussage getroffen werden, da Meßergebnisse über die tatsächliche Verformungsfähigkeit $s_1$ der Molche nicht vorliegen.

# 5 Rohrleitungen

## 5.1 Anforderungen an molchbare Rohrleitungen

Eine Prozeßmolchanlage besteht nicht nur aus einer Molchleitung, sondern auch aus einer Vielzahl von nichtmolchbaren Rohrleitungen (Treibmittelleitungen, Produktzuführungen etc.). Die Planung, Auswahl und Montage dieser konventionellen Rohrleitungen wird als bekannt vorausgesetzt. In den folgenden Abschnitten werden die Besonderheiten der *molchbaren Rohrleitungen* [1] erläutert. Als unmittelbarer Partner des Molchs trägt die Molchleitung am meisten von allen Systemkomponenten zur Qualität der Reinigung bei: *Die Qualität der Leitung bestimmt die Qualität der Reinigung durch den Molch.*

Vor einer Spezifikation der Rohrleitungen müssen die Anforderungen an die gesamte Molchanlage geklärt sein. Diese Anforderungen können je nach gefordertem Reinigungsgrad gering (Grobreinigungs-Molchanlage), aber auch extrem hoch (Feinstreinigungs-Molchanlage) sein.

Das Aufgabenspektrum einer Molchanlage reicht z.B. vom gelegentlichen, mechanischen Reinigen bis zum Entleeren einer Rohrleitung unter Einhaltung geringster Produktrestmengen. Bei Produktwechsel ist dann im Folgeprodukt nur noch eine Kontamination von wenigen ppm* durch das Erstprodukt zulässig. Auf das Aufgabenspektrum einer Molchanlage wird in Kapitel 10 (bes. Tab. 10-1) eingegangen.

Während eine grobe, gelegentliche mechanische Reinigung mit einem Bürstenmolch oder eine Fahrt mit einem Schaumstoff-Kugelmolch bereits in einer „normalen", d.h. nicht molchgerecht ausgeführten Rohrleitung erfolgen kann, ist die Vermeidung von Produktvermischungen durch eine Feinstreinigungs-Molchanlage nur durch eine streng nach den folgenden Regeln gebaute Rohrleitung mit Erfolg möglich. Eine einzige Spezifikation für molchbare Rohrleitungen gibt es somit nicht; vielmehr sind die in den folgenden Abschnitten aufgeführten Empfehlungen je nach Einsatzfall und Produkt mehr oder weniger streng zu befolgen. Die *Molchbarkeit* ist also stets eine Frage der Anforderungen [2].

Schließlich ist es eine Frage der Wirtschaftlichkeit: Rohre mit kleineren Toleranzen, ihre sorgfältige Schweißung und Verlegung sind teuer; deshalb ist die Erstellung der Anforderungen gründlich zu diskutieren.

---

* ppm: parts per million, Einheit für die Konzentration

Bei einer molchbaren Rohrleitung dürfen selbstverständlich keine den Querschnitt verengenden Bauteile eingebaut werden wie z. B. Lochblenden, Siebe, Filter, Steckscheiben etc. Eine molchbare Rohrleitung darf keinerlei Durchmessersprünge (Stöße) aufweisen, auch Erweiterungen des Durchmessers sind nicht akzeptabel. Die einzige Stelle in einer Molchleitung, deren Querschnitt sich geringfügig ändert, ist die Einsatz- und Entnahmestation (s. Abschn. 4.3.1). Hier kann der Molch (Übermaß) ohne großen Kraftaufwand eingeschoben werden. Die Station wird verschlossen und der Molch dann durch ein z. B. konisches Rohrstück in die Rohrleitung gedrückt.

## 5.2    Werkstoffe für molchbare Rohrleitungen

Rohrleitungen für Prozeßmolchanlagen werden in beinahe allen Anwendungsfällen aus Edelstahl gefertigt. In der BASF AG Ludwigshafen ist beispielsweise kein einziger Einsatzfall von ferritischen Stahlleitungen (C-Stähle) bekannt. Gerade für Molchleitungen, die für eine ganze Gruppe von Produkten geeignet sein sollen, bieten sich die Edelstähle an. Die bei Prozeßmolchanlagen üblicherweise eingesetzten magnetischen Molchmelder funktionieren nur bei paramagnetischen Stählen (s. Abschn. 8.1.2).

Die in der deutschen chemischen Industrie weitgehend eingesetzten Werkstoffe 1.4541 (AISI 321) und 1.4571 (AISI 316 Ti) werden derzeit auch für Molchleitungen bevorzugt. Diese Werkstoffe neigen jedoch zu Titancarbidausscheidungen, welche die Glättung der Längsschweißnaht erschweren. Zudem sind sie nicht sehr gut schleif- und polierbar.

Aus diesen Gründen werden analog zu den aus USA bekannten Stählen AISI 304L und AISI 316L die Stähle mit den Werkstoff-Nummern 1.4307 und 1.4404 eingesetzt, die in etwa gleiche chemische Beständigkeit und mechanische/technologische Eigenschaften aufweisen. Im Gegensatz zu den titanstabilisierten sind dies niedriggekohlte (ELC extra low carbon) Stähle (s. Tab. 5-1).

Bei Herstellern und Betreibern von Molchanlagen bestehen keineswegs einheitliche Ansichten über die zu fordernde Art der Beizung bzw. Passivierung. Die meisten Hersteller beizen im Tauchbad, d. h. innen und außen. Einige Lieferanten sehen in der Komplettbeizung einen Grund für höheren Molchverschleiß, der jedoch nur bei zu langer Beizzeit bzw. ungünstiger Zusammensetzung des Beizmittels durch Aufrauhen der Oberfläche auftritt. Bei fachgerechtem Beizen kann dies vermieden werden. Eine Abtragsbeizung führt stets zu einer rauhen Oberfläche. Wird zur Vermeidung von medienbedingter Spannungsrißkorrosion eine Abtragsbeizung vorgeschrieben, sollte davon bei Molchleitungen nur in besonderen Fällen, d. h. bei extremer Spannungsrißkorrosion, Gebrauch gemacht werden.

Der bessere Weg wäre die Verwendung eines beständigeren Werkstoffes.

Können für eine Prozeßmolchanlage Rohre aus unlegierten Kohlenstoffstählen verwendet werden, so kommen Rohre nach DIN 1626 (Geschweißte Rohre aus

**Tab. 5-1.** Werkstoffvergleich austenitische Edelstähle, Legierungsbestandteile und Festigkeitskennwerte

| Werk-stoff | Werkstoff entsprechend nachstehender Norm | C ≤ | Si ≤ | Mn ≤ | Cr | Mo | Ni | andere Elemente | 0,2%-Grenze (N/mm²) – quer | 1%-Dehngrenze (N/mm²) – quer | Zugfestigkeit (N/mm²) | Beständigkeit gegen interkristalline Korrosion | Dichte (g/cm³) |
|---|---|---|---|---|---|---|---|---|---|---|---|---|---|
|  | EN 10088/2 und DIN 17441 |  |  |  | 17,0 |  | 9,0 |  |  |  | 520 |  |  |
| 1.4541 | (X 6 CrNiTi 1810) | 0,08 | 1,0 | 2,0 | 19,0 | – | 12,0 | Ti≥5x%C | 220 | 250 | 720 | ja | 7,95 |
|  | EN 10088/2 |  |  |  | 17,5 |  | 8,0 |  |  |  | 520 | ja | 7,95 |
| 1.4307 | (X 2 CrNi 189) | 0,03 | 1,0 | 2,0 | 19,5 | – | 10,0 |  | 220 | 250 | 670 |  |  |
|  |  |  |  |  | 18,0 |  | 8,0 |  |  |  |  |  | 7,95 |
| 304L | ASTM A 240 | 0,03 | 0,75 | 2,0 | 20,0 | – | 12,0 |  | 170 |  | 485 | ja |  |
|  | EN 10088/2 und DIN 17441 |  |  |  | 16,5 | 2,0 | 10,5 |  |  |  | 540 |  |  |
| 1.4571 | (X6 CrNiMo 17122) | 0,08 | 1,0 | 2,0 | 18,5 | 2,5 | 13,5 | Ti≥5x%C | 240 | 270 | 690 | ja | 7,95 |
|  | EN 10088/2 und DIN 17441 |  |  |  | 16,5 | 2,0 | 10,0 |  |  |  | 530 |  |  |
| 1.4404 | (X2 CrNiMo 17122) | 0,03 | 1,0 | 2,0 | 18,5 | 2,5 | 13,0 |  | 240 | 270 | 680 | ja | 7,95 |
|  |  |  |  |  | 16,0 | 2,0 | 10,0 |  |  |  |  |  |  |
| 316L | ASTM A 240 | 0,03 | 0,75 | 2,0 | 18,0 | 3,0 | 14,0 |  | 170 |  | 485 | ja | 7,95 |

unlegierten Stählen) oder nach DIN 1629 (Nahtlose Rohre aus unlegierten Stählen) in Frage. Die Werkstoffe hierfür sind St 37-2 bzw. St 42-2. Da diese Werkstoffe ferromagnetische Eigenschaften aufweisen, können Molche mit Magneten nicht detektiert werden.

Die nach DIN 2391 (Nahtlose Präzisionsstahlrohre) bzw. DIN 2393 (Geschweißte Präzisionsstahlrohre) genormten Stahlrohre sind als Druckleitungen für Produkte und damit als Molchleitungen nicht geeignet. Sie werden zwar als Präzisionsstahlrohre bezeichnet, werden jedoch keiner Druck- und Dichtigkeitsprüfung unterzogen. Sie finden als Konstruktionselement im Stahlbau Verwendung.

Andere Werkstoffe für molchbare Rohrleitungen gehören zu den Sonderwerkstoffen und sind entsprechend selten.

In Einzelfällen sind in der chemischen Industrie kurze Molchleitungen aus hochkorrosionsbeständigen Nickelbasislegierungen (Hastelloy, Incoloy) vorhanden. Bei Chlorwasserstoff-Produktgemischen weisen diese Nickelwerkstoffe eine mehrfach höhere Lebensdauer als austenitische CrNi-Stähle auf.

**Tab. 5-2.** Kunststoffe für Druckrohrleitungen

| Werkstoff | Kurzbezeichnung | Norm |
|---|---|---|
| Polyvinylchlorid | PVC-U, PVC-C | DIN 8062 |
| Polyethylen | HDPE, LDPE, VPE | DIN 8072, 8074, 16893 |
| Polypropylen | PP | DIN 8077 |
| Acrylnitril-Butadien-Styrol | ABS | DIN 16891 |
| Acrylnitril-Styrol-Acrylester | ASA | DIN 16891 |
| Polybuten | PB | DIN 16969 |
| Glasfaserverstärktes Epoxidharz | EP-GF | DIN 16870 |
| Glasfaserverstärktes Polyesterharz | UP-GF | DIN 16868 |

Nichtmetallische Molchleitungen sind bisher nur für gröbere Reinigungsaufgaben bekannt.

Kunststoffrohre sind als Druckrohre und als Abwasserrohre genormt. Von folgenden Kunststoffen sind Druckleitungen erhältlich, z. T. bis zu einer Druckstufe von 16 und 25 bar; die Tabelle 5-2 zeigt eine Übersicht.

Bei der Verwendung von Kunststoffrohren ist darauf zu achten, daß in den derzeit gültigen Normen und Richtlinien keine über die o.g. Klassifizierung hinausgehende Spezifikationen enthalten sind. Da Hersteller von Halbzeugen durch eigene Dosierungen von Gleitmitteln, Stabilisatoren und Modifiern verschiedene Rezepturen konfektionieren, die unterschiedliche Verarbeitungs- und Gebrauchseigenschaften aufweisen können, aber unter der gleichen Typenbezeichnung vermarktet werden, kann dies zu Problemen führen. Eine optimale Betriebssicherheit ist nur dann gegeben, wenn bei der Montage Mischkonstruktionen aus unterschiedlichen Rezepturen vermieden werden. Dies gilt auch für Schweißzusatzwerkstoffe, die artgleich sein müssen.

In Einzelfällen, im Technikums- bzw. Miniplant-Bereich sowie für Versuchs- und Vorführzwecke werden auch Glas-Molchleitungen eingesetzt.

## 5.3    Rohrleitungselemente

### 5.3.1    Rohre

*Geschweißte oder nahtlose Rohre*

Gerade Rohrleitungen im hier betrachteten Nennweitenbereich DN 25 bis DN 250 sind sowohl nahtlos gezogen als auch längsnahtgeschweißt erhältlich. Prinzipiell sind für molchbare Rohrleitungen Rohre beider Herstellverfahren einsetzbar. Längsnahtgeschweißte oder nahtlos gezogene Rohrleitungen sind zwei verschiedene „Philosophien". Es bestehen Erfahrungen mit Molchleitungen beider Fertigungsverfahren. Im konkreten Fall ist das jeweils wirtschaftlichste Fertigungsverfahren auszuwählen.

Nahtlose (DIN 2462) und geschweißte Edelstahlrohre (DIN 2463) wurden in Deutschland nach verschiedenen Normen aber mit den gleichen genormten Grenzabmaßen gefertigt. Im Zuge der Europäisierung der Normen wurde daraus eine gemeinsame Norm geschaffen, die DIN EN ISO 1127.

Das nahtlose Rohr besitzt nur einen scheinbaren Vorteil gegenüber dem geschweißten: in der Realität ist die maschinell im Preß- oder Schmelzschweißverfahren hergestellte Längsnaht außerordentlich gleichmäßig und ohne Nahtdurchhang. Während des Fertigungsprozesses wird die Innennaht geglättet. Dadurch wird die Nahtwurzel blecheben, so daß der Nahtbereich wanddickengleich eingeebnet ist. Die Schweißnahtwertigkeit liegt bei v = 1,0.

Ein Normalisierungsglühen oder eine weitere Behandlung durch Kaltziehen sind als weitere Bearbeitungsschritte je nach Hersteller möglich.

Der Molchverschleiß ist gleichmäßig über den Umfang verteilt, da sich die Lage der Längsnähte der einzelnen Rohre ebenfalls stochastisch am Umfang verteilt.

Vorteilhaft vor allem für den Einsatz in der Molchtechnik ist für geschweißte Rohre im Vergleich zu nahtlosen die Möglichkeit, mehr Innendurchmeservarianten herzustellen, da das Fertigungsverfahren wesentlich flexibler ist.

Beim Schweißen der Rundnaht von längsnahtgeschweißten Rohrstücken stellt sich die Frage, ob man Längsnaht auf Längsnaht oder eine bewußte Verdrehung um einen Zentriwinkel zulassen soll. Zwar erzeugt man mit der erstgenannten Verbindung eine Kreuznaht (die man nach gängigen Apparatebau-Richtlinien für größere Wandstärken vermeiden sollte), hat aber den Vorteil, daß man einen gleichmäßigeren Übergang der Ovalitäten bekommt. Man vermeidet dadurch, daß man den größeren Halbmesser der Ellipse an den kleineren anschweißt. Ein gleichmäßigerer Molchlauf kann durch die Rundnaht „Längsnaht auf Längsnaht" erreicht werden.

*Innenoberfläche*

Ein weiterer Vorteil des geschweißten Rohres ist die Möglichkeit, kaltgewalztes Band als Vormaterial einzusetzen. Dadurch werden sehr glatte Oberflächen mit Rauhtiefen $R_a = 0,8$ µm, im Schweißnahtbereich 1,6 µm, erreicht (s. Abb. 5-1). Warmgewalzte Bleche und auch die Innenoberfläche des nahtlos gezogenen Rohres haben eine Rauhtiefe von durchschnittlich 4 µm und besitzen damit eine etwa fünffach höhere Rauhtiefe. Durch Elektropolieren kann die Oberfläche nochmals verbessert werden (s. Abb. 5-2), was besonders für Molchleitungen im Pharmabereich und in der Biochemie von Bedeutung ist.

Für höchste Anforderungen ist das gesamte Rohrstück zu kalibrieren, für Standardaufgaben genügt ein Kalibrieren der Rohrenden. Rohre mit sehr großer Nennweite (> DN 300) sind ebenfalls vollständig zu kalibrieren.

*Standardisierung von molchbaren Rohrleitungen*

Problematisch für die Planung von Molchleitungen ist die in der Industrie übliche Normung der Rohre in Außendurchmesser und Wanddicke, während für die

## Vergleichende Rauheitsmessung an Rohren
## aus nichtrostendem Stahl

**warmgewalztes Ausgangsmaterial**    (Ausführungsart 1D nach DIN EN 10088)

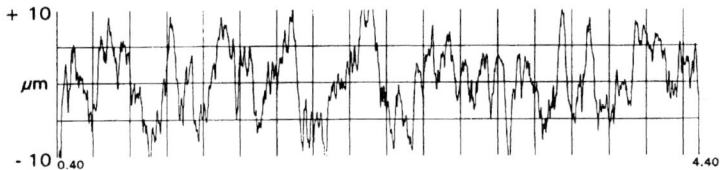

$R_a$ = 3,79µm
$R_z$ = 21,16µm
$R_{max}$ = 24,88µm

**kaltgewalztes Ausgangsmaterial**    (Ausführungsart 2D nach DIN EN10088)

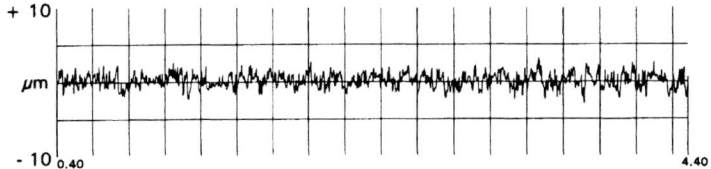

$R_a$ = 0,58µm
$R_z$ = 4,48µm
$R_{max}$ = 5,20µm

**elektrolytisch poliertes Rohr**    (kaltgewalztes Ausgangsmaterial)

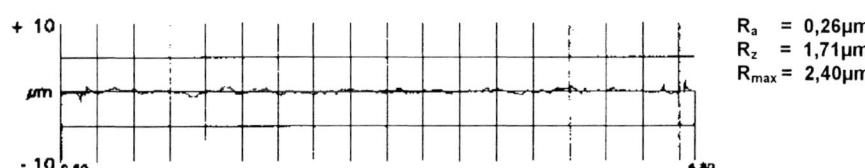

$R_a$ = 0,26µm
$R_z$ = 1,71µm
$R_{max}$ = 2,40µm

Meßrichtung   : Grundwerkstoff längs
Meßort        : Rohrinnenoberfläche        Rohrwanddicke: 3mm        Rohrwerkstoff: 1.4541

**Abb. 5-1.** Vergleichende Rauhtiefenmessung an Blechen, Firma Butting

**Rauheitsmessungen**

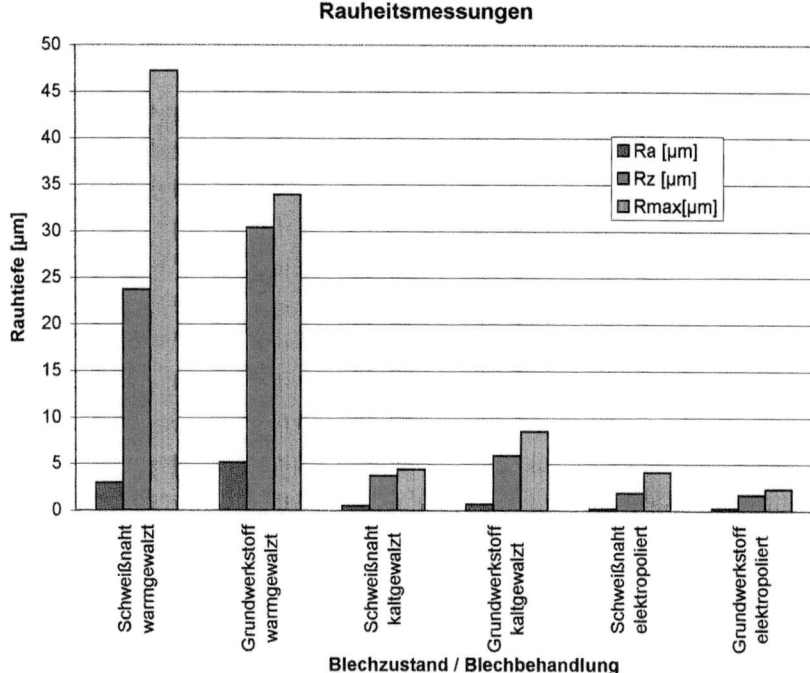

**Abb. 5-2.** Vergleich der Rauhtiefen von warm- und kaltgewalztem und elektropoliertem Vormaterial, Balkendiagramm, Firma Butting

Molchfunktion der Innendurchmesser relevant ist. Es ergeben sich überaus viele mögliche Innendurchmesser, zu denen passende Armaturen und Molche schwer oder überhaupt nicht erhältlich sind.

Die Rohrwanddicken sollten bei Molchleitungen größer als bei normalen Leitungen gewählt werden. Bei geringeren Rohrwanddicken sind die Abweichungen von der Rundheit schon bei der Herstellung größer und durch Rohrhalterungen können leichter Deformationen entstehen. Zudem können beim Molchvorgang große dynamische Belastungen in Rohrbögen und Armaturen auftreten. Genügen die Anlagenteile der Nenndruckstufe PN10, so ist das in der Regel, ohne Berücksichtigung des Pumpendrucks, ausreichend.

*Grenzabmaße von Rohren*

Für eine Präzisions-Prozeßmolchanlage soll eine übliche Rohrleitung nach DIN EN ISO 1127 mit den Grenzabmaßen D2 für den Außendurchmesser und T3 für die Wanddicke betrachtet werden (D2, T3: s. o.g. Norm). Hierzu folgendes – worst case – Beispiel:

| Werkstoffe: | 1.4541/1.4571 |
| --- | --- |
| | weitere Werkstoffe / Sonderwerkstoffe nach Absprache |

| Maßnorm | Nenn-weite | Innen-ø | Wand-dicke * | Innendurchm.-Tol. einschl. Ovalität | Innendurchm.-Tol. aus Umfang | Max. Betriebsdruck in bar bei Raumtemp. 20°C (1.4541) |
| --- | --- | --- | --- | --- | --- | --- |
| | 25 | | | | | |
| | 40 | | | | | |
| | 50 | 54,5 | 2,9 (+-0,10) | +-0,25 | +-0,10 | 154 |
| | 80 | 82,5 | 3,2 (+-0,12) | +-0,30 | +-0,15 | 115 |
| | 100 | 107,1 | 3,6 (+-0,14) | +-0,35 | +-0,20 | 101 |
| | 150 | 159,3 | 4,5 (+-0,15) | +-0,75 | +-0,25 | 85 |

Alle Angaben in mm

Entscheidend ist immer der Innendurchmesser.
Weitere Abmessungen nach Absprache.                    * nach DIN 59382

| Liefer-bedingungen | DIN 17457 |
| --- | --- |
| | Schweißnahtwertigkeit :     V = 1,0 |
| | Ausführungsart:     nach Tabelle 6   k2 g (hergestellt aus Kaltband, wärmebehandelt Innennaht geglättet) |
| | Rauhtiefe:     Innenfläche Ra max. 0,8 µm Nahtbereich max. 1,6 µm |
| | Prüfumfang:     nach Tabelle 7 Prüfklasse 1 (Prüfklasse 2 nach Vereinbarung) Zusätzliche Prüfung auf Beständigkeit gegen interkristalline Korrosion nach DIN 50914 und Rauhtiefenmessung an 1 % der Rohre je Prüfeinheit, jedoch mindestens an einem Rohr je Schmelze. |

| Nachweis der Güteeigen-schaften | DIN EN 10204 / 3.1B, entsprechend DIN 17457 mit folgenden zusätzlichen Angaben - Nachweis der Beständigkeit gegen interkristalline Korrosion - Rauhtiefenmessung |
| --- | --- |

| Kennzeichnung | nach DIN 17457, geprägt über die gesamte Rohrlänge, zusätzlich mit Schmelzennummer |
| --- | --- |

| Lieferlänge | 12 m, bzw. nach Festlegung |
| --- | --- |

| Rohrenden | glatt und entgratet |
| --- | --- |

| Verpackung | Rohrenden mit Kunststoffkappen verschlossen. Verpackung nach Festlegung gem. Butting-Verpackungsvorschrift BK. |
| --- | --- |

**Abb. 5-3.** Werknorm Fa. Butting

Berechnung der Toleranz (Differenz von Größt- und Kleinstmaß) des Rohres:
114,3×3,6 mm nach DIN EN ISO 1127
Außendurchmesser: 114,3 mm, Wanddicke: 3,6 mm
$D3 = \pm 0,75\% = 0,86$ mm
$T3 = \pm 10\% = 0,36$ mm
kleinster Innendurchmesser unter max. Ausnutzung der zulässigen Toleranz:
Kombination von kleinstem Außendurchmesser und dickster Wand
$D_{min} = 114,3 - 0,86 - 2 \cdot 3,6 - 2 \cdot 0,36 = 105,52$ mm

größter Innendurchmesser unter max. Ausnutzung der zulässigen Toleranz:
Kombination von größtem Außendurchmesser und dünnster Wand
$$D_{max} = 114,3 + 0,86 - 2 \cdot 3,6 + 2 \cdot 0,36 = 108,68 \text{ mm.}$$

Das Istmaß dieses Rohres darf zwischen diesen beiden Grenzmaßen liegen. Die Größe der Differenz (3,16 mm ) zeigt, daß ein Molch diesen Maßunterschied nicht durch elastische Formänderung anpassen kann, der Reinigungseffekt wird entsprechend schlecht ausfallen. Solche Standardrohre können bei Verwendung von z. B. Bürsten-, Kugel- oder Lippenmolchen durchaus zum Einsatz kommen – bei Verwendung von Vollkörpermolchen mit hohem Reinigungsgrad eignen sie sich nicht. Dieses Beispiel zeigt bei der Fertigung eine volle Ausnutzung der Toleranzfelder auf; eine Verringerung ist möglich, wenn nur Rohrstücke einer Charge verwendet werden.

Es ist vorgesehen, eine Standardisierung von Rohren mit genormtem *Innendurchmesser* zu erreichen. Die Dickentoleranz des Vormaterials geht nicht mehr zu Lasten des Innendurchmessers, sondern verändert lediglich den Außendurchmesser.

## 5.3.2 Rohrbögen

Prinzipiell sind für Molchleitungen wie bei konventionellen Rohrleitungen im Anlagenbau folgende Methoden möglich:

– Verwendung von vorgebogenen Rohrstücken
– Verwendung von Einschweißrohrbögen.

Die erstgenannte Methode (*Rohreinbiegungen*) erfordert als Grundlage einer optimalen Werks- oder Werkstattfertigung eine exakte und sorgfältige Anfertigung von Rohrleitungsisometrien. Voraussetzung hierfür sind die Fließschemata, Aufstellungspläne und Bauzeichnungen. Bereits im Planungsstadium wird der spätere Verlauf der Molchleitung optimiert.

Die Fertigung der Rohrbögen geschieht durch Dornbiege- oder Walzbiegemaschinen. Stehen diese Maschinen zur Verfügung, ist diese Methode sehr wirtschaftlich.

Bis einschließlich DN 150 sind diese Biegemaschinen üblich, darüber hinaus sind Walzbiegemaschinen am Markt, die Bogen mit Radien ab Bauart 6 bis DN 300 faltenfrei und innen glatt erzeugen. Anderenfalls empfiehlt es sich, mit Sandfüllung zu arbeiten (Faltenfreiheit in der Stauchzone). Auf den evtl. verminderten Ausnutzungsgrad (zul. Bogeninnendruck/zul. Innendruck der geraden Rohrstücke) ist zu achten.

Die zweite Methode ist die Verwendung von maschinell gefertigten Formstücken, sog. Einschweiß-Rohrbögen.

Für Molchanlagen kommen die in Großserien maschinell gefertigten Einschweiß-Rohrbögen nach DIN 2605 (45° und 90°) zum Einsatz. Längsnahtgeschweißte Rohrbögen sind preisgünstiger und kurzfristiger lieferbar als nahtlose. Diese Rohrbögen können direkt an gerade Rohrleitungsstücke angeschweißt oder mit Vorschweißflanschen versehen werden (z. B. innerhalb schwer zugänglicher Anlagenteile). Schenkelverlängerungen sind unbedingt erforderlich.

Rohrbögen unterliegen zunächst den gleichen Anforderungen wie Rohre, abweichend soll die zulässige Durchmessertoleranz in der Krümmungsebene 1% nicht überschreiten. Die Rundheit soll mittels Kalibrierdorn geprüft und ggf. (Innendurchmesser $d_i$ zu groß oder zu klein) nachbearbeitet werden. Eine *Schenkelverlängerung,* d. h. eine gerade Einlaufstrecke ohne Rundschweißnaht in den Bogen von mindestens einer Länge der Nennweite sollte eingehalten werden. Bei größeren Nennweiten sollte mit einer maßhaltigen Kugel die Rundheit bzw. Durchgängigkeit überprüft werden.

*Biegeradius*

Unabhängig von der Verwendung von Einschweißrohrbogen oder vorgefertigten Rohrstücken stellt sich insbesondere bei Molchleitungen die Frage nach dem richtigen Biegeradius von Rohrbögen. Der Biegeradius wird häufig als Vielfaches des Nenndurchmessers angegeben.

Die bei einer Chemieanlage übliche Häufigkeitsverteilung ist ca. 70% 3D- und 30% 5D-Bögen. Ausnahmen bilden z. B. Leitungen für pneumatisch geförderte Schüttgüter, die größere Radien benötigen.

Der minimale Biegeradius r für Rohrbögen bei Molchleitungen ist Gegenstand zahlreicher Diskussionen. Unabhängig von Herstellerangaben und Zugeständnissen an den Platzbedarf gelten jedoch folgende Abhängigkeiten:
Die Auswahl des Biegeradius ist abhängig von:

– dem gewünschten Molchergebnis (Dichtwirkung, Reinigungsgrad, gleichmäßige Fahrt) – je besser der Reinigungsgrad sein soll desto größer muß der Biegeradius sein
– den Anforderungen an die Verfügbarkeit der Molchanlage (Steckenbleiben) – je höher diese Anforderungen sind, desto größer muß der Biegeradius sein
– dem Elastizitätsverhalten des Molchwerkstoffs (Hartstoff-/Weichstoffmolch), – je härter der Molchwerkstoff ist, desto größer muß der Biegeradius sein
– der Molchgeometrie (L/D-Verhältnis, Molchlänge); mit steigendem L/D-Verhältnis und zunehmender Molchlänge L muß der Biegeradius größer werden
– der Art des Molches (Kugelmolch, Lippenmolch, Vollkörpermolch); in dieser Reihenfolge sind steigende Biegeradien erforderlich.

**Tab. 5-3.** Bauart, Bezeichnung und Biegeradius von Rohrbögen

| Bauart | Bezeichnung | Biegeradius r |
|--------|-------------|---------------|
| 2 | 2D | 1,0 $d_a$ |
| 3 | 3D | 1,5 $d_a$ |
| 5 | 5D | 2,5 $d_a$ |
| 10 | 10D | 5,0 $d_a$ |
| 20 | 20D | 10,0 $d_a$ |

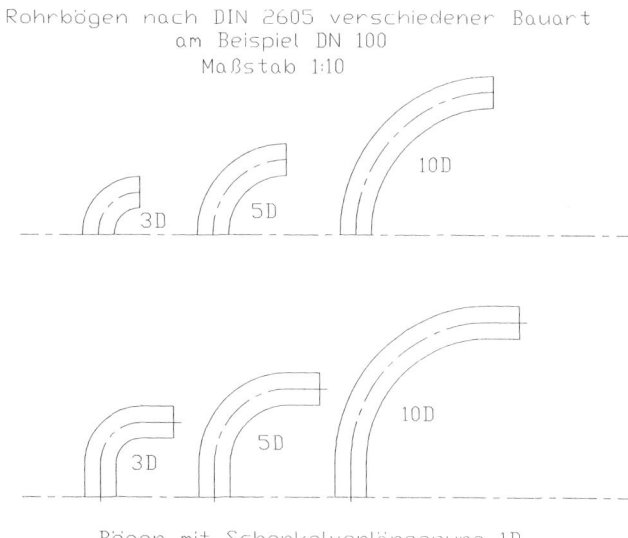

**Abb. 5-4.** Vergleich verschiedener Bauarten von Rohrbögen

Einschweißrohrbögen werden nach DIN 2605 in den Bauarten 2, 3, 5, 10 und 20 angeboten. Die folgende Tabelle 5-3 zeigt die verschiedenen Bauarten und die zugehörigen Biegeradien (Abb. 5-4 vermittelt eine räumliche Vorstellung):

Bögen mit größeren Radien als Bauart 5 werden als Bögen mit *schlanken Radien* bezeichnet.

*Aus den genannten Gründen ist der Einbau von 5D-Bögen (d. h. Bauart 5 nach DIN 2605) unbedingt zu empfehlen.*

Der Biegeradius entspricht dann dem 2,5fachen des Außendurchmessers.

Unter Berücksichtigung der räumlichen und wirtschaftlichen Randbedingungen sind das Laufverhalten des Molches, das Molchergebnis und die Standzeit bei der Verwendung von Bögen dieser Bauart optimal. Bei einer Molchleitung mit Bögen nach Bauart 5 kann ein geringerer Molch-Minimaldurchmesser zugelassen und damit eine längere Standzeit (s. Abschnitt 11.3) erzeugt werden.

Bögen der Bauart 3 sind für anspruchsvolle Reinigungsaufgaben zu vermeiden. In Sonderfällen, bei räumlich beengten Verhältnissen, beispielsweise in Gelenk-/ Verladearmen zur Befüllung von TKW, EKW oder Schiffen können sie ausnahmsweise eingesetzt werden.

*Wanddicke*

Bei gleicher Nenndruckstufe besitzen Rohrbögen eine größere Wanddicke als Rohre.

Bei Molchleitungen können jedoch in den seltensten Fällen verstärkte Bogenwandungen eingesetzt werden, da bei konstantem Innendurchmesser eine dickere

Wandung zu einem erhöhten Außendurchmesser führen würde. Diese Bögen wären schwer zu beschaffen.

Falls Rohrbögen mit anderer Wanddicke wie das anzuschließende Rohr verwendet werden, so muß eine Schweißnahtvorbereitung (Angleichen der Wanddicke) am Anschweißende des Rohrbogens erfolgen.

### 5.3.3  Abzweige

Als Abzweige werden in diesem Abschnitt nur reine T-Stücke ohne Absperrfunktion und ohne Molchstoppfunktion, d.h. reine Rohrleitungsteile und keine Armaturen, betrachtet. Da bei Molchleitungen auf totraumfreie Gestaltung geachtet werden muß, sind diese T-Stücke selten anzutreffen.

Vielmehr werden spezielle Armaturen, wie z.B. ein T-Ringschieber oder ein Produktabzweig, eventuell mit integriertem Fangdorn und Kugelhahn eingebaut. Diese Armaturen werden geflanscht (s. Abschnitt 4.3.2).

Falls eine Molchanlage mit Abzweig (s. Abschnitt 2.3.2) ohne diese speziellen Armaturen, sondern mit einem einfachen T-Stück ausgerüstet werden kann, ist folgendes zu beachten:

Der Abgang muß entweder zwei Nennweitenstufen kleiner als die gerade durchgehende Rohrleitung sein oder es müssen Stege zur Führung des Molches eingeschweißt werden. Konstruktiv möglich ist ebenfalls eine kurze Einschnürstelle im Aushalsbereich und anschließend eine konische Erweiterung auf den benötigten Querschnitt. Die Zuverlässigkeit der Molchdurchfahrt hängt vom L/D-Verhältnis des Molches ab (s. Abschnitt 3.2.4).

## 5.4  Rohrverbindungen

### 5.4.1  Flanschverbindungen

Was in Abschnitt 5.1 für die Anforderungen an die gesamte Molchleitung angesprochen wurde, gilt in verstärktem Maße für die Flanschverbindungen. Für Standard-Molchaufgaben können handelsübliche, genormte Flanschpaare eingesetzt werden. Mit steigenden Anforderungen an die Reinigungsleistung müssen Flansche nachgearbeitet oder sogar normähnliche Sonderflansche gefertigt werden.

Grundsätzlich können molchbare Rohrleitungen geflanscht oder geschweißt werden. Bei langen Strangleitungen empfiehlt sich die Schweißverbindung der einzelnen Rohrstücke; bei kritischen Montagen, z.B. innerhalb von Gebäuden mit erschwerter Zugänglichkeit, sind Flanschverbindungen nicht zu vermeiden. In der Regel sind mit Ausnahme der Armaturen keine Flanschverbindungen notwendig. Die Anzahl von Bögen, Flanschen, T-Stücken und Armaturen soll minimiert werden. Lange Strangleitungen brauchen heute nicht mehr geflanscht zu werden, um z.B. einen steckengebliebenen Molch ausbauen zu können.

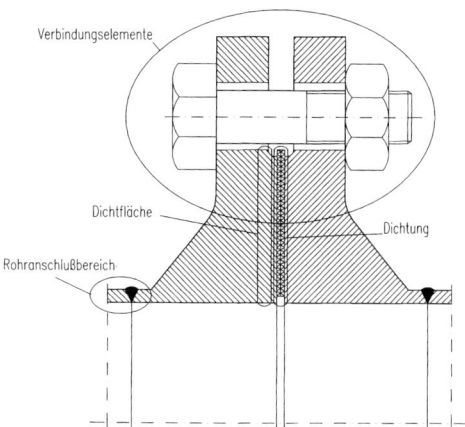

**Abb. 5-5.** Flansche für Molchleitungen,
Gestaltungsbereiche

Zu einer Flanschverbindung gehören das Flanschpaar, die Dichtung zwischen den beiden Flanschen und die Verbindungselemente. Die Anschlußmaße der Flansche sind nach Nennweiten und Nenndruckstufen geordnet genormt. Flansche in den Nenndruckstufen PN10, PN16 und PN25 sind in DIN 2500 genormt.

Im folgenden wird auf die vier Gestaltungsbereiche (Rohranschlußbereich, Dichtfläche, Dichtung und Verbindungselemente) und ihren Einfluß auf die Molchbarkeit eingegangen (s. Abb. 5-5). Als allgemeines Merkmal für die Auslegungskriterien der Flansche in Molchleitungen sind keine hohen Temperaturen und Drücke hervorzuheben. Die konstruktiven Herausforderungen liegen vielmehr in der Vermeidung von Spalten und Toträumen.

*Rohranschlußbereich*

Für den Rohranschlußbereich sind konstruktiv ein Vorschweißflansch (konischer Ansatz), ein Aufschweißflansch (flacher Flansch) oder ein Gewindeflansch möglich. Empfehlung:

Zur Flanschverbindung von Molchleitungen sind Vorschweißflansche am besten geeignet. Die Schweißnaht ist gut zugänglich, einsehbar und zu überschleifen. Beim Aufschweißflansch führt die Schweißnaht an der Rohrende-Flachflansch-Verbindung zu einem Spalt (Totraum).

Ein Losflansch kann durch einen Vorschweißbund erreicht werden.

*Dichtfläche*

Nach DIN 2501 sind Dichtflächen unter anderem in den Ausführungen glatt, Feder und Nut, Vor- und Rücksprung und mit Eindrehung erhältlich.

Die einfache und wirtschaftliche Ausführung „Dichtfläche Glatt" (Form C) sorgt zwar nicht für eine exakte Zentrierung der Rohrleitungsstücke, hat aber den

Vorteil, daß die Flanschverbindung ohne axiales Verschieben der Gegenstücke aus- und einzubauen ist.

Unabhängig von den eingedrehten Zentriersitzen kann die Dichtung frei zugänglich oder gekammert eingebettet werden. Bestimmte Dichtungen benötigen eine Kammer, z. B. der O-Ring. Ist ein Über- oder Unterdruck in der Rohrleitung nicht auszuschließen (z. B. ein Druckstoß bei Molchdurchfahrt), ist eine gekammerte Dichtung von Vorteil.

Für die Funktion bzw. Reinigungswirkung der Molchleitung entscheidend ist die radiale Lage der Dichtung, ob sie nah an der Flanschinnenseite oder weiter außen nahe dem Schraubenteilkreis angeordnet wird. Je größer der mittlere Dichtungsdurchmesser im Verhältnis zum Rohrinnendurchmesser ist, desto länger ist der Spalt zwischen Produkt und Abdichtung (Totvolumen). Die radiale Lage der Dichtung bzw. die Lage der Dichtungskammer ist vom gewünschten Reinigungsgrad abhängig. Bei direkt mit dem Medium in Verbindung stehenden Dichtungen (Flachdichtungen, Sterildichtungen, s. Kap. 16) ist sorgfältig – auch nach dem Festziehen der Schrauben – darauf zu achten, daß sie nicht in das Rohrinnere ragen.

Die Dichtfläche der Flansche soll geschlichtet sein. Der Innendurchmesser der Flansche muß dem Rohrinnendurchmesser entsprechen. Die Innenkante im Bereich der Dichtfläche muß gerundet (Radius 2 mm oder 1,5 mm) sein, d. h. sämtliche Flansche sind üblicherweise nachzuarbeiten, um sie für den Einsatz in einer Molchanlage brauchbar zu machen.

Hohe Anforderungen an die Molchleitung (Molchergebnis) erfordern eine Zentrierung der Flanschpaare. Diese Anforderungen können Flansche mit Vor- und Rücksprung erfüllen, bei geringeren Anforderungen ist bei glatten Flanschen jeweils auf Versatzfreiheit des inneren Durchmessers zu achten.

*Dichtung*

Für Molchleitungen sind besonders Flachdichtungen (Weichdichtungen), aber auch ummantelte Dichtungen, seltener metallische Dichtungen interessant.

Es können Flachdichtungen oder gekammerte Dichtungen (O-Ringe) verwendet werden. Flachdichtungen sollen möglichst eine geringe Höhe aufweisen. Der Innendurchmesser der Dichtung muß gleich dem Rohrinnendurchmesser sein, keinesfalls darf die Dichtung in das Rohrinnere ragen.

*Verbindungselemente*

Als Schraubenzahl für Molchleitungsflansche sind je nach DN und PN 4, 8 oder 12 Stück zu erwarten; ihre Größe liegt im Bereich M10 bis M27. Es können übliche Schrauben der DIN 931 eingesetzt werden, Schraubenbolzen der DIN 2510 sind nicht erforderlich.

Die allgemeinen Konstruktionshinweise für die Schraubenanordnung sind in diesem Fall nicht mit der sonst gebotenen Strenge zu befolgen, da keine hohen Drücke und Temperaturen auftreten. Trotzdem gilt, daß die Schrauben möglichst

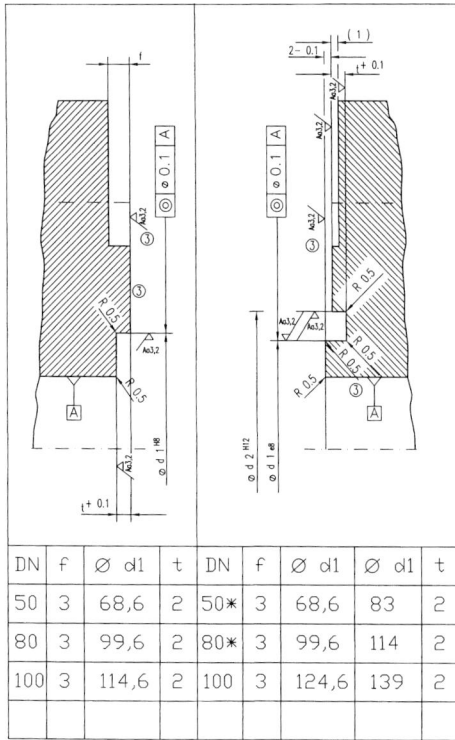

| DN | f | Ø d1 | t | DN | f | Ø d1 | Ø d1 | t |
|----|---|------|---|-----|---|------|------|---|
| 50 | 3 | 68,6 | 2 | 50* | 3 | 68,6 | 83 | 2 |
| 80 | 3 | 99,6 | 2 | 80* | 3 | 99,6 | 114 | 2 |
| 100 | 3 | 114,6 | 2 | 100 | 3 | 124,6 | 139 | 2 |
| | | | | | | | | |

**Abb. 5-6.** Spezialflansch für Molchleitungen

nahe an der Flanschinnenseite bzw. der Dichtung anzuordnen sind, um ein Vorwölben des Flanschblattes zu vermeiden.

Beim Montieren dürfen die Flansche nicht verkantet werden. Um ein Schiefziehen der Dichtflächen zu vermeiden, sind die Schrauben gleichmäßig und eventuell unter Verwendung einer Drehmomentüberwachung anzuziehen.

## 5.4.2 Geschweißte Rohrverbindungen

In diesem Abschnitt wird lediglich auf Punkte, welche bei Schweißverbindungen speziell von molchbaren Rohrleitungen zu beachten sind, eingegangen.

Generelle Hinweise: Vor dem Schweißen sind alle Rohrenden mit einem Kalibrierdorn zu überprüfen und gegebenenfalls nachzuarbeiten. Die Schweißnahtvorbereitung muß sorgfältig erfolgen. Die Rohrenden sind rechtwinklig (planparallel) abzulängen. Vor Beginn der Fertigung sind Probeschweißungen durchzuführen. Es ist ein Unterschied, ob die Rundnähte in der Werkstatt unter optimalen Bedingungen gelingen oder ob im Freien auf einer Rohrbrücke geschweißt werden muß.

Grundsätzlich werden zwei Verfahren, das Orbitalschweißen und die Rohrverbindung mit Schweißmuffen, angewendet; es wird empfohlen, das Orbitalschweißen dem Einsatz von Schweißmuffen vorzuziehen.

Kritische Stellen der zu molchenden Rohrleitungen sind in erster Linie die Verbindungsstellen zwischen den einzelnen Rohrleitungsstücken. Die im DIN-Bereich angegebene zulässige Ovalität der Rohre kann an den Verbindungsstellen zu einem Versatz der Rohre führen, der die Funktion und Lebensdauer des Molches negativ beeinflußt. Vorspringende Rohrenden stellen einen erhöhten Widerstand für den unter radialer Vorspannung stehenden Molch dar. Rücksprünge an den Verbindungsstellen führen zu *Pfützenbildung* und damit zum unerwünschten und nicht tolerierbaren Verbleib von Restmengen. Das Durchhängen der Schweißnahtwurzel (*Nahtdurchhang*) und der Rückfall der Wurzel ist für den Fall einer in der vertikalen Ebene liegenden Rundnaht in der folgenden Abbildung skizziert.

Voraussetzung für eine an den Verbindungsstellen einwandfrei zu molchende Rohrleitung ist daher die Beseitigung der Ovalität der Rohrleitungsenden und deren koaxiales Ausrichten zueinander, bevor die Verbindung hergestellt wird. Dies wird durch geeignete Einrichtungen wie Dorne oder *Innenspannvorrichtungen* sichergestellt. Die Innenspannvorrichtung verspannt die miteinander zu verbindenden Teile kraftschlüssig durch mehrere keilförmig ausgeführte über dem Umfang verteilte pneumatisch oder hydraulisch angetriebene Spannglieder. Sie ist in Richtung der Rohrachse verschiebbar bzw. ziehbar.

Aufgabe der Innenspannvorrichtung:

– Schnelles und einfaches Vorrichten und Zentrieren
– Beseitigung der Ovalität
– Erspart das Heften der Rohrenden
– Führt das Formiergas direkt unter die Rundnaht
– Anlauffarbenfreie Wurzel
– Die von der Innenspannvorrichtung auf die Schweißnaht ausgeübten axialen Kräfte unterstützen den Schrumpfprozeß der Naht.

Gerade Leitungen können ab DN 25 mit einer Innenspannvorrichtung gespannt werden. Ab DN 80 können solche Vorrichtungen durch Bögen geführt werden.

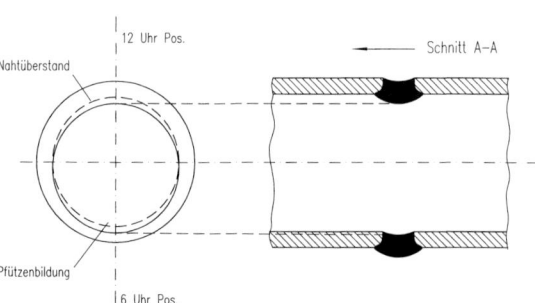

**Abb. 5-7.** Nahtdurchhang und Nahtrückfall

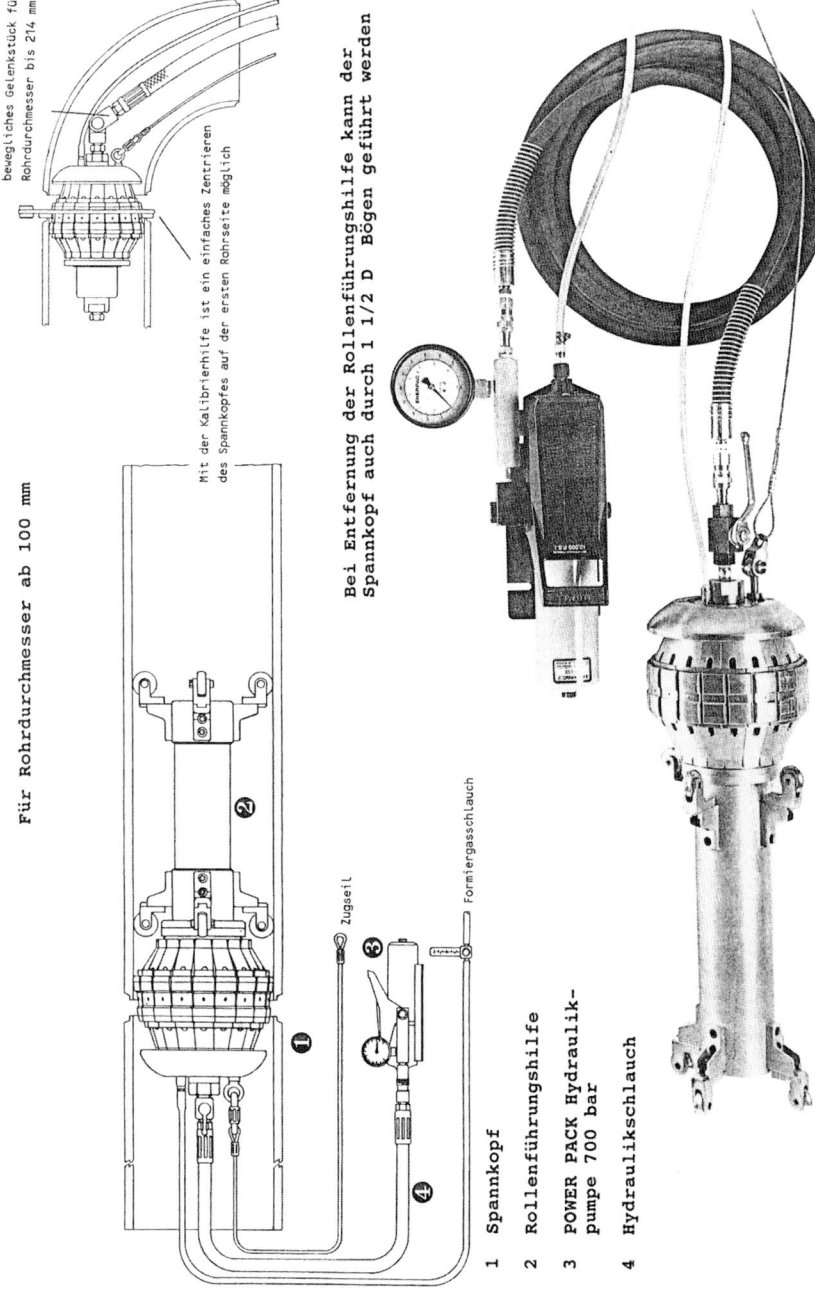

O R B I L I N E  INNENZENTRIERUNG MIT HYDRAULIKANTRIEB

Für Rohrdurchmesser ab 100 mm

bewegliches Gelenkstück für
Rohrdurchmesser bis 214 mm

Mit der Kalibrierhilfe ist ein einfaches Zentrieren
des Spannkopfes auf der ersten Rohrseite möglich

Bei Entfernung der Rollenführungshilfe kann der
Spannkopf auch durch 1 1/2 D Bögen geführt werden

Zugseil

Formiergasschlauch

1   Spannkopf

2   Rollenführungshilfe

3   POWER PACK Hydraulik-
    pumpe 700 bar

4   Hydraulikschlauch

**Abb. 5-8.** Innenspannvorrichtung, Firma Orbiline

Bei vorgefertigten gebogenen Leitungen ist eine ausreichende Länge des Zugseils und auf der anderen Seite der Energiezuführung zu berücksichtigen (s. Abb. 5-8).

Die Innenspannvorichtungen haben wesentlich dazu beigetragen, daß orbitalgeschweißte Rohrleitungen das Kriterium der Molchbarkeit erfüllen.

In gewissem Umfang können Rundnähte auch nach dem Schweißen nachbearbeitet werden. Dazu kann das *Innenschleifen* der Rundnähte eingesetzt werden. Es gibt spezielle Innenschleifmaschinen für Rohrleitungen. Sie besitzen eine sehr hohe Drehzahl, um bereits bei geringen Durchmessern auf eine für den Schleifprozeß nötige Umfangsgeschwindigkeit zu kommen. Einige Geräte können innerhalb der geschweißten Rohrleitung auch durch Bögen durchfahren und positioniert werden.

*Orbitalschweißen*

Unter Orbitalschweißen versteht man ein mechanisiertes WIG (Wolfram-Inertgas)-Schweißen zur Verbindung der einzelnen Rohrleitungsteile. Die Stumpfnaht wird dabei mit einer Schweißzange hergestellt. Beim Orbitalschweißen müssen die Innenkanten der Rohrenden entgratet werden. Vor dem Schweißen sind die Rohrenden drei mal am Umfang unter Schutzgasinnenspülung zu heften (zentrieren) oder mit einer speziellen Spannvorrichtung zu fixieren. Bei sorgfältiger Einstellung aller Parameter läßt sich eine sehr gleichmäßige Naht erzeugen. Der Wurzeldurchhang beträgt nur wenige 1/10 mm und ist damit so gering, daß ein hoher Reinheitsgrad der Rohrleitung verbunden mit geringem Molchverschleiß erzielt werden kann.

Vorteile des Orbitalschweißverfahrens:

- höhere (im Vergleich zu Schweißmuffen) und gleichbleibende, reproduzierbare Qualität.
- keine Spaltbildung
- glatte Nahtoberfläche innen und außen
- auf der Baustelle können die Geräte in allen Schweißpositionen eingesetzt werden
- für die Ausführung kann Bedienungspersonal ohne Schweißerprüfung eingesetzt werden
- Schweißnaht ist auf innere Fehler leicht und eindeutig prüfbar
- geringe Herstellungskosten (im Vergleich zu Schweißmuffen ist nur eine Naht nötig).

Nachteile des Orbitalschweißverfahrens:

- sehr hohe Schweißnahtautomatenkosten bei der Neubeschaffung
- sehr genaue Nahtvorbereitung erforderlich
- höhere Empfindlichkeit der Geräte gegen äußere Einflüsse
- Schweißfehler, die während des Schweißens auftreten, werden erst nach Ende der Schweißung festgestellt
- Probeschweißung vor Beginn der Schweißarbeit auf der Baustelle oder nach Gerätestörung erforderlich.

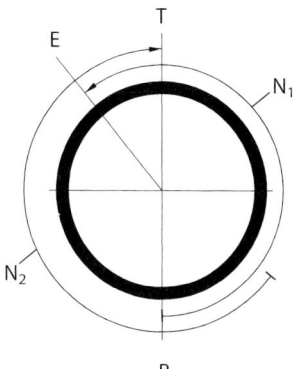

**Abb. 5-9.** Vorgehensweise beim Teilnahtschweißen

*Teilnahtschweißen*

Das Teilnahtschweißen ist ein Sonderfall des Orbitalschweißens. Es vermeidet in der 12-Uhr-Position ein Durchsacken und in der 6-Uhr-Position einen Rückfall der Schweißnahtwurzel. Im sogenannten fallnahtkritischen Bereich werden Bindefehler sowie ein Nichterfassen der Nahtflanken in der Wurzel sicher vermieden. Die folgende Verfahrensbeschreibung geht vom Fall einer in einer vertikalen Ebene liegenden Rundnaht (z. B. Montagearbeiten auf einer Rohrbrücke) aus.

Das neue Verfahren macht von der Erkenntnis Gebrauch, daß aufsteigend geschweißte Nähte zu einer optimalen Wurzelausformung führen. Unter einer optimalen Wurzelausbildung wird eine beinahe blechebene, glatte, übergangslose Rohrinnenfläche verstanden. Die Schweißnaht wird aus zwei Teilnähten N1 und N2 hergestellt (s. Abb. 5-9). Beide Teilnähte beginnen von einem tiefsten Punkt B.

Die Schweißnaht N1 wird von diesem Punkt B entgegen dem Uhrzeigersinn aufsteigend zum höchsten Punkt gezogen. Um an den Übergangsstellen zwischen der ersten und zweiten Teilnaht eine ansatzlose Wurzelschweißung zu erreichen, wird die erste Teilnaht N1 etwas über den höchsten Punkt der Naht geschweißt (ca. 11-Uhr-Position).

Um auch am tiefsten Punkt der Naht den Übergang ansatzlos zu erreichen, sieht das Verfahren hier eine Vorheizstrecke H vor. Diese Vorheizstrecke beginnt etwa in der 4-Uhr-Position und endet im Anfangsbereich der zweiten Teilnaht. Die zweite Teilnaht N2 führt von B im Uhrzeigersinn nach T und überschweißt einen Teil der den höchsten Punkt übergreifenden ersten Teilnaht N1. Bei diesem übergreifenden Wegabschnitt der Elektrode bis zum höchsten Punkt wird der Schweißstrom kontinuierlich abgesenkt.

Das neue, patentierte Verfahren [3] kann mit den üblichen Orbitalschweißeinrichtungen durchgeführt werden, bei denen unter Verwendung von Schutzgas und ohne Zusatzwerkstoff eine nichtabschmelzende Elektrode aus Wolfram zur Anwendung kommt.

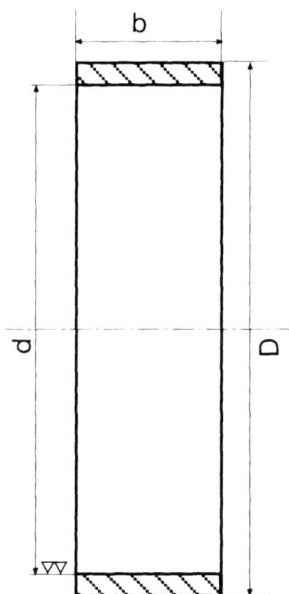

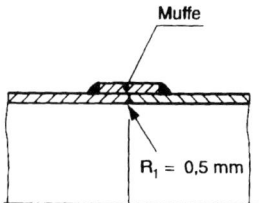

**Abb. 5-11.** Rohrverbindung mit Schweißmuffe

**Abb. 5-10.** Schweißmuffen, Abmessungen

*Schweißmuffen*

Schweißmuffen sind kurze Rohrabschnitte (Hülsen), welche über die zu verbindenden Rohre geschoben werden und mit diesen durch zwei umlaufende Keilnähte verschweißt werden.

Die Schweißmuffen werden speziell angefertigt, der Innendurchmesser der Muffe und der Außendurchmesser der Molchleitung müssen mit definiertem Spiel (leicht schiebbar) aufeinander abgestimmt sein. Handelsübliche Rohrabschnitte sollen aufgrund ihrer Ungenauigkeiten nicht verwendet werden. Die rechtwinklig abgelängten Rohrenden müssen zusammengestoßen und bei gleichzeitiger Rohrinnenspülung dreimal geheftet werden. Die Muffe wird übergeschoben und mit Kehlnähten (Nahtdicke = Rohrwanddicke) verschweißt, wobei das Rohr während des gesamten Schweißvorgangs von innen mit Schutzgas gespült werden muß. Bei langen Rohrabschnitten können zur Schutzgaseinsparung Ballonschotts gesetzt werden.

Nachteile der Muffenschweißung:

– die Ausführung ist teuer (zwei Schweißnähte, teure Muffen, Überschleifen der Heftstellen)
– Prüfung der Schweißverbindung auf innere Fehler nicht oder nur mit sehr hohem Aufwand möglich
– Schrumpfungen im Schweißbereich
– beim Innenbeizen der Rohrleitungen dringt Beizmittel in den Spalt ein und kann nicht mehr neutralisiert werden (Gefahr der Spaltkorrosion).
– geprüfte Schweißer erforderlich.

Der Hauptvorteil der Muffenschweißung liegt darin, daß die hohen Anschaffungskosten für den Schweißautomaten entfallen.

Bei anderen Schweißverbindungen (z. B. mechanisierte Rundnahtschweißungen mit stationärem Brenner für Rohr-Flansch-Verbindungen) muß die Innenseite der Schweißnaht mechanisch nachbearbeitet werden.

Für das Herstellen von molchbaren Leitungen ist es vorteilhaft, die Schweißnähte mechanisiert (Orbitaltechnik oder mit stationärem Brenner) auszuführen. Wo es möglich ist, sind gebogene Rohre eingeschweißten Rohrbögen vorzuziehen.

## 5.5 Beispiel für eine Rohrleitungsspezifikation

Am Beispiel einer Molchleitung in DN150 soll aufgeführt werden, wie eine Muster-Rohrleitungsspezifikation aussehen könnte:

*Gerades Rohr*

– Innendurchmesser 159,3 mm, Wanddicke 4,5 mm
– Werkstoff-Nr. 1.4541, längsnahtgeschweißt, hergestellt aus Kaltband DIN 17441
– Toleranz für den Innendurchmesser einschließlich Ovalität ± 0,8 mm
– Toleranz für Innendurchmesser aus dem Umfang ± 0,4 mm
– Dickentoleranz: ±0,15 mm, Geradheit max. 1,0 mm/m Abweichung
– Rauhtiefe innen maximal 2,5 μm, Schweißnahtbereich ausgenommen
– Ausführung DIN 17457, Prüfklasse 1, k2
– Außennaht geschliffen, Innennaht angedrückt, Wurzeldurchhang <0,45 mm
– ungeplante, gesägte Enden, Herstellungslängen 12 m
– Abnahmeprüfzeugnis EN 10204/3.1B.

*Rohrbögen*

– Werkstoff-Nr. 1.4541, hergestellt aus geschweißtem Rohr wie oben beschrieben
– Bauart 5D, Biegeradius 750±30 mm
– Innendurchmesser: in Biegeebene $159,3^{+1,5\%}$ mm, 90° zur Biegeebene $159,3^{+0,5\%}_{-1,5\%}$ mm
– Wurzeldurchhang max. 0,3 mm
– Wanddickenverschwächung im Außenbogen bis ca. 30%
– faltenfrei kaltgebogen, mit beidseitiger Schenkelverlängerung von 150 mm
– Enden kalibriert, Endenausführung nach DIN 2559/1
– nach dem Biegen wärmebehandelt, gebeizt
– Abnahmeprüfzeugnis EN 10204/3.1B für das Einsatzrohr.

*Schweißverbindungen*

– Teilmechanisierter Schweißprozeß in Orbitaltechnik (tWIG)
– Wurzelschutz mit Formierkammer, $O_2$-Messung im Nahtbereich.
– Verbindung der Rohrleitungsteile durch I-Stoß ohne Schweißnahtzusatz
– Oberfläche der Schweißnaht im Rohrinnenbereich ist molchbar ausgebildet, d. h.:
    – keine scharfkantigen Nahtbereiche
    – durch angepaßte Formiereinrichtung keine Oxidbildung im Nahtbereich
    – anlauffarbenfrei (strohgelb ist nach DIN zulässig)
    – maximaler Nahtüberhang kleiner als bei Schweißprobe.


*Qualitätssicherung*

– Rohrabnahme beim Hersteller durch Vermessung aller Rohrstücke
– Reinigung sämtlicher Rohrstücke vor der Verarbeitung mechanisch von innen
– Sichtkontrolle der Rohrinnenoberfläche
– Kontrolle sämtlicher Montage-Schweißnähte mittels Videotechnik von innen
– Röntgenprüfung der Schweißnähte an den Flanschen.


## 5.6 Montage von molchbaren Rohrleitungen

Für die Montage von Molchleitungen gelten die üblichen allgemeinen Montage-richtlinien. Bei Transport und Einbau ist darauf zu achten, daß keine Beschädigungen (beispielsweise Beulen) auftreten können.

Unterstützungen, Abhängungen und Halterungen sind häufiger als bei konventionellen Rohrleitungen einzusetzen und sorgfältig auszuwählen. Vermehrt angebrachte Halterungen sollen einen besseren Sitz der Molchleitung gewährleisten und dem „Schlagen" der Leitung bei Molchdurchfahrt entgegenwirken. Bei Durchfahrt eines Molches ergeben sich bei Geschwindigkeitsänderungen, bei der Durchfahrt eines Bogens und beim Stoppen an einem Fangdorn erhebliche dynamische Kräfte bzw. Impulsänderungen. Andererseits darf die Rohrleitung jedoch durch die Halterung nicht deformiert werden. Das Einlegen von elastischen Bändern in die Halterung ist gut geeignet, um diese Forderung zu erfüllen.

Die Anzahl der Rundnähte soll so gering wie möglich gehalten werden. Es wird deshalb empfohlen, mehr nach Isometrie vorgefertigte, d. h. vorgebogene Rohrstücke oder längere Rohrstücke einzusetzen.

Neben der Standardlänge von 6 m bieten einige Lieferanten auch 12 m an. Allerdings ist die Dornlänge der Rohrbiegemaschinen oft auf 6 m Länge ausgelegt, und auch viele Hochregallager sind auf diese Länge begrenzt.

Auf Montageschweißungen wird in Abschnitt 5.4.2 eingegangen.

# 5.7 Molchbare Schlauchleitungen

Schlauchleitungen werden eingesetzt, wenn bei großer Flexibilität Apparate umgeschlossen bzw. die Verteilung auf bestimmte Rohrleitungen manuell ermöglicht werden soll. Bei Befüll- und Entleervorgängen in Verbindung mit mobilen Transportbehältern (Umschlagen) sind Schläuche oft nicht zu vermeiden. Besonders bei der zusätzlichen Forderung nach Molchbarkeit sollen primär die Lösungen durch feste Anschlüsse in Verbindung mit den in Abschnitt 4.4 beschriebenen Spezialarmaturen (Füllkopf, molchbare Gelenkarme und molchbare Verteiler) hingewiesen und empfohlen werden. Bei Verwendung dieser Armaturen ist die Anlage auch automatisierbar.

Kompensatorähnliche Funktionen für Schlauchleitungen, wie z.B. die Aufnahme von Hubbewegungen, Schwingungen oder Dehnungen in Verbindung mit einer Kraft- oder Arbeitsmaschine, werden in der Molchtechnik nicht existieren.

Eine *Schlauchleitung* besteht aus dem eigentlichen Schlauch und den an beiden Enden notwendigen Anschlußteilen. Sowohl für den Schlauch als auch für die Anschlußarmatur muß die Bedingung der *Molchbarkeit* erfüllt sein. Insbesondere ist die Art der Einbindung, d.h. der Übergang zwischen dem Schlauch und der Anschlußarmatur daraufhin zu prüfen. Für molchbare Schlauchleitung sind stabile Ausführungen (Stützgewebe bzw. Umflechtung) auszuwählen, da mit Druckstößen und Impulsänderungen bei Molchdurchfahrt zu rechnen ist.

Allgemein unterscheidet man Metall- und Kunststoffschläuche.

## Metall- und Kunststoffschläuche

Reine Metallschläuche sind aufgrund der konstruktiven Forderung nach Biegeschlaffheit nur mit Formwellen (Wendel- bzw. Parallelwellung) herstellbar. Dadurch werden veränderliche Innendurchmesser und Toträume erzeugt; sie sind nicht molchbar.

Anders sieht es bei Verbundkonstruktionen aus: Metallschläuche mit einer Seele (Inliner) aus Kunststoff. Bei einer durchgezogenen Seele wird der Kunststoffinliner über die Dichtfläche des Anschlußteiles, im allgemeinen das Flanschblatt, gezogen. An dieser Stelle ist ein relativ großer Radius nötig (s. Abb. 5-12).

Neben Kunststoffen (PTFE) sind auch Elastomerauskleidungen erhältlich. Hier sind die gleichen Werkstoffe wie für die Molche möglich: NBR, Viton, Silicon etc.).

Bei reinen Kunststoffschläuchen werden auch innen absolut glatte Schläuche angeboten.

Bei richtiger Einbindung (Konfektionierung) und Auswahl der geeigneten Anschlußteile ist ihre Molchbarkeit sichergestellt.

Lieferbare Nennweiten bei Schläuchen sind DN 15 bis DN 100. Sie liegen vorwiegend in Standardlängen bis 6 m vor. Einzelne Schlauchhersteller sind bereit, die Konfektionierung von Schläuchen auf einen *gewünschten Innendurchmesser*

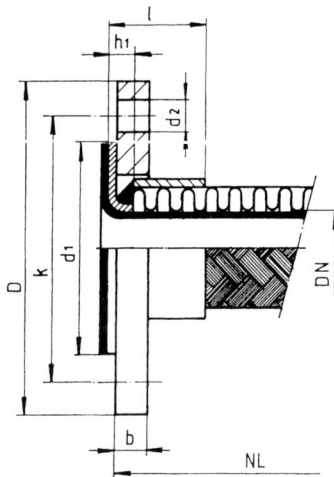

**Abb. 5-12.** Zeichnung Edelstahl-Wellschlauch mit Inliner, Firma Roth

vorzunehmen. Dies ist jedoch nur in begrenztem Maße möglich. Der Inliner kann einfacher mit einem bestimmten Innendurchmesser gefertigt werden als das Außengeflecht. Der Abstand zwischen Inliner und Geflecht darf nicht zu groß sein, da eine Abstützwirkung aufrechterhalten werden muß.

*Anschlußteile und Kupplungen*

Als Anschlußteile sind sinnvoll:

— Vorschweißfestflansch bzw. Vorschweißbund mit Losflansch
— Vorschweißbördel
— Milchrohrverschraubung (Außengewinde mit Überwurfmutter DIN 11851 [3])
— Anschweißrohrenden
— Schnell lösbare Verbindungselemente (Schlauchkupplungen).

Die bei Schläuchen oft verwendeten Kupplungen, z.B. Tankwagen-Kupplung gem. DIN 28450 [3], Kamlok-Kupplungen sowie die leckagefreien Trockenkupplungen (Trennung mit Auslaufschutz) sind nicht molchbar.

Eine molchbare Schlauchleitung wird recht selten zum Einsatz kommen. Der molchbare Schlauch wird gegenüber dem Standardschlauch eine noch größere Biegesteifigkeit und damit einen größeren Biegeradius besitzen. Vor allem Schläuche größerer Nennweite sind erheblich schwerer zu handhaben und deshalb ist vom Einsatz abzuraten.

# 6   Zusatzeinrichtungen

## 6.1   Entspannungsgefäß

Wird bei einer Molchanlage Druckluft als Treibmedium verwendet, ist zur schadlosen Entsorgung der entspannten Druckluft, die teilweise mit Produkt gesättigt ist, ein Entspannungsgefäß notwendig. Dieses Entspannungsgefäß
- entspannt
- reduziert Druckspitzen
- verlangsamt die Druckluftströmungsgeschwindigkeit
- sammelt kondensierbare Produktrückstände
- führt die Abluft entspannt zu einer Abgaswäsche oder zu einer Verbrennungsanlage
- führt die gereinigte Abluft sicher in die Atmosphäre.

Das Entspannungsgefäß (s. Abb. 6-1) ist ein Druckbehälter (PN10 bei Verwendung von 4 bar Druckluft) mit einem Inhalt von 30...60...100 l mit mindestens drei Stutzen (Eintritt Druckluft, Austritt Druckluft, Auslaß Kondensat). Oftmals ist ein Demister (Tropfenabscheider) vorgesehen. Das Entspannungsgefäß braucht nur einer einmaligen Prüfung unterzogen werden, da es bedingt durch atmosphärisch offene Fahrweise nicht als Druckbehälter betrieben wird.

Da in der Regel abluftseitig gedrosselt wird, ist das Entspannungsgefäß nach der Blende einzubauen. Zur Kontrolle des Kondensatstandes ist ein Schauglas oder ein Stand-hoch-Alarm sinnvoll; gegebenenfalls kann das Gefäß auch beheizt werden. Zur Entsorgung des Kondensats kann eine Rückführung auf die Saugseite der Pumpe oder eine Entleerung in ein Gebinde (Verbrennung) vorgesehen werden.

## 6.2   Treibmediumbehälter

Wird die Molchanlage mit einem flüssigen Treibmedium betrieben, wie z. B. Wasser oder Lösemittel, so muß zur Versorgung ein Treibmediumbehälter (bzw. Treibmittelbehälter) vorgesehen werden.

Aufgaben des Treibmediumbehälters:

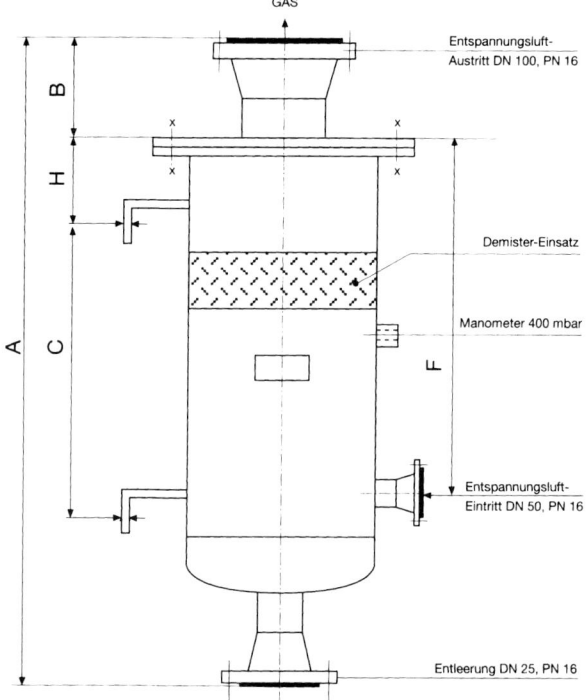

GAS

Entspannungsluft-
Austritt DN 100, PN 16

Demister-Einsatz

Manometer 400 mbar

Entspannungsluft-
Eintritt DN 50, PN 16

Entleerung DN 25, PN 16

**Abb. 6-1.** Entspannungsgefäß

– Medium bereitstellen, d. h. drucklose Lagerung der zum Molchbetrieb erforder-
lichen Menge des Treibmediums
– Auffangen des mit Produkt kontaminierten Treibmediumrücklaufs, Durchmi-
schung mit noch im Behälter vorhandener Restmenge
– Ansetzbehälter für ein spezielles, auf das Produkt abgestimmtes Treibmedium
(Reinstoff oder Mischung)
– Überprüfung des Molchverschleisses.

Der Treibmediumbehälter muß während des gesamten Molchvorgangs eine ausreichende Menge an Treibmedium bereithalten können, um den Molchantrieb zu gewährleisten.

Da es sich um ein hydraulisch gefülltes System handelt, ist das Gesamtvolumen des Behälters unter Berücksichtigung einiger weniger Kriterien relativ einfach zu berechnen.

Befindet sich der Molch in der am weitesten entfernten Empfangsstation, ist
die gesamte Molchleitung mit Treibmedium gefüllt. Damit der Molch in die Ausgangsposition zurückfahren kann, muß auch das System der Treibmediumleitun-
gen vollständig gefüllt sein.

Der Behälter muß demnach mindestens die beiden Volumina aufnehmen können. Zusätzlich darf eine bestimmte Mindeststandhöhe im Behälter nicht unter-

schritten werden. Ein Trockenlauf der Treibmediumpumpe muß unter allen Umständen vermieden werden. Im Behälter kann sich beim Abpumpen mit geringer werdender Füllhöhe eine Trombe bilden. Dies läßt sich durch den Einbau von Wirbelbrechern vermeiden.

Letztendlich ist auch noch der unvermeidbare Treibmediumschwund zu berücksichtigen. Die nach jeder Molchfahrt zurückbleibende Innenwandbenetzung und Verdunstungsvorgänge, oder Verluste bei der Treibmediumfiltration, führen zu einem ständigen Verlust an Treibmedium. Dieses ist regelmäßig zu ergänzen und deshalb bei der Dimensionierung des Treibmediumbehälters mit zu berücksichtigen.

Erfahrungswerte für das Behältervolumen gehen vom 1,5- bis 3-fachen des Inhaltes der molchbaren Rohrleitung aus.

Die Verunreinigung des Treibmediums durch Produktrückstände kann als Maß für den Molchverschleiß angesehen werden. In solchen Fällen kann der Inhalt des Treibmediumbehälters periodisch erneuert werden. Das im kontaminierten Treibmedium enthaltene Produkt kann wieder aufgearbeitet werden. Nur in ungünstigen Fällen muß es der Entsorgung (Verbrennung) zugeführt werden.

Einen typischen Treibmediumbehälter zeigt Abb. 6-2. Er ist als Druckbehälter (1 bar) mit einem Volumen von 2700 l aus Edelstahl 1.4541 ausgeführt. Der Behälter steht auf vier Rohrfüßen und besitzt ein Mannloch im oberen Klöpperboden. Der Treibmediumrücklauf wird am Stutzen N 6 angeschlossen, N 5 dient zur Erstbefüllung und Nachfüllung des Treibmediums. N 7 ist ein Reservestutzen, beispielsweise für eine Druckmessung. Der Zulauf zur Treibmediumpumpe erfolgt über Stutzen N 15, dieser Stutzen kann auch zur Entleerung verwendet werden. N 11 und N 13 können zur Standmessung verwendet werden. N 1 ist ein Mannloch mit Schwenkvorrichtung für den Deckel.

Dem Treibmedium können bei Bedarf in geringen Mengen Lösemittel, Reinigungsmittel (Tenside) oder Desinfektionsmittel zugesetzt werden.

Wird bei der Tandem-Fahrweise ein Reinigungs-, Spül- oder Lösemittel zwischen zwei gleichsinnig fahrenden Molchen eindosiert, kann zusätzlich zum Treibmediumbehälter noch ein kleinerer Spülmittelbehälter notwendig sein. Prinzipiell ist dieser Spülmittelbehälter ähnlich ausgeführt wie der Treibmediumbehälter.

## 6.3  Filter

Bei Produkten, die das Treibmedium bereits durch geringe Produktmengen färben oder trüben bzw. die zu Feststoffpartikelbildung neigen (Polymerisatteilchen oder Koagulate), ist eine Treibmediumaufarbeitung notwendig und sinnvoll. Im einfachsten Fall kann hierzu ein Filter verwendet werden, der im Treibmediumrücklauf kurz vor dem Treibmediumbehälter angeordnet ist (s. Abb. 6-3).

Im Treibmedium können Produktverunreinigungen zu einer stark erhöhten Schaumbildung führen, die sich ungünstig auf das Laufverhalten der Molche auswirkt. Verunreinigungen werden insbesondere durch verschlissene Molche gegen Ende ihrer Standzeit verursacht.

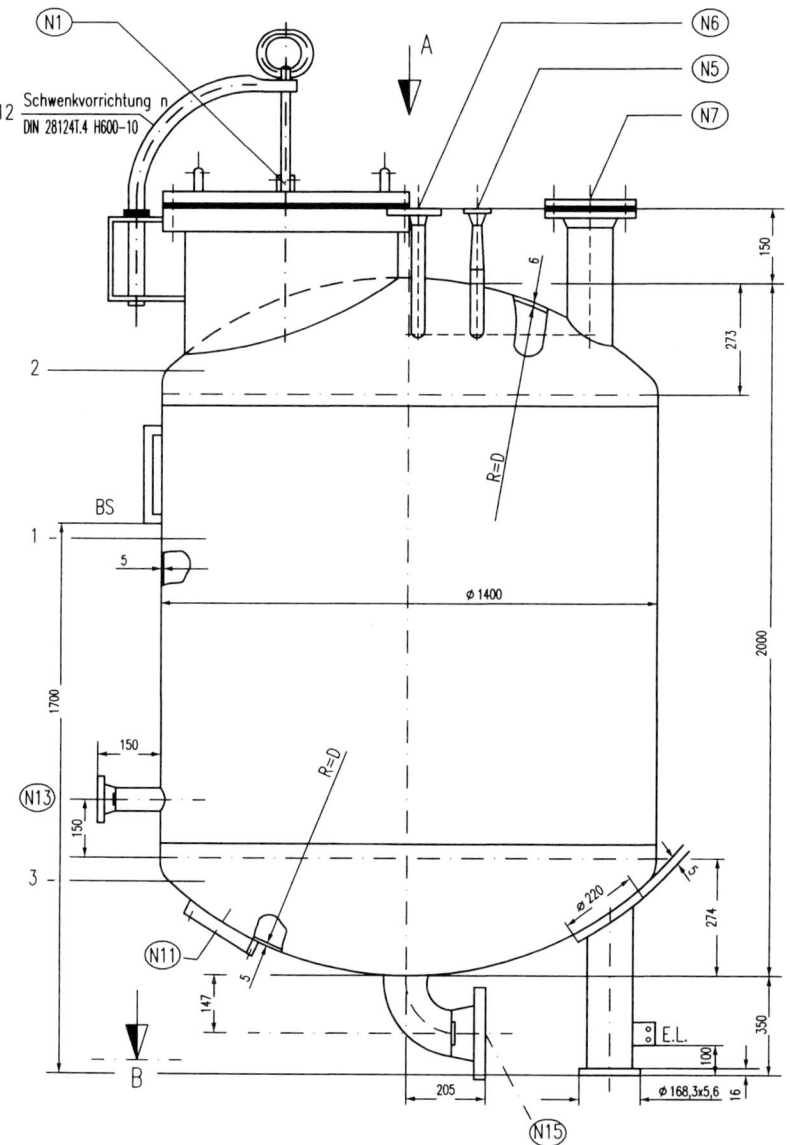

**Abb. 6-2.** Treibmediumbehälter

Zur Druckfiltration von Flüssigkeiten eignen sich Beutel- bzw. Kerzenfilter. Dabei durchströmt das Unfiltrat das Filterelement von innen nach außen und die Feststoffverunreinigungen werden im Inneren zurückgehalten.

Die Filter können auch wechselweise eingebaut werden, um Stillstandszeiten zu vermeiden. Die Filtration des Treibmediums führt zur Verlängerung der Treibmediumwechselintervalle und zur Verringerung des Molchverschleißes.

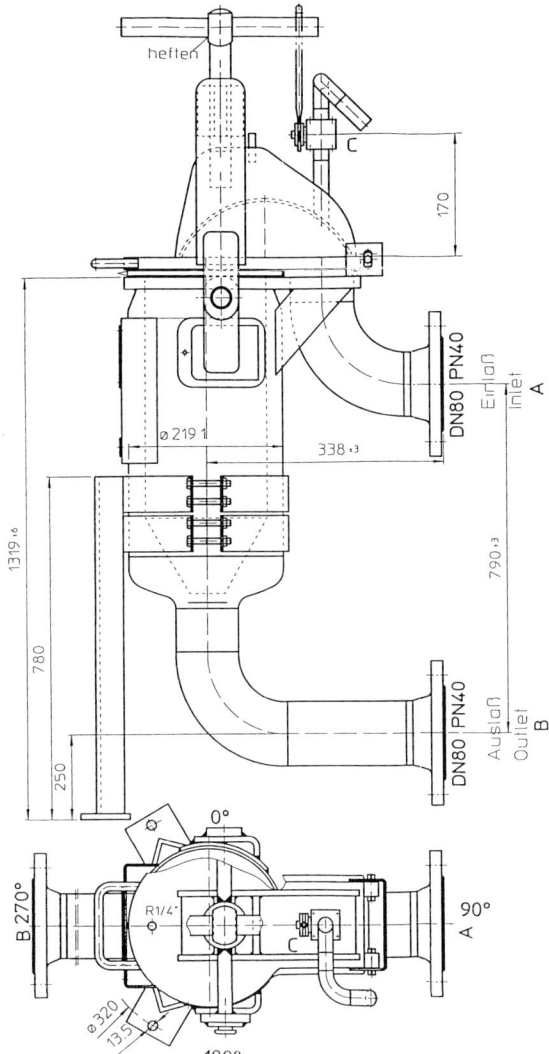

**Abb. 6-3.** Filterarmatur, Firma ISP

## 6.4 Pumpen

Je nach Funktion sind bei einer Molchanlage grundsätzlich zwei Pumpenarten zu unterscheiden:

– Produktpumpen
– Treibmediumpumpen.

Die Produktpumpe (mehrere Produktpumpen bei mehreren Produkten) ist in der Nähe des zu fördernden Produktvolumens angeordnet, die Druckseite der Pumpe ist im Normalfall teilweise identisch mit der Molchleitung. In Ausnahmefällen kann die Produktpumpe durch einen molchbaren Bypass umgangen werden. Die Leistung der Produktpumpe errechnet sich nach den üblichen Methoden (Nennweite, Durchfluß, Druckverlust). Die Auswahl der Pumpenbauart geschieht nach produktspezifischen und räumlichen Gegebenheiten und soll hier nicht weiter beschrieben werden.

Die Treibmediumpumpe wird zwischen Treibmediumbehälter und Molchsendestation angeordnet, die Druckseite ist identisch mit der Molchleitung. Die Leistung errechnet sich bei einer optimalen Molchgeschwindigkeit von etwa 1 m/s. Beim Treibmedium mit wässrigen Eigenschaften wird eine Kreiselpumpe verwendet. Bei hochviskosen Produkten ist der Einsatz von Verdrängerpumpen (z.B. Schraubenspindelpumpen) notwendig.

Bei Verdrängerpumpen ist darauf zu achten, daß die Druckseite gegen Überdruck abzusichern ist.

# 7 Treibmedien

Molche bewegen sich im allgemeinen nicht aufgrund eines eigenen Antriebes, sondern werden durch ein Treibmedium in Bewegung gesetzt. Da hierbei Bewegungsenergie von dem Treibmedium auf den Molch übertragen wird, ist der Übertragungsvorgang für die Art der Bewegung von entscheidender Bedeutung. Vorrangig spielen die Dauer der Übertragung und das dahintersteckende Energiepotential eine Rolle.

Aus diesem Grund verhalten sich Molche, die durch ein Gas angetrieben werden, anders als flüssigkeitsgetriebene Molche.

Aufgrund ihrer Kompressibilität führen gasförmige Treibmedien zu einer ungleichförmigen Molchbewegung. Bei Einsatz von Flüssigkeiten als Treibmedium ergibt sich hinter dem Molch ein ideales Kolbenströmungsprofil, welches zu einer sehr gleichförmigen Molchbewegung führt.

Ein Molch kann natürlich auch durch das Produkt selbst angetrieben werden. Dies ist für bestimmte Ablaufschritte bei Prozeßmolchanlagen durchaus notwendig und üblich. Auch bei vielen Molchanwendungen in der Fernleitungstechnik geschieht der Transport des Molches durch das Produkt selbst. Oft muß zum Ein- und Ausschleusen des Molches in die Leitung die Produktförderung nicht unterbrochen werden.

Die meisten Inspektionsmolche für Freispiegelleitungen (z. B. Abwasserkanäle mit offener Gerinneströmung) werden durch Reibräder angetrieben oder gezogen. Diese Molche besitzen dann keine Dichtelemente (Lippen, Manschetten) und sind somit keine Paßkörper. Ein spezielles Treibmedium ist in diesem Fall nicht erforderlich.

## 7.1 Gasförmige Treibmedien

Bei gasförmigen Treibmedien wird der Druck zur Energieübertragung nicht über eine Pumpe aufgebracht, sondern aus einem installierten Rohrleitungsnetz oder einer Kompressoranlage mit Druckspeicher übertragen.

Um eine gleichförmige Molchbewegung zu erreichen, können Einbauten zur Erzeugung definierter Antriebsluftmengen verwendet werden. Ein einfaches Element zu diesem Zweck ist eine in der Luft-Entspannleitung (zwischen Molchempfangsstation und Entspannungsgefäß) installierte Abluftdrossel. Es muß dabei sichergestellt werden, daß noch hinreichend große Luftvolumina strömen können.

**Tab. 7-1.** Eigenschaften Druckluft- und Stickstoffnetz

| Netzart | Druck Minimalwert bar | Druck Normalwert bar | Druck Maximalwert bar | Temperatur °C | Sicherheits- einrichtungen Druck in bar | Nenndruck der Rohrlei- tungen PN |
|---|---|---|---|---|---|---|
| Druckluft | 3,7 | 4 | 5 | 10 bis 50 | 5 | 10 |
| Stickstoff | 7 | 8,5 | 10 | 0 bis 50 | 10 | 10 |

Unter den gasförmigen Treibmedien für Prozeßmolchanlagen sind Druckluft und Stickstoff die gebräuchlichsten, wobei zu ca. 90% Druckluft verwendet wird. Falls ein betriebliches Druckluftnetz vorhanden ist, ist dies die wirtschaftlichste Art, eine Molchanlage zu betreiben. Charakteristische Daten für ein übliches Druckluft- und Stickstoffnetz zum Betreiben von Molchanlagen zeigt Tabelle 7-1.

Druckluft ist in einer Industrieanlage fast überall verfügbar und kann in den Fällen, in denen Sicherheitsgründe (Kapitel 19) nicht dagegen sprechen, als Treibmedium eingesetzt werden. In der Regel ist ein Betriebsluftnetz von 4 bar ($p_e =$ 4 bar) ausreichend. Rückwirkungen auf das Betriebsnetz müssen unter allen Umständen vermieden werden.

Da beim Molchvorgang keine vollständige mechanische Trennung zwischen Medium aus dem Netz und dem Produkt besteht, kann eine *direkte Einleitung* bzw. Kontamination nicht ausgeschlossen werden. Die erforderliche Netzschutzvorrichtung besteht aus einer Doppelabsperrung mit Zwischenentspannung (sog. block and bleed) und einer selbsttätig wirkenden Schaltung (s. Abb. 7-1). Der abgesicherte Arbeitsdruck auf der Verbraucherseite darf 80% des Netzdruckes nicht überschreiten.

Zur Versorgung einer Molchanlage darf weder ein Atemluftnetz noch ein Steuerluftnetz verwendet werden.

Die Nutzung von Stickstoff als Treibmedium ergibt sich, wenn brennbare Flüssigkeiten gemolcht werden sollen. Stickstoff muß verwendet werden, wenn die Differenz von Produktflammpunkt $T_f$ und Betriebstemperatur $T_{Betr.}$ kleiner als 5 K ist:

$$T_f - T_{Betr.} \leq 5 \text{ K}$$

Weitere Details hierzu in Kapitel 19 und besonders in Abbildung 19-6.

Die Nutzung von Stickstoff als Treibmedium ist wegen der möglichen Erstickungsgefahr (Verdrängung von Sauerstoff in der Raumluft) nicht unproblematisch und sollte im Einzelfall geklärt werden (Kapitel 19).

Wird der Molch durch einen sich aufbauenden Druck beschleunigt, entspannt sich zwar wegen der Volumenausdehnung ebenfalls das Druckpolster, aber der Druck bricht nicht annähernd so schnell zusammen, wie bei einer unter Druck stehenden Flüssigkeit.

In Folge wird der Molch stark beschleunigt und vorwärts getrieben, bis die Expansion des Treibmediums den Molch nicht mehr weiter beschleunigen kann.

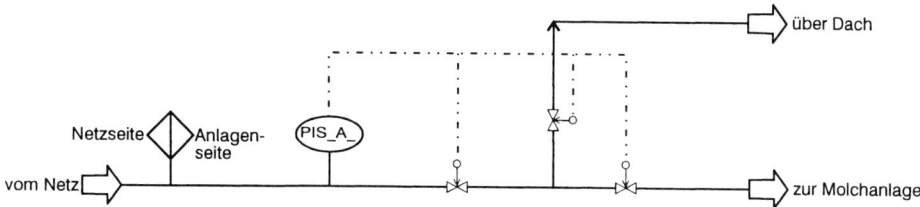

**Abb. 7-1.** Netzschutzvorrichtung für Druckluft oder Stickstoff

Ab diesem Zustand maximaler Geschwindigkeit wird der Molch wieder langsamer und kann, je nach Druckreserve des Treibmediums, auch vollständig zur Ruhe kommen, bis sich wieder ein Druck aufgebaut hat, der groß genug ist, den Molch erneut zu beschleunigen. Auf diese Weise bewegt sich der Molch abschnittsweise ruckartig vorwärts – eine Bewegung, die als *„Stick-slip-Verhalten"* bezeichnet wird.

Dieses Verhalten ist unerwünscht, da das Abreinigungsverhalten stark geschwindigkeitsabhängig ist (Kapitel 10) und dadurch der Reinigungsgrad nicht mehr in gleichbleibender Qualität gewährleistet wird.

Bevor jedoch auf Abhilfemöglichkeiten eingegangen werden kann, sollen zunächst das Geschwindigkeitsverhalten von gasbetriebenen Molchen näher erläutert und an einem Beispiel die Größenordnungen von Geschwindigkeit und Beschleunigung verdeutlicht werden.

## 7.1.1 *Geschwindigkeitsverhalten gasgetriebener Molche*

Die errechenbaren Maximalgeschwindigkeiten beim Stick-slip-Effekt werden durch die Bauart der Molchanlage bestimmt. Molchanlagen mit offenem Ende werden aus Gründen des Arbeitsschutzes und der Sicherheit nur bei Versuchsfahrten eingesetzt. Eine offene Molchanlage bewirkt jedoch aufgrund des fehlenden (bremsenden) Gegendruckes höhere Maximalgeschwindigkeiten als eine geschlossene Anlage. Die Unterschiede können je nach Nennweite bis zu 25% betragen.

Deshalb sollen am kritischeren Beispiel einer Molchanlage mit offenem Ende zunächst die Ursachen des Stick-slip-Verhaltens näher untersucht werden. Zu diesem Zweck wurde eine Diplomarbeit [1] angefertigt, mit der erstmalig die Geschwindigkeits-Weg-Abhängigkeit von Molchen in Rohrleitungen beschrieben werden konnte.

Die Versuchs-Molchanlage besitzt folgende Eigenschaften:

– Nennweite DN 100
– offenes Ende
– Vollkörpermolch Masse: 0,74 kg
– maximaler Treibmitteldruck: $p_e = 4$ bar.

Es werden qualitative Angaben zum Fall des offenen Endes gemacht.

Das den Berechnungen zugrundeliegende Modell geht von folgenden Voraussetzungen aus:

– Der Molch wird durch Reibungskräfte festgehalten und setzt sich erst in Bewegung, wenn das sich aufbauende Druckpolster groß genug ist, um die Haftreibung zu überwinden.
– Bewegt sich der Molch, wird er nur von dem Druckpolster angetrieben, ohne daß zusätzlich Treibmedium aus der Versorgungsleitung nachströmt und zur Beschleunigung beiträgt. Würde Treibmedium aus der Versorgungsleitung nachströmen, ergäben sich weitere Stick-slip-Bewegungen. Eine Massenbilanz zeigt, daß sich der Molch schneller bewegt, als das Treibmedium nachströmen kann.
– Die Geschwindigkeiten wurden für geradlinige Bewegungen ohne Rohrbögen berechnet und verifiziert.

Abhängig von einem sog. Gleitdruck, der durch das Treibmedium aufgebracht werden muß, um die Haftreibung zu überwinden, und geometrischen Größen, wie der Nennweite der Rohrleitung, der Molchmasse und dem für die Speicherung von Druckenergie im Treibmedium zur Verfügung stehenden Volumen, kann der Wert der Molchgeschwindigkeit entlang seines Weges berechnet werden.

Das Modell berechnet die Geschwindigkeit aus dem Energieerhaltungssatz über eine Kräftebilanz am Molch. Durch Lösen einer Integralgleichung läßt sich die wegabhängige Geschwindigkeit bestimmen, dargestellt in Abbildung 7-2 für das oben genannte Beispiel.

Man erkennt deutlich das in der Praxis beobachtete Stick-slip-Verhalten: Der Molch erreicht schon nach relativ kurzer Strecke maximale Geschwindigkeit und kommt dann schnell wieder zur Ruhe. Mit einer Differentialbetrachtung können aus dem Geschwindigkeits-Weg-Gesetz eine zeitliche Abhängigkeit abgeleitet und damit die auftretenden Beschleunigungen berechnet werden, die in Abbildung 7-3 dargestellt sind.

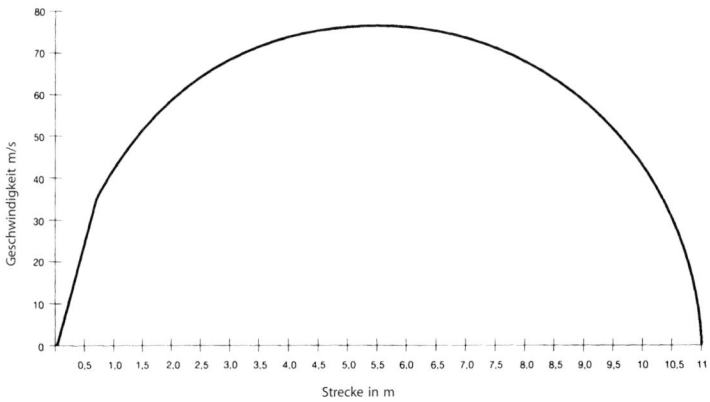

**Abb. 7-2.** Geschwindigkeit-Weg-Diagramm für DN 100, 4 bar, offenes Ende

Als Vergleich mag dienen, daß Gewehrkugeln etwa 5000 m/s² erreichen, Werte die gleichzeitig eine hohe kinetische Energie bedeuten.

Da die Geschwindigkeit quadratisch in die kinetische Energie eingeht, soll die erreichbare Maximalgeschwindigkeit in Abhängigkeit vom Druck des Treibmediums und der Nennweite untersucht werden.

Die Tabelle 7-2 zeigt eine Parameterstudie der maximalen Geschwindigkeit unter den oben beschriebenen Versuchsbedingungen, wobei der Rohrleitungsdurchmesser verändert wird und mit der Masse des Molches korrespondiert.

Derart hohe Geschwindigkeiten, wie sie beispielsweise bei 6 bar Überdruck auftreten, würden die Molche in kürzester Zeit durch hohen Verschleiß und die mechanische Belastung bei Einfahrt in die Empfangsstation zerstören. Auch würde der Reinigungsgrad verschlechtert, da der zurückbleibende Restfilm mit wachsender Geschwindigkeit in seiner Dicke zunimmt (vgl. Kapitel 10), abgesehen von den Gefahren aufgrund der hohen kinetischen Energie.

## 7.1.2 Abhilfemaßnahmen

Gelöst wird das Problem in der Praxis zunächst durch eine Begrenzung des Druckes des Treibmediums auf 4 bar. Da der Stick-slip-Effekt sich, wie bereits erwähnt, negativ auf das Abreinigungsverhalten auswirkt, ist man bestrebt, die Geschwindigkeit der Molchbewegung gleichmäßig zu gestalten. Dies wird durch Einbau einer Drossel auf der Abluftseite gelöst, durch die ein konstanter Gegendruck eingestellt werden kann, der ein Vorauseilen des Molches abdämpft und somit zu einer gleichmäßigeren Fahrt führt. Auf keinen Fall darf die Zuluft gedrosselt werden, da stets ein ausreichend hoher Volumenstrom an Treibmedium vorhanden sein muß. Da die Höhe des Gegendruckes unter anderem vom Umfang des Molchsystems und den verwendeten Molchwerkstoffen abhängt, sind hier Erfahrung und Versuche nötig, um den optimalen Wert einzustellen.

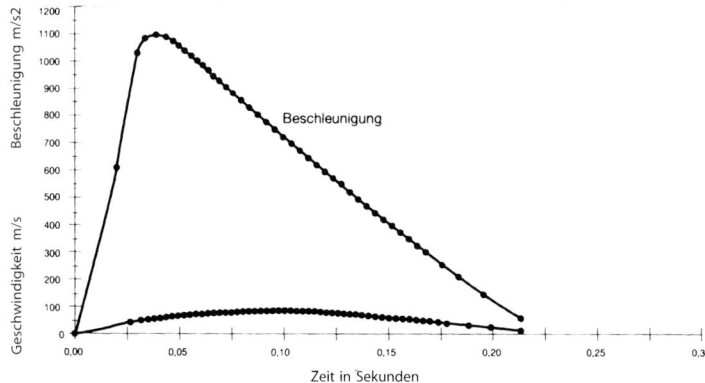

**Abb. 7-3.** Beschleunigung-Weg-Diagramm für DN 100, 4 bar, offenes Ende

**Tab. 7-2.** Maximalgeschwindigkeit in m/s bei Stick-slip-Bewegung des Molches

| $P_e$ in bar Antriebsdruck | Nennweite DN | | |
|---|---|---|---|
| | 50 | 80 | 100 |
| 4 | 57 | 73 | 76 |
| 5 | 110 | 142 | 147 |
| 6 | 161 | 207 | 215 |

Es hat sich, auch aus Verschleißgründen, als sinnvoll erwiesen, diesen Wert so einzustellen, daß die Molchgeschwindigkeit den Wert von 7 m/s nicht überschreitet. Vorzugsweise sollten jedoch 2 m/s nicht überschritten werden. Im Gegensatz zu den flüssigkeitsgetriebenen Anlagen, die einen wesentlich ruhigeren Lauf aufweisen, benötigt man hier zusätzlich ein Abluftsystem, um zum einen die Drosselung vornehmen zu können, zum anderen um die Drosselluft und das nachströmende Treibmedium gefahrlos ableiten zu können. Es ist unter Umständen damit zu rechnen, daß je nach Produkt die Abluft Anteile brennbarer Substanzen enthält, deren Gefahrenpotential Rechnung getragen werden muß.

Bei brennbaren Flüssigkeiten sind deshalb die Technischen Regeln brennbare Flüssigkeiten (TRbF) zu beachten.

Einzelheiten hierzu finden sich im besonderen in der TRbF 180 3.1–3.5. Im Kapitel 19 werden diese Aspekte näher beleuchtet und zwei Beispiele angegeben, um sich eine Vorstellung von den Größenordnungen von Konzentration und Zeitdauer verschaffen zu können.

## 7.2   Flüssige Treibmedien

### 7.2.1   Eigenschaften flüssiger Treibmedien

Neben speziellen flüssigen Treibmedien kann auch das Produkt als flüssiges Treibmedium angesehen werden. Folgende flüssige Treibmedien sind gebräuchlich:

– Wasser (auch mit Zusätzen, Inhibitoren oder vollentsalztes (VE)-Wasser)
– Produkt
– Reinigungsmittel
– Lösungsmittel.

Beim Einsatz von Flüssigkeiten zum Antrieb der Molche ist ein erhöhter Aufwand im Vergleich zu 7.1 für die Installation sowie Instandhaltung notwendig. Es muß ein separater Kreis für ein Flüssigkeitssystem aufgebaut werden, bestehend aus ggf. einem Vorratsbehälter, einer Pumpenstation, den entsprechenden Absperr-armaturen und den Treibmittelleitungen. Bei Verzicht auf eine Treibmittelrücklei-tung ist oft an jedem Ende der Molchleitung ein Treibmittelbehälter erforderlich. Die verwendete Flüssigkeit kann beispielsweise Wasser sein oder ein geeignetes Reinigungs- bzw. Lösungsmittel. Es sind auch Gemische denkbar. Die Treibmittel-flüssigkeit reichert sich mit Produkt an und muß aufgearbeitet oder entsorgt wer-den (Wertstoffabscheidung). Die sich einstellenden Vorteile im Vergleich zu gas-förmigen Treibmedien sind:

– größere Reinigungswirkung in der Molchleitung
– gleichmäßigerer Lauf der Molche
– geringere Wahrscheinlichkeit von Molchstörungen
– reduzierter Molchverschleiß.

Bei der Verwendung von Produkt als Treibmittel ist darauf zu achten, daß die Pro-duktpumpe eine ähnliche Fördermenge wie die Treibmittelpumpe besitzt und da-mit ähnliche Molchgeschwindigkeiten erzeugt. Viskositätsunterschiede zwischen Treibmittel und Produkt sind dabei zu berücksichtigen. Die Aussage „jedes pump-fähige Medium ist molchbar" bezieht sich grundsätzlich auf beide Sachverhalte – nämlich das Produkt zum Ausschieben *vor* dem Molch und das Produkt als An-trieb *hinter* dem Molch.

In einer Prozeßmolchanlage ist die Benutzung von gasförmigen und flüssigen Treibmedien für verschiedene Arbeitsschritte möglich und kommt häufig vor.

Das wechselseitige Ausnutzen von flüssigen und gasförmigen Treibmedien mit ihren jeweiligen Vor- und Nachteilen ist eine wichtige Aufgabe bei der Konzeption komplexerer Prozeßmolchanlagen. Zudem kann die richtige Kombination der ver-schiedenen Transportmechanismen Investitionskosten senken. Im Prinzip ist jede Kombination erlaubt, lediglich die Fahrweise „Gas gegen Gas" ist zu vermeiden.

Der Antrieb eines Molchs kann beispielsweise durch das flüssige Produkt, wel-ches mit der Produktpumpe gefördert wird, erfolgen: Der Produktstrom schiebt den Molch vor sich her. Das anschließende Ausschieben des Produktes (Reini-gungsschritt) durch Molchen in rückwärtiger Richtung (Rückwärtsmolchen) kann dann durch einen Antrieb der Molche mittels Druckluft erfolgen (Fahrweise „Gas gegen Flüssigkeit").

## 7.2.2 Dimensionierung flüssigkeitsgetriebener Molchanlagen

Einer der Kernpunkte bei der Dimensionierung von flüssigkeitsgetriebenen Molch-anlagen ist die Auslegung der Pumpe für das Treibmedium entsprechend dem Druckverlust.

Das Treibmedium kann im einfachsten Fall Wasser sein, der Molch kann aber auch durch ein nachfolgendes Produkt angetrieben werden, beispielsweise wenn Stoffe mit ähnlichen Eigenschaften (Produktfamilie) in der Anlage gefördert wer-den und die Abreinigungsqualität dies zuläßt.

Kann der Druckverlust berechnet werden, stellt auch die Dimensionierung der Pumpe kein Problem mehr dar, da die Pumpenleistung direkt proportional zum Druckverlust ist.

Nichtelektrische Förderleistung    $P = \Delta p \cdot \dot{V} \, [W]$

Flüssigkeiten sind bei Drücken bis etwa 80 bar annähernd inkompressibel, speichern also so gut wie keine Energie und übertragen daher kinetische Energie sehr gleichförmig auf den Molch, auch wenn der Molchwerkstoff aufgrund der durch Lufteinschlüsse zelligen Struktur selbst bedingt kompressibel ist.

Wird der Molch durch den sich hinter ihm aufbauenden Druck beschleunigt, entspannt sich das treibende Druckpolster so schnell, daß die Beschleunigung fast ohne Verzögerung wieder abgebaut wird.

Flüssigkeiten haben aufgrund der oben erwähnten gleichförmigen Energieübertragung keine unerwünschten Auswirkungen auf das Förderverhalten. Aus diesem Grund soll hier besonders auf die Dimensionierung der Aggregate zur Druckübertragung, sowohl auf Treibmediumseite, als auch auf Produktseite eingegangen werden. Die Betrachtung beschränkt sich auf Prozeßmolchanlagen.

Die Dimensionierung geschieht am zweckmäßigsten in dieser Reihenfolge:

- Datensammlung
- Wahl der Molchart
- Wahl der Nennweite
- Wahl des exakten Innendurchmessers der Rohrleitung
- Dimensionierung der Produktpumpe
- Dimensionierung der Treibmediumpumpe
- Treibmediumbehälter.

Bei der Datensammlung geht es zunächst darum, Informationen und Eckdaten für die Klärung der Anforderungen an die vorgesehene Molchanlage zu erhalten. Der Zweck der Molchung muß genau analysiert werden (s. Kap. 1 und Abschn. 2.2). Rohrleitungsverlauf (Höhenunterschiede, Isometrien), Nennweite, Fördermenge und Druckverluste sind bekannt. Das Molchsystem und die Funktionstabelle sind ebenfalls vorhanden. Bei mehreren, unterschiedlichen Produkten ist die Verträglichkeit der Produktfamilie untereinander und mit dem Molch- und Rohrleitungswerkstoff nochmals zu überprüfen und ggf. zu hinterfragen. Die Auswahl des Treibmediums kann anhand dieser Daten erfolgen. Danach liegt eine Datensammlung als Informationsquelle für alle weiteren durchzuführenden Schritte bei der Dimensionierung vor.

Die Wahl der Nennweite und die Dimensionierung der Produktpumpe bzw. ihres Antriebes orientiert sich an dem Durchsatz der an die Molchleitung angeschlossenen Einrichtungen, wie z. B. der Abfüllung. Hier sind die Druckverluste der Rohrleitungen und Armaturen zu berücksichtigen.

Die Dimensionierung der Treibmediumpumpe wird am zweckmäßigsten durch Analyse der Ablauftabelle vorgenommen. Dabei ist für jeden Arbeitsschritt bzw. Betriebsfall zu prüfen, auf welche Weise die Pumpe beansprucht wird.

# 8  Steuerungstechnik

## 8.1  Komponenten der Steuerung

Die Erfahrung zeigt, daß die Bedienung einer Molchleitung von seiten der Prozeß-leittechnik (PLT) einen erhöhten Aufwand, im Vergleich zu konventioneller Lei-tungsführung mit verschiedenen Rohrleitungen für die verschiedenen Produkte, er-fordert. In vielen Fällen ist für die nacheinander ablaufenden Schritte der Mol-chung eine Ablaufkette von Aktionen notwendig, die entweder manuell zu betäti-gen sind oder automatisch ablaufen. Daher ergeben sich je nach Anforderung und Aufwand unterschiedliche Realisierungsstufen in der Prozeßleittechnik.

Die Steuerung der Ablaufkette selbst wird normalerweise heute in einer spei-cherprogrammierbaren Steuerung (SPS) oder einer prozeßnahen Komponente (PNK) eines Prozeßleitsystems (PLS) realisiert. Dabei sollte das PLS seine Stär-ken in der Realisierung von Funktionsabläufen haben; der reine regelungstechni-sche Aspekt ist für die Molchtechnik bis auf Ausnahmen von geringerer Bedeu-tung. Die Festlegung der Ausbaustufe, bezüglich des Automatisierungsgrades, be-stimmt den Einsatz einer SPS oder eines PLS in der Molchtechnik.

Die fallweise vorliegende komplizierte Technik bei der Automatisierung der Molchanlage setzt eine sinnvolle, abgestufte Nutzung der Prozeßleittechnik voraus.

### Prozeßnahe Komponenten (PNK)

In einer PNK sind verschiedene automatisierungstechnische Aufgaben, wie Steue-rungen, Regelungen und Überwachungen, für einen verfahrenstechnischen Ab-schnitt einer Produktionsanlage zusammengefaßt. Die Ablaufketten einer Schritt-steuerung erfordern heute eine Realisierung mit einer SPS. Konventionelle ver-drahtungsprogrammierte Steuerung (VPS) ist zwar ebenfalls realisierbar, doch bei steigender Anforderung an die Automatisierung oder bei Anforderung an die Fle-xibilität (Änderungsfreude, Platzbedarf, Instandhaltungsaufwendungen) liegen bei der SPS eindeutige Vorteile.

*Feldbus-System*

Um Prozesse optimal betreiben zu können, ist es notwendig, daß die Einheiten, die den Prozeß überwachen bzw. steuern, untereinander kommunizieren können. Feldbus-Systeme sind in der Automatisierungstechnik ein aktuelles Thema und werden zunehmend immer häufiger auch in der chemischen Industrie bei der Automatisierung von verfahrenstechnischen Prozessen eingesetzt.

Bei einem Feldbus-System werden die Feldgeräte (Aktoren und Sensoren) direkt an die von der Steuerung ausgelagerten, vor Ort befindlichen Digitalein- und -ausgangskarten angeschlossen (Beispiel: ET 200 von Siemens). Ein- und Ausgänge der Karten kommunizieren direkt über eine Busleitung mit der Steuerung. Viele Hersteller bieten bereits Vor-Ort-Module an, die den Anschluß der Feldgeräte erlauben. Dies gilt auch für Anlagen in explosionsgefährdeten Bereichen. Ein Buskoppler ist das Bindeglied zwischen den (eigensicheren) Ein- und Ausgangs-Modulen und dem Leitsystem.

Der Vorteil beim Einsatz eines Feldbus-Systems liegt in der Kostenreduzierung von über 50% und dem geringen Verdrahtungsaufwand. Außerdem werden weniger Rangierungen und E/A-Module benötigt, die Projektierungskosten werden geringer, die Dokumentationserstellung vereinfacht und das Systemverhalten verbessert. Die Vorteile für den Anwender sind Einsparungen in allen Ebenen, Platzersparnis sowie die Erweiterbarkeit des Bussystems.

## Anzeige-Bedien-Komponenten (ABK)

Eine ABK ist eine Zentraleinheit, an die mehrere Bedienarbeitsplätze angeschlossen werden können.

Eine Automatisierung der Feldebene in der PLT erlaubt eine Bedienung z. B. über Tastereingabe an einem Display in einen Vorort-Leitstand oder über Meßwarten-Bedienung. Hier können auch Rückmeldungen über Betriebszustände oder Stellungsanzeigen von PLT-Einrichtungen visualisiert werden. Bei einer größeren Zahl von Eingabemöglichkeiten, Rückmeldungen oder bei Nutzung umfangreicher Ablaufketten in der PNK ergibt diese Visualisierung aufgrund des hohen Verdrahtungsaufwandes und der umfangreichen Planung einen erhöhten Kostenanteil. Gleichzeitig kann dann die Bedienung für die Betriebsmannschaft auch erschwert werden und es kann zu unerwünschten Fehlbedienungen führen.

Dabei ist in solchen Fällen die Nutzung einer bildschirmorientierten Bedienerführung, z. B. mit Lichtgriffeleingabe bei menügestützter Führung der Betriebsmannschaft, sehr hilfreich. Mit einem solchen Konzept wird man bei Nutzung der Strukturen einer Standard-PLS-Technik für die Automatisierung verfahrenstechnischer Anlagen auf einen Systembus des entsprechenden Anbieters zurückgreifen. Vereinfacht dargestellt, ist ein Systembus eine Autobahn zum Transport von Daten. An diesem Bus sind die PNK, die für die eigentliche Steuerungsaufgabe verantwortlich sind, sowie die ABK für die Bedienung und Beobachtung angeschlossen (s. Abb. 8.6).

## 8.1.1 Sensoren

Die Nutzung der Molchtechnik erfordert von der Automatisierungstechnik den Einsatz von Feldgeräten, die mit dieser Technik verträglich sind.

Die Leitungsführung der Molchleitung erlaubt keine Einengungen, um etwa meßtechnische Geräte (z. B. Durchflußmeßgeräte) mit Querschnittsverengung einzusetzen. Daher werden in aller Regel notwendige Meßeinrichtungen, insbesondere Durchfluß-Meßeinrichtungen für die Mengenzählung bei Abfüllung in TKW, Bahnkesselwagen oder Schiff außerhalb der Molcheinrichtungen installiert, sofern dies aufgrund der Anforderungen an die Molchtechnik tolerierbar ist.

### Durchflußmessungen

Durchflußmessungen in Molchleitungen können in Einzelfällen mit einem MID durchgeführt werden (magnetisch induktiver Durchflußmesser), sofern die Materialbeschaffenheit sowie Durchmesser den Einsatz in der Molchleitung erlauben. Gleichzeitig müssen die Produkteigenschaften den Einsatz dieser speziell ausgewählten MID zulassen (z. B. elektr. Leitfähigkeit $>5$ $\mu$S cm$^{-1}$). Neuere Entwicklungen in der Gerätetechnik, der Coriolis-Massenmesser, ermöglichen den Einsatz dieser für Flüssigkeiten sehr geeigneten Massendurchflußmesser auch direkt in Molchleitungen (molchbare Massenstromdurchflußmesser). Ultraschall-Durchflußmessungen, die von außen auf das Rohr aufgebracht werden, können natürlich auch eingesetzt werden. Nur muß hier für die Phase des Molchdurchgangs eine Signalausblendung zur Vermeidung von Fehlmessungen durchgeführt werden. Die genannten In-line-Sonderlösungen erfüllen nicht in allen Fällen die erhöhten Anforderungen an Mengenmessungen an Abfüllstellen. Eine Einzelbetrachtung ist immer notwendig.

### Druckmessungen

Druckmessungen erlauben ein Erkennen des Zustandes der Molchfahrweise (z. B. Förderung mit Medium oder Treibmittel, Leitungsentspannung etc., Prüfung des Molchzustandes). In vielen Fällen können geeignete Meßsysteme an die Molchleitung angebracht werden, ohne daß Toträume entstehen oder die Molchung behindert wird.

Für den Bediener einer Prozeßmolchanlage ist die genaue *Position des Molches* eine wesentliche Information. In einer automatisierten Molchanlage bietet sich jede Art von berührungsloser Detektion an. Soll die Molchanlage nicht automatisiert werden, kann ein mechanischer Melder s. Abb. 8-1, ein Taster mit Rückholfeder, die Position eines Molches an einer vorgegebenen Stelle z. B. in einer Sende- oder Empfangsstation feststellen. Die Stellung des mechanischen Tasters kann über einen Näherungsschalter ausgewertet werden.

**Abb. 8-1.** Mechanischer Molchmelder, Firma I.S.T.

*Detektion*

Neben der mechanischen Molchmeldung (s. Abb. 8-1) wird das Verfahren der magnetischen Erkennung des Molches in der Rohrleitung mit am häufigsten eingesetzt. Dazu werden bei der Herstellung der Molche im Inneren dieser Molche Permanentmagnete definierter Magnetfeldstärke eingebracht. Diesem Thema wird besondere Bedeutung beigemessen und es wird deshalb separat im Abschnitt 8.1.2 behandelt.

Magnetdetektion ist preiswert und im betrieblichen Alltag erprobt. Trotzdem ergeben sich hier oftmals Probleme, da zur Inbetriebnahme einer Anlage erheblicher Aufwand zur Feinmontage der Magnetfelddetektoren notwendig ist. Im laufenden Betrieb sind oft Nachjustierungen notwendig. Gleichzeitig muß immer sichergestellt sein, daß die vom Hersteller gelieferten Molche die gleiche Magnetfeldstärke aufweisen. Um Fehlmessungen zu vermeiden, darf das Material für Rohrleitungen oder Armaturen nicht magnetisierbar sein.

Hat sich ein Molch nicht bestimmungsgemäß aus seiner Endlage entfernt und kann nicht mehr mit den montierten Magnetfelddetektoren erfaßt werden, so benötigt man, um ihn aufzufinden, berührungslose Positionsmelder als Handgerät. Die Funktionsweise beruht auf dem gleichen Prinzip wie bei den Magnetfelddetektoren (s. Abb. 8-2).

Daneben ist die Molchdetektion, speziell bei großem Molch in Erdöl-Pipelines, z. B. mittels Telemetrie denkbar. Dabei wird ein Funksignal vom Molch gesendet, welches eine Ortung des Molches ermöglicht. Eine radiometrische Ortung ist ebenfalls denkbar, aber aus Sicherheitsgründen im Rahmen der Strahlenschutzverordnung aufwendig.

### 8.1.2  Permanentmagnete und Magnetsensoren

Zur automatischen Steuerung des Molches in Prozeßmolchanlagen muß sicher erkannt werden, ob der Molch eine vorgegebene Position in der Station oder auf der Strecke erreicht hat. Dazu ist in den Molch üblicherweise ein Permanentmagnet ausreichender Stärke eingebaut, dessen über den ganzen Umfang ausgebildetes Magnetfeld durch magnetische Sensoren detektiert werden kann. Wegen der Bedeutung dieser Technik für Prozeßmolchanlagen soll in diesem Abschnitt näher darauf eingegangen werden.

Zusammenhang zwischen magnetischer Flußdichte (oder Induktion) B und Feldstärke H:

$$B = \mu_0 \, \mu_r \, H$$

Diese Gleichung verbindet die Wirkung des magnetischen Feldes B mit seiner Ursache H.

Die absolute Permeabilität $\mu_0$ ist eine physikalische Fundamentalkonstante:

$$\mu_0 = 1{,}2566 \cdot 10^{-6} \, \text{VsA}^{-1}\text{m}^{-1} \,.$$

Die relative Permeabilität $\mu_r$ ist eine Verhältniszahl. Sie gibt an, auf das Wievielfache sich die magnetische Flußdichte B erhöht, wenn man den leeren Raum, in dem sich das Feld befindet, mit diesem Stoff auffüllt. Man unterscheidet

ferromagnetische Stoffe: $\mu \gg 1$
paramagnetische Stoffe: $\mu > 1$
diamagnetische Stoffe:  $\mu < 1$.
Die Einheit der magnetischen Flußdichte ist T (Tesla) (1 T = 1 Vs m$^{-2}$).
Die Einheit der magnetischen Feldstärke ist Am$^{-1}$.

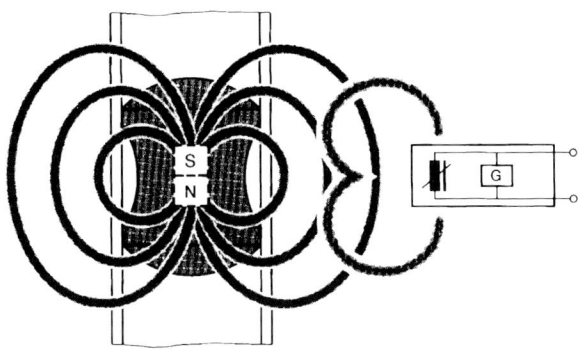

**Abb. 8-2.** Prinzip eines magnetischen Molchmelders

*Abhängigkeit vom Abstand*

Für die Annahme eines symmetrischen Feldes gilt: Die Flußdichte B ist umgekehrt proportional zum Abstand r.

$$B = \mu_0\,\mu_r\,H/2\,\pi r$$

Magnetische Feldlinien erfahren an den Grenzflächen wie bei einem Lichtstrahl eine Brechung. Bei ferromagnetischen Materialien ist diese Brechung sehr stark ausgeprägt. Bringt man ein ferritisches Stahlrohr in ein Magnetfeld, so verlaufen die in den Stahl einmündenden Feldlinien infolge der Brechung fast sämtlich im Inneren des Rohres, so daß sein Innenraum praktisch feldfrei ist. Man bezeichnet dies als *magnetische Schirmwirkung*. Im umgekehrten Fall eines innerhalb des Rohres sich befindlichen Magnetfeldes wird dies ebenfalls nach außen abgeschirmt.

Permanent- oder Dauermagnete bestehen aus Materialien, deren Moleküle magnetische Eigenschaften besitzen, in Feldrichtung ausgerichtet sind und diese ausgerichtete Lage beibehalten, wenn nicht starke äußere Felder entgegenwirken. Deshalb müssen Werkstoffe für Dauermagnete eine hohe Remanenz (starkes Magnetfeld) und eine hohe Koerzitivkraft (geringe Beeinflußbarkeit durch Fremdfelder) besitzen; also eine große Fläche der Hysteresekurve aufweisen.

Werkstoffe für Permanentmagnete sind: Hartferrite (HF-Magnete), Seltene Erden-Magnete (SE-Magnete), Samarium-Kobalt, Neodym-Eisen-Bor.

Beim Einbau der Magnete in den Molchkörper werden die Magnete in Edelstahlkapseln eingeschweißt oder geklebt, da die Magnetwerkstoffe sehr korrosionsempfindlich sind und das Produkt verfärben können.

## Magnetsensoren

Magnetsensoren („Molchmelder") sind Näherungsschalter, die sogar durch Nichteisen-Metalle hindurch auf das Feld von Dauermagneten reagieren. Die Schaltabstände sind größer als bei induktiven Sensoren. Die Ansprechkurve ist von der Orientierung des Dauermagneten abhängig.

Durch Annähern eines Magneten verstärkt sich das äußere Magnetfeld. Dadurch wird die reversible Permeabilität des Spulenkerns kleiner. Von ihr hängt die Spuleninduktivität L ab: sie nimmt ebenfalls ab. Dadurch steigt bei konstanter Spannung U der Strom I: die Stromaufnahme eines magnetischen Sensors steigt bei Annäherung eines Magneten.

Die übliche Ausführungsform ist zylindrisch, mit einem Durchmesser von ca. 10 bis 16 mm und zur exakten Positionierung mit einem Außengewinde versehen, z. B. M 12 × 1. Für den Einsatz in Ex-Bereichen ist eine PTB[*]-Bescheinigung erforderlich!

Sie werden radial zur Rohrleitung eingebaut. Mit Hilfe des durchgängigen Gewindes und zwei Flachmuttern können sie in einem Langloch stufenlos verschoben und damit justiert werden.

---

[*] Physikalisch Technische Bundesanstalt.

**Abb. 8-3.** Magnetsensor, Firma Pepperl u. Fuchs

Beispiel:
Schaltabstand s: 0 bis 60 mm 0,5 DN, d. h. bis DN100 einsetzbar
Schaltfrequenz f: 400 bis 1000 Hz, $T = f^{-1}$: Ansprechzeit für Detektion
 $(T = $ Dauer einer Schwingung)
Ansprechempfindlichkeit: 1 mT $(T = $ Tesla)
Abtastfrequenz bei Einsatz eines Prozeßleitsystems (PLS) (Impulsverlängerung möglich): $f^*$
Molchgeschwindigkeit: $v = 1\ ms^{-1}$
Axiale Erstreckung (Länge) des Feldes (bei der Feldstärke 1 mT) in einer radialen Entfernung von $0,5\ D_a$: $L_{Feld}$.

Bei gegebener Abtastfrequenz f und Reichweite des Magnetfeldes $L_{Feld}$ ergibt sich die maximale, noch zu detektierende Molchgeschwindigkeit zu:

$$v_{Det,max} = L_{Feld} \cdot f$$

### 8.1.3 Aktoren

Die in Kapitel 4 beschriebenen Armaturen werden – falls nicht manuell bedient – von Stellantrieben, den Aktoren, betätigt. Es können je nach Anforderung elektromotorische oder pneumatische Antriebe für die Armaturen verwendet werden. Die Auswahl der Antriebe muß abgestimmt sein auf die notwendigen Daten der Armatur wie Drehmoment, Abreißmoment, Drehwinkel etc. und der Versorgungsenergie, z. B. Steuerluft, Gleich- oder Wechselstrom. Desweiteren können Armaturen

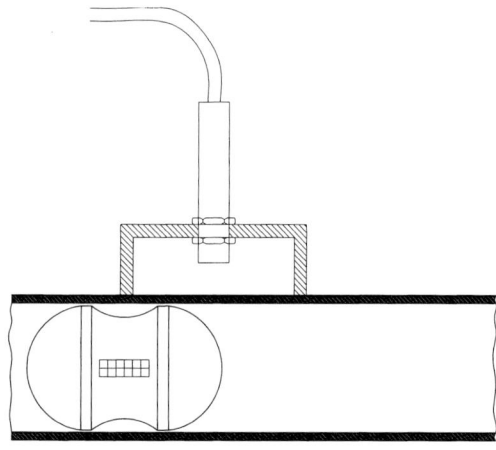

**Abb. 8-4.** Magnetsensor und vorbeifahrender Molch

für Abzweige oder Fangdorne mit Klappen zur Anbindung von T-Stücken in Frage kommen, die pneumatisch angetrieben werden. Die Stellungsänderung kann daher durch Betätigung eines elektrisch betriebenen Magnetventils in der Luftleitung zum Stellgerät erfolgen. Durch Wahl eines geeigneten Antriebes läßt sich auch eine molchbare Drei-Wege-Weiche automatisch bedienen. Die Automatisierung einer Molchsende- oder -empfangsstation kann mit Absperrarmaturen, z.B. wie in Abbildung 8-5 dargestellt, durchgeführt werden.

In der Hardcopy von einem Bildschirm eines PLS (s. Abb. 8-5) ist ein ZMS dargestellt, das dem Personal zur Bedienung eines Abfüllvorgangs in einen Tankkraftwagen zur Verfügung steht. Zu erkennen ist eine Sende- und Empfangsstation, 5 und 6 mit Fangdornen sowie den T-Ringschiebern 6–8.

Die Armaturen 0 bis 3 und 11 bis 14 sind mit Stellantrieben versehen und dienen der Zuführung des Treibmediums (Druckluft) bzw. der Entspannung des Molchsystems in ein Abluftsystem (Sicherheitsstellung der Armaturen sowie die Molchmelder sind nicht dargestellt).

Die gleichen Armaturen werden so geöffnet bzw. geschlossen, daß der Transport der beiden Molche je nach Anforderung durchgeführt werden kann.

Wird eine Armatur geöffnet oder geschlossen, so ist dies am Farbumschlag zu erkennen. Im Beispiel kann Produkt aus jedem der Behälter B 010 bis B 013 zur Abfüllung gebracht und anschließend in den Quellebehälter zurückgemolcht werden.

Zusammengefaßt kann festgehalten werden, daß die Aktoren in der Molchtechnik durch Einbindung in Standard-PLT-Komponenten für jede gewünschte Automatisierungstiefe genutzt werden können.

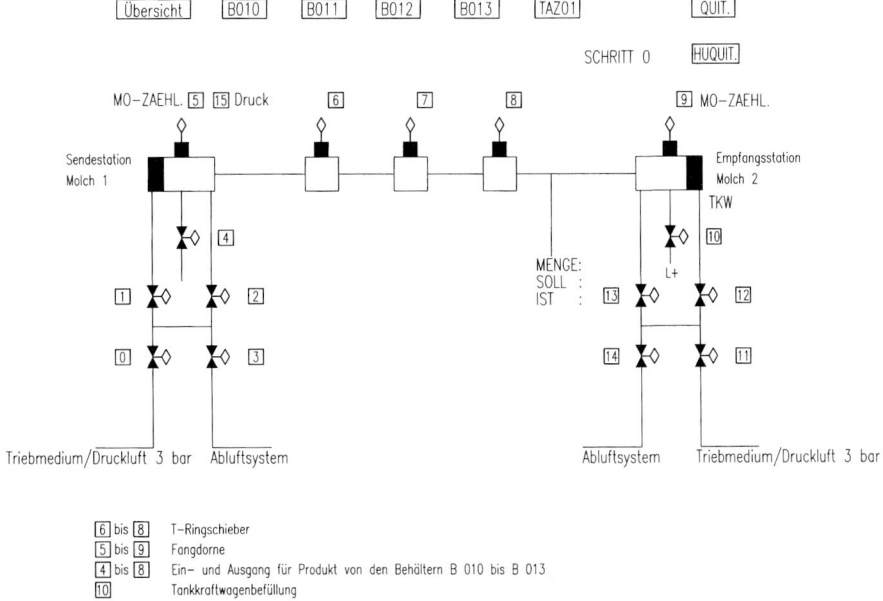

**Abb. 8-5.** Bedienbild für eine automatische Molchanlage

## 8.2 Betriebsarten der Ablaufsteuerungen

### 8.2.1 Manueller Betrieb

Im einfachsten Fall erfolgt die Auslösung des Molchvorganges manuell vor Ort durch Betätigung von Handarmaturen durch das Bedienpersonal der Produktion.

### 8.2.2 Erweiterter Handbetrieb

Im erweiterten Handbetrieb werden die jeweiligen Steuerbefehle für einzelne Transaktionen über eine Schnittstelle zum Automatisierungssystem eingegeben. Dies ist z. B. Tasteranwahl in einer konventionellen Meßwarte, Tastatureingabe in einen Eingabebildschirm oder Lichtgriffeleingabe z. B. eines Bildschirms einer Anzeige-Bedienkomponente (ABK) eines Prozeßleitsystems. Der erweiterte Handbetrieb ist sicherlich der preiswerte Einstieg in eine geeignete Automatisierungstechnik, kann aber auch bei einem voll automatisierten System dazu verwendet werden, nach Störung und Abbruch einer automatischen Fahrweise wieder in die Grundstellung zu gelangen.

### 8.2.3  Tippbetrieb

Dabei werden die einzelnen Schritte der Ablaufkette separat angewählt. Man wird von einem Schritt zum nächsten nach Aufforderung zum Bedienereingriff weiter-geleitet. In den einzelnen Schritten erfolgt jeweils eine Plausibilitätsprüfung bzw. Abfrage von Weiterschaltbedingungen. Dieser Modus eignet sich z.B. zum Aus-prüfen einer Schrittsteuerung oder zur Beendigung einer vorher gestörten Ablauf-steuerung.

### 8.2.4  Automatikbetrieb

Im Automatikbetrieb erfolgt die Ablaufkette automatisch. Nach Erfüllung aller Weiterschaltbedingungen wird in den nächsten Schritt der Ablaufsteuerung fortge-schaltet. In „Automatik" sollte jederzeit ein „Stop" möglich sein, mit Wechsel in den erweiterten Handbetrieb, Tippbetrieb oder auch ein vollständiges Abbrechen der angewählten Automatik. Die Betriebszustände sollten entweder über eine ABK (s. Abb. 8-6) oder auch konventionell (z.B. Fließbild-Visualisierung in einer Meßtafel) für den Bediener ersichtlich sein.

Bei allen Betriebsarten wird aus Sicherheitsgründen der Abfüllvorgang z.B. in einen Tankkraftwagen durch einen Start-Taster vor Ort eingeleitet und vom Be-triebspersonal überwacht.

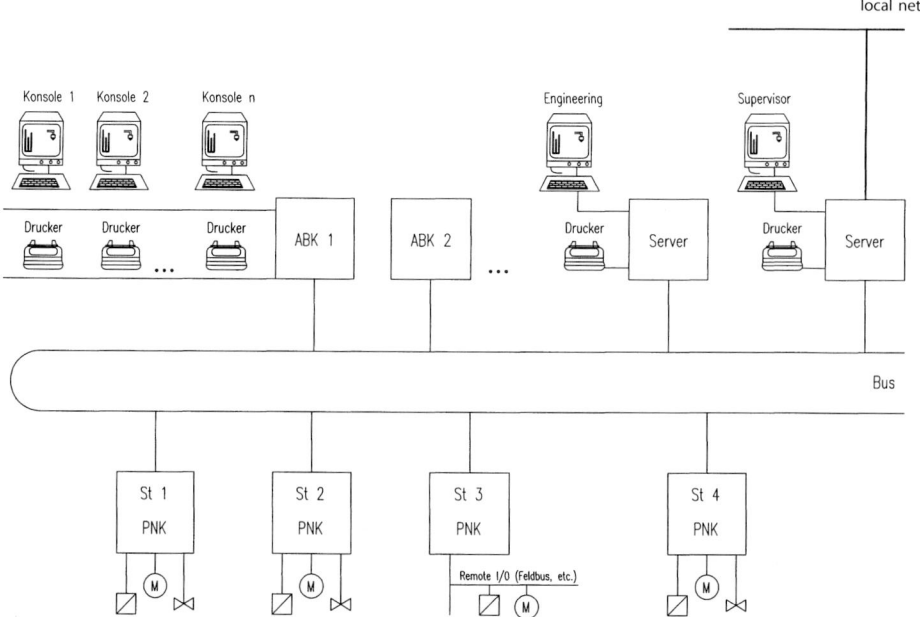

**Abb. 8-6.** Beispiel einer Baustruktur für eine Molchanlage

## 8.3 Beispiele für Ablaufsteuerungen

### 8.3.1 Ablaufsteuerung eines Ein-Molch-Systems

Als vereinfachtes Beispiel für die Ausführung der Ablaufsteuerung einer molchbaren Leitung wird eine Tankkraftwagenabfüllung, wie in Abbildung 8-7 dargestellt, beschrieben. Der vereinfachte Funktionsplan (Abbildung 8-8 a–e) verdeutlicht die einzelnen Schritte. Der Abfüllvorgang wird z. B. durch einen Taster an der Vorort-Leitstelle der Abfüllstelle gestartet.

Die Tankkraftwagen (TKW)-Abfüllung kann von unterschiedlichen Lagerbehältern z. B. von B 1 bis B 3 erfolgen. Durch Vorwahl eines bestimmten Behälters ergibt sich ein entsprechender Weg, der entweder von Hand zu stellen bzw. durch die Mittel der Automatisierungstechnik ferngesteuert gestellt wird. Wenn dieser Weg eingerichtet ist, ist die Grundstellung für die angewählte Abfüllung erreicht. Damit kann die nachfolgende Schrittsteuerung aktiviert werden und die Abfüllung in den Tankkraftwagen beginnen. Das hier gewählte Beispiel ist in Abbildung 8-8 a–e in Form eines vereinfachten Funktionsplans dargestellt. Die für das erfolgreiche und synchronisierte Abarbeiten der Ablaufkette notwendigen Überwachungs- und Wartezeiten sind dort nicht detailliert angegeben.

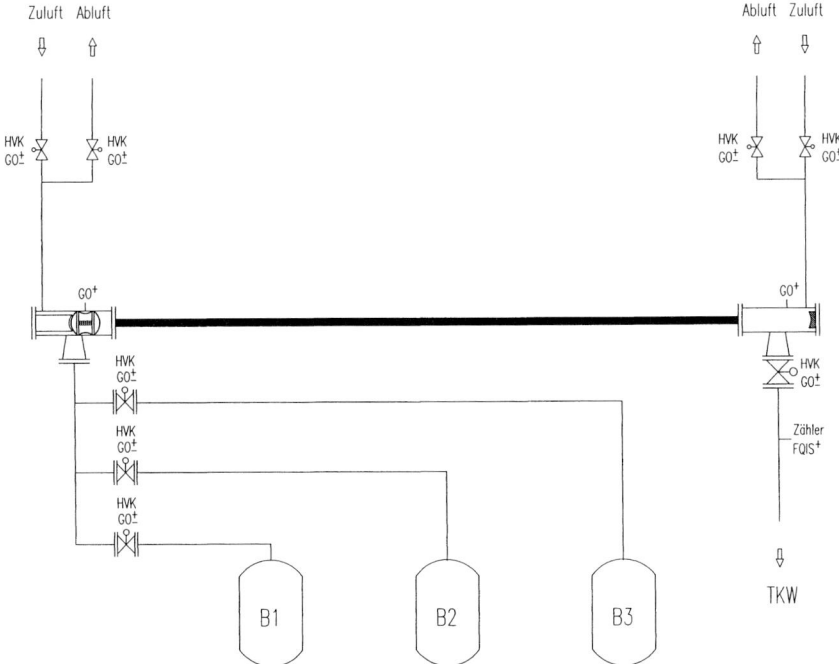

**Abb. 8-7.** Vereinfachtes Schema für ein Ein-Molch-System

Eingänge                                                                                      Ausgänge

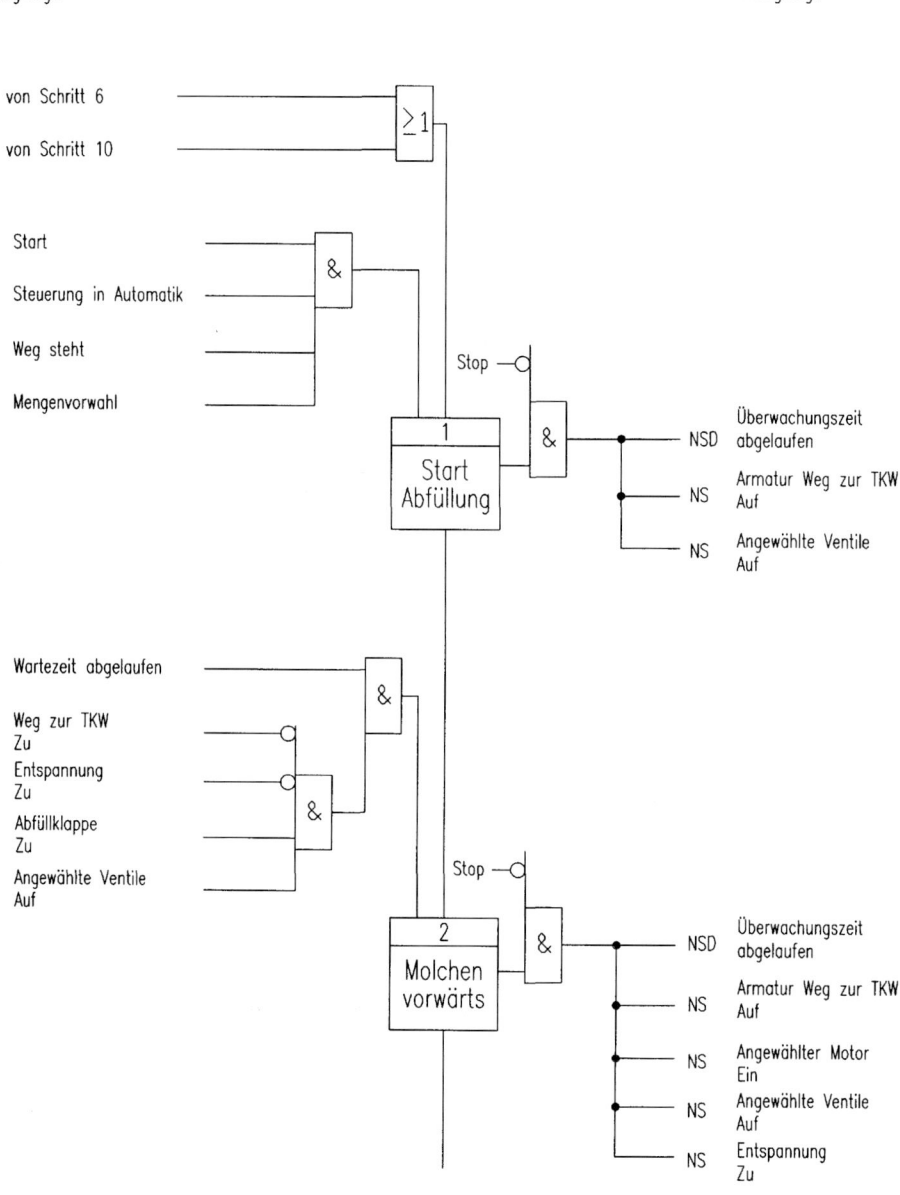

**a**                                        nach Schritt 3

**Abb. 8-8 a–e.** Vereinfachter Funktionsplan für ein Ein-Molch-System (s. auch folgende Seiten)

Eingänge                                                                    Ausgänge

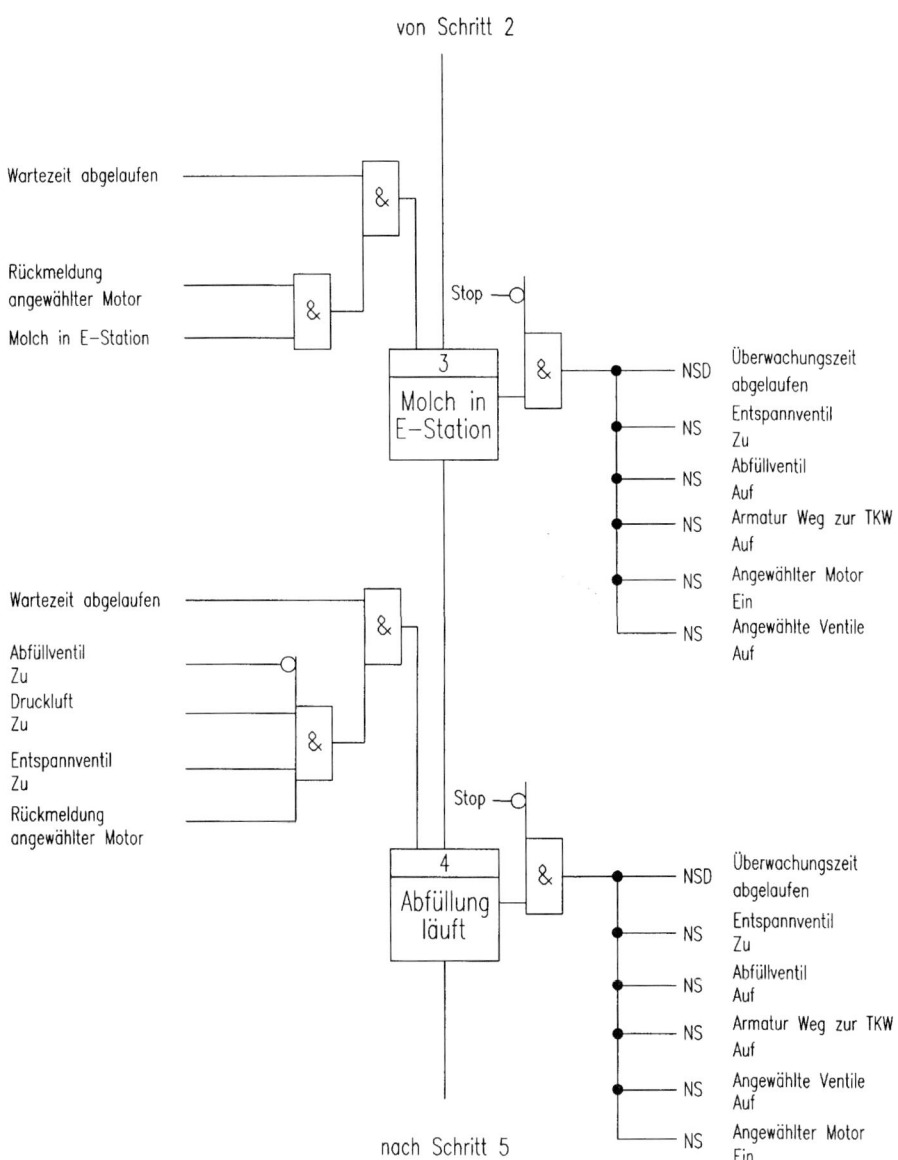

b

Eingänge                                                                 Ausgänge

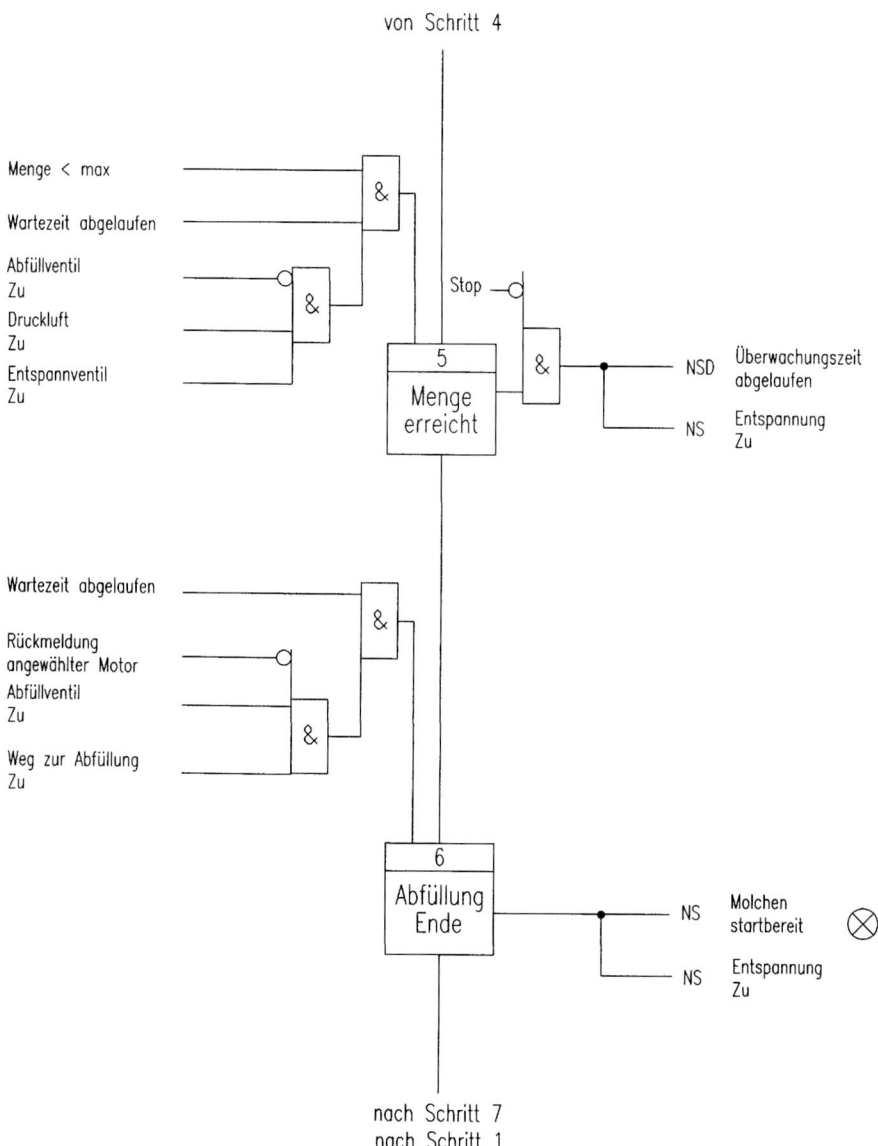

c

Eingänge

Ausgänge

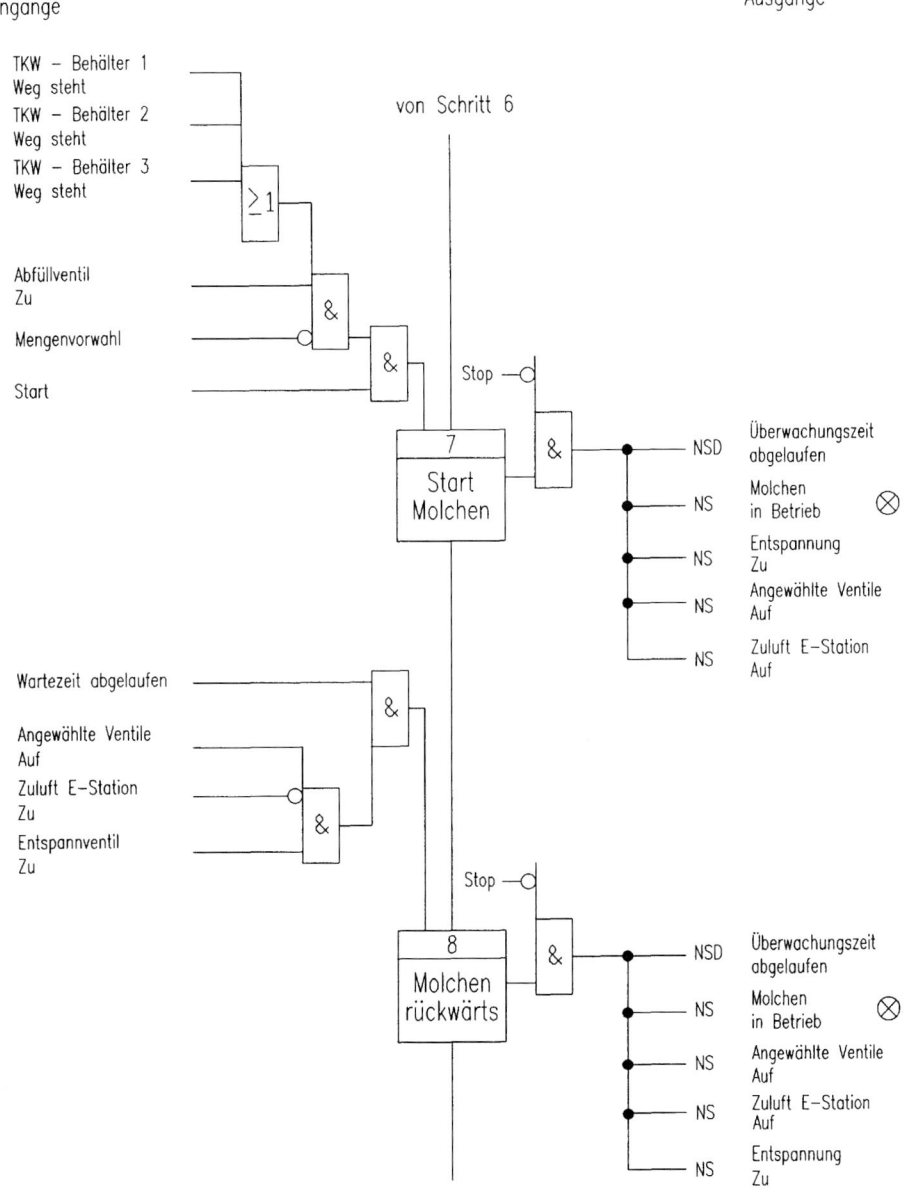

d

nach Schritt 9

Eingänge                                                                    Ausgänge

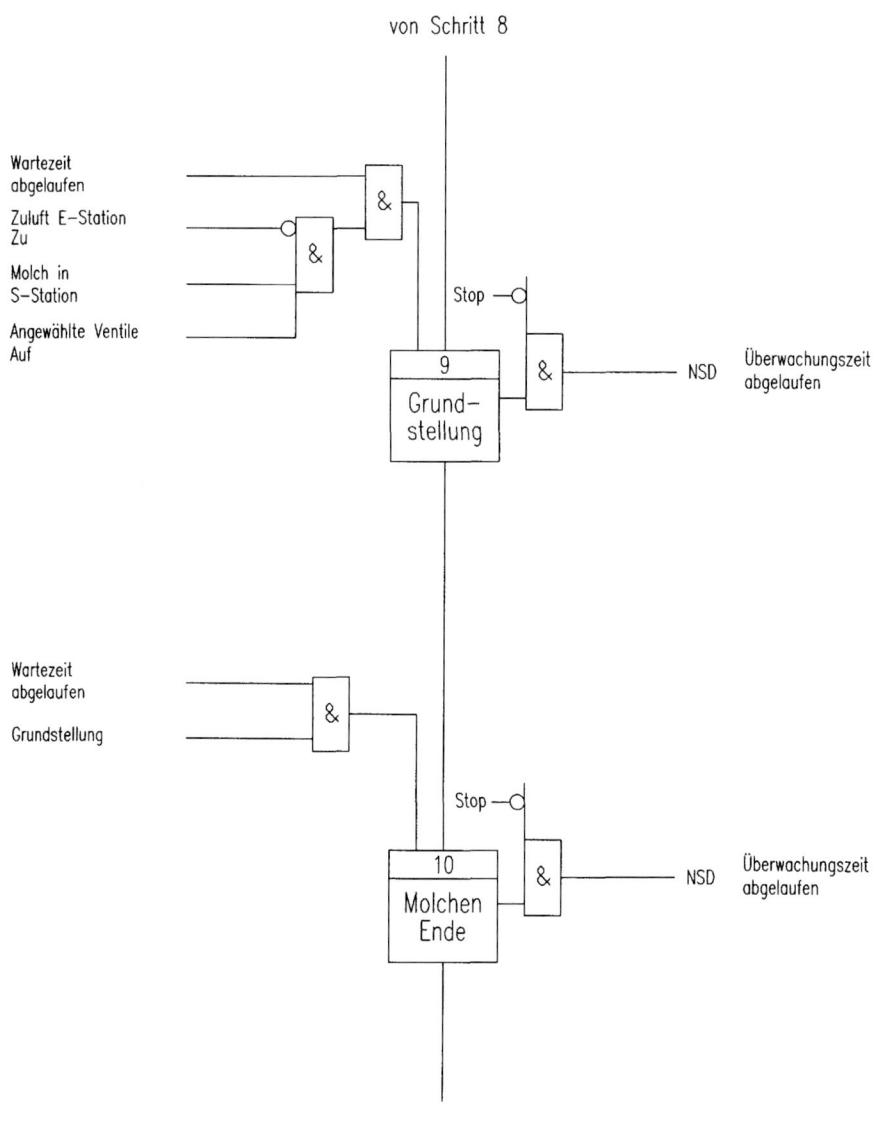

von Schritt 8

Wartezeit
abgelaufen

Zuluft E-Station
Zu

Molch in
S-Station

Angewählte Ventile
Auf

&

&

Stop

9
Grund-
stellung

&

NSD    Überwachungszeit
abgelaufen

Wartezeit
abgelaufen

Grundstellung

&

Stop

10
Molchen
Ende

&

NSD    Überwachungszeit
abgelaufen

e                                            nach Schritt 1

Nach Erreichen der Grundstellung kann im Schritt 1 durch Betätigung des „Start"-Tasters die Schrittsteuerung aktiviert werden. Im Schritt 2 wird der in der Sendestation positionierte Molch mit dem zu fördernden Produkt durch die Molchleitung in die Empfangsstation an der Abfüllstelle gefördert. Die dazu notwendigen Pumpen bzw. Armaturen werden von einer Ablaufsteuerung angesprochen. Die Ankunft des Molchs in der Empfangsstation stellt die wesentliche Weiterschaltbedingung in den Schritt 3 dar. Im Schritt 3 stellt sich der Weg zum Tankwagen, d.h. die Abfüllklappe zum TKW öffnet sich, so daß das Produkt über einen Zähler in den Tankwagen befördert werden kann.

Schritt 4 stellt die eigentliche Abfüllung mit Mengenmessung an der Abfüllstelle dar. Die Mengenmessung, hier realisiert mit Ovalradzähler, liegt außerhalb der Molchleitung in einer kurzen Leitung zur Abfüllstelle, die leerlaufen kann.

Die Meldung „Menge erreicht", Schritt 5, führt zur Abschaltung der Förderung, Verschließen der Abfüllklappe und Erreichen der Grundstellung im Schritt 6. Nach Abschluß der Förderung ist die Molchleitung noch mit Produkt gefüllt. Der Molch befindet sich in der Empfangsstation.

Im Schritt 7 wird das Molchen *rückwärts* vorbereitet, welches im Schritt 8 der Ablaufkette gestartet wird. Erreicht der Molch die Sendestation im Schritt 9, ist das in der Leitung befindliche Produkt mit dem Treibmedium Luft über einen Umgang an der Pumpe wieder in den vorgewählten Lagerbehälter zurückgedrückt worden. Im Schritt 10 wird dann die gewählte Fahrweise „Abfüllung TKW" vollständig abgemeldet. Nun kann eine neue Anwahl aus dem gleichen oder einem anderen Behälter an der gleichen Behältergruppe erfolgen.

## 8.3.2  Ablaufsteuerung eines Zwei-Molch-Systems

Die Ausführung der Ablaufsteuerung einer molchbaren Leitung mit einem Zwei-Molch-System wird an einem vereinfachten Beispiel, wie in Abbildung 8-9 dargestellt, beschrieben.

Aus vier Lagerbehältern (B 010 bis B 013) sollen Tankkraftwagen befüllt werden. Die Auswahl erfolgt über die Leitwarte. Der Weg in die Molchleitung wird von Hand oder mittels einer Automatik-Fahrweise in der Prozeßleittechnik angewählt. Ist dies erfolgt, kann die angewählte Abfüllung gestartet werden.

Bei Automatikbetrieb wird die nachfolgend beschriebene vereinfachte Schrittkette wie in Abbildung 8-10 a–e abgearbeitet.

In der Grundstellung befindet sich je ein Molch in der Sende- bzw. Empfangsstation. Der Abfüllweg vom Behälter zur Abfüllstelle und die Menge sind vorgewählt. Im Schritt 1 kann durch Betätigen der „Start"-Taste die Schrittsteuerung aktiviert werden.

Im Schritt 2 wird die Förderpumpe eingeschaltet und die Produktförderung beginnt.

In Schritt 3 ist die vorgewählte Menge erreicht und in Schritt 4 ist der Abfüllvorgang beendet. Die Pumpe ist abgeschaltet, das Zulaufventil zum Tankkraftwagen geschlossen und die Bereitschaft zum Molchvorgang erteilt.

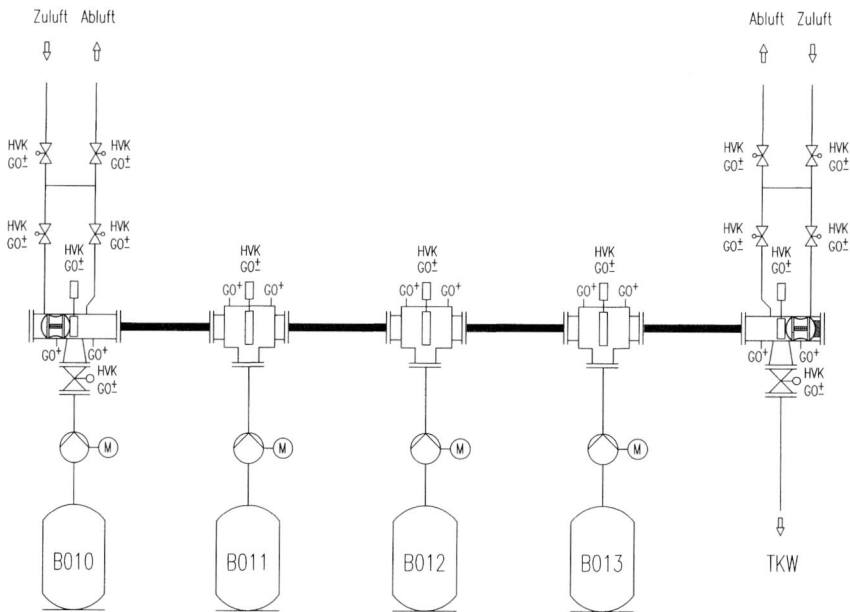

**Abb. 8-9.** Vereinfachtes Schema für ein Zwei-Molch-System

In Schritt 5 wird der Molchvorgang automatisch eingeleitet. Beide Molche werden zum Quellebehälter getrieben.

Im Schritt 6 befinden sich beide Molche an der Abzweigarmatur des Quellebehälters, das Restprodukt wurde in den Quellebehälter zurückgedrückt, die Abzweigarmatur wird geschlossen.

Im Schritt 7 werden beide Molche mit dem Treibmedium in die Sendestation geschickt.

Nach Meldung der Molche in der Sendestation wird in Schritt 8 der vordere Molch, durch Öffnen der entsprechenden Ventile für das Treibmedium, wieder zur Empfangsstation zurückgeschickt.

In Schritt 9 befinden sich die Molche wieder jeweils in der Sende- bzw. Empfangsstation, die Rohrleitung ist entspannt und somit die Grundstellung erreicht.

In Schritt 10 ist der Molchvorgang beendet.

Auf die Darstellung der Einzelsteuerebene für die Pumpe bzw. Stellarmaturen wurde ebenso wie auf die detaillierte Darstellung der Dynamik durch Zeitangaben verzichtet.

Eingänge                                                                    Ausgänge

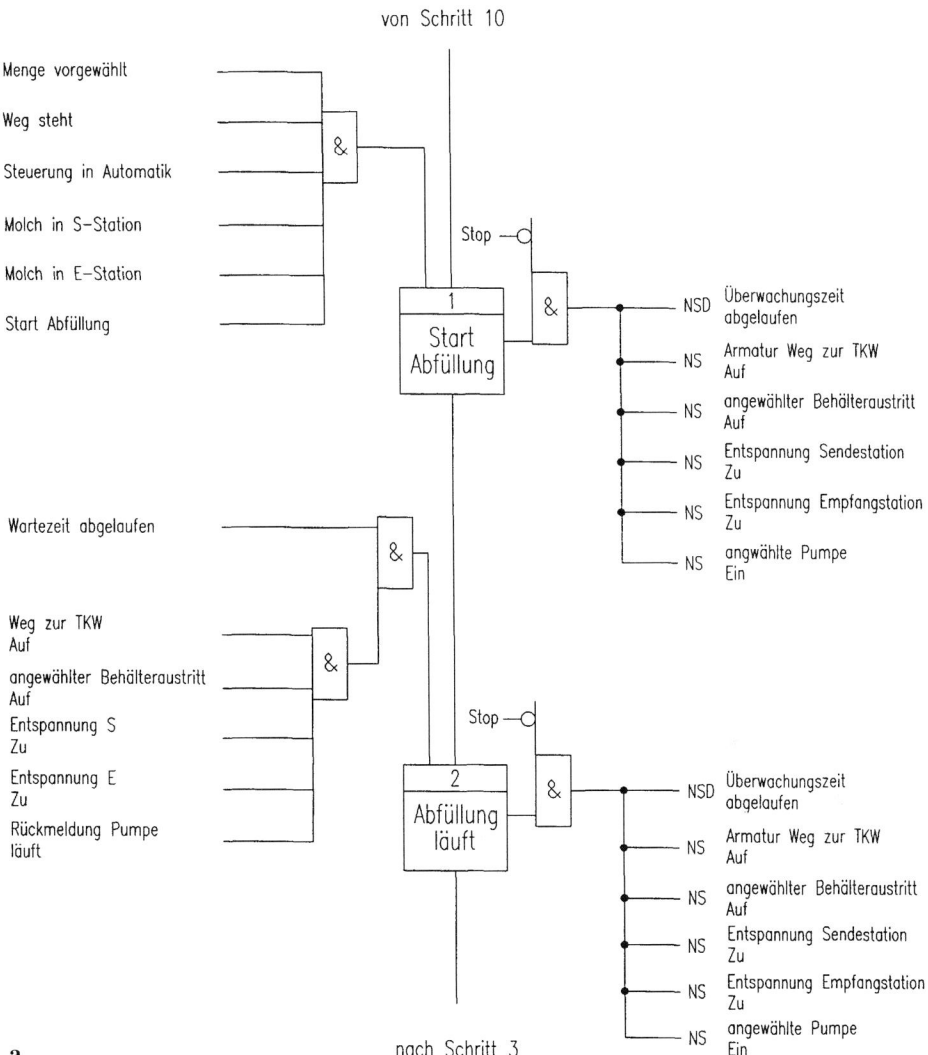

**a**

**Abb. 8-10 a–e.** Vereinfachter Funktionsplan für ein Zwei-Molch-System (s. auch folgende Seiten)

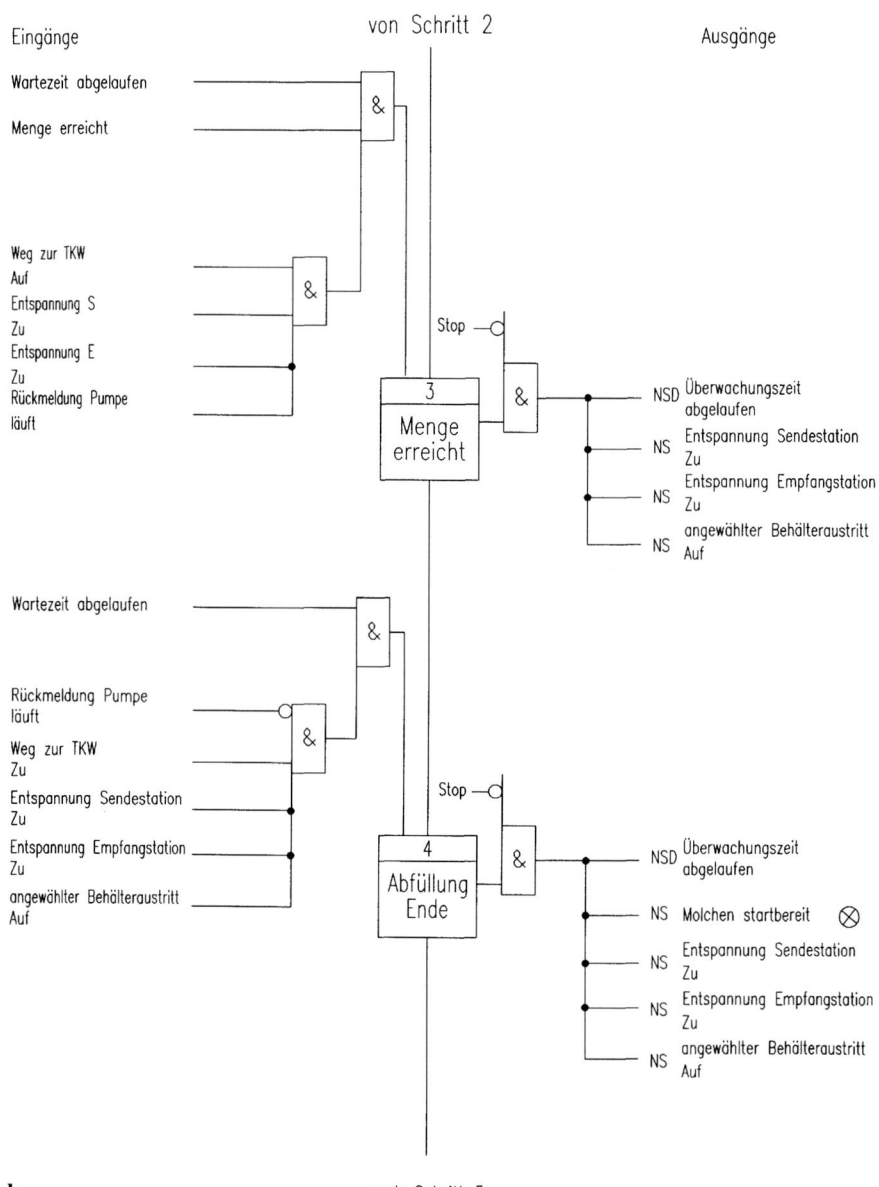

Eingänge

Wartezeit abgelaufen

Menge erreicht

Weg zur TKW
Auf
Entspannung S
Zu
Entspannung E
Zu
Rückmeldung Pumpe
läuft

von Schritt 2

Ausgänge

Stop

3
Menge
erreicht

NSD Überwachungszeit
abgelaufen

NS Entspannung Sendestation
Zu

NS Entspannung Empfangstation
Zu

NS angewählter Behälteraustritt
Auf

Wartezeit abgelaufen

Rückmeldung Pumpe
läuft
Weg zur TKW
Zu
Entspannung Sendestation
Zu
Entspannung Empfangstation
Zu
angewählter Behälteraustritt
Auf

Stop

4
Abfüllung
Ende

NSD Überwachungszeit
abgelaufen

NS Molchen startbereit ⊗

NS Entspannung Sendestation
Zu

NS Entspannung Empfangstation
Zu

NS angewählter Behälteraustritt
Auf

**b**

nach Schritt 5

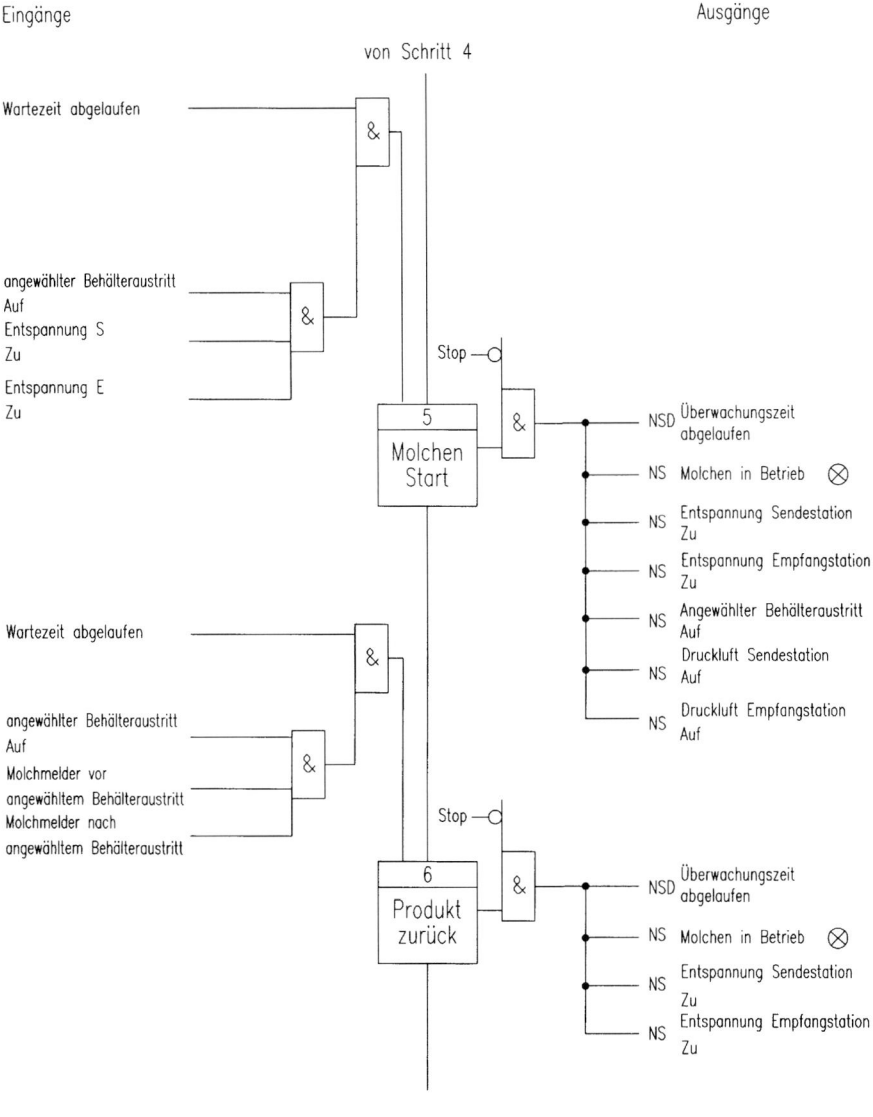

Eingänge             Ausgänge

von Schritt 4

Wartezeit abgelaufen

angewählter Behälteraustritt
Auf
Entspannung S
Zu
Entspannung E
Zu

Stop

5
Molchen
Start

NSD Überwachungszeit abgelaufen

NS Molchen in Betrieb ⊗

NS Entspannung Sendestation Zu

NS Entspannung Empfangstation Zu

NS Angewählter Behälteraustritt Auf

NS Druckluft Sendestation Auf

NS Druckluft Empfangstation Auf

Wartezeit abgelaufen

angewählter Behälteraustritt
Auf
Molchmelder vor
angewähltem Behälteraustritt
Molchmelder nach
angewähltem Behälteraustritt

Stop

6
Produkt
zurück

NSD Überwachungszeit abgelaufen

NS Molchen in Betrieb ⊗

NS Entspannung Sendestation Zu

NS Entspannung Empfangstation Zu

c           nach Schritt 7

Eingänge                                                                                                Ausgänge

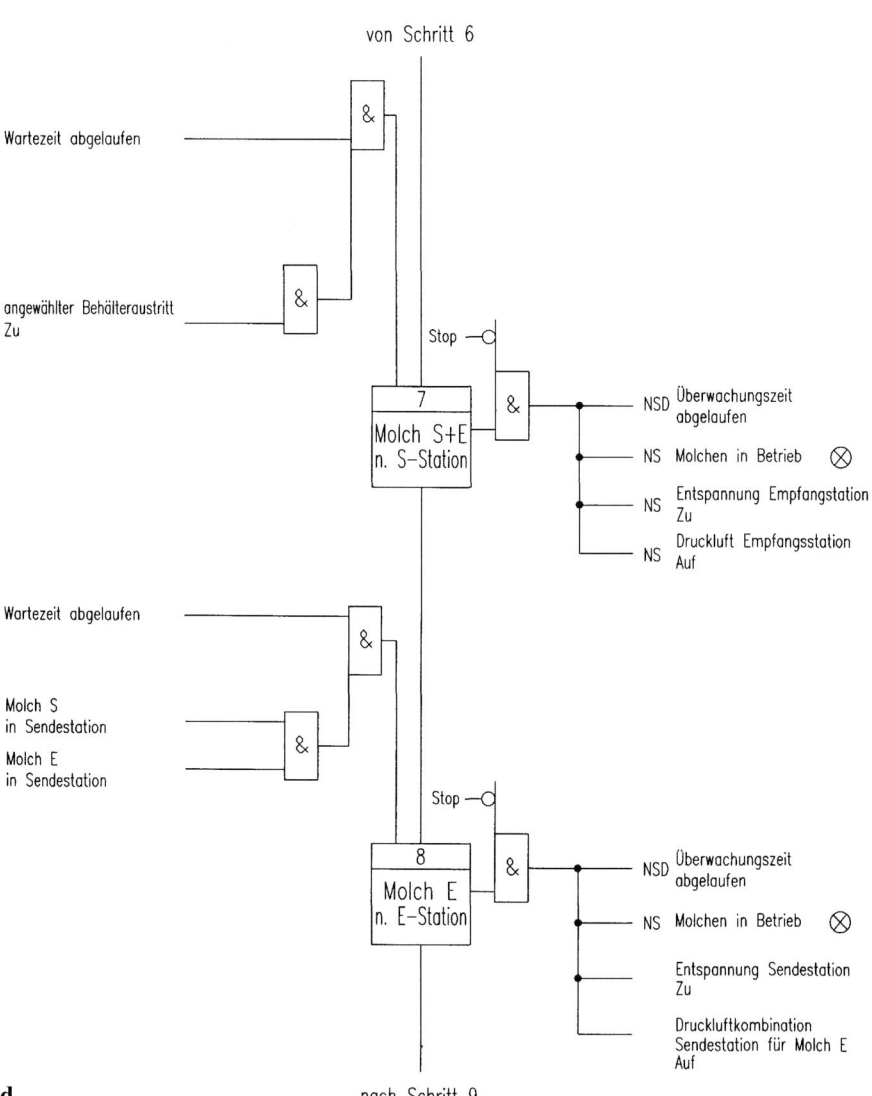

von Schritt 6

Wartezeit abgelaufen

angewählter Behälteraustritt
Zu

Stop

7
Molch S+E
n. S-Station

NSD  Überwachungszeit
      abgelaufen

NS  Molchen in Betrieb

NS  Entspannung Empfangstation
     Zu

NS  Druckluft Empfangsstation
     Auf

Wartezeit abgelaufen

Molch S
in Sendestation

Molch E
in Sendestation

Stop

8
Molch E
n. E-Station

NSD  Überwachungszeit
      abgelaufen

NS  Molchen in Betrieb

Entspannung Sendestation
Zu

Druckluftkombination
Sendestation für Molch E
Auf

**d**                                              nach Schritt 9

Eingänge

Ausgänge

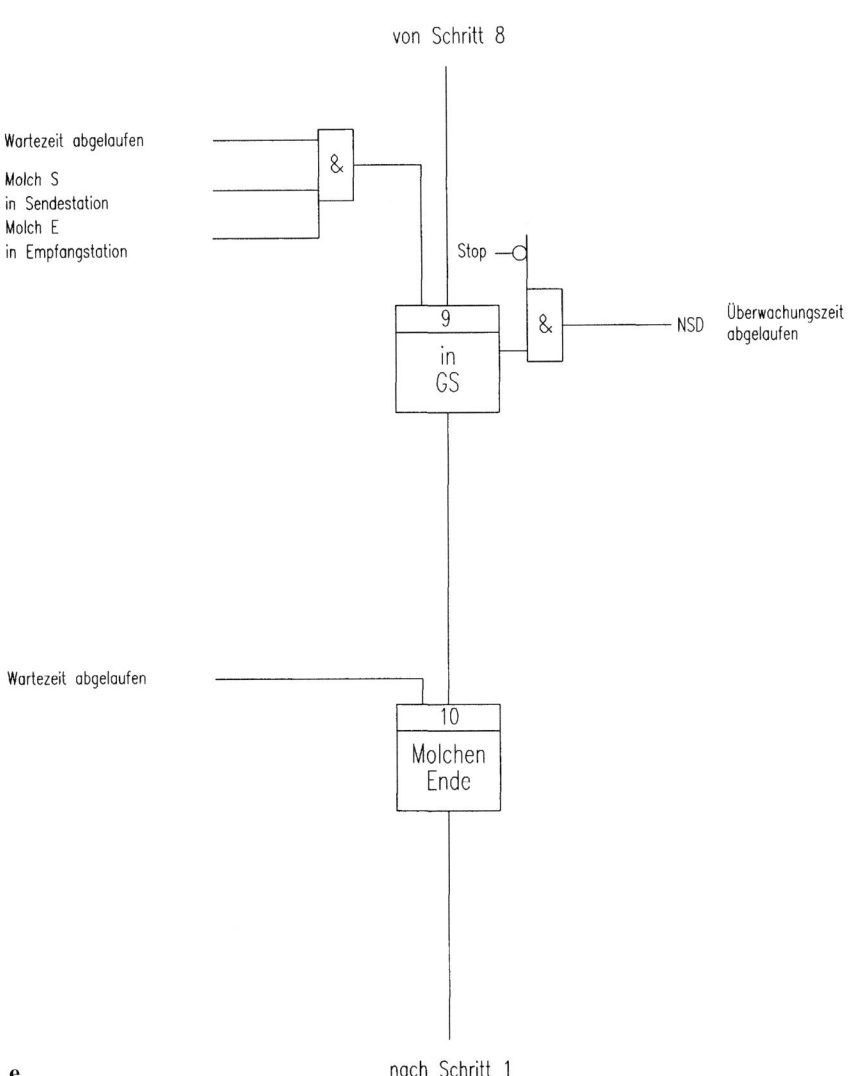

### 8.3.3  Ablaufsteuerung eines Spülvorgangs

Bevorzugt werden Spülvorgänge mit einem ZMS durchgeführt. Dabei kann die zwischen zwei Molchen eingesperrte Spülflüssigkeit auf das notwendige Minimum reduziert werden.

Der vereinfachte Funktionsplan (Abb. 8-11 a–c) zeigt den Ablauf eines Spülvorganges.

In der Grundstellung sind die Zulaufventile geschlossen, die Entspannungsventile sind geöffnet, die Molchleitung ist somit drucklos und beide Molche befinden sich in der Sendestation. Alle Abgänge an der Molchleitung sind geschlossen. Über *Spülen Start* wird die Ablaufsteuerung für den Spülvorgang direkt oder extern z. B. durch Betätigung eines Tasters aktiviert.

Das Entspannungsventil an der Sendestation wird in Schritt 1 geschlossen. In Schritt 2 wird das Zulaufventil für die Spülflüssigkeit (an der Sendestation zwischen beiden Molchen positioniert) geöffnet. Der hintere Molch 2 wird in die Endlage der Sendestation gedrückt. Molch 1 wird durch die Spülflüssigkeit soweit in die Rohrleitung getrieben, bis der an der Rohrleitung positionierte Molchmelder das Zulaufventil schließt. Die gewünschte Menge Spülflüssigkeit befindet sich nun zwischen den beiden Molchen. Das Ventil für das Treibmedium, z. B. Luft, wird in Schritt 3 geöffnet, das *Spültandem* setzt sich in Richtung Empfangsstation in Bewegung. Die Ankunft des Molches 1 in der Empfangsstation ist die Weiterschaltbedingung für den Schritt 4, der das Ventil für das Treibmedium schließt und das Entspannungsventil öffnet. Nun wird das Ventil für das Treibmedium an der Empfangsstation geöffnet, um das *Spültandem* in die Sendestation zurückzutreiben. In Schritt 5 befindet sich Molch 2 wieder in der Sendestation.

Jetzt kann der gesamte Spülvorgang entsprechend dem geforderten Reinigungsgrad mehrfach wiederholt werden. Im vorgegebenen Beispiel wird nur ein Spülvorgang durchgeführt (Hin- und Rückfahrt des Tandems), deshalb muß jetzt die Spülflüssigkeit wieder ausgeschleust werden.

Durch Öffnen des dem Spülflüssigkeits-Zulaufventil parallel geschalteten Ablaufventils wird die Spülflüssigkeit aus dem Molchsystem entfernt, vorzugsweise in einen Sammelbehälter.

Ist auch der Molch 1 wieder in der Sendestation, wird in Schritt 6 die molchbare Rohrleitung entspannt und die Ablaufsteuerung befindet sich wieder in der Grundstellung.

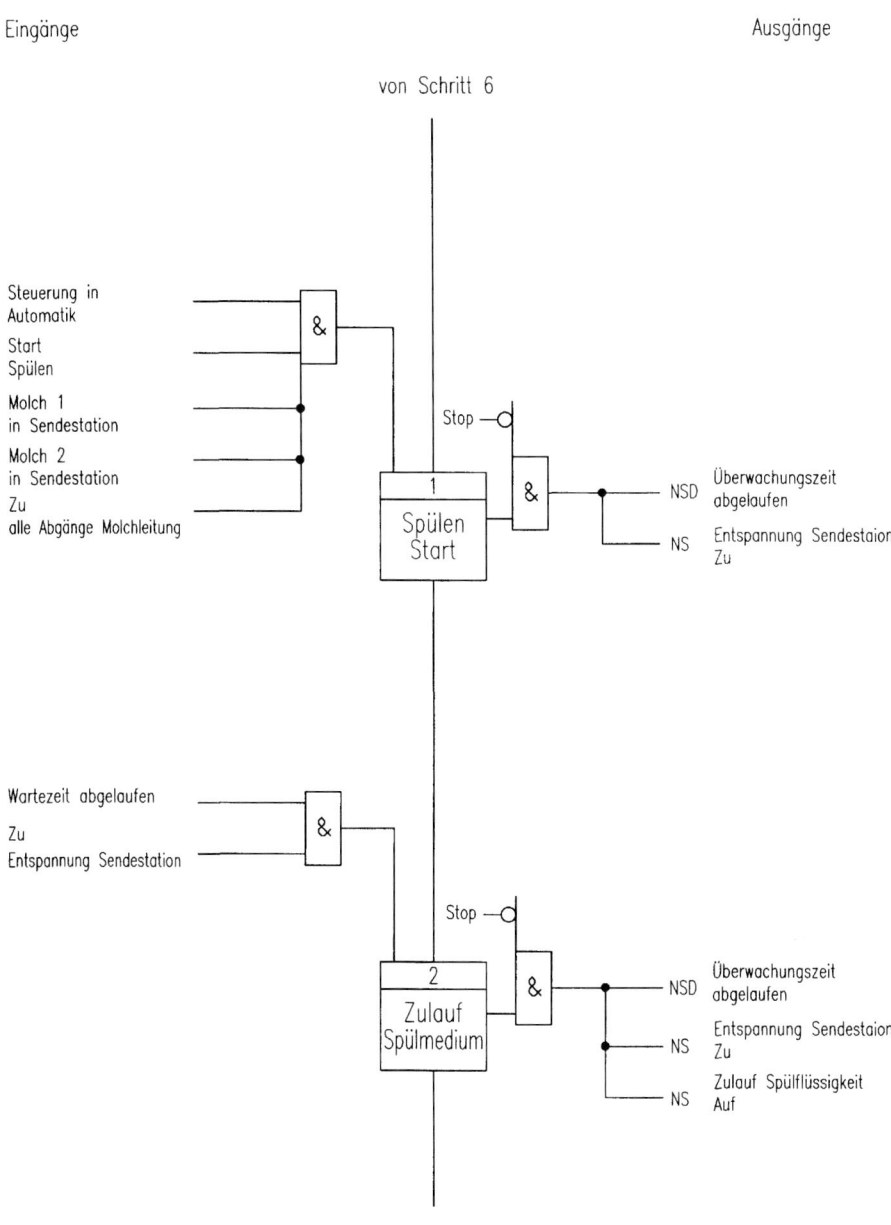

**Abb. 8-11 a–c.** Vereinfachter Funktionsplan für einen Spülvorgang (s. auch folgende Seiten)

Eingänge                                                                                    Ausgänge

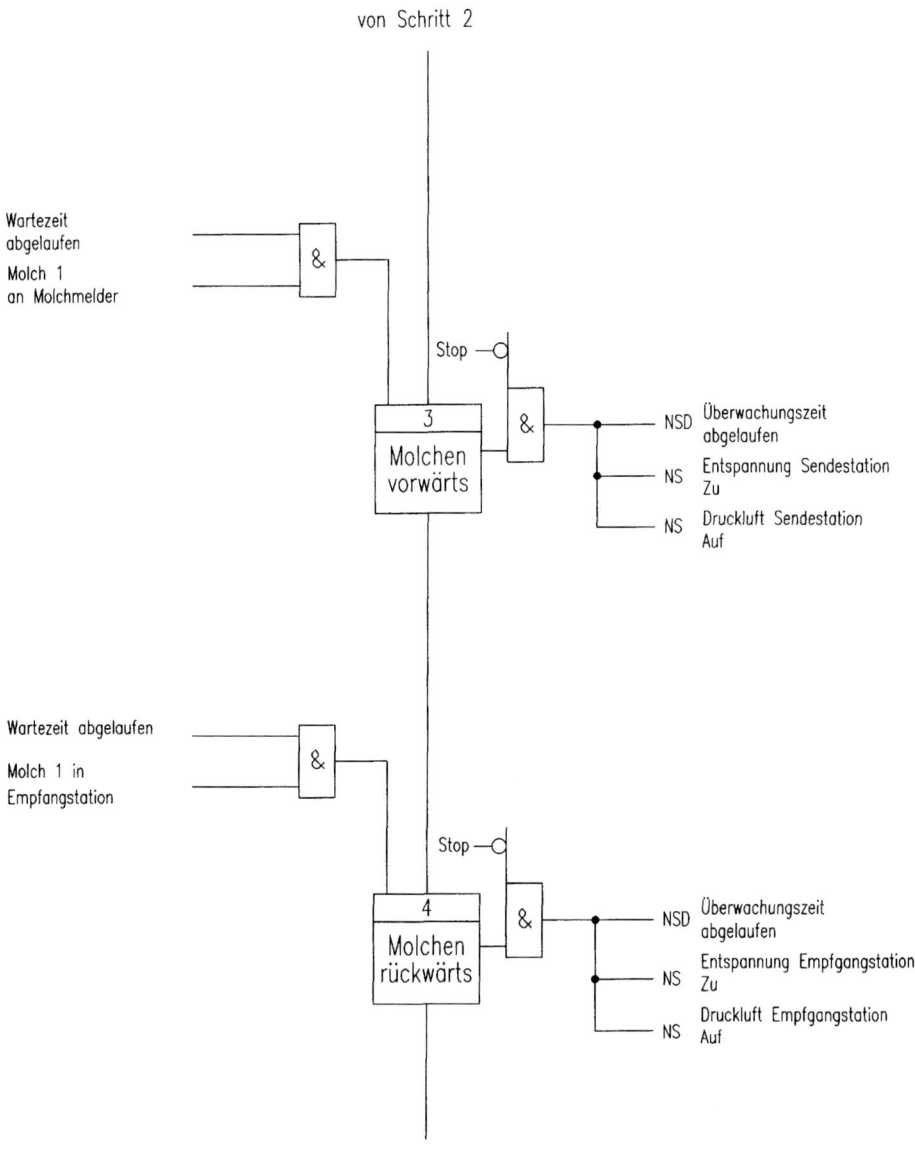

b                                          nach Schritt 5

Eingänge                                                          Ausgänge

von Schritt 4

Wartezeit
abgelaufen

Molch 2
in Sendestation

&

Stop ○

| 5 |
| Ablauf |
| Spülmedium |

&

NSD    Überwachungszeit
abgelaufen

NS    Entspannung Empfgangstation
Zu

NS    Druckluft Empfgangstation
Auf

NS    Ablauf Spülflüssigkeit
Auf

Wartezeit abgelaufen

Molch 1 in
Sendestation

&

Stop ○

| 6 |
| Molchen |
| rückwärts |

&

NSD    Überwachungszeit
abgelaufen

c                              nach Schritt 1

# III Technik der Anwendung

# 9 Entscheidungskriterien für den Einsatz von Molchanlagen

Ist das Interesse am Einsatz der Molchtechnik geweckt, stellt sich zum einen die Frage nach der technischen Realisierbarkeit und ob sich damit eine wirtschaftliche Alternative anbietet.

Die folgenden Unterkapitel werden diese Fragen näher untersuchen und Entscheidungshilfen anbieten. Es soll dadurch auch der Blick auf zukünftige Wettbewerbsfähigkeit gelenkt werden.

## 9.1 Allgemeine Entscheidungshilfen

Der erste Schritt bei der Prüfung von Alternativen zu konventionellen Techniken ist stets durch eine grundlegende Frage bestimmt: Bringt die neue Technologie eine entscheidende Verbesserung? Man könnte die Aussage noch etwas weiter fassen durch den Zusatz: ... oder sichert die neue Technologie langfristig entscheidende Vorteile anderen Wettbewerbern gegenüber?

Gemessen wird das Neue an den Kriterien der Wirtschaftlichkeit und Zuverlässigkeit.

Oftmals stellen sich diese Begriffe jedoch als zu wenig präzise dar, um die Vorteile der neuen Technologie erkennen zu können. Weiter muß gesagt werden, daß eine objektive Beurteilung ebenso die möglichen Schwachpunkte aufdecken muß. Aus diesem Grund sollte ein Interessent die beiden nachfolgenden Abschnitte einer Bewertung unterziehen.

### 9.1.1 Produkt – Infrastruktur – Technik

Molchanlagen bieten folgende *Vorteile* gegenüber den Einzelproduktleitungen (konventionelles System):

- Räumliche Enge oder statische Probleme aufgrund des Eigengewichtes auf Rohrbrücken spielen keine Rolle, da mehrere Rohrleitungen durch eine einzige ersetzt werden.

Dadurch können kleinere Nennweiten und kostengünstigere Rohrleitungen realisiert werden.

- Rohrsysteme bleiben frei von Ablagerungen und Inkrustierungen, so daß der hohe Installationsaufwand für Begleitbeheizung und Dämmung entfallen kann, sofern nicht Umwelteinflüsse, wie z.B. Sonneneinstrahlung, berücksichtigt werden müssen.
- Sicherheitsaspekte aufgrund von Alterung oder Entmischungsvorgängen bei problematischen Produkten, die zu Polymerisation oder Zersetzung neigen, entfallen aufgrund kurzer Verweilzeiten (auch bei frostempfindlichen Produkten).
- Die bei einer großen Produktpalette und häufigem Produktwechsel notwendigen Reinigungsvorgänge und Spülmittelmengen sowie damit verbundene Rüst- und Betriebszeiten werden auf einen geringen Bruchteil reduziert.
- Wertvolle Produkte oder Rohstoffe mit geringen Umsatzmengen können mit wesentlich geringeren Verlusten gefördert und abgefüllt oder zurückgewonnen werden.
- Fülleinrichtungen für viskose Produkte können blasenfrei beschickt werden.
- Durch eine Automatisierung und weitgehende Wartungsfreiheit werden Bedienungsfehler nahezu ausgeschlossen und der Personalaufwand reduziert.
- Abwasserkosten aus Spülflüssigkeiten werden reduziert oder entfallen ganz; einen wirtschaftlichen Vorteil bringt dies besonders dann, wenn eine Abgabe für organischen Kohlenstoff gezahlt werden muß.
- Verlegeart der Rohrleitung, z.B. mit Gefälle, spielt keine Rolle, da sich die Rohrleitung nicht selbst entleeren muß.

Ist durch die Auswahl der vorstehenden Punkte das mögliche Potential für eine Technologieumstellung aufgedeckt, ist als nächstes die wichtige Frage der zuverlässigen technischen Realisierbarkeit zu prüfen.


### 9.1.2 Physikalisch-chemische Eigenschaften der Produkte

Ist der Einsatz der Molchanlage nur für ein Produkt vorgesehen, dann ist zu überprüfen, ob die physikalischen und chemischen Produkteigenschaften eine Molchung erlauben. Soll die Molchanlage für mehrere Produkte eingesetzt werden, ist die Überprüfung für alle Produkte vorzunehmen. Insbesondere müssen diese Produkte zu einer Produktfamilie gehören, d.h. sie müssen ähnliche Eigenschaften aufweisen.

Zu den physikalischen Eigenschaften gehören neben Viskosität, Schmelz- und Siedepunkt besonders die – oftmals weniger bekannten – rheologischen Eigenschaften, d.h. die geschwindigkeits- und scherspannungsabhängigen Phänomene, welche die Gleit- und Schmierfähigkeit des Fluides beeinflussen. Das flüssige Produkt muß in der Lage sein, einen tragfähigen Schmierfilm zwischen dem sich bewegenden Molch und der festen Rohrinnenwand auszubilden, wobei das Fluid in diesem engen Spalt sehr stark geschert wird (Scherstabilität).

Überprüft werden müssen vor allem auch die chemischen Produkteigenschaften daraufhin, ob eine mögliche Gefährdung oder Produktveränderung durch die Reaktionsfähigkeit der Produkte untereinander besteht. Zur Reaktionsfähigkeit gehört auch das Polymerisationsverhalten, die Aushärtung und das Verkleben von Produkten, insbesondere sein Verhalten in dünnen Schichten (Innenwandbenetzung, thin film effects), an kalten oder heißen metallischen Teilen oder in kleinen Toträumen von Armaturen.

Die Produkte dürfen weiterhin die metallischen Teile und die Kunststoffe von Dichtungen und Molchen nicht korrosiv oder anderweitig, sei es durch Quellung oder Erosion beeinflussen. Hier kann jedoch eine entsprechende Werkstoffkombination und Systemaufteilung in vielen Fällen Abhilfe schaffen, beispielsweise indem man einen anderen Molchwerkstoff bei Produktwechsel verwendet.

Bei einer sehr großen Produktpalette oder unbekannten Produkteigenschaften kann es sinnvoll sein, eine einfache Versuchsanlage mit Handsteuerung aufzubauen, um Gewißheit über die grundlegenden Betriebszustände zu erlangen. Derartige Molchversuchsstrecken liefern, neben Aussagen über das Beständigkeitsverhalten von Werkstoffen, auch Daten über die Restflüssigkeitsmenge in der Leitung, über das Verschleißverhalten von Molchen (Standzeit) und das Zusammenspiel von Treibmedium und Armaturen.

Daneben werden in Laborversuchen das Quellverhalten von Molchwerkstoffen durch Gewichtsmessungen sowie die Farbzahl der Produkte bestimmt, die eine Aussage über Produktverunreinigungen und Beständigkeit des Molchwerkstoffs erlauben.

Mit der Prüfung und Auswertung der Ausführungen im vorstehenden Abschnitt sollte es möglich sein festzustellen, ob die Molchtechnologie eine technisch sinnvolle Alternative darstellt. Für den nächsten Schritt, die Klärung der Frage nach der Wirtschaftlichkeit, wird im Abschn. 9.2 versucht, anhand dreier Beispiele unter Berücksichtigung von Betriebs- und Investitionskosten eine Aussage über die Amortisationszeit zu machen.

Gegenübergestellt wurden jeweils konventionelle Rohrtechnik und Molchanlage mit den zugehörigen spezifischen Kosten. Die Beispiele wurden so ausgewählt, daß eine möglichst breite Anwendungspalette abgedeckt wird. Es ist selbstverständlich möglich, anhand der ausgewiesenen Kosten zu interpolieren. Es wurde jedoch darauf verzichtet, den Grad der Automatisierung miteinzubeziehen, da diese Kosten zu stark von den Wünschen der Betreiber abhängen.

## 9.2 Investitions- und Betriebskosten an Beispielen

Falls technisch beide Alternativen – Molchanlage oder konventionelle Rohrleitung(en) – möglich sind, ist die wirtschaftliche Beurteilung als nächstes Kriterium heranzuziehen. Hier sind sowohl die einmaligen Investitionskosten als auch die Kosten miteinzubeziehen, die durch den laufenden Betrieb verursacht werden. Bei dem Vergleich zwischen konventionellen Anlagen und Molchsystemen wurden die Kosten für Antriebs- und Versorgungsenergien nicht berücksichtigt, da diese gegenüber den anderen Aufwendungen vernachlässigt werden können. Es wurde weiter vorausgesetzt, daß die Infrastruktur von Treibmedium, elektrischen Einrichtungen und Antriebsluft pneumatischer Antriebe bereits vorhanden ist.

Für einen realistischen Vergleich von konventioneller Technik und Molchtechnik wurden drei unterschiedliche, praxisnahe Anwendungsbeispiele ausgewählt.

a)  Eine lange Rohrleitung, bei der durch Einsatz der Molchtechnik Spülvorgänge entfallen können (s. Abschn. 9.2.1).
b)  Eine lange Rohrleitung, bei der durch Einsatz der Molchtechnik auf Dämmung und elektrische Begleitheizung verzichtet werden kann (s. Abschn. 9.2.2).
c)  Ersatz von zehn einzelnen Rohrleitungen für zehn Produkte durch eine molchbare Rohrleitung (s. Abschn. 9.2.3).

Bei dem Vergleich der Alternativen werden zunächst die Investitionskosten berechnet. Für die weitere Wirtschaftlichkeitsbetrachtung wird bei beiden Systemen von einer Nutzungsdauer von zehn Jahren ausgegangen. Die eingesetzten spezifischen Kosten gelten zum Stand 1996 unter durchschnittlichen Bedingungen. Planungskosten sind nicht berücksichtigt. Ebenfalls können Einsparungen an Stahlbau, Halterungen und sich ergebende Platzersparnis nicht bewertet werden. Es wurde von einem geplanten Neubau ausgegangen.

Eine nach den Investitionskosten teurere Alternative ist nach der folgenden Betrachtung dann wirtschaftlich, wenn sie zu Einsparungen führt, die im dritten Betriebsjahr mindestens 25% der Zusatzinvestitionen betragen. Dies bedeutet eine Amortisationszeit von höchstens vier Jahren.

Ansatz für die Pay-out-Rechnung:

$$P = \Delta K_{12} / \Delta I_{12} \times 100\% > 25\%$$

$\Delta K_{12}$: Differenz Betriebskosten
$\Delta I_{12}$: Differenz Investitionskosten
Index 1: konventionelle Rohrleitung
Index 2: Molchanlage.

### 9.2.1  Lange Rohrleitung ohne Spülvorgänge

*Beschreibung*

Ein Produkt kann aus betrieblichen Gründen nicht über einen längeren Zeitraum in der Rohrleitung verbleiben. Das Leerdrücken der produktgefüllten Leitung mit Gas ist aus Produktgründen (Viskosität) nicht möglich. Folgende Alternativen sollen verglichen werden:

Konventionelle Rohrleitung
DN 80, PN 10, 100 m lang, nicht sackfrei verlegt, Werkstoff 1.4541, nicht gedämmt, nicht begleitbeheizt.

Molchanlage
Molchbare Rohrleitung DN 80, PN 10, 100 m, Abmessung 88,9 mm×3,2 mm, längsnahtgeschweißt, offenes Ein-Molch-System (EMS), erweiterter Handbetrieb (siehe Abschnitt 8.2.2), Treibmedium Luft.

Investitionskosten
Da es sich hier nur um eine einzige molchbare Leitung handelt, wurde eine einfache Art der Ablaufsteuerung gewählt, die aber bereits die Möglichkeit offen läßt, auf eine geeignete Automatisierungstechnik zu erweitern. Der höhere Betrag für Montage und Material resultiert hauptsächlich aus dem aufwendigeren Schweißverfahren (Nahtdurchhang nur mit Toleranz zulässig).

Betriebskosten pro Jahr
Bei der konventionellen Betriebsweise wird die Spülflüssigkeit durch Druckluft aus der Leitung geschoben. Es wurde weiter davon ausgegangen, daß aufgrund der Belastung des Abwassers mit organischen Kohlenstoffverbindungen eine entsprechende Abgabe zu entrichten ist.

Bewertung des Vergleichs
Obwohl die Molchanlage 80 TDM höhere Investitionskosten verursacht, ergibt sich bei den Betriebskosten eine Reduzierung um 75%.

Die pay-out-Rechnung zeigt, daß eine Amortisation nach spätestens vier Jahren möglich ist.

$$P = 21\,\mathrm{TDM}/80\,\mathrm{TDM} \times 100\% = 26\%$$

**Tab. 9-1.** Gegenüberstellung der Investitionskosten am Beispiel: *Lange Rohrleitung ohne Spülvorgänge*

| Investitionskosten konventionelle Rohrleitung | | |
|---|---|---|
| Material | 40 DM/m | 40 TDM |
| Montage (vorwiegend Rohrbrücke, geschweißt) | 70 DM/m | 70 TDM |
| Flansche/Armaturen | | 20 TDM |
| Summe | | 130 TDM |
| Investitionskosten Molchanlage | | |
| Material | 50 DM/m | 50 TDM |
| Montage | 80 DM/m | 80 TDM |
| Armaturen, Entspannungsbehälter 0,5 m$^3$ | | 40 TDM |
| Erhöhter Aufwand an PLT-Einrichtungen (Abluft, Treibmedium) | | 40 TDM |
| Summe | | 210 TDM |

**Tab. 9-2.** Gegenüberstellung der jährlichen Betriebskosten am Beispiel: *Lange Rohrleitung ohne Spülvorgänge*

| Betriebskosten konventionelle Rohrleitung | |
| --- | --- |
| Kosten Spülflüssigkeit (VE-Wasser) | 3 DM/m$^3$ |
| Kosten Wertprodukt | 1000 DM/m$^3$ |
| Häufigkeit Spülvorgang | 1/Woche, 50/Jahr |
| Kosten Abwasser (Entsorgungskosten) | 1 DM/m$^3$ Abw. |
| Kosten TOC-Behandlung bzw. CSB-Abgabe | 2 DM/m$^3$ |
| Wertprodukt-Verlustanteil bei Spülvorgang | 10% |
| Inhalt Rohrleitung | 5 m$^3$ |
| Füllen mit Spülflüssigkeit und 1× Spülen (10 m$^3$) | 30 DM |
| Wertproduktverlust (5 m$^3$×10%×1000 DM/m$^3$) | 500 DM |
| Entsorgung von Wertproduktverlust und Spülflüssigkeit (10,5 m$^3$) | 30 DM |

| Summe: | 560 DM ×50 = 28 000 DM |
| --- | --- |

Entleeren der mit VE-Wasser gefüllten Rohrleitung durch Druckluft

| Betriebskosten Molchanlage | |
| --- | --- |
| Eine Molchfahrt ist ausreichend, kein Spülvorgang erforderlich | |
| Gesamte Laufstrecke | 50 km/Jahr |
| Standzeit Molch | 20 km |
| 3 Molche zu je 500 DM | 1 500 DM |
| Erhöhter Instandhaltungsaufwand durch kompliziertere Anlage | 5 000 DM |

| Summe | 6 500 DM |
| --- | --- |

Vergleich in TDM

| | Investitionskosten | Betriebskosten/a |
| --- | --- | --- |
| Konv. Rohrleitung | 130 | 28 |
| Molchanlage | 210 | 7 |

Bei längeren Rohrleitungen sind aufgrund der überproportional höheren Betriebskosten des konventionellen Typs Amortisationszeiten von unter zwei Jahren möglich.

Beispiel: Rohrleitungslänge 2000 m, P=3%.

Interessanterweise hat auch eine kürzere Rohrleitung (Rohrleitungslänge 500 m) ein geringfügig höheres P von 28%. Das liegt daran, daß die Betriebskosten der Molchanlage sich mit der Länge der Rohrleitung nicht wesentlich ändern und die Investitionskosten der konventionellen Rohrleitung nicht proportional abnehmen.

Die pay-out-Rechnung verschiebt sich mit größeren Längen bei Einzelrohrleitungen eindeutig zugunsten des Molchsystems.

## 9.2.2   Verzicht auf Begleitheizung

*Beschreibung*

Ein Produkt kann aus betrieblichen Gründen über einen längeren Zeitraum in der Rohrleitung verbleiben; in diesem Fall muß allerdings gedämmt und begleitbeheizt werden. Über die Molchtechnik könnte auf Dämmung und Begleitheizung verzichtet werden. Folgende Alternativen sollen verglichen werden:

Konventionelle Rohrleitung
DN 80, PN 10, 1000 m lang, Werkstoff 1.4541, gedämmt und elektrisch begleitbeheizt (E 29).

Molchanlage
Molchbare Rohrleitung DN 80, PN 10, 100 m, Abmessung 88,9 mm×3,2 mm, längsnahtgeschweißt, offenes Ein-Molch-System (EMS), erweiterter Handbetrieb (s. Abschn. 8.2.2), Treibmedium Luft.

Investitionskosten
Da es sich hier nur um eine einzige molchbare Leitung handelt, wurde eine einfache Art der Ablaufsteuerung gewählt, die aber bereits die Möglichkeit offen läßt, auf eine geeignete Automatisierungstechnik zu erweitern. Der höhere Betrag für Montage und Material resultiert hauptsächlich aus dem aufwendigeren Schweißverfahren (Nahtdurchhang nur mit Toleranz zulässig).

**Tab. 9-3.** Gegenüberstellung der Investitionskosten am Beispiel: *Lange Rohrleitung ohne Dämmung und elektrische Begleitheizung*

| Investitionskosten konventionelle Rohrleitung | | |
|---|---|---|
| Material | 40 DM/m | 40 TDM |
| Montage (vorwiegend Rohrbrücke, geschweißt) | 70 DM/m | 70 TDM |
| Zuschlag für Flansche/Armaturen | | 20 TDM |
| Elektr. Begleitheizung (Material u. Montage) | 100 DM/m | 100 TDM |
| Isolierung (Material u. Montage) | 130 DM/m | 130 TDM |
| Summe | | 360 TDM |
| Investitionskosten Molchanlage | | |
| Material | 50 DM/m | 50 TDM |
| Montage | 80 DM/m | 80 TDM |
| Armaturen | | 60 TDM |
| Erhöhter Aufwand an PLT-Einrichtungen (Abluft, Treibmedium) | | 40 TDM |
| Summe | | 230 TDM |

**Tab. 9-4.** Gegenüberstellung der jährlichen Betriebskosten am Beispiel: *Lange Rohrleitung ohne Dämmung und elektrische Begleitheizung*

| Betirebskosten konventionelle Rohrleitung | |
| --- | --- |
| Elektrische Begleitheizung<br>(200 W/m, 3000 h/a, 0,1 DM/kWh)) | 6 000 DM |
| Erhöhter Instandhaltungsaufwand durch elektr. Begleitheizung | 1 500 DM |
| Summe | 7 500 DM |

| Betriebskosten Molchanlage | |
| --- | --- |
| Anzahl Molchvoränge | 1/Woche, 50/Jahr |
| Eine Molchfahrt ist ausreichend, kein Spülvorgang erforderlich.<br>Gesamte Laufstrecke | 100 km/Jahr |
| Standzeit Molch | 20 km |
| 5 Molche zu je 500 DM | 2 500 DM |
| Erhöhter Instandhaltungsaufwand durch kompliziertere Anlage | 5 000 DM |
| Summe | 7 500 DM |

Vergleich in TDM

| | Investitionskosten | Betriebskosten/a |
| --- | --- | --- |
| Konv. Rohrleitung | 360 | 7,5 |
| Molchanlage | 210 | 7,5 |

Das offene System wurde erweitert auf ein geschlossenes, bei dem der Molch nach Beendigung des Molchvorgangs wieder in die Ausgangsposition zurückfährt.

Besondere Anforderungen an die elektrischen Einrichtungen und Elektronik bei dem Einsatz in explosionsgefährdeten Bereichen sind bei der Beschaffung der Begleitheizung nicht berücksichtigt.

Betriebskosten pro Jahr
Durch die Begleitheizung kann das Produkt in der Rohrleitung verbleiben, es fallen damit keine Spülflüssigkeiten und Entsorgungskosten an.

Die Betriebsweise des geschlossenen Systems bedingt durch den rückkehrenden Molch eine doppelt so hohe jährliche Laufleistung und damit einen höheren Verschleiß des Molches.

Bewertung des Vergleichs
Bedingt durch die sehr kostenintensive Begleitheizung liegen die Investitionskosten der konventionellen Rohrleitung mehr als 50% über den Kosten der Molchanlage.

Die Betriebskosten liegen bei längeren Rohrleitungen zwar höher, fallen aber im Vergleich zu den Investitionskosten nicht ins Gewicht.

Die um 130 TDM geringeren Investitionskosten bestätigen das „klassische" Einsatzgebiet für Molchleitungen. Einen zusätzlichen Sicherheitsaspekt bietet hier die Molchtechnik bei zu Zersetzung oder Polymerisation neigenden Produkten.

### 9.2.3 Mehrproduktleitung

*Beschreibung*

Über eine Rohrbrücke sollen TKW-Abfüllstellen aus einem Tanklager versorgt werden. Die Entfernung beträgt hier 400 m, die zehn Produkte sind so geartet, daß bei fünf Produkten die Rohrleitung nach einem Fördervorgang gefüllt bleiben kann, die übrigen Rohrleitungen müssen gedämmt und begleitbeheizt werden. Alternativ soll geprüft werden, ob eine molchbare Leitung wirtschaftlicher wäre.

Konventionelle Rohrleitungen
Zehn Stück DN 80, PN 10, 400 m lang, Werkstoff 1.4541, fünf davon gedämmt (Mineralfaser und Ummantelung) und elektrisch begleitbeheizt (E 29).

Molchanlage
Molchbare Rohrleitung DN 80, PN 10, Abmessung 88,9 mm×3,2 mm, längsnaht-geschweißt, offenes Ein-Molch-System (EMS), erweiterter Handbetrieb (s. Abschn. 8.2.2), Treibmedium Luft, konventionelle Rohrleitungen zwischen den einzelnen Tanks und dem Molchbahnhof (Verteilerstation, Spinne).

Investitionskosten
Da es sich hier nur um eine einzige molchbare Leitung handelt, wurde eine einfache Art der Ablaufsteuerung gewählt, die aber bereits die Möglichkeit offen läßt, auf eine geeignete Automatisierungstechnik zu erweitern. Der höhere Betrag für Montage und Material resultiert hauptsächlich aus dem aufwendigeren Schweißverfahren (Nahtdurchhang nur mit Toleranz zulässig).
   Aufgrund der Förderaufgabe wurde ein geschlossenes Molchsystem ausgewählt.
   Besondere Anforderungen an die elektrotechnischen Einrichtungen bei dem Einsatz in explosionsgefährdeten Bereichen sind bei der Beschaffung der Begleitheizung nicht berücksichtigt.

Betriebskosten pro Jahr
Durch die Begleitheizung von fünf Rohrleitungen kann das Produkt in der Rohrleitung verbleiben, es fallen damit keine Spülflüssigkeiten und Entsorgungskosten an.
   Die Betriebsweise des geschlossenen Systems bedingt durch den rückkehrenden Molch eine doppelt so hohe jährliche Laufleistung und damit einen höheren Verschleiß der Molche.

**Tab. 9-5.** Gegenüberstellung der Investitionskosten am Beispiel: *Ersatz von zehn einzelnen Rohrleitungen*

| Investitionskosten konventionelle Rohrleitungen | | |
|---|---|---|
| Material | 40 DM/m | 160 TDM |
| Montage (vorwiegend Rohrbrücke, geschweißt) | 70 DM/m | 280 TDM |
| Flansche/Armaturen | 60 DM/m | 240 TDM |
| Elektr. Begleitheizung (Material u. Montage) | 100 DM/m | 200 TDM |
| Isolierung (Material u. Montage) | 130 DM/m | 260 TDM |
| Summe | | 1 140 TDM |

| Investitionskosten Molchanlage | | |
|---|---|---|
| Material | 50 DM/m | 20 TDM |
| Montage | 80 DM/m | 32 TDM |
| Armaturen (konventioneller Teil) | | 150 TDM |
| Armaturen (Bahnhöfe, Entspannungsbehälter, Versorgungsarmaturen) | | 40 TDM |
| Erhöhter Aufwand an PLT-Einrichtungen (Abluft, Treibmedium) | | 50 TDM |
| Summe | | 292 TDM |

*Bewertung des Vergleichs*

Auch hier machen die Dämmung und Begleitheizung den Hauptanteil bei den Investitionskosten des konventionellen Systems aus. Im Vergleich hierzu fallen die beim Molchsystem höheren Betriebskosten kaum ins Gewicht.

Die Aufgabe ist prädestiniert für den Einsatz einer Molchanlage. Beim Einsatz konventioneller Rohrleitungen würden sich etwa vierfache Investitionskosten ergeben.

### 9.2.4  Bewertung der Beispiele

Die angeführten Beispiele gingen von wenigen Molchvorgängen pro Tag aus. Muß die Molchung aus Produkt- oder betrieblichen Gründen häufiger durchgeführt werden, ist die Steuerung von Hand sehr umständlich und personalintensiv. Der Einsatz einer komplexeren Steuerung, z.B. der Wechsel von einem erweiterten Handbetrieb auf ein Bedien- und Beobachtungssystem oder eine Einbindung in ein Prozeßleitsystem, ist jedoch mit erheblich höheren Investitionskosten verbunden.

Die Erweiterung der Steuerung mit Einbindung in ein vorhandenes Prozeßleitsystem bei einem System der Größenordnung vom Beispiel in Abschnitt 9.2.3

**Tab. 9-6.** Gegenüberstellung der jährlichen Betriebskosten am Beispiel: *Ersatz von zehn einzelnen Rohrleitungen*

Betriebskosten konventionelle Rohrleitungen

Unter der Annahme, daß die nicht benutzte Rohrleitung mit Produkt gefüllt bleiben kann und keine Spülvorgänge notwendig sind, fallen außer den Kosten für die elektrische Begleitheizung keine Betriebskosten an

| | |
|---|---|
| Elektrische Begleitheizung (20 W/m, 3000 h/a, 0,1 DM/kWh) | 12 000 DM |
| Erhöhter Instandhaltungsaufwand durch elektr. Begleitheizung | 3 000 DM |
| Summe | 15 000 DM |

Betriebskosten Molchanlage

Eine Molchfahrt ist ausreichend, kein Spülvorgang erforderlich.

| | |
|---|---|
| Anzahl Molchvorgänge | 2/Tag, 500/Jahr |
| Gesamte Laufstrecke (Hin- und Rückfahrt) | 400 km/Jahr |
| Standzeit Molch 20 cm | |
| 20 Molche zu je 500 DM | 10 000 DM |
| Erhöhter Instandhaltungsaufwand durch kompliziertere Anlage | 10 000 DM |
| Summe | 20 000 DM |

Vergleich in TDM

| | Investitionskosten | Betriebskosten/a |
|---|---|---|
| Konv. Rohrleitung | 1 140 | 12 |
| Molchanlage | 292 | 20 |

kann die Investitionskosten um bis zu 20% erhöhen, muß aber von Fall zu Fall geprüft werden.

Für eine Neuplanung müssen diese Werte, inflationsbereinigt, auf Basis der Kosten für 1996 hochgerechnet werden.

## 9.3 Qualitätsorientierte Entscheidungshilfen

Nach ISO 9000 ff zertifizierte Lieferbetriebe müssen in regelmäßigen Qualitätsaudits ihre Leistungsfähigkeit unter Beweis stellen. Dabei geht es nicht nur um die Qualität der Produkte sondern vielmehr um den dokumentierten Weg, der diese gewünschte Qualität erreichen läßt. Reproduzierbare Reinigungs- und Fördervorgänge können einen entscheidenden Baustein der Zertifizierung darstellen.

Die konventionelle Rohrleitungstechnik wirft eine Reihe von Problemen auf, die eine gleichbleibende Produktqualität in Frage stellen können, oder nur mit verhältnismäßig hohem Aufwand erreichen lassen.

Beispielsweise verändern sich bestimmte Produkte bei längeren Verweilzeiten in der Rohrleitung und erreichen nicht mehr die geforderte Endqualität, oder sie müssen durch eine Begleitheizung stabilisiert werden.

In diesen Fällen kann eine molchbare Leitung zu reproduzierbaren Qualitäten führen, wenn sich die Folgeprodukte von Molchvorgang zu Molchvorgang nicht gegenseitig beeinflussen.

Wenn selbst bei Produktfamilien geringe Restmengen zu einer Verschlechterung der Qualität führen, muß mit Zwischenspülung gearbeitet werden. Die Wirtschaftlichkeit in diesen Fällen ist dann im Einzelfall zu prüfen. Anlagen in der Sterilchemie, Nahrungsmittel- oder Kosmetikindustrie müssen besonderen Anforderungen genügen und werden von den Behörden mit Auflagen zu verbleibenden Restmengen in der Rohrleitung belegt. Aussagen zu einer abschätzenden Beurteilung des Reinigungsgrades finden sich in Kapitel 10.

Molcharmaturen werden aufgrund begrenzter Stückzahlen einer gründlichen Endkontrolle unterzogen und arbeiten, bedingt durch totraumarme Konstruktion, überaus zuverlässig.

Ablaufsteuerungen durch Prozeßleitsysteme bieten die Möglichkeit automatisierter Ablaufketten, die für weitgehend konstante Abreinigungsbedingungen sorgen.

Da die Lebensdauer der Molche als Verschleißteil hinreichend genau bekannt ist, kann die Qualität der Abreinigung durch turnusmäßiges Austauschen gewährleistet werden.

Somit läßt sich die erreichbare Produktqualität bei häufigem Produktwechsel anhand weniger, meßbarer Parameter kontrollieren, ohne eine ständige Überprüfung der abgegebenen Produkte selbst durchführen zu müssen.

Darüber hinaus kann der Betrieb mit einer molchbaren Anlage wesentlich flexibler auf Wünsche der Kunden reagieren, ohne große technische Investitionen vornehmen zu müssen.


## 9.4   Umweltorientierte Entscheidungshilfen


Abwasserreduzierung und Rückstandsvermeidung sind für die meisten Betriebe zu wichtigen Kostenfaktoren geworden. Hier kann die Molchtechnik einen nicht unerheblichen Beitrag leisten, indem in der Leitung verbliebene Reststoffmengen wiederverwendet werden und dort, wo Spülvorgänge unerläßlich sind, die Abwasserbelastung deutlich reduziert wird.

Damit verbessert sich gleichzeitig die Energiebilanz des Produktionsbetriebs, da die eingesetzten Ressourcen intensiver genutzt werden können.

Planung und Montage der Rohrleitungen erfolgen nach den üblichen technischen Regeln und Werknormen, die einen gleichbleibend hohen Sicherheitsstandard gewährleisten. Die moderne Orbitalschweißtechnik erlaubt hier eine hochwertige Fertigungsqualität. Für die Verlegung und den Betrieb von Rohrleitungen liegen darüber hinaus ausreichende Erfahrungen vor, so daß Undichtheiten nahezu ausgeschlossen werden können, da aus Gründen der Totraumfreiheit die Anzahl der Flanschverbindungen minimiert wurde.

In einer Anlage mit zahlenmäßig vielen Rohrleitungen ist die Wahrscheinlichkeit für eine Leckage erhöht. Sie muß möglicherweise überwacht werden und braucht nach Wasserrecht (vgl. Kapitel 18) eine größere befestigte Fläche mit entsprechenden Rückhalte- und Entsorgungsmöglichkeiten.

Systembedingt kommt es beim Vorwärtsmolchen in Richtung zum Behälter bzw. beim Entspannen der Leitung in Richtung zur Abluftleitung zu Emissionen.

Je nach Produkteigenschaften, Menge (Sicherheitsdatenblatt) und Dauer der Emission kann es erforderlich sein, die austretenden Abgase einer Reinigung oder Verbrennung zu unterziehen.

Da es sich jedoch meist um kurze Zeitspannen bzw. geringe Konzentrationen handelt, stellt der Umgang mit dem Abgas meist kein Problem dar. Wenn eine Abluftbehandlung erforderlich wird, sind die Anforderungen durch die heutige Technik ohne großen Aufwand beherrschbar.

# 10 Reinigungsgrad

## 10.1 Qualitative Einteilung

Das folgende Kapitel beschäftigt sich vorrangig mit *Prozeßmolchanlagen* (PMA), in denen Vollkörpermolche zum Einsatz kommen, und ist in den physikalischen Grundlagen auf die bei diesem Molchtyp auftretenden Besonderheiten abgestimmt.

Da es in den meisten Fällen, in denen Molche zur Rohrreinigung eingesetzt werden, nicht nur auf die einfache Reinigung der Rohrinnenwand von anhaftendem Produkt oder durch Schwerkraft abgelaufenen Lachen ankommt, sondern auch auf die Qualität der Abreinigung, ist es notwendig, ein derartiges Thema zu behandeln. Insbesondere dann, wenn nach einer erfolgten Molchreinigung im direkten Anschluß ein Folgeprodukt aus einer anderen Produktfamilie gefahren wird, oder wenn eine Zwischenspülung erforderlich ist, wird den Planer interessieren, mit welchen Verunreinigungen im Folgeprodukt zu rechnen ist. Im anschaulichsten Fall ist dies weiße Farbe nach schwarzer Farbe.

Diesem Zweck dient die Charakterisierung der geplanten Anlage nach Reinigungsgrad und Einsatzhäufigkeit (s. Tab. 10-1). Der Reinigungsgrad wird mit Buchstaben A bis F gekennzeichnet, wobei A die geringsten und F die höchsten Anforderungen beschreibt. Eine rechnerische Bestimmung des Reinigungsgrades ist nur dann sinnvoll, wenn es sich um nicht mehr sichtbare Restmengen handelt. Aus diesem Grund befaßt sich dieses Kapitel mit der näheren Charakterisierung des Reinigungsgrades Stufe F.

## 10.2 Rechnerische Vorausbestimmung des Reinigungsgrades

Die Autoren sind sich bewußt, daß eine rechnerische Vorausbestimmung des Reinigungsgrades von zu vielen Parametern abhängt, um wissenschaftlich exakte Angaben machen zu können. Es wurde deshalb darauf Wert gelegt, den Aufbau des im folgenden vorgestellten Berechnungsmodells zu erläutern und die Quelle der in den Beispielen verwendeten Zahlenwerte anzugeben und, wenn möglich, durch Messungen und Versuche zu stützen.

**Tab. 10-1.** Einteilung von Molchanlagen nach Reinigungsgrad und Einsatzhäufigkeit

| Reinigungsgrad | Einsatzzweck | Einsatzhäufigkeit* | | | | | | | | |
|---|---|---|---|---|---|---|---|---|---|---|
| | | 1 | 2 | 3 | 4 | 5 | 6 | 7 | 8 | 9 |
| | | $1/a$ | $5/a$ | $1/m$ | $2/m$ | $1/w$ | $3/w$ | $1/d$ | $3/d$ | $1/h$ |
| A | Größere Feststoffpartikel entfernen | | | | | | | | | |
| B | Grobes mechanisches Reinigen, Bürsten, Belag bzw. Verkrustungen entfernen | | | | | | | | x | |
| C | Mechanisches Reinigen, Schaben am gesamten Umfang | | | | | | | | | |
| D | Entleeren einer mit fl. Produkt gefüllten Leitung, geringe Restmenge vorhanden | | | | | | | | | |
| E | Vollständiges Entleeren, Trocknen | | | | | | | | | |
| F | Vollständiges Entfernen unter Einhaltung einer Konzentration im ppm-Bereich | | | | | | | | | |

Prozeßmolchanlagen

* $1/a$ : jährlich, $1/m$ : monatlich, $1/w$ : wöchentlich, $1/d$ : täglich        Beispiel: B8-Anlage: Entleerung 3mal täglich (x)

Eine Fehlerbetrachtung im Anschluß verdeutlicht den Einfluß von vernachlässigten Parameterschwankungen. Mit Hilfe des vorliegenden Kapitels sollte es trotz der eingangs erwähnten Ungenauigkeiten möglich sein, die Größenordnung des erzielbaren Reinigungsgrades für ein System im voraus zu bestimmen.

Um die Einführung abzuschließen, sei noch darauf hingewiesen, daß die Qualität der Abreinigung durch die Verwendung einer zwischen zwei Molchen eingeschlossenen geringfügigen Lösemittelmenge erheblich gesteigert werden kann. In einigen Produktionsbereichen, wie z.B. Pharma und Lebensmittel, ist dies sogar unerläßlich, wenn den zuständigen Behörden beispielsweise Grenzwerte für die Reinigungsvalidierung genannt werden müssen.

Ziel der Reinigungsvalidierung ist es, nachzuweisen, daß nach durchgeführter Molchung gemäß eines festgelegten Verfahrens auf produktberührten Oberflächen (Innenoberflächen der Rohre und Armaturen) bestimmte, vorher festgelegte Grenzen an Substanzrückständen nicht überschritten werden. Am zweckmäßigsten geschieht dies über die Angabe einer Konzentration von Substanzrückstand im Folgeprodukt (s. Abschn. 10.3.5). Diese Konzentration wird als Maß für den Reinigungsgrad gewählt und berechnet sich aus dem Quotienten von Restmenge zu Gesamtmenge des Folgeproduktes im vollständig gefüllten System. Die Grenzen sind je nach Produkt und Anwendung verschieden und können in der Lebensmittelbranche mit den höchsten Anforderungen beispielsweise bis hinunter zu einer Konzentration von 10 ppm reichen. In der chemischen Industrie liegen die Anforderungen an die Restmenge zwischen 500 und 2000 ppm, wenn aus Qualitätsgründen gemolcht werden muß.

Es ist davon auszugehen, daß der Molch als geometrisch begrenzter Paßkörper mikroskopische Vertiefungen und Zwickel und ebenfalls unvermeidbare Toträume in Armaturen nicht abreinigen kann. Außerdem bleibt der für die Molchbewegung unerläßliche Schmierfilm auf der Rohrinnenwand als Restfilm endlicher Dicke zurück. Vom anschließend durchgefahrenen Produkt wird die Restmenge vollständig aufgenommen und aufgrund von Strömungskräften homogen im Folgeprodukt verteilt, so daß dort überall gleiche Konzentration vorliegt. Diese Summe an zurückbleibender Flüssigkeitsmasse, bezogen auf die Masse des durch die komplette gereinigte Anlage geschobenen Folgeproduktes, stellt die Restkonzentration dar. Da die Summe der Restfilme an Armaturen und Rohrleitungen stark konstruktionsbedingt ist, kann bei der Angabe nur auf Daten zurückgegriffen werden, die direkt von den Firmen zur Verfügung gestellt oder aus überlassenen Materialproben ermittelt wurden. Um die gesamte zurückbleibende Flüssigkeitsmasse ohne praktische Versuche bereits im voraus berechnen zu können, soll ein Modell entwickelt werden, um die einzelnen Anteile dieser Restmengen zu erfassen und ihren Einfluß auf das Gesamtergebnis zu verdeutlichen.

## 10.3    Modellbildung

In den folgenden Abschnitten wird eine Molchanlage daraufhin untersucht, in welchen Anlagenteilen Restflüssigkeitsmengen nach einer Molchung zurückbleiben und somit zu einer Verunreinigung des Folgeproduktes beitragen. Es werden die einzelnen Ansätze zur abschätzenden Berechnung dieser Mengen in den Anlagenteilen vorgestellt und detaillierte Werte für die einzelnen Parameter angegeben, soweit die Komponenten zu spezifizieren waren. Es wird Wert auf die Feststellung gelegt, daß stets nur Bezug auf ausgewählte Komponenten genommen werden kann und die Parameter bei anderen als den beschriebenen Komponenten neu bestimmt werden müssen.

### 10.3.1    Rohr- und Armaturenrauhigkeit

Längsnahtgeschweißte Edelstahlrohre aus warmgewalztem Band haben ohne besondere Bestellanforderung eine gemittelte Rauhtiefe von $R_z = 20\ \mu m$. Für den Einsatz von Viton- oder Silikonmolchen geeignete Molchleitungsrohre aus Kaltband haben einen Wert von $R_z = 3\ \mu m$. Durch zusätzliches Elektropolieren lassen sich gemittelte Rauhtiefen von $0,5\ \mu m$ erreichen (alle Angaben Firma Butting, Abb. 5-1 und 5-2 im Abschn. 5.3.1).

Da der Wert $R_z$ einen Mittelwert darstellt, kann nicht davon ausgegangen werden, daß die Vertiefungen über die Rohrinnenoberfläche gleichmäßig verteilt sind. Daher wird ein Faktor f definiert, der den Anteil dieser Vertiefungen an der gesamten Rohrinnenoberfläche beschreibt. In diesen Vertiefungen kann sich durch Kapillarkräfte Produkt ansammeln, welches nicht durch den Molch abgereinigt wird. Für f gilt: $0 < f < 1$. Es wird hierdurch ein prozentualer Anteil der Kapillarvertiefungen dargestellt. Der Faktor berechnet sich als Quotient der Fläche aller Vertiefungen zur gesamten Rohrinnenoberfläche.

Die meisten Armaturen werden oder können aus den gleichen Bandhalbzeugen wie die Rohre hergestellt oder mit den gleichen Rauhtiefen gefertigt werden, so daß diese Betrachtung auch für diese Gruppe gültig ist. Aus diesem Grund beschränkt sich die folgende Betrachtung auf geschweißte Armaturen.

Die Rauhtiefe einer Rohrinnenwand stellt einen Mittelwert dar, der im allgemeinen mechanisch abgegriffen wird. Die gemittelte Rauhtiefe $R_z$ ist nach DIN 4768 Teil 1 das arithmetische Mittel aus den Einzelrauhtiefen fünf aneinandergrenzender Einzelmeßstrecken und wird in $\mu m$ angegeben. Über die Verteilung und die Anteile an der gesamten Innenoberfläche wird darüber jedoch nichts ausgesagt. Klarheit bringt hier nur eine rasterelektronenmikroskopische Aufnahme (REM), die bei 1500-facher Vergrößerung eine genaue Vorstellung davon liefert, wie und an welchen Stellen Restflüssigkeit zurückgehalten wird. Dabei ist es von Bedeutung, ob das Rohr einer Beizbehandlung unterzogen wurde. Der Säureangriff einer Edelstahlbeize vermag Legierungsbestandteile, die durch Konzentration während der Kristallisation an den Korngrenzen ausgeschieden werden, herauszulösen. Dadurch vergrö-

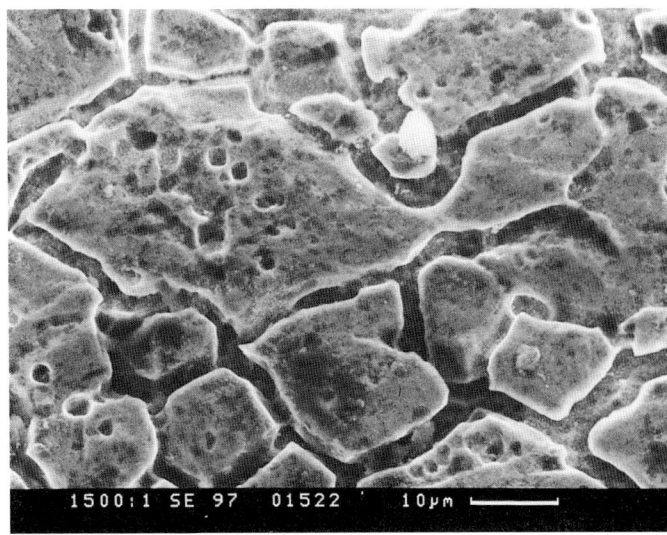

**Abb. 10-1.** REM-Aufnahme der Rohrinnenoberfläche, Vergrößerung 1500-fach

ßern sich die Rauhtiefenwerte und die Abreinigungsqualität wird stark vermindert. So werden größere Mengen an Restflüssigkeit zurückgehalten, als dies bei ungebeizten oder elektropolierten Rohren der Fall ist. Um die Betrachtung konservativ zu halten, wurde eine Rohrinnenwand aus austenitischem, kaltgezogenem Band betrachtet, die anschließend einer Beizung unterzogen wurde.

Es ist deutlich zu erkennen, daß es sich hier um eine Plateauoberfläche handelt, die von einem Netz von Gräben durchzogen ist. Die Tiefe liegt in der Größenordnung der Breite der Vertiefungen, wobei die Rauhheit des Plateaus vernachlässigt werden kann. Aus dem Maßstab der Vergrößerung geht hervor, daß die maximale Rauhtiefe $R_{max}$ im Bereich von 5 μm liegt, so daß von einer gemittelten Rauhtiefe $R_z$ von 3 μm ausgegangen werden kann, was einem kaltgewalzten Halbzeug entspricht. Zählt man die Fläche rasterartig ab, kann daraus der Flächenanteil der Gräben an der gesamten Innenoberfläche bestimmt werden. Aus der vorliegenden Werkstoffprobe konnte ein Flächenanteil von f=15% ermittelt werden mit einer gemittelten Rauhtiefe von $R_z$=3 μm.

Wurde die Rohrinnenoberfläche nicht gebeizt, tritt die Plateau-Graben-Struktur nicht auf und es kommen lediglich Vertiefungen zum Tragen, die auf Ziehriefen des Herstellungsprozesses zurückzuführen sind. Der Anteil f des ungebeizten Rohres stellt hier den Anteil der Ziehriefen dar und beträgt im Mittel f=10%, wie sich aus REM-Aufnahmen ermitteln läßt. Der Wert von $R_z$ als Maß der Tiefe dieser Riefen liegt bei etwa 15 μm. Unterzieht man das Rohr noch einer Elektropolitur, wie es bei Molchanlagen der Lebensmittelbranche oder Kosmetikindustrie erforderlich ist, sinkt der Anteil f auf durchschnittlich 5%, bei einer Tiefe von unter 0,25 μm.

Das Volumen, das in den Vertiefungen zurückgehalten wird, berechnet sich nach folgender Gleichung, wobei L die Länge der molchbaren Rohrleitungsanteile und $d_i$ den Innendurchmesser darstellt:

$$V_1 = \pi \cdot d_i \cdot L \cdot f \cdot R_z$$

### 10.3.2 *Schweißnähte*

Schweißnähte können, bedingt durch die Schwerkraft, einen mehr oder minder starken Durchhang haben (s. Abschn. 5.4.2). Dieser Durchhang bewirkt, zusammen mit den fertigungsbedingten Schweißraupen, eine Zwickelbildung an der Rundnaht, aus denen anhaftendes Produkt ebenfalls nicht ohne weiteres abgereinigt werden kann.

Während des Fertigungsprozesses des Rohres wird die Innennaht geglättet, so daß die Längsnaht nicht zu berücksichtigen ist. Dadurch wird bei Rohren bis Nennweite 125 und Wanddicken bis 4 mm die Nahtwurzel blecheben, so daß auch der Nahtbereich wanddickengleich eingeebnet ist.

Die maximale Rauhtiefe im Rundnahtbereich beträgt 1,6 μm.

Der Anteil des Schweißnahtdurchhangs am Gesamtumfang der Rohrinnenwand wird durch den Faktor $g_1$ charakterisiert. Für $g_1$ gilt: $0 < g_1 < 1$. Hierdurch wird ein prozentualer Anteil dargestellt, ähnlich dem Faktor f aus Abschnitt 10.3.1. Zu beiden Seiten des Durchhangs bildet sich ein Flüssigkeitszwickel mit in etwa der gleichen Breite wie Höhe aus.

Die Schweißnähte haben, je nach Herstellungsverfahren, unterschiedliche Oberflächengüten und charakteristische Abmessungen. Dies sind in erster Linie der Nahtdurchhang $h_1$ und dessen Anteil $g_1$ am Umfang. Bei Rohren mit Nennweiten von DN 150 und Wanddicken ab 4 mm, die WIG geschweißt werden, beträgt der Wurzeldurchhang maximal $h_1 = 0,5$ mm. Auch dieser Durchhang kann, wenn es gewünscht wird, durch einen zusätzlichen Innenschliff entfernt werden, soll aber hier als realistischer, eher zu hoher Anhaltswert dienen.

Der Umfangsanteil des Durchhangs bestimmt sich durch visuelle Begutachtung zu $g_1 = 20$ %.

Das Volumen der beiden Zwickel bestimmt sich somit zu:

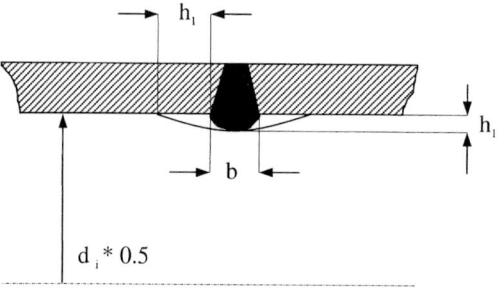

**Abb. 10-2.** Flüssigkeitszwickel an der Schweißnaht

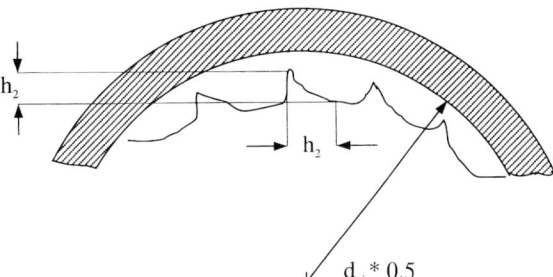

**Abb. 10-3.** Schweißraupenzwickel

$$V_2 = 2 \cdot \left( \frac{1}{2} \cdot h_1 \cdot h_1 \right) \cdot \pi \cdot d_i \cdot g_1.$$

Da die Schweißnaht selbst durch die Schuppenstruktur noch einmal Zwickel auf dem gesamten Umfang aufweist, muß dieser Anteil ebenfalls berücksichtigt werden. Dies geschieht über den Faktor $g_2$, der durchschnittlich 50 % beträgt.

Die Höhe der Zwickel, die beim WIG-Schweißen entstehen, beträgt maximal $h_2 = 100$ μm, die Breite b der Schweißnaht ist 5 mm.

Diese Werte dienen als Anhaltspunkt für die Berechnung und sind relativ konservativ. Die Anwendung anderer Schweißverfahren, insbesondere bei kleineren Nennweiten, kann die genannten Werte deutlich reduzieren. Gegenüber der Restfilmdicke auf der Rohrrinnenoberfläche und dem Volumen in den Plateaugräben oder Toträumen fällt dieser Anteil, wie später gezeigt wird, nicht deutlich ins Gewicht.

Unter der Annahme, daß die Zwickel wieder ebenfalls gleich breit wie hoch sind, errechnet sich das Volumen der Schweißraupenzwickel zu:

$$V_3 = \pi \cdot d_i \cdot b \cdot g_2 \left( \frac{1}{2} \cdot h_2 \cdot h_2 \right).$$

### 10.3.3 Flanschverbindungen

Flansche haben, am Dichtungsspalt, zwei Kanten, die sich nachteilig auf das Abreinigungsverhalten und die Lebensdauer der Molche auswirken. Wo keine Armaturen mit Anschweißenden verwendet werden können, muß eine lösbare Verbindung eingesetzt werden. An diesen Stellen wird Produkt im Flanschspalt zurückgehalten, das durch eine Molchung nicht entfernt werden kann. Die Tiefe des Spaltes ist abhängig von der Nennweite und der verwendeten Dichtung.

Bei Nennweiten, bei denen üblicherweise ungekammerte Dichtungen oder O-Ringe verwendet werden, beträgt die Dicke des Dichtungsrings 3 mm. Beim Verschrauben des Flansches wird diese Dicke um etwa ein Drittel reduziert, so daß zwischen den Flanschblättern ein Spalt von 2 mm Breite verbleibt. Dies ist von der Konstruktion der Flanschblätter und der Lage der Dichtung abhängig, im ungünstigsten Fall wird jedoch von 2 mm ausgegangen. Der Abstand von der Rohrinnenkante bis zur Dichtung $h_3$ ist abhängig von der Nennweite und größer als 2 mm.

Das Spaltvolumen zwischen Flanschenpaar und Dichtung wird durch Kapillarkräfte vollständig gefüllt und kann durch eine Molchfahrt nicht ausgetrieben werden. Wird kein Lösemittel eingesetzt, kommt das Spaltvolumen mit dem Folgeprodukt nach der Molchung zwangsläufig in Berührung. Der Kontakt oder die durch Reibung verursachte Durchmischung findet jedoch aufgrund der geometrischen Behinderung durch den Flanschabstand nicht im gesamten Volumen statt, sondern nur in einer Randschicht. Die Dicke dieser Schicht bewegt sich in der Größenordnung der laminaren Unterschicht der Rohrströmung. Die Dicke der laminaren Unterschicht ist immer sehr viel kleiner als 1 mm, deshalb kann man den Wert $h_3$ in etwa mit dem dreifachen dieser Schichtdicke gleichsetzen. In der Konzentrationsberechnung im Abschnitt 10.4 wird sich später zeigen, daß der Einfluß der Flanschspaltvolumina ähnlich gering zu bewerten ist wie der Anteil der Flüssigkeitszwickel der Rundschweißnähte, zumal man bei Molchanlagen Flanschverbindungen zu vermeiden sucht.

Das Volumen des Spaltes bestimmt sich somit zu:

$$V_4 = \pi \cdot d_i \cdot 2\,\text{mm} \cdot h_3.$$

### 10.3.4   Toträume

In der Umgebung von Armaturen in oder am Ende der molchbaren Rohrleitung befinden sich immer vorstehende Kanten und notwendige Vertiefungen, die durch mechanische Schaltbewegungen oder durch die Konstruktion bedingt sind. Diese Stellen können sich mit Produkt füllen und können nicht vom Molch abgereinigt werden. Gegen Aufpreis werden von einigen Firmen besonders totraumarme Ausführungen der Armaturen angeboten. Bei der Planung der Molchanlage lassen sich jedoch auch durch geschickte Kombination der unterschiedlichen Armaturentypen eine ganze Reihe solcher Stellen vermeiden, indem beispielsweise Haltedorne exakt positioniert oder die Sende- und Empfangsarmatur auf die Molchmaße abgestimmt wird.

Bei einigen Armaturen ist es nicht möglich, hundertprozentig totraumfrei zu konstruieren, vor allem, wenn bewegte Teile und Anschlüsse für das Treibmedium vorhanden sind, obwohl die an diesen Stellen anhaftende Menge gegenüber den in den Oberflächenrauhigkeiten der gesamten Anlage anhaftenden Flüssigkeitsfilme vernachlässigt werden kann (s. Abschn. 10.4), kann es erforderlich sein, auch noch diese Restmengen zu beseitigen.

Dies wird z. B. über eine Molchfahrt mit einer geringen Menge Lösemittel erreicht. Als Totraum $V_{tot}$ wird nach vorstehenden Ausführungen die Menge an Flüssigkeit verstanden, die in einer *Armatur* nach einer Molchung verbleibt.

Diese Mengen sind stark abhängig von der konstruktiven Ausführung und deshalb für jede Herstellerfirma einzeln zu betrachten. Es können deshalb nur Anhaltswerte für die betrachteten Armaturen genannt werden. Für eine exakte Berechnung ist stets für jeden Betriebszustand die genaue Position der Molche zu bestimmen und das System daraufhin zu untersuchen, ob und in welchen Größenordnungen Produkt in Spalten, Vertiefungen oder an Kanten zurückgehalten werden kann.

Beispielhaft werden hier Armaturen der Firma I.S.T. genannt, die in dem Beispiel der später behandelten Anlage einer Besichtigung zugänglich waren. Dabei wird hier mit Totraum nur diejenige Menge an Flüssigkeit bezeichnet, die über den rein zylindrischen Anteil der Armatur hinaus zur Verunreinigung des Folgeprodukts beitragen kann.

*Sende- und Empfangsstation* (vgl. Abb. 4-4)

Hier kommt es sehr stark auf die jeweilige Position des Molches an und wie die Ablaufsteuerung der Molchung gestaltet wurde. Die vorgestellte Station hat einen T-förmigen Abzweig nach unten, der je nach Abstand der Folgearmatur und Aufgabe der angeschlossenen Rohrleitung gefüllt sein kann oder nur benetzt ist. Es ist zweckmäßig, die Ablaufsteuerung so zu wählen, daß dieses Volumen nicht als Totraum berücksichtigt werden muß.

Weiter sind zu beiden Seiten des T-Abzweiges je zwei Öffnungen für Molchmelder vorgesehen, die bündig mit der Rohrinnenwand abschließen, aber einen Ringspalt von etwa $s_1 = 1$ mm Breite zur Wandung und einen Durchmesser von $d_1 = 20$ mm haben. Wird der Molch so positioniert, daß der T-Abzweig nach unten nicht berücksichtigt werden muß, ist als Totraum hier zweimal das Ringspaltvolumen anzusetzen. Wie auch bei den Flanschverbindungen wird hier angenommen, daß sich die Vermischung des Folgeproduktes mit dem Totraum auf eine Tiefe $h_3$ in der Größenordnung der dreifachen Dicke der sog. laminaren Unterschicht beschränkt (s. dazu Abschn. 10.3.3)

$$V_{\text{tot S/E}} = 2 \cdot \pi \cdot d_1 \cdot s_1 \cdot h_3.$$

*T-Ringschieber* (vgl. Abb. 4-6)

Ein T-Ringschieber ist eine Sonderarmatur, die konzipiert wurde, um den Totraum bei Abzweigen auf ein Minimum zu reduzieren. Wie bei der Sende- und Empfangsarmatur befinden sich zu beiden Seiten des Abzweiges nach unten je zwei Molchmelder mit einem Durchmesser von $d_1 = 20$ mm.

Der T-Ring verursacht konstruktionsbedingt zwei Spalte an der beidseitigen Führung des T-Rings. Diese Spalte haben, wie bei dem Molchmelder, eine Breite $s_1 = 1$ mm.

Somit berechnet sich, wenn der Federraum vernachlässigt wird, der Totraum zu:

$$V_{\text{tot TRS}} = 2 \cdot \pi \cdot d_1 \cdot s_1 \cdot h_3 + 2 \cdot \pi \cdot d_i \cdot s_1 \cdot h_3.$$

*Füllkopf* (vgl. Abb. 4-20)

Füllköpfe der Firma I.S.T. sind molchbar bis ans Ende der Öffnung. Sie sind so konzipiert, daß durch die Verwendung von zwei Molchen und einer geschickten Anordnung der Treibmediumanschlüsse lediglich die letzten Zentimeter des Auslaufs in der Außenhülse ungereinigt bleiben. Natürlich ist die Dicke des dort haftenden, nur der Schwerkraft unterworfenen Filmes viskositätsabhängig. Im später untersuchten Beispiel wird von wasserähnlichen Flüssigkeiten ausgegangen, so daß für die verbleibende Filmdicke ein Wert von $s_2 = 250\,\mu m$ angesetzt werden darf. Die Länge des benetzten Bereiches bewegt sich in der Größenordnung des Durchmessers der Rohrleitung $d_i$ und ist sowohl an der Außenseite des Zentralrohres als auch an der Innenseite der Hülse vorhanden, so daß sich der Totraum ergibt:

$$V_{tot\,FK} = 2 \cdot \pi \cdot d_i \cdot d_i \cdot s_2.$$

### 10.3.5 Restfilm der gemolchten Rohrleitung

*Molchoberfläche*

Molche werden aufgrund der zur Abreinigungswirkung notwendigen Vorspannung aus elastischen Materialien gefertigt (s. Abschn. 3.2.1). Dies sind Elastomere, die überwiegend direkt in einer Gießform ausgeschäumt werden und dadurch einen gewissen Anteil von oberflächennahen Poren erhalten. Betrachtet man z.B. Polyurethan, so sind die Poren meist nicht offenzellig, d.h. sie hängen nicht untereinander zusammen. Durch Abrasion an der Rohrwand verschleißt die Oberflächenschicht kontinuierlich, wodurch fortlaufend neue Poren angeschnitten werden. In Abbildung 10-5 ist eine REM-Aufnahme einer abgenutzten Verschleißschicht dargestellt, d.h. der Oberfläche, die Berührung mit der Rohrwand hat (Dichtleiste).

Abbildung 10-4 zeigt dasselbe Material bei einem neuen Molch ohne Verschleiß. Beide Aufnahmen wurden an Proben eines Vollkörpermolches der Firma I.S.T. aus Polyurethan gemacht.

Man erkennt deutlich die mehr oder minder stark angeschnittenen, kugelförmigen Poren aus dem Herstellungsprozeß. Aufgrund der geometrischen Verhältnisse an der Stirnseite des Molches und der hydrodynamischen Druckdifferenz bildet sich im Spalt Rohrwand-Molch eine Schleppströmung aus, die einen Schmierfilm zurückläßt. Dabei bleiben die Poren des Molches mit Restmengen an Flüssigkeit gefüllt, die dadurch zur Aufrechterhaltung des Schmierfilms beitragen.

Die Dicke des Schmierfilms, die sog. Restfilmdicke $s_3$, ist entscheidend für die Verunreinigung des Folgeproduktes und soll hier im folgenden bestimmt werden. Für das Verständnis der rechnerischen Betrachtung durch ein Modell werden zunächst die physikalischen Vorgänge beleuchtet.

Durch die Molchgeometrie wird zwischen Rohrwand und Stirnseite des Molches ein sich verjüngender Spalt gebildet, in den die Flüssigkeit durch den sich

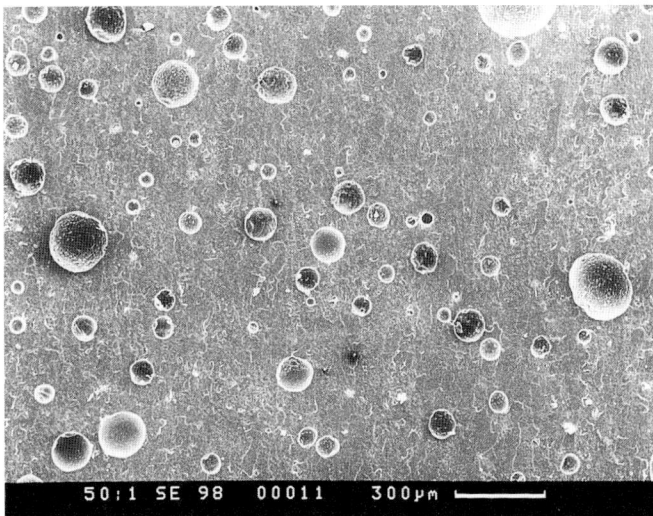

**Abb. 10-4.** Verschleißschicht eines neuwertigen Polyurethanmolchs, Vergrößerung 50-fach

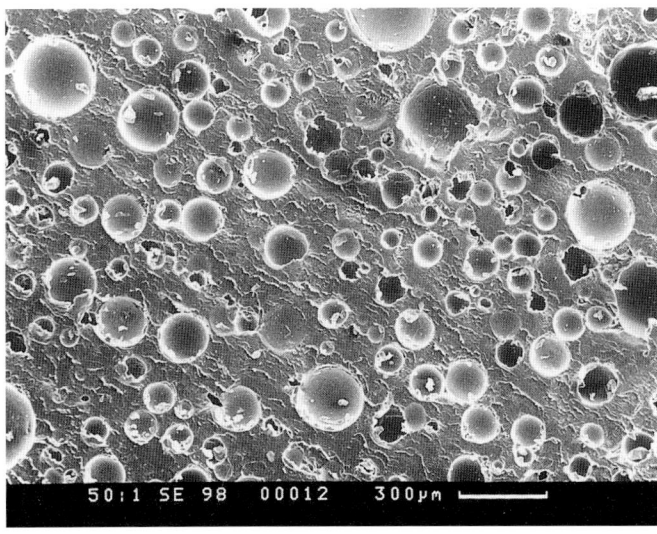

**Abb. 10-5.** Verschleißschicht verschlissener Polyurethanmolch, Vergrößerung 50-fach

mit konstanter Geschwindigkeit (u) bewegenden Molch getrieben wird. Dieser Schleppströmung wirkt ein Volumenstrom entgegen, der durch die Druckdifferenz zwischen Treibmedium und Stirnseite des Molches hervorgerufen wird.

Entscheidende Einflußfaktoren für den resultierenden Nettovolumenstrom und damit für die zurückbleibende Restfilmdicke $s_3$ sind die *Flächenpressung* zwischen

Molch und Rohrwand, die wiederum von dessen Übermaß (s. Abschn. 3.3.1) bestimmt ist, die *Spaltgeometrie*, die *Viskosität des zu molchenden Produktes* und die *Molchgeschwindigkeit*.

*Flächenpressung*

Ein neuer Molch hat ein definiertes Übermaß, das nach dem Einpressen in die Rohrleitung über die Flächenpressung die Abdichtung gewährleistet. Die dabei auftretende Verformung wird als elastische Formänderungsarbeit vom Molchwerkstoff aufgenommen.

Es kann davon ausgegangen werden, daß die meisten Molchwerkstoffe sich in den betrachteten Verformungsdimensionen wie linear-elastische Körper verhalten, d.h. mit linearem Zusammenhang zwischen Kraft und Verformungsweg. Für Polyurethan wurde dies durch einen Druckversuch an einem Molch DN 100 der Firma I.S.T. bestätigt.

Es zeigte sich, daß der Molchwerkstoff unter Druckbelastung zu kriechen beginnt. Die für eine bestimmte Verformung aufzubringende Kraft reduziert sich dabei von einem Anfangswert auf einen asymptotisch erreichten Endwert.

Im untersuchten Beispiel relaxierte die Kraft bei einem Verformungsweg von $\Delta R = 4{,}9$ mm (PU-Molch DN 100 aus Werkstoff Vulkozell) von anfänglich 682 N auf den Endwert 550 N, der erst nach mehreren Stunden erreicht wurde.

Die Annahme linear-elastischen Verhaltens liefert aus diesem Beispiel mit der druckbelasteten Fläche von 462 mm$^2$ und der aufgebrachten Stauchung von $\Delta R / R_0 = 0{,}09$ einen Kompressionsmodul $K = 17{,}3$ N/mm$^2$.

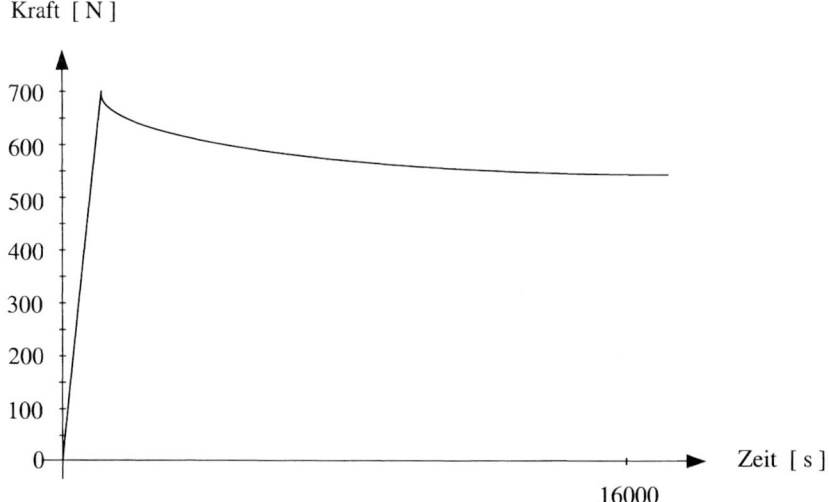

**Abb. 10-6.** Kraft-Zeit-Kurve des Druckversuchs an einem Polyurethanmolch DN 100, Fa. I.S.T.

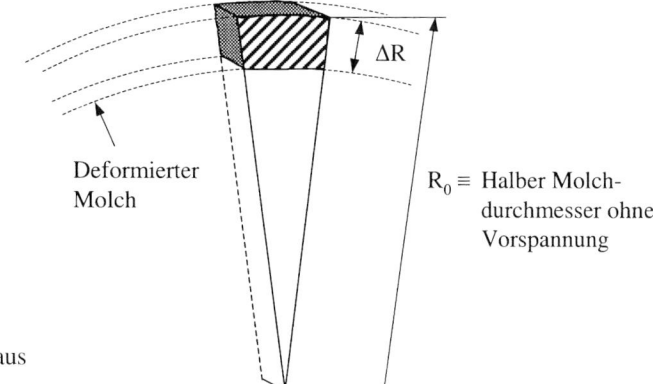

$\Delta R$

Deformierter
Molch

$R_0 \equiv$ Halber Molchdurchmesser ohne
Vorspannung

**Abb. 10-7.** Segmentstück aus
der Molchdichtfläche

Der Kompressionsmodul K ist das Verhältnis von Spannung zu Stauchung und stellt ein Maß für den Verformungswiderstand dar.

Aus dem Hookeschen Gesetz für linear-elastische Körper läßt sich somit die Flächenpressung bestimmen:

$$p = \frac{\Delta R}{d_{i/2} + \Delta R} \cdot K = 14{,}5\,\text{bar}.$$

Man muß dabei immer beachten, daß sich dieser Wert mit zunehmender Laufleistung des Molches durch seinen Verschleiß auf einen Wert nahe Null reduzieren kann. Die Abreinigungsqualität setzt hier einen Grenzwert der Laufleistung. Da der Zusammenhang zwischen Druck und Übermaß aufgrund der Größenverhältnisse nahezu linear ist, kann der Anpreßdruck zwischen fabrikneuem und verschlissenem Molch ebenfalls linear interpoliert werden.

*Spaltgeometrie*

Unter Krafteinwirkung ändert sich die Dichtflächenbreite W um den Betrag $\Delta W$. Daraus läßt sich näherungsweise die Spaltgeometrie in Wandnähe berechnen.

Der Krümmungsradius in Wandnähe wird zusammen mit den Einflußgrößen Viskosität und Molchgeschwindigkeit als Parameter für die Berechnung der Restfilmdicke aus der numerischen Simulation benutzt.

Es wird berechnet, ob durch den sich verjüngenden Spalt ein hydrodynamisches Druckpolster aufgebaut werden kann, das groß genug ist, den Differenzdruck vor und hinter dem sich bewegenden Molch zu überwinden. Die vergleichende Berechnung der Spaltgeometrie für die Nennweiten DN 50, 80, 100 und 150 zeigte jedoch, daß die Nennweite eines Vollkörpermolches keinen entscheidenden Einfluß auf die Spaltgeometrie hat und deshalb von einem mittleren Krümmungsradius in Wandnähe von $R_1 = 30$ mm ausgegangen werden kann (Vollkörpermolch).

Nachdem sich jetzt gezeigt hat, daß die Molchgeometrie fast nur über die Flächenpressung in das Abreinigungsverhalten eingeht, verbleiben als weitere Parameter nur noch die Viskosität der abzureinigenden Flüssigkeit und die Molchgeschwindigkeit. Da die Dicke des zurückbleibenden Films durch hydrodynamische Parameter festgelegt ist, spielt es keine Rolle, ob der Molch ein, zwei oder mehr Dichtlippen hat, solange das elastische Verhalten eines Vollkörpermolches unterstellt wird.

Weiter kann durch die Bestimmung der Kapillarkräfte in den sog. Gräben (vgl. Abschn. 10.3.1) die Annahme bestätigt werden, daß die dort verbleibende Flüssigkeit durch die Druckverhältnisse am Molch nicht ausgetrieben wird.

Unter der Annahme laminarer Strömungsverhältnisse kann man mit dem Gesetz von Hagen-Poiseuille die Strömungsgeschwindigkeit in den Gräben mit Hilfe der erzeugten maximalen Druckdifferenz durch den Treibmitteldruck berechnen. Der Wert liegt mit maximal 0,01 m/s deutlich unter der Molchgeschwindigkeit. Somit kann die anliegende Druckdifferenz nicht zu einer Entleerung der Gräben führen. Dies wäre nur durch eine Schleppströmung möglich, die vom Molch selbst erzeugt wird. Da die Gräben jedoch als Netzwerk verteilt vorliegen, schließen schon einige querverlaufende Gräben diese Möglichkeit aus (vgl. Abb. 10-1).

Bei ungebeizten oder elektropolierten Oberflächen bestimmen die Ziehriefen des Herstellungsprozesses die Rückhaltung. Man kann davon ausgehen, daß sich diese Vertiefungen ebenfalls nicht entleeren.

*Viskosität und Molchgeschwindigkeit*

Welche Abhängigkeiten sind hier zu erwarten?

Da der Druckaufbau im vorher beschriebenen Spalt eine entscheidende Rolle spielt, ist einleuchtend, daß eine hohe Verweilzeit von Fluidteilchen im Spalt während des Molchvorganges die Restfilmdicke erhöht.

Dies ist dann der Fall, wenn die Beweglichkeit der Teilchen gegeneinander eingeschränkt ist (hohe Viskosität) und wenn deren kinetische Energie und Massenträgheit zum Tragen kommen (hohe Geschwindigkeit).

Alle beschriebenen Abhängigkeiten werden in einem empirisch ermittelten Zusammenhang erfaßt, der für die Beschreibung der Vorgänge beim Aufwickeln von Folie zur Ermittlung des Lufteintrages entwickelt wurde [2].

$$s_3 = e \cdot R_1 \cdot \left( \frac{\eta \cdot u}{p \cdot R_1} \right)^{2/3} \qquad \text{(Gl. 10-1)}$$

Der Faktor e ist viskositätsabhängig und kann über Versuche mit Flüssigkeiten unterschiedlicher Viskosität bestimmt werden. Bindet man diese Funktion in die Gl. 10-1 ein, erhält man nun die Funktion der Restfilmdicke in Abhängigkeit der vier untersuchten Parameter.

$$s_3 = 0{,}679 \cdot \left(\frac{u}{p}\right)^{2/3} \cdot R_1^{1/3} \cdot \eta^{8/21}. \qquad\qquad \text{(Gl. 10-2)}$$

Die so theoretisch vorhersagbare Restfilmdicke stimmt mit hinreichender Genauigkeit mit Ergebnissen von Versuchen überein. Dabei wurde die Filmdicke nach einer Molchung über eine mittels Massenspektrometeranalyse ermittelte Chlorid-Ionen-Konzentration berechnet (s. Abschn. 10.4).

An einem *Beispiel* sollen die Einflußfaktoren auf die Dicke des Restfilms anschaulich gemacht werden.

Betrachtet wird ein Rohr DN 50, das von einem Vollkörpermolch durchfahren wird und nacheinander Flüssigkeiten unterschiedlicher Viskosität beinhaltet. Mit der Gl. 10-2 kann die Restfilmdicke in Abhängigkeit der Flächenpressung, die als Maß für die Laufleistung dienen kann, unter Berücksichtigung verschiedener Parameter dargestellt werden.

Als Punkte eingezeichnet sind die Ergebnisse von Versuchen mit einem fabrikneuen Vollkörpermolch aus Vulkozell bei unterschiedlichen Geschwindigkeiten und Viskositäten.

Hier wird die Größenordnung der nach dem Modell errechneten Werte mit hinreichender Genauigkeit bestätigt, wie sich aus der Fehlerbetrachtung im Abschnitt 10.5 zeigt (vgl. Abb. 10-10).

Untersuchungen an der Fachhochschule Köln [3] zeigen, daß die Restfilmdicke in Bögen größer ist als in geraden Rohrstücken vergleichbarer Länge. Unterschiede gibt es zusätzlich aufgrund des Krümmungsradius der Bögen. Allerdings ist dieser Einfluß aufgrund der im Vergleich zum Gesamtsystem geringen Länge der Bögen nur bei einer großen Anzahl von Bedeutung. Abhängig von der Geschwindigkeit

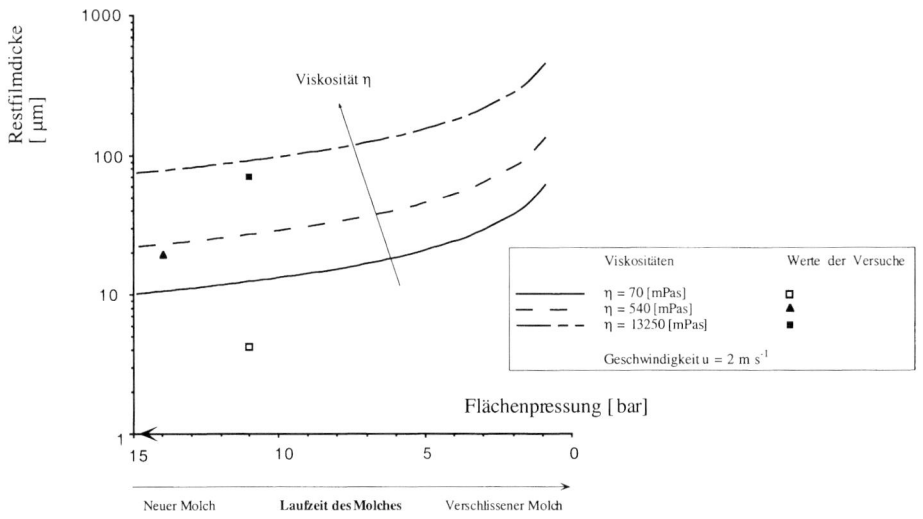

**Abb. 10-8.** Restfilmdicke in Abhängigkeit der Viskosität

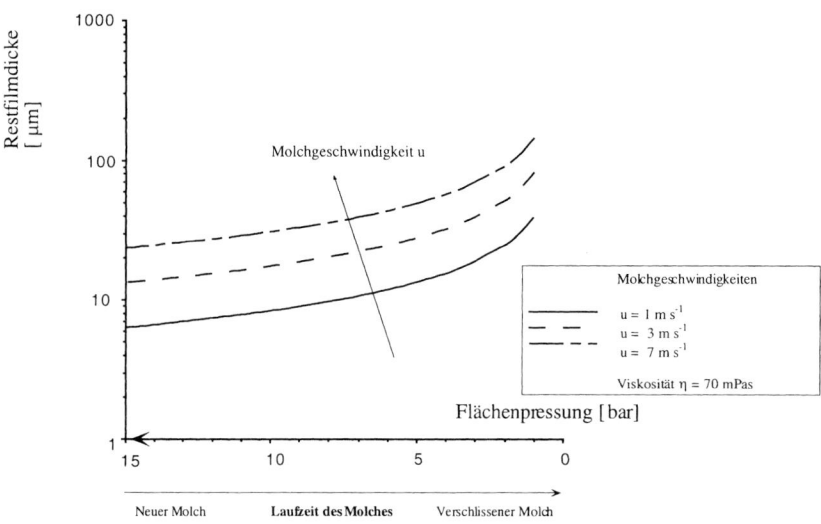

**Abb. 10-9.** Restfilmdicke in Abhängigkeit der Geschwindigkeit

des Molches liegen die Restfilmdicken in den Bögen durchschnittlich um den Faktor $f_B = 1,2$ höher. Bei Systemen mit bis zu zehn Bögen und Gesamtlängen ab 100 m ist der Einfluß dieses Unterschiedes zu vernachlässigen.

Die Aufsummierung der im Abschnitt 10.3 aufgelisteten Einzel-Restvolumina liefert das verbleibende Restvolumen in der gemolchten Anlage.

Man bezieht das Restvolumen (s. Abschn. 10.2) auf das Gesamtvolumen der Anlage im gefüllten Zustand und erhält eine Konzentrationsangabe über die Verunreinigung des Folgeproduktes in parts per million (ppm).

An einem Beispiel sollen die Größenordnungen verdeutlicht werden. Dazu wird zunächst die untersuchte Molchanlage vorgestellt.

## 10.4    Berechnung des Restvolumens in einer Anlage am Beispiel

*Bestandteile der Anlage*

Ein Tanklager mit drei Lagertanks bedient über eine Abfüllstelle Tankkraftwagen (TKW) mit wasserähnlichem Produkt. Die Molchfahrt schiebt die in der Leitung befindliche Flüssigkeit zu einer Seite in Richtung TKW aus, zur anderen Seite (Lagertanks) laufen die Abzweige der Produktleitungen selbständig leer; die Flüssigkeit in den nicht molchbaren Versorgungsleitungen wird über eine Pumpe und einen Filter in den jeweiligen Lagertank zurückgefördert. Die Molchanlage besteht aus folgenden Komponenten und wird als EMS betrieben:

- molchbare Rohrleitung DN 100, Gesamtlänge 150 m
- 10 5D-Bögen (Bauart 10)
- 45 Rundnähte
- 4 Flanschverbindungen
- 2 Sende- und Empfangsstationen
- 1 Abzweigarmatur (T-Ringschieber)
- 1 molchbarer Füllkopf.

*Beschreibung des Produkttransportes*

- aus B 01 mit P 01 über F 01 in Tankzug
- T-Ringschieber offen, Abzweig verschlossen, Molch in Sendestation links
- nach Füllung des Tankkraftwagens Produktleitungen mit P 01 über F 01 in B 01 leerfahren
- molchen in Empfangsstation rechts, Abluft geschlossen
- Produktablauf in Tankkraftwagen, Molch zurückfahren nach links
- T-Ringschieber geöffnet, Molch wird gefangen
- aus B 02 mit P 02 über F 02 in Tankkraftwagen fahren
- nach Füllen des Tankkraftwagens Produktleitungen mit P 02 über F 02 in B 02 leerfahren
- molchen in Empfangsstation rechts, Abluft geschlossen
- Produktablauf in Tankkraftwagen, Molch zurückfahren nach links.

Die T-Ringschieber tragen nicht zum *Totraum* bei, da der Molch den Produktweg jedesmal versperrt und anschließend freigibt. Die Sendestation links muß nicht berücksichtigt werden, da sie stets durch den Molch abgesperrt wird. Somit besteht der Totraum der Anlage nur aus den Beiträgen der rechten Empfangsstation und des molchbaren Füllkopfes.

*Auflistung und Berechnung der Einzel-Restmengen nach der Molchung*

Restvolumen in den Vertiefungen der Rohrrauhigkeiten in einer Rohrleitung mit gebeizter Innenoberfläche inklusive Armaturen:

$$V_1 = \pi \cdot 107{,}1 \, \text{mm} \cdot 150 \, \text{m} \cdot 0{,}15 \cdot 3 \, \mu\text{m} = 2{,}271 \cdot 10^{-5} \, \text{m}^3$$

Volumen beiderseits der Schweißnaht:

$$V_2 = 0{,}5 \, \text{mm} \cdot 0{,}5 \, \text{mm} \cdot \pi \cdot 107{,}1 \text{mm} \cdot 0{,}2 = 1{,}682 \cdot 10^{-8} \, \text{m}^3$$

Volumen der Schweißraupenzwickel:

$$V_3 = \pi \cdot 107{,}1 \, \text{mm} \cdot 5 \, \text{mm} \cdot 0{,}5 \cdot 0{,}5 \cdot 100 \, \mu\text{m}^2 = 4{,}206 \cdot 10^{-12} \, \text{m}^3$$

**Tab. 10-2.** Schrittfolge eines Molchvorgangs

| Arbeitsschritt Nr. | Vorgang | Molchort/ -fahrtrichtung | Inhalt | Rohrleitung Treibmedium |
|---|---|---|---|---|
| 1 | Grundstellung | M = S | L | – |
| 2 | T-Ringschieber öffnen | – | P | P |
| 3 | T-Ringschieber schließen | – | P | P |
| 4 | Molchfahrt | M → E | P | T |
| 5 | Molchfahrt | M v. E → S | L | T |
| 6 | T-Ringschieber halb öffnen | – | – | – |
| 7 | Molchfahrt | M v. S → TR | P | P |
| 8 | T-Ringschieber ganz öffnen | M v. TR → E | P | T |
| 9 | Molchfahrt | M → S | L | T |
| 10 | Grundstellung | M = S | L | – |

Erläuterungen:
M = Molch;  S = Sendestation;  E = Empfangsstation;  TR = T-Ringschieber;  P = Produkt; T = Treibmedium Luft; L = Leitung ohne Produkt, mit Luft gefüllt; → = Molchfahrt nach …; = = nachfolgend: Ort bzw. Zustand

Volumen im Flanschspalt:

$$V_4 = \pi \cdot 107{,}1\,mm \cdot 2\,mm \cdot 0{,}4\,mm = 2{,}692 \cdot 10^{-7}\,m^3$$

Totraum in Sende-/Empfangsstation:

$$V_{tot\,S/E} = 2 \cdot \pi \cdot 20\,mm \cdot 1\,mm \cdot 0{,}4\,mm = 5{,}027 \cdot 10^{-8}\,m^3$$

Totraum in T-Ringschieber:

$$V_{tot\,TRS} = 0\,m^3$$

Totraum in Füllkopf:

$$V_{tot\,FK} = 2 \cdot \pi \cdot 107{,}1\,mm^2 \cdot 250\,\mu m = 1{,}802 \cdot 10^{-5}\,m^3$$

mit Anzahl der Schweißnähte:

$$n_1 = 45$$

mit Anzahl der Flansche:

$$n_2 = 4$$

mit Anzahl der Sende-/Empfangsstationen:

$$n_3 = 1$$

mit Anzahl der T-Ringschieber:

$$n_4 = 0$$

mit Anzahl der Füllköpfe:

$$n_5 = 1$$

mit Anzahl der Bögen:

$$n_6 = 10$$

Summe des Restvolumens der Anlage ohne Restfilm:

$$V_{R0} = V_1 + (V_2 + V_3) \cdot n_1 + V_4 \cdot n_2 + V_{tot\,S/E} \cdot n_3 + V_{tot\,FK} \cdot n_5$$
$$= 4{,}261 \cdot 10^{-5}\,\text{m}^3$$

Restfilmdicke eines neuen Vollkörpermolches bei einer Geschwindigkeit von $2\,\text{m s}^{-1}$:

$$s_3 = 0{,}679 \cdot \left( \frac{2\,\text{m/s}}{14{,}5\,\text{bar}} \right)^{2/3} \cdot (30\,\text{mm})^{1/3} \cdot (0{,}001\,\text{Pa} \cdot \text{s})^{8/21} = 1{,}9\,\mu\text{m}$$

Summe des Restvolumens der Anlage mit Restfilm:

$$V_{Rm} = V_{R0} + \pi \cdot d_i \cdot L \cdot s_3 = 1{,}376 \cdot 10^{-4}\,\text{m}^3$$

Gesamtvolumen der gefüllten Anlage:

$$V_G = \pi/4 \cdot d_i^2 \cdot L = 1{,}351\,\text{m}^3$$

Restkonzentration im Folgeprodukt:

$$C_R = \frac{V_{Rm}}{V_G} \cdot 10^6 = 102\,\text{ppm}$$

Um die Abhängigkeit der Restkonzentration von der Nennweite zu verdeutlichen, sind in der folgenden Tabelle bei sonst gleichen Parametern die jeweiligen ppm-Werte angegeben. Es wird zwischen gebeizten, ungebeizten und elektropolierten Rohrinnenoberflächen unterschieden.

Die Tabelle soll lediglich eine Vorstellung von den Größenordnungen der erzielbaren Restkonzentrationen geben. Es wird deutlich, daß der Einfluß der Visko-

**Tab. 10-3.** Berechnete Restkonzentration im Folgeprodukt in Abhängigkeit von Viskosität, Nennweite und Oberflächenqualität

| Nennweite | Oberfläche | Restkonzentration im Folgeprodukt in ppm zu Beispiel Kapitel 10.4 | | |
|---|---|---|---|---|
| | | Viskosität $\eta$ [mPas] | | |
| | | 1 | 100 | 10000 |
| DN 50 | g | 185 | 879 | 5968 |
| | u | 261 | 956 | 6044 |
| | e | 153 | 848 | 5936 |
| DN 80 | g | 128 | 594 | 4059 |
| | u | 179 | 645 | 4110 |
| | e | 107 | 573 | 4038 |
| DN 100 | g | 102 | 462 | 3170 |
| | u | 141 | 501 | 3209 |
| | e | 85 | 446 | 3153 |
| DN 150 | g | 73 | 318 | 2195 |
| | u | 100 | 345 | 2222 |
| | e | 62 | 307 | 2184 |

g: gebeizte Innenoberflächen; u: ungebeizte Innenoberflächen; e: elektropolierte Innenoberflächen

sität geringer ist als der des Gesamtvolumens der Anlage. Die Nennweite geht bei der Berechnung des Gesamtvolumens quadratisch ein, während die Filmdicke über die Oberfläche nur linear berücksichtigt wird. Es mag sinnvoll erscheinen, Rohrleitungen großer Nennweite zu bauen, um kleine Restkonzentrationen zu erreichen. Allerdings steigen damit auch die Investitionskosten und die Kapazität des Betriebs muß entsprechend groß sein, denn große Nennweiten bedeuten gleichzeitig hohe Durchsätze.

## 10.5   Fehlerbetrachtung

Zur Bestimmung von Restfilmdicken im Versuch wurde die Schichtdicke über eine Massenspektrometeranalyse von Chlorid-Ionen-Konzentrationen ermittelt. Dazu wurde eine Lösung definierter Konzentration in ein molchbares Rohrstück eingebracht und nach der Molchung durch Ausspülen entfernt und untersucht.

In diesem Abschnitt wird dargestellt, mit welcher Genauigkeit die Restfilmdicken in den Versuchen ermittelt werden konnten, wenn die maximal möglichen Fehler bei der Ermittlung der Einzelparameter der Versuche berücksichtigt werden. Weiter soll der Einfluß der Parameter aus der verwendeten Formel für die theoretische Ermittlung der Restfilmdicke verdeutlicht werden. Einer Fehlerbetrachtung liegt zunächst eine Aufstellung aller Meßgrößen $x_i$ zugrunde mit einer Abschätzung der Bandbreite ihrer Einzelfehler $\Delta x_i$. Der absolute Fehler $\Delta s_3$ bei der Berechnung der Schichtdicke $s_3$ aus einer Anzahl n unabhängiger Meßgrößen $x_i$ mit ihren Einzelfehlern $\Delta x_i$ ergibt sich aus der Aufsummierung der Einzeldifferentiale der Funktion $s_3 (x_i)$ an der jeweiligen Stelle $x_i$.

$$\Delta s_3 = \sum_{i=1}^{n} \frac{\partial s_3}{\partial x_i} \Delta x_i$$

Zum Vergleich der Genauigkeit dient jedoch nicht der absolute Fehler $\Delta s_3$, sondern der relative Fehler $\Delta s_3$ geteilt durch $s_3$ in %.

Das Einzeldifferential stellt die Ableitung der Funktion $s_3 (x_i)$ an der Stelle $x_i$ nach dieser Variablen dar.

*Fehler, die bei der Ermittlung der Meßwerte entstehen*

Längenbestimmung der Meßstrecke:

$$\Delta f_1 = \frac{\Delta L}{L} = \pm 0{,}2\%$$

Konzentrationsbestimmung der Chlorid-Ionen-Lösung:

$$\Delta f_2 \sim \pm 0 \text{ (vernachlässigbar)}$$

Bestimmung des Rohrinnendurchmessers:

$$\Delta f_3 = \frac{\Delta d_i}{d_i} = \pm 0{,}9\%$$

Vollständigkeit des Chlorid-Ionen-Austrags:

$$\Delta f_4 = \frac{\Delta m_1}{m} = \pm 0{,}9\%$$

Genauigkeit bei der Ermittlung des Chlorid-Ionen-Gehalts:

$$\Delta f_5 = \frac{\Delta m_2}{m} = \pm 0{,}1\%$$

Genauigkeit bei der Ermittlung des Faktors f:

$$\Delta f_6 = \frac{\Delta f}{f} = \pm 10\%$$

Genauigkeit bei der Ermittlung von $R_z$:

$$\Delta f_7 = \frac{\Delta R_z}{R_z} = \pm 15\%$$

Damit errechnet sich ein Gesamtfehler von $\pm 26\%$ für die Dickenbestimmung des Restfilms. In den Versuchen wurde ein Rohr DN 50 verwendet. Der Fehler kann in guter Näherung ebenfalls für die Beurteilung von Nennweiten bis DN 150 verwendet werden.

*Fehler, die bei der Anwendung der Formeln entstehen*

Zugrundegelegt wurde der Vergleich der Versuchsergebnisse mit dem Ergebnis der Berechnung der Restfilmdicke nach Gl. 10-2.

Bestimmung des Krümmungsradius $R_1$:

$$\Delta f_8 = \frac{\Delta R_1}{R_1} = \pm 10\%$$

Einfluß des Vorfaktors e:

$$\Delta f_9 = \frac{\Delta e}{e} = \pm 15\%$$

Bestimmung der Viskosität $\eta$ (temperaturabhängig):

$$\Delta f_{10} = \frac{\Delta \eta}{\eta} = \pm 8\%$$

Messung der Molchgeschwindigkeit u:

$$\Delta f_{11} = \frac{\Delta u}{u} = \pm 10\%$$

Ermittlung des Anpreßdruckes p:

$$\Delta f_{12} = \frac{\Delta p}{p} = \pm 10\%$$

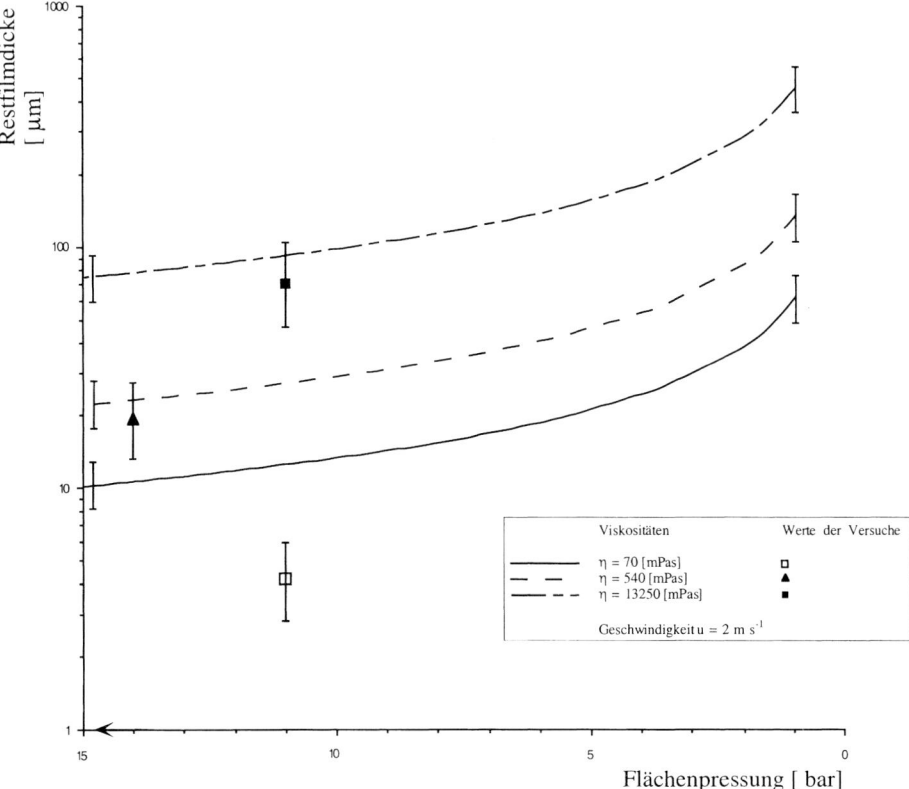

**Abb. 10-10.** Restfilmdicke in Abhängigkeit der Viskosität mit Fehlerbalken

Damit berechnet sich der Gesamtfehler zur theoretischen Berechnung der Restfilmdicke von ±22%, je nach Größe der Einzelparameter. Dies entspricht einem Fehler bei der Ermittlung der Restkonzentration im Folgeprodukt von ±21% für die beschriebene Molchanlage.

Abbildung 10-10 entspricht Abb. 10-8, nur sind die in diesem Kapitel bestimmten Fehlerbalken in Abb. 10-10 mit eingezeichnet. Man sieht deutlich, daß mit der Formel die Restfilmdicke mit hinreichender Genauigkeit abgeschätzt werden kann, insbesondere wenn man berücksichtigt, daß die Restfilmdicke nur zu einem Bruchteil in die Berechnung der Restkonzentration im Folgeprodukt eingeht.

Mit der vorgestellten Berechnungsmethode ist eine Vorausberechnung des Reinigungsgrades – mindestens die Größenordnung der Restkonzentration – möglich, wenn vom Auftraggeber eine diesbezügliche Aussage bereits bei der Planung gewünscht wird.

# 11 Verschleiß von Molchen

## 11.1 Grundlagen

Die Untersuchung des Verschleißes ist ein Teilgebiet der Tribologie, der Lehre von Verschleiß, Reibung und Schmierung. Verschleiß und Reibung können durch Schmierung vermindert werden.

*Verschleiß*

Nach DIN 50320 wird Verschleiß wie folgt definiert:
Verschleiß ist der fortschreitende Materialverlust aus der Oberfläche eines festen Körpers, hervorgerufen durch mechanische Ursachen, d.h. Kontakt und Relativbewegung eines festen, flüssigen oder gasförmigen Gegenkörpers.
   Hierzu drei Anmerkungen:

- Die Beanspruchung des festen Körpers durch Kontakt mit dem Gegenkörper wird als *tribologische Beanspruchung* bezeichnet.
- Verschleiß äußert sich im Auftreten von losgelösten kleinen Teilchen (Verschleißpartikel) sowie in Stoff- und Formänderungen der tribologisch beanspruchten Oberflächenschicht.
- In der Technik ist Verschleiß normalerweise unerwünscht d.h. wertmindernd.

Der durch Verschleiß hervorgerufene Materialverlust wird nach DIN 50321 als Verschleißbetrag und sein Reziprokwert als Verschleißwiderstand bezeichnet.
   Beim Verschleiß handelt es sich nicht um eine Werkstoffeigenschaft, vielmehr ist der Verschleiß als eine Systemeigenschaft anzusehen.
   Zur Analyse eines tribologischen Systems gehören:

- Untersuchung der am Verschleiß beteiligten Elemente: Grundkörper, Gegenkörper, Zwischenstoff, Umgebungsmedium
- Analyse des Beanspruchungskollektivs: Bewegungsform, Bewegungsablauf, Belastung, Temperatur, Zeit
- Ermittlung der Verlustgrößen: Verschleiß, Reibung, Temperaturerhöhung, Schallemission

– Ermittlung der Verschleißmechanismen: Adhäsion, Tribooxidation, Abrasion, Oberflächenzerrüttung.

Als Meßmethoden für den Verschleiß bieten sich folgende Größen an:

– Erfassung der verschleißbedingten Maßänderung
– Bestimmung des gravimetrischen oder volumetrischen Verschleißbetrages
– Sammlung und Analyse der Verschleißpartikel
– Ermittlung der verschleißbedingten Gebrauchsdauer (Standzeit).

Zur Ermittlung der Verschleißrate bei Molchen bieten sich die Maßveränderung (z. B. Durchmesserverminderung [µm]) oder die Gewichtsreduzierung (Waage) nach einer bestimmten Laufleistung [km], der sog. Gleitweg, an.

Vogelpohl hat 1969 [1] für eine große Anzahl von Tribosystemen die verschiedenen *Verschleiß-Weg-Verhältnisse* zusammengestellt (s. Abb. 11-1). Dabei wurde als Verschleißrate die Maßänderung, bezogen auf den dabei zurückgelegten Weg, benutzt [µm/km]. Oberhalb eines Verschleiß-Weg-Verhältnisses von 100 µm/km ist der Begriff Verschleiß nicht mehr sinnvoll. In diesen Bereich fallen auch die spanenden Fertigungsverfahren, die per Definition nicht mehr dem Verschleiß zuzuordnen sind.

Unterhalb von 0,001 µm/km ist der Verschleißbetrag äußerst gering und an der Nachweisgrenze.

Wie später zu sehen sein wird, liegt der durchschnittliche Molchverschleiß in der Größenordnung von 1 bis 10 µm/km. Der Verschleißbetrag von Molchen liegt in der Größenordnung von Gleitlagern, Kohlebürsten bei elektrischen Antrieben und Bremsbelägen. Ein weiterer Vergleich: ein Autoreifen erreicht ein Verschleiß-Weg-Verhältnis von 0,1 µm/km.

Eine spezielle Form des Verschleißes ist der *Einlaufverschleiß*. Das Einlaufen ist ein Prozeß, bei dem sich die Reibflächengeometrie verändert. Die gefertigte Oberflächenbeschaffenheit verändert sich zur Betriebsrauheit, es bildet sich eine Gleichgewichtsrauheit. Nach dem Einlaufen erfolgt gewöhnlich bei konstanten äußeren Bedingungen eine Verminderung der Reibkraft und der Verschleißintensität.

Im Gegensatz zu vielen anderen technischen tribologischen Systemen liegt beim Molchvorgang ein signifikanter Härteunterschied vor: Während der Molch selbst eine Shore-Härte von ca. 50 besitzt, hat die Edelstahlleitung eine Rockwellhärte von ca. 45° HRC. Dies bedeutet, daß der Verschleiß sich vorwiegend am weicheren Partner, also am Molch, einstellt. Dieser Effekt ist bei einer Kombination Bürstenmolch-Kunststoffleitung entsprechend umgekehrt.

*Reibung*

Die äußere Reibung fester Körper ist ein Prozeß der Energiedissipation, der bei Tangentialverschiebung von zwei sich berührenden Körpern abläuft und in den realen Kontaktbereichen dieser Körper erfolgt. Zur quantitativen Bewertung wird die Reibkraft $F_R$ herangezogen, die Reibkraft ist die Resultierende der tangentialen Widerstandskräfte.

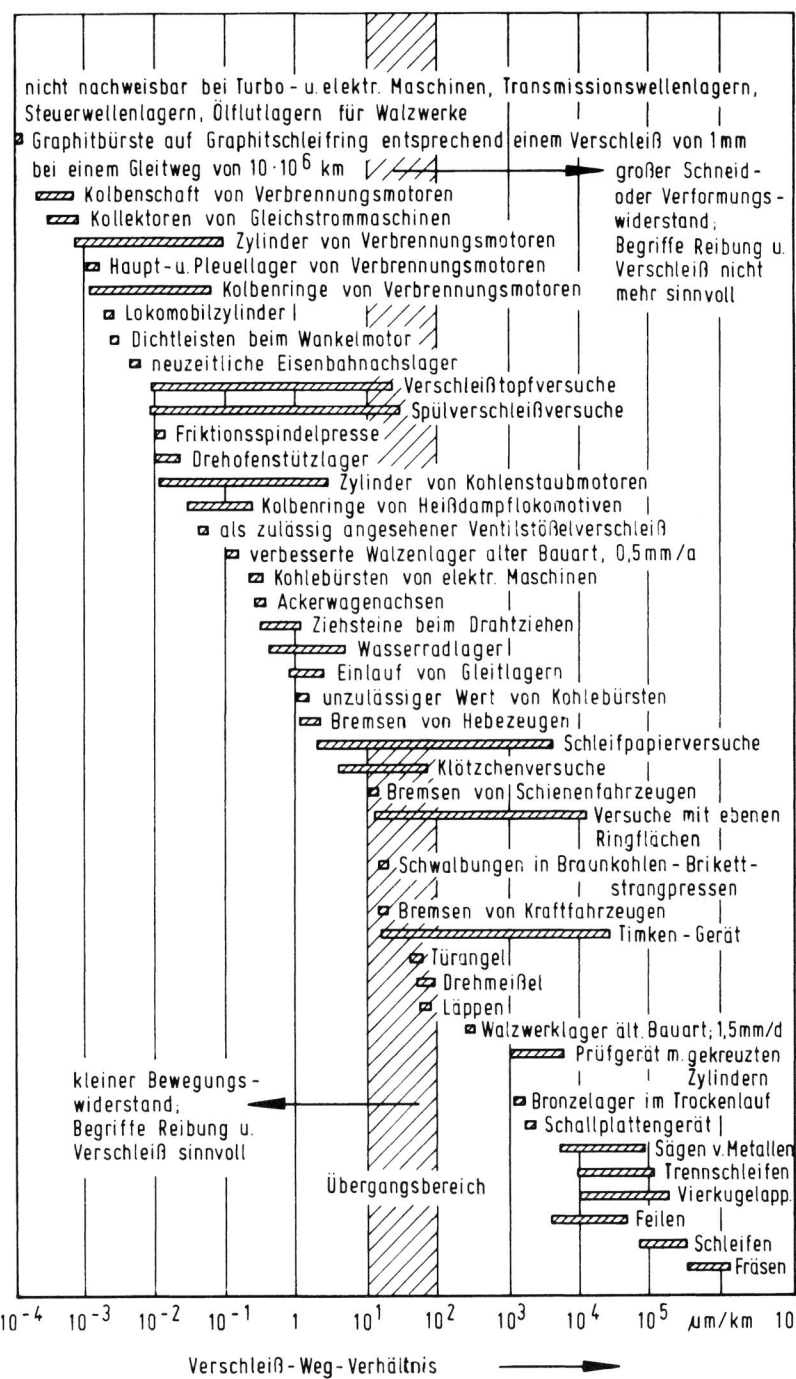

**Abb. 11-1.** Verschleiß-Weg-Verhältnisse verschiedener tribologischer Systeme [1]

$$F_R = \mu \cdot F_N = \mu \cdot p_{press} \cdot A_{press}$$

Die Normalkraft $F_N$ wurde durch die Flächenpressung zwischen Molch und Rohr $p_{press}$ ausgedrückt, die in der Preßfläche (Dichtfläche) $A_{press}$ wirkt.

Die Reibkraft $F_R$ wird durch den Druck des Treibmediums $p_{Treib}$ überwunden:

$$F_R = p_{Treib} \cdot A_{Rohr}$$

$A_{Rohr}$ ist die Querschnittsfläche des Rohres $\dfrac{d_i^2 \pi}{4}$.

In der Theorie wird der Reibbeiwert $\mu$ von der Belastung und der Reibfläche als unabhängig angesehen.

*Schmierung*

Schmierstoffe sind Stoffe, die die Reibung und den Verschleiß sich relativ zueinander bewegender Körper vermindern. Schmierstoffe können flüssig oder fest sein.

Bei der Bewegung des Molches in der Rohrleitung muß das Produkt bzw. Treibmittel auch die Funktion der Schmierung übernehmen. Ein Schmierstoff muß folgende Eigenschaften aufweisen:

– Grund- und Gegenkörper trennen
– Reibung vermindern
– nicht reaktiv sein
– an gleitenden Flächen gut haften, benetzen
– tragen, d.h. der Schmierfilm stellt ein lastübertragendes „Bauteil" dar
– Wärme abführen
– abdichten.

Während bei vielen technischen Problemen, z.B. Lagerungen von Achsen und Wellen oder von Kolben in Zylindern, hochentwickelte Spezialschmierstoffe (Mineralöle) entwickelt wurden, muß bei einer Molchanlage die in Produkt bzw. Treibmedium vorhandene latente Schmierfähigkeit genutzt werden.

Um die Eignung einer Flüssigkeit als Schmiermittel abzuschätzen, können verschiedene physikalische Kenngrößen herangezogen werden. Die wichtigste davon ist die Viskosität, besonders ihre Abhängigkeit von Temperatur, Druck und Schergefälle.

Benetzungsfähigkeit, Oberflächenspannung und Haftvermögen sind wesentlich schwieriger meßtechnisch zu erfassen.

## 11.2   *Verschleißverhalten und Lebensdauer von Molchen*

Jahrelange Erfahrung beim Betreiben von Molchanlagen hat gezeigt, daß jede Molchanlage ganz spezielle Eigenschaften hat. Eine Vorhersage über die Standzeiten von Molchen ist äußerst schwierig. Nachträglich lassen sich durch exakte Buchführung Molche in ähnlichen Anlagen und bei gleichen Produktfamilien untereinander vergleichen und die Standzeiten ermitteln.

Bei der Produktion von Lacken und Farben können Molche aus Vulkollan mit Nennweiten von DN 50 und DN 80 bis zu einer Laufleistung von ca. 50 km, das sind bis zu 300 Molchvorgänge, betrieben werden. Das entspricht einer Lebensdauer von ca. einem Jahr.

Mit Molchen aus Vulkozell, mit Nennweiten von DN 80, DN 100 und DN 150, werden in der Produktion von Harnstoff-Formaldehydharzen Laufzeiten bis zu 150 km bei ca. 2400 Molchvorgängen erzielt. Das entspricht einer Lebensdauer eines Molches von ca. vier bis fünf Monaten.

Wesentliche Kriterien für das Verschleißverhalten und damit die Lebensdauer eines Molches sind die Materialbeständigkeit gegen Produkt und Reinigungsflüssigkeit, die spezifischen Produkteigenschaften (Abrasivität, Viskosität, Klebrigkeit, Temperatur), die Qualität der Rohrleitungen, Rohrinnenflächen, Schweißnähte, Verbindungselemente, die Qualität und der Biegeradius der verwendeten Rohrbögen, die Wahl der richtigen Armatur sowie die ordnungsgemäße und zuverlässige Funktion der Steuerungseinrichtungen.

Von großer Bedeutung ist die *Einstellung der richtigen Molchgeschwindigkeit.* Bei der Förderung des Molches mit Luft oder Stickstoff ist die ideale Molchgeschwindigkeit kleiner als 2 m/s. 7 m/s sollten nicht überschritten werden.

Bei der Förderung des Molches mit Flüssigkeit hängt die Geschwindigkeit des Molches ab von der Förderleistung der Pumpe und dem Rohrleitungsquerschnitt. In der Praxis werden Geschwindigkeiten bis ca. 2 m/s eingestellt.

## 11.3 Minimal zulässiger Molchdurchmesser

Während seiner Betriebszeit nimmt der Durchmesser des Molches ab. Bezeichnet man den maximalen Durchmesser des fabrikneuen Molches an den Dichtlippen mit $d_{Mneu}$, den während seiner Betriebszeit ermittelten Durchmesser mit $d_M$ wird ein Molch durch Verschleiß am Ende seiner Standzeit den Wert $d_{Mmin}$ erreichen. Seine Dichtwirkung ist dann nicht mehr gegeben. Selbst $d_{Mmin}$ muß immer noch größer als der Innendurchmesser der Rohrleitung $d_i$ sein. Es gilt:

$$d_{Mneu} > d_M > d_{Mmin} > d_i.$$

Die Ermittlung des minimalen Molchdurchmessers $d_{Mmin}$ ist für die Entscheidung wichtig, ob der Molch weiter betrieben werden kann oder ob er ausgetauscht werden muß.

Das folgende Berechnungsbeispiel zeigt eine Abschätzung für $d_{Mmin}$ an einem Vollkörpermolch bei der Durchfahrt eines Rohrbogens.

Zur Berechnung muß man noch den Innendurchmesser der Rohrleitung $d_i$ und den Krümmungsradius des Rohrbogens r kennen.

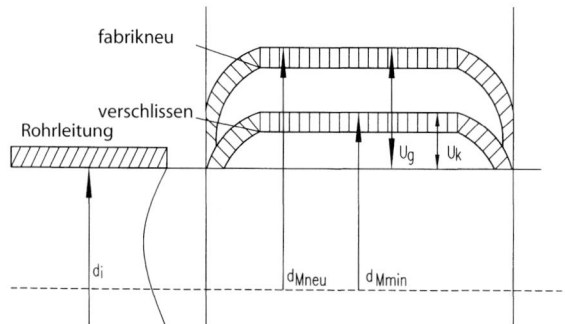

Idealisierter Zylinder

Ug : größtes zulässiges Übermaß (max. Pressung, Reibung)
Uk : kleinstes mögliches Übermaß (Ende der Standzeit)
T= : Ug − Uk Paßtoleranz des Molches

**Abb. 11-2.** Übermaß-Kenngrößen

Die Hälfte der Differenz $d_{Mmin}$ zum Innendurchmesser der Rohrleitung $d_i$ wird als kleinstes mögliches Übermaß $U_k$ bezeichnet. Entsprechend stellt $U_g$ das größtmögliche Übermaß als Hälfte der Differenz vom Durchmesser eines fabrikneuen Molches $d_{Mneu}$ zum Rohrinnendurchmesser $d_i$ dar (Abb. 11-2).

Die Differenz der Übermaße, die sog. Paßtoleranz $T = U_g - U_k$, ist ein Maß für die Elastizität eines Molches.

Der tatsächlich vorhandene Molchdurchmesser $d_M$ wird an der Stelle am Molch gemessen, welche die Dichtfunktion wahrnimmt. Dieser gemessene Wert wird mit dem von der Herstellerfirma angegebenen Wert des minimalen Molchdurchmessers $d_{Mmin}$ verglichen und am zweckmäßigsten in einem Datenblatt in regelmäßigen Abständen erfaßt, um eine Aussage über die Restlebensdauer zu erhalten.

Die folgende Tabelle 11-1 zeigt die bisher genannte Größe am Beispiel eines Zylindermolches für verschiedene Nennweiten:

Um zu verstehen, warum es dringend notwendig ist, die Maße genau einzuhalten, werden in Abbildung 11-3 die geometrischen Verhältnisse eines Vollkörpermolches bei Durchfahren eines Rohrbogens dargestellt.

Es wird deutlich, daß Molche, die nur noch den minimalen Molchdurchmesser $d_{Mmin}$ haben, nicht mehr über eine Ringfläche gegenüber der Rohrinnenwand dichten, wie es bei einer Fahrt durch ein gerades Rohrstück der Fall ist, sondern vielmehr nur noch über eine *Kreislinie* abdichten. Ein weiterer Verschleiß des Molches hätte eine sofortige Undichtigkeit an dieser Liniendichtung zur Folge. Der von der Herstellerfirma angegebene minimale Molchdurchmesser $d_{Mmin}$ wird bestimmt, indem man aus den geometrischen Beziehungen das kleinste mögliche Übermaß $U_k$ berechnet:

$$d_{Mmin} = d_i(1 + c) \quad \text{mit} \quad c = \frac{U_k}{d_i}.$$

**Tab. 11-1.** Übermaß-Kenngrößen in Zahlen, I. S. T. Vollkörpermolch

| Charakteristische Maße | Abkür-<br>zung | Einheit | Zahlenwerte | | | |
|---|---|---|---|---|---|---|
| Nennweiten der Rohrleitung | DN | mm | 50 | 80 | 100 | 150 |
| Innendurchmesser der Rohrleitung | $d_i$ | mm | 55,1 | 82,5 | 107,1 | 158,3 |
| größtes zulässiges Übermaß | $U_g$ | mm | 1,4 | 2,5 | 4,9 | 4,7 |
| kleinstes mögliches Übermaß | $U_k$ | mm | 0,35 | 0,56 | 0,60 | 1,16 |
| Paßtoleranz | T | mm | 1,05 | 1,84 | 4,30 | 3,54 |
| Durchmesser fabrikneuer Molch | $d_{Mneu}$ | mm | 56,5 | 85 | 112 | 163 |
| minimaler Molchdurchmesser | $d_{Mmin}$ | mm | 55,45 | 83,06 | 107,70 | 159,46 |

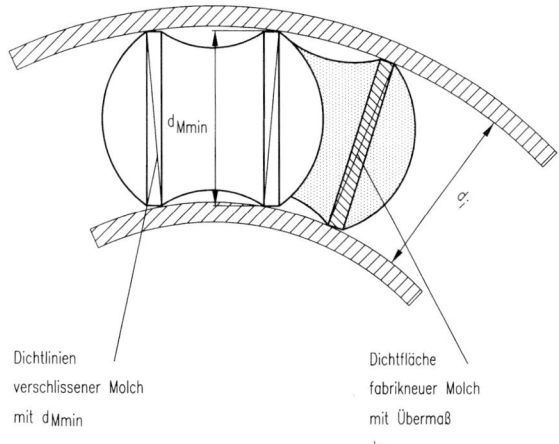

**Abb. 11-3.** Geometrische Bestimmung des minimalen Molchdurchmessers $d_{Mmin}$

## 11.4  Verschleißkontrolle

Die Reinigungsleistung eines Molches hängt, wie bereits beschrieben, entscheidend von dem Zustand des Molches ab. Bei allen Molcharten muß der Molchaußendurchmesser immer größer als der Rohrinnendurchmesser sein. Reinigungsgrad und Molchmaterial bestimmen die erforderliche Vorpressung bzw. das Molchübermaß. Aus diesem Grund ist der Kontrolle des Molches große Bedeutung beizumessen.

Neben einer optischen Prüfung des Molches auf Beschädigung muß regelmäßig eine Maßkontrolle durchgeführt werden.

Der Zustand eines Molches bzw. seiner Lippen läßt sich ohne großen technischen Aufwand am besten im eingebauten Zustand in der Sendestation überprüfen (s. Abb. 11-4). Die Verschleißmessung wird auf eine Druckmessung reduziert. Alle Armaturen sind bei dieser Ausführung mit Stellantrieben ausgerüstet.

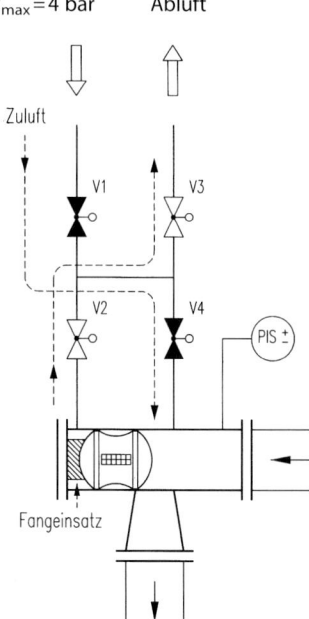

**Abb. 11-4.** Schema für die Verschleißkontrolle

Der Molch befindet sich in der Sendestation, Produktein- und -austrittsarmatur sind geschlossen. Bei extrem langen molchbaren Rohrleitungen oder bei großem Durchmesser empfiehlt es sich, die Sendestation durch einen molchbaren Kugelhahn vom Rohrleitungssystem abzukoppeln. Somit werden das Volumen und die Wartezeiten beim Prüfvorgang verringert. Ventil V2 und V3 werden geschlossen. Ventil V1 (Zuluft) und V4 werden geöffnet. Die Zuluft bleibt geöffnet, bis die Anzeige am Manometer dem Zuluftdruck, z. B. $p_e = 4$ bar, identisch mit $p_{max}$, entspricht.

$p_{max}$ schließt das Zuluftventil V 1 und das Ventil V 4. V 2 öffnet sich. Nach einer auf Erfahrungswerten beruhenden Wartezeit (je nach Nennweite und Lage der Leitung zwischen 1 min und 10 min) wird $p_{min}$ gemessen. Werden $p_e = 3$ bar nicht erreicht, sind die Molchlippen noch in gutem Zustand. Wird $p_{min}$ unterschritten, ist der Molch verschlissen, eine Störung wird angezeigt und der Molch muß ausgetauscht werden.

## 11.5 Fahrweise

Zur schonenden Behandlung von Molchen gehört die flüssigkeitsgetriebene Fahrweise zur Bildung eines elastohydrodynamischen Schmierfilmes. Flüssigkeiten haben vor allen anderen Treibmitteln den Vorrang. Trockenfahrweise des Molches ist am ungünstigsten und mit dem höchsten Verschleiß des Molches verbunden.

Für das Zurückfahren der Molche in die Sendestation sollte nach Möglichkeit nicht die Fahrweise Gas-Molch-Gas verwendet werden. Bei dieser Fahrweise kann die Geschwindigkeit zu hoch werden, so daß es dabei zu erheblichen Schäden an Molchen, Rohrleitungen und Armaturen kommen kann (s. Kap. 14).

Ist dies nicht möglich, muß eine geräuscharme Drosselkombination in der Entspannungsleitung installiert werden, so daß immer ein ausreichender Gegendruck vor dem Molch herrscht. Den gleichen Effekt erzielt man durch einen Gegendruck vor dem Molch z. B. mit Luft oder Stickstoff. Die Druckdifferenz zwischen dem Druck vor und hinter dem Molch sollte ca. $\Delta p = 1$ bar nicht unterschreiten. Die Drossel kann nach diesem Differenzdruck-Kriterium dimensioniert werden.

Je nach Größe des Molches, Vorspannung, Molchmaterial, Molchart, Rohrleitungsmaterial und Produkteigenschaften kann der benötigte Treibdruck zum Fahren des Molches unterschiedlich sein. Normalerweise sollte ein Molch bei ca. 2 bar Differenzdruck (Treibmediumdruck minus Produktdruck) problemlos fahren. Zur Überwindung der Haftreibung liegt beim Anfahren der Wert etwas höher.

# 12 Medienspezifische Besonderheiten

## 12.1 Einführung in die Fluiddynamik

Die Frage nach dem Druckverlust stellt sich nicht nur bei der Dimensionierung der Produktpumpe, sondern auch, wenn aufgrund pastösen Verhaltens die Produktleitung noch gefüllt ist und dieser Inhalt durch den Molch ausgeschoben werden muß, wie es beispielsweise bei Cremes oder Schokoladenmassen der Fall ist.

In diesem Beispiel wird der Molch durch Wasser angetrieben und schiebt eine nicht-newtonsche Flüssigkeit vor sich her, deren Fließverhalten einen großen Einfluß auf den zu überwindenden Druckverlust hat.

Bei pastösen oder stark viskosen Stoffen ist die Druckverlustberechnung nicht mehr ohne umfangreiches Detailwissen möglich. In der Praxis weisen Flüssigkeiten verschiedenes Strömungsverhalten auf. Strömt ein Fluid durch ein Kreisrohr, wirken aufgrund der Reibung an der Rohrwand äußere Kräfte. Diese Kräfte bewirken innerhalb des Fluids eine Schubspannung $\tau$ aufgrund der Deformation seiner Volumenelemente.

Die Elemente in Wandnähe werden durch die Reibung verzögert und dadurch stark verformt, während diejenigen in der Mitte der Rohrleitung nahezu undeformiert bleiben.

Die Hüllkurve der Volumenelemente nennt man Geschwindigkeitsprofil. Je nach Höhe der Geschwindigkeit kann das Profil unterschiedlich aussehen. Der Widerstand einer Flüssigkeit gegen einen erzwungenen Ortswechsel ihrer Volumenelemente wird Viskosität $\eta$ genannt. Da sich die Viskosität mit dem Geschwindigkeitsprofil ändert, ist es von Bedeutung, den Zusammenhang zwischen der Viskosität $\eta$ und der Schubspannung $\tau$ zu kennen.

Sir Isaac Newton (engl. Physiker 1643–1727) fand das Grundgesetz der Viskosimetrie, welches das Verhalten einer idealen Flüssigkeit beschreibt.

$$\tau = \eta \cdot D \quad [\text{N/mm}^2]$$

Mit D wird das Geschwindigkeitsgefälle bezeichnet, das dem erwähnten Geschwindigkeitsprofil entspricht, nämlich der Änderung der Geschwindigkeit radial zur Strömungsrichtung.

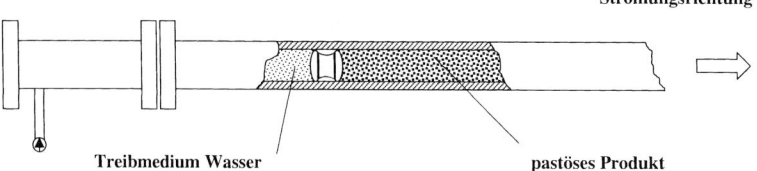

**Abb. 12-1.** Flüssigkeitsgetriebener Molch

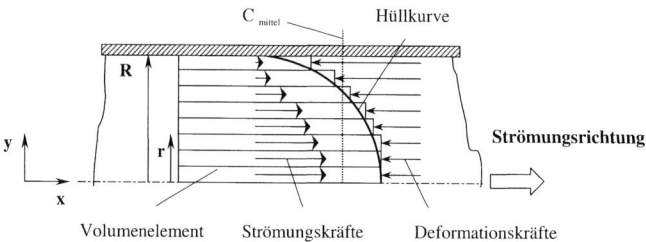

**Abb. 12-2.** Modell der Volumenelemente einer Strömung

$$D = \frac{dc}{dy} \quad [1/s]$$

Dieser Differentialquotient hat die Einheit $s^{-1}$. Er ist, wie man aus der Formel ersieht, ortsabhängig und wird auch als Scherrate bezeichnet.

Fluide, die einen linearen Zusammenhang von Schubspannung und Scherrate aufweisen, werden als newtonsche Flüssigkeiten bezeichnet. Hier ändert sich die Viskosität nicht mit der Scherrate.

Daniel Bernoulli (1700–1782) erkannte den Zusammenhang von Druckverlust, Strömungsgeschwindigkeit und Viskosität bei newtonschen Fluiden und machte ihn einer Berechnung zugänglich. Ein Beispiel findet sich unter Abschnitt 12.3.

Flüssigkeiten, bei denen der Zusammenhang von Schubspannung und Scherrate nicht mehr linear ist, d.h. mit einer Abhängigkeit der Viskosität von der Scherrate behaftet sind, zeigen sog. nicht-newtonsches Verhalten.

Dieser Gruppe gehören die meisten Flüssigkeiten an, wobei die unterschiedlichsten Abhängigkeiten von Schubspannung und Scherrate auftreten können. Weder Geschwindigkeitsverteilung über dem Rohrquerschnitt noch der Druckverlust können mit ähnlicher Genauigkeit und auf die gleiche einfache Weise bestimmt werden. Das Geschwindigkeitsprofil ist hier im Strömungskern stark abgeplattet.

Auf Berechnung von Viskosität und Druckverlust wird in den Abschnitten 12.3.1 und 12.3.2 näher eingegangen.

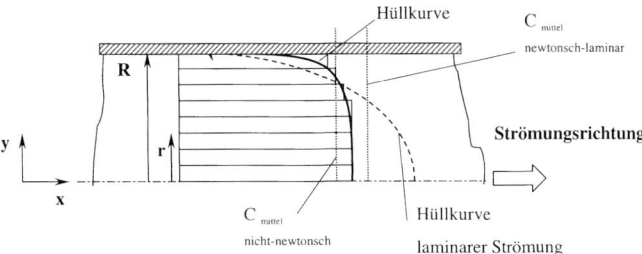

**Abb. 12-3.** Geschwindigkeitsprofil der Strömung einer nicht-newtonschen Flüssigkeit

## 12.2 Klassifizierung der Fluide mit Beispielen

Um die Unterschiede zwischen newtonschem und nicht-newtonschem Verhalten darzustellen, ist es sinnvoll eine Klassifizierung vorzunehmen, die jedes Medium einer Gruppe mit ähnlichen Eigenschaften zuordnet. Die Abhängigkeit der Viskosität von der Scherrate wird als Viskositätskurve bezeichnet und hat sich als geeignetes Unterscheidungskriterium erwiesen. Um die Darstellung übersichtlich zu gestalten, wurde die doppeltlogarithmische Darstellung gewählt. In der folgenden Klassifizierung werden Beispiele genannt, wobei versucht wird, das Verhalten der Fluide übersichtsweise zu beschreiben.

### 12.2.1 Viskositätskurven

*Newtonsche Fluide (ideales Verhalten)*

Alle Flüssigkeiten, deren dynamische Viskosität unabhängig vom Geschwindigkeitsgefälle D ist, werden als newtonsche Flüssigkeiten definiert. Die Viskosität ist hier nur druck- und temperaturabhängig, wobei bei technischen Anlagen nur der Viskositätsabfall mit steigender Temperatur von Bedeutung ist. Beispiele für solche Fluide sind Wasser, organische Lösemittel und die meisten chemisch reinen Flüssigkeiten.

Die Viskosität nimmt bei allen Flüssigkeiten mit steigender Temperatur ab, bei den Gasen zeigt sich ein genau entgegengesetztes Verhalten. Diese Eigenschaft hat gleichfalls Gültigkeit bei den nicht-newtonschen Fluiden.

*Nicht-newtonsche Fluide*

In dieser Gruppe zeigt sich die ganze Vielfalt rheologischer Besonderheiten, die häufig großen Einfluß auf die technische Handhabbarkeit haben. Je nach Verlauf der Viskositätskurve lassen sich unterschiedliche Eigenschaften erkennen.

**Abb. 12-4.** Newtonsches Verhalten von Fluiden

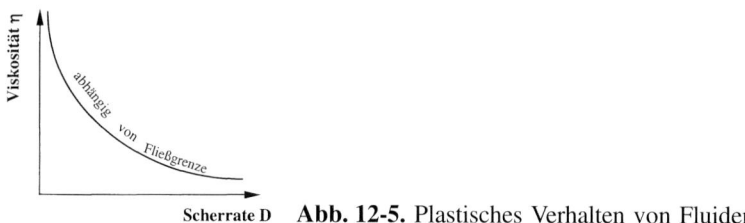

**Abb. 12-5.** Plastisches Verhalten von Fluiden

*Plastisches Verhalten*

Aufgrund einer bis zu einer bestimmten Schubspannung vorhandenen Fließgrenze verhalten sich diese Stoffe bis dahin wie Festkörper. Beispiele für dieses Verhalten zeigen Zahnpasta, Cremes und Schokoladenmasse.

*Strukturviskoses Verhalten*

Bei höheren Fließ- bzw. Schergeschwindigkeiten orientieren sich kettenartige oder tropfenförmige Bestandteile des Fluids neu, so daß die Viskosität abnimmt. Im Ruhezustand sind die Komponenten solcher Fluide bestrebt, ihren im höchsten Maße ungeordneten Zustand beizubehalten.

Beispiele für dieses Verhalten zeigen hochpolymere Lösungen, Klebstoffe und Mayonnaise.

*Dilatantes Verhalten*

Dilatanz bei Flüssigkeiten ist selten. Da dieses Fließverhalten meist die Produktionsverfahren kompliziert, ist es ratsam, durch geeignete Veränderung der Rezeptur die Dilatanzneigung zu reduzieren.

Beispiele für dieses Verhalten zeigen „feste Farbe", Papierstreichfarbe und Silikone.

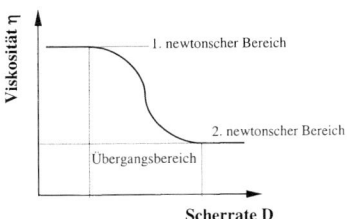

**Abb. 12-6.** Strukturviskoses Verhalten von Fluiden

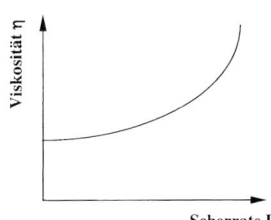

**Abb. 12-7.** Dilatantes Verhalten von Fluiden

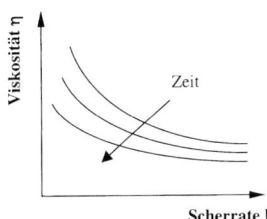

**Abb. 12-8.** Thixotropes Verhalten von Fluiden

*Thixotropes Verhalten*

Im Ruhezustand ergibt sich durch Bindungskräfte zwischen den Teilchen des Fluids eine dreidimensionale Gerüststruktur, die Gel genannt wird. Diese Bindungen sind relativ schwach und brechen leicht, wenn das Fluid längere Zeit einer Scherung ausgesetzt wird.
   Beispiele für dieses Verhalten zeigen Joghurt, Arzneimittel und Ketchup.

*Rheopexes Verhalten*

Echte Rheopexie ist überaus selten. Manche Fluide weisen rheopexes Verhalten nur aufgrund physikalischer oder chemischer Veränderungen auf. In diesen Fällen stellt sich die Ursprungsviskosität nach Ende der Scherung nicht, wie dies bei echter Rheopexie der Fall ist.
   Beispiele für dieses Verhalten zeigen Gips und spezielle Schmierstoffe.

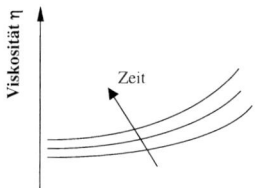

Scherrate D   **Abb. 12-9.** Rheopexes Verhalten von Fluiden

### 12.2.2   Berechnungsgrundlagen

In der Praxis werden sich nur wenige technische oder praktisch wichtige Flüssig-keiten finden, die sich streng in die vorstehende Ordnung einfügen.

Je nach Scherrate, die abhängig von Strömungsgeschwindigkeit und Rohrdurch-messer ist, können sich bestimmte Stoffe beispielsweise gleichzeitig wie plastische oder strukturviskose Medien verhalten, wie z. B. bei Zahnpasta.

Aus diesem Grund ist es zunächst wichtig, sich eine Vorstellung von der Größe der Scherrate zu verschaffen, um den Meßbereich der aufzunehmenden Viskosi-tätskurve festzulegen.

Üblicherweise liegt die Mehrzahl der Fördereinrichtungen für Prozeßmolchanla-gen mit ihren Volumenströmen zwischen $5 \leq \dot{V} \leq 20$ m³/h.

Die Scherrate D ist zum einen vom Volumenstrom $\dot{V}$, zum anderen von der Ra-dialkomponente y (s. Abb. 12-2) abhängig.

Es gilt:

$$D = \frac{4 \cdot y}{\pi \cdot R^4} \cdot \dot{V} \quad [1/s]$$

für laminare Strömung newtonscher Fluide.

In Wandnähe tritt naturgemäß aufgrund der größten Schubspannungen auch das größte Schergefälle auf, so daß sich dort die Scherrate zu

$$D = \frac{4}{\pi \cdot R^3} \cdot \dot{V} \quad [1/s]$$

berechnet. Als Grundlage wurde laminare Strömung vorausgesetzt, da die meisten nicht-newtonschen Medien dynamische Viskositäten größer als 1 Pa s haben. Bei niedrigeren Viskositäten kann turbulente Strömung vorliegen. Dann berechnet sich die Scherrate in Wandnähe zu

$$D = \frac{0,175}{\pi \cdot R^3} \cdot \dot{V} \quad [1/s]$$

für turbulente Strömung newtonscher Fluide.

Die Beurteilung, ob sich das Fluid laminar oder turbulent verhält, wird durch die sog. Reynoldszahl bestimmt, eine dimensionslose Kennzahl.

$$\mathrm{Re} = \frac{c \cdot 2 \cdot R \cdot \rho}{\eta} \quad [-]$$

Ist die Reynoldszahl Re < 2300, liegt laminare Strömung vor, andernfalls sind die Strömungsverhältnisse turbulent.

Aufgrund des steileren Geschwindigkeitsprofiles bei nicht-newtonschen Flüssigkeiten (vgl. Abb. 12-3) liegt der Wert der Scherrate in Wandnähe bei diesen Fluiden um etwa den Faktor 0,84 niedriger. Somit liegen typische Scherraten für newtonsche Medien mit laminarer Strömung zwischen 7 und 28 $[\mathrm{s}^{-1}]$, für nicht-newtonsche Fluide zwischen 6 und 24 $[\mathrm{s}^{-1}]$. Dabei werden eine Nennweite von DN 100 und Volumenströme zwischen 5 und 20 $\mathrm{m}^3$/h angenommen und an der Stelle mittlerer Geschwindigkeit gemessen.

Für die weitere Betrachtung ist nun die Aufnahme der Viskositätskurve mit einem Viskosimeter erforderlich. In einem Rotationsviskosimeter befindet sich zwischen einem feststehenden Stator und einem drehbaren Rotor ein Spalt mit konstanter Weite. Über die Umdrehungszahl des Rotors wird der Volumenstrom im Spalt eingestellt. Daraus kann die resultierende Schubspannung bestimmt werden und eine Viskositäts-Schubspannungs-Kurve aufgenommen werden.

Anhand der Form der Viskositätskurve und dem betrachteten Bereich der Scherrate kann mit der oben gemachten tabellarischen Klassifizierung ein Modell ausgesucht werden, mit dem das Verhalten des Fluids am besten beschrieben werden kann.

Anhand von zwei Beispielen wird näher auf die sich an die Auswahl des Modells anschließende Berechnung eingegangen, wobei jedoch die vertiefende Behandlung des Modells den Rahmen des Buches sprengen würde. Aus diesem Grund wird hier auf weiterführende Literatur verwiesen, da das Thema Rheologie nur gestreift werden kann.

## 12.3 Beispiele und Anwendungen

### 12.3.1 Newtonsches Verhalten

Farben auf Lösemittelbasis verhalten sich, wenn das Lösemittel noch nicht verdunstet ist, newtonsch. Daher kann man zur Dimensionierung von Förderpumpen relativ einfach mit dem Ansatz von Bernoulli rechnen, da sich die Eigenschaften der Farbe in der Rohrleitung noch nicht verändern. In einem Versuch wurde eine Viskositätskurve aufgenommen. Es wurde die Unabhängigkeit der Viskosität von der Scherrate bestätigt. Die Viskosität wurde zu $\eta_0 = 2$ Pa s = 2 kg/m/s ermittelt.

Die Farbe hat eine Dichte von $\rho = 1000$ kg/$\mathrm{m}^3$ und wird mit einem Volumenstrom von $\dot{V} = 10$ $\mathrm{m}^3$/h durch eine Rohrleitung DN 100 der Länge 30 m gefördert. Dies entspricht einer mittleren Geschwindigkeit von $c_{mittel} = 0,3$ m/s. Ob laminares oder turbulentes Strömungsverhalten vorliegt, entnimmt man der Größe der Reynoldszahl:

$$Re = \frac{107{,}1\,\text{mm} \cdot 0{,}3\,\text{m/s} \cdot 1000\,\text{kg/m}^3}{2\,\text{Pa s}} = 16 \quad [-]$$

Damit liegt laminare Strömung vor. Der Druckverlust wird mit der Gleichung von Bernoulli berechnet:

$$\Delta p = 32 \cdot c_{\text{mittel}} \cdot \frac{L}{(2\,R)^2} \cdot \eta_0 = 0{,}5 \quad [\text{bar}]$$

Die Pumpe muß demnach, wenn man von Druckverlusten der Armaturen absieht, eine Leistung von:

$$P = \Delta p \cdot \dot{V} = 0{,}14 \quad [\text{kW}]$$

haben.

### 12.3.2  Nicht-newtonsches Verhalten

Farben auf Wasserbasis verhalten sich strukturviskos, können aber durch den Einsatz von Rheologiehilfsmitteln (Verdicker) eine Fließgrenze ähnlich einem plastischen Fluid haben.

Diese Farben benötigen beim Versprühen (hohe Scherrate) eine niedrige Viskosität, um den Druckverlust gering zu halten und beim Auftreffen auf die zu lackierende Fläche eine hohe Viskosität (niedrige Scherrate), da sie nicht als sog. „Nasen" verlaufen sollen.

Der hohe Polymeranteil der Farbe war für eine Nullviskosität (bei Scherrate gegen Null) von 350 Pa s verantwortlich. Der weitere Verlauf der Viskositätskurve bei höheren Scherraten legte nahe, den Ansatz von Cross zu verwenden. Dieser beschreibt modellhaft die Abhängigkeit der Viskosität von der Scherrate im sog. Übergangsbereich bei Scherraten zwischen 0,1 und 300 [1/s].

Das Gleichungssystem dazu muß iterativ gelöst werden, hat aber eine gute Konvergenz. Die Dichte der Farbe betrage wiederum $\rho = 1000$ kg/m$^3$ und es werde wie im Beispiel mit nicht-newtonschem Verhalten eine Rohrleitung DN 100 von 30 m Länge verwendet. Nach dem Modell von Cross ermittelt man so einen Druckverlust von $\Delta p = 54$ bar. Dies erfordert eine Förderleistung von $P = 15$ kW, die elektrische Leistung würde einen Antrieb von 50 kW erfordern. Wird den Besonderheiten des Fluids nicht Rechnung getragen, können sich bei der Berechnung der Druckverluste Fehler von mehreren hundert Prozent ergeben. Um dies zu verdeutlichen, wurde in einer Gegenüberstellung zu unterschiedlichen Fördergeschwindigkeiten der Druckverlust zum einen nach dem Cross-Ansatz berechnet, zum anderen nach dem Modell von Bernoulli (s. Tab. 12-1).

Man erkennt, daß die Unterstellung eines newtonschen Verhaltens zu einer Überdimensionierung von bis zu 100% führen würde.

**Tab. 12-1.** Maximalgeschwindigkeit bei Stick-slip-Bewegung, Parameterstudie

| Fördergeschwindigkeit in $m^3/h$ | $\Delta p_1$ strukturviskos in bar | $\Delta p_2$ newtonisch in bar | Differenz $\Delta p_2 - \Delta p_1$ in % |
|---|---|---|---|
| 0,1 | 23 | 29 | 26 |
| 0,2 | 40 | 59 | 46 |
| 0,3 | 54 | 88 | 64 |
| 0,4 | 65 | 117 | 80 |
| 0,5 | 75 | 146 | 95 |

Bei hohen Durchsätzen steigt der Druckverlust wesentlich langsamer an als nach Bernoulli berechnet. Da der Druckverlust proportional zur Pumpenleistung ist, hat dieser unmittelbare Auswirkungen auf die Pumpengröße. In jedem Fall sind, ergänzend zu den überschlägigen Berechnungen anhand der ermittelten Viskositätskurven, Versuche notwendig, um das tatsächliche Verhalten zu ermitteln und Armaturen und Aggregate richtig zu dimensionieren.

# 13 Prüfungen vor Inbetriebnahme

## 13.1 Prüfung von Ausrüstungsteilen

### 13.1.1 Molchleitungen

Die Isometrie für die molchbare Rohrleitung muß auf Übereinstimmung mit der tatsächlich verlegten molchbaren Rohrleitung, dem Hauptbestandteil einer Molchanlage, überprüft werden, insbesondere ist auf die richtige Lage von Anschlüssen und Abgängen sowie den Dehnungsausgleich zu achten. Die Schweißnähte werden äußerlich begutachtet, sofern sie nicht schon einer Schweißüberwachung unterlagen. Die Halterungen für die molchbare Leitung müssen kräftig und ausreichend an der Zahl sein, um den Stoßkräften (s. Kap. 19) standzuhalten.

Nach der Fertigstellung einer neuen molchbaren Rohrleitung muß diese von jeglichen Verunreinigungen befreit werden. Zum Schutz der molchbaren Armaturen bzw. deren Dichtflächen und Dichtungen sollten die Armaturen durch Paßstücke ersetzt werden, bevor die Rohrleitung mit einer Spülflüssigkeit gereinigt wird.

Die Reinigung kann mit einer für das System geeigneten und für das nachfolgende Produkt verträglichen Spülflüssigkeit oder mit Reinigungsmolchen, die in den verschiedensten Ausführungen angeboten werden, durchgeführt werden. Die Reinigungsflüssigkeit kann aber auch frei durch die Leitung gepumpt werden oder zwischen zwei Molche eingebracht werden. Dieses Tandem kann dann mehrmals je nach gefordertem Reinigungsgrad hin- und hergetrieben werden.

Die Reinigungsmenge kann, wenn sie zwischen zwei Molchen mit beliebigem Abstand eingebracht wird, gering gehalten werden und beträgt je nach Nennweite zwischen 5 und 100 Liter. Der Spüleffekt kann durch Veränderung und mehrfachen Wechsel der Reinigungsflüssigkeit optimiert werden.

Weiter muß sichergestellt werden, daß vor Inbetriebnahme bzw. nach der Reinigung der Rohrleitung die molchbaren Armaturen an ihrem Bestimmungsort installiert und die Antriebe angeschlossen sind. Für die pneumatischen Antriebe muß der geforderte Betriebsdruck im Druckluftsystem gewährleistet sein.

Unterliegt die Rohrleitung der Druckbehälterverordnung, so muß sie je nach Auslegung und Betriebsdruck einer Druckprobe unterzogen werden. In dem Protokoll wird das Datum der Wiederholungsprüfung festgelegt (s. Kap. 18).

Zur Erfüllung der durch den Lieferanten zugesicherten Eigenschaften gehören immer zum einen die Probemolchung und zum zweiten die Konzentrationsmessung.

### 13.1.2  Molche

Genauso wichtig wie der Zustand der molchbaren Rohrleitungen und Armaturen ist die Überprüfung des gelieferten Molches. Er muß beständig sein gegen das Produkt, die Molchart muß den Anforderungen der Molchleitung gerecht werden und die Abmessungen des Molches sowie die Lage des Permanentmagneten im Molch müssen überprüft werden. Diese Überprüfung wird in Abschnitt 3.5 beschrieben.

### 13.1.3  Zusatzeinrichtungen

Eine Molchanlage ist in der Regel integriert in einer Produktionsanlage. Sie ist z.B. Bindeglied zwischen Lagertanks und Abfüllstellen.

Vor Inbetriebnahme müssen auch diese Anlagenteile auf Funktionsfähigkeit und Reinheit überprüft werden. Produktanbackungen und artfremde Produktreste dürfen sich nicht in den Behältern oder den zu- oder abführenden nichtmolchbaren Leitungen und Förderpumpen befinden.

Die PLT-Einrichtungen, wie Standmessungen, Überfüllsicherungen und Temperaturmessungen im nicht molchbaren Anlagenteil sind ebenfalls in die Überprüfung vor Inbetriebnahme mit einzubeziehen.

Vor Inbetriebnahme ist unbedingt darauf zu achten, daß alle erforderlichen gesetzlich vorgeschriebenen Genehmigungen vorliegen (s. Kap. 18).

## 13.2  Funktionsprüfungen

### 13.2.1  Probemolchung

Die Probemolchung ist eine Molchung, bei der Treibmitteldruck und Zeit gemessen und somit Druckspitzen, die durch Flanschversatz, Schweißnahtdurchhang, Krümmer, Armaturen, Beulen etc., hervorgerufen werden, erkannt und lokalisiert werden können.

Das Verhältnis von Gegendruck zu Druckspitzen ist ein Maß für die gefertigte und montierte Güte der Molchleitung.

Jede Probemolchung wird über ein schriftliches Meßprotokoll (Druck-Zeit-Diagramm) dokumentiert und ausgewertet.

Liegen die Abmessungen der molchbaren Rohrleitungen nicht im Toleranzbereich und/oder ist die molchbare Rohrleitung schweißtechnisch unzureichend verarbeitet und montiert, so wird der Molch in seinem Lauf behindert und beschädigt. Die Art der Beschädigung an einem Molch läßt Rückschlüsse auf das Hindernis zu, das auch eine Armatur oder ein Fangdorn sein kann.

Grundsätzlich können Probemolchungen nicht nur an neuen molchbaren Rohrleitungen sondern auch an bereits länger installierten Rohrleitungen, die ursprünglich nicht für eine Molchung vorgesehen waren, durchgeführt werden.

Das Ergebnis der Probemolchung zeigt eindeutig, ob nach Beseitigung von Störquellen die Rohrleitung molchbar gemacht werden kann. Der bessere Weg ist jedoch, eine neue molchbare Rohrleitung zu installieren.

Probemolchungen werden in der Regel von allen Firmen, die molchtechnische Anlagen planen, liefern und montieren, gefordert und sind Bestandteil der Funktionsgarantie.

### Prinzip der Messung

An die Rohrleitung wird eine Meßeinrichtung angeschlossen (s. Abb. 13.1). Diese Einrichtung besteht aus einem Druckmeßumformer und einem Meßumformer zur Aufnahme der Strömungsgeschwindigkeit. Der Molch wird mit einem nicht kompressiblen Treibmedium (Wasser, Öl) durch die Rohrleitung geschoben. Es muß ein neuer Molch verwendet werden. Optimale Meßergebnisse erhält man mit einem Vollkörpermolch z.B. aus Vulkozell mit max. 2% Vorspannung. Die Geschwindigkeit des Molches soll ca. 0,1 ms$^{-1}$ betragen. Die Abtastrate beträgt beispielsweise, je nach Länge der Rohrleitung, zwischen 0,5–7 kHz. Damit wird jeder Millimeter der Rohrleitung zwischen 5- und 70mal abgetastet. Die Meßdaten können über einen Linienschreiber erfaßt oder elektronisch in einer Datenbank gespeichert werden. Nach Abschluß der Messung müssen die Meßdaten analysiert werden.

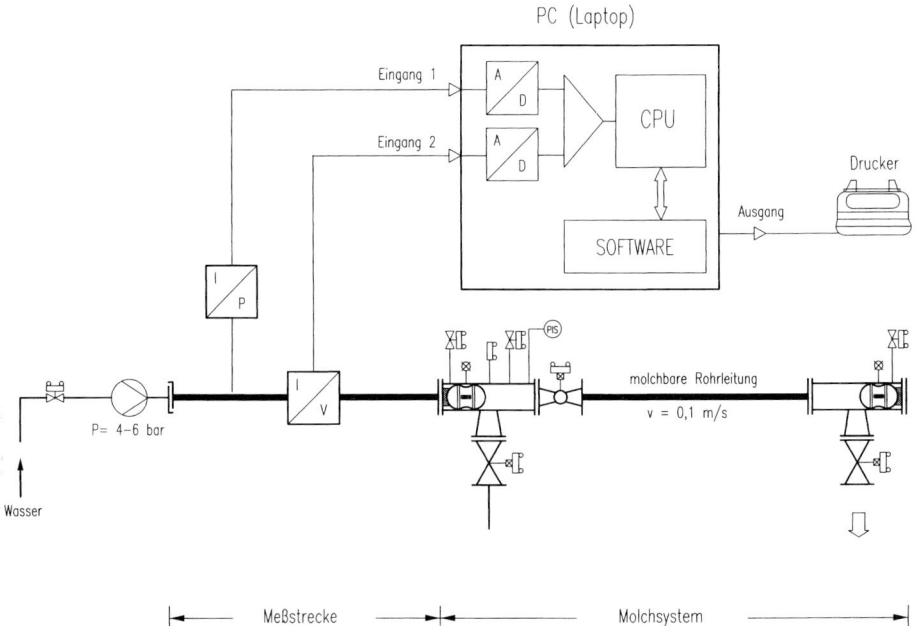

**Abb. 13-1.** Blockschaltbild einer Probemolchung

**Funktionstest**

Ist das Ergebnis der Probemolchung nicht zufriedenstellend, müssen z. B. Schweiß-nahtdurchhänge beseitigt oder ganze Rohrleitungsteile ausgetauscht werden.

Beim weiteren Vorgehen muß man grundsätzlich unterscheiden zwischen hand-betriebenen oder automatischen Molchanlagen.

Bei der handbetriebenen Molchanlage kann jetzt die Bestimmung der Konzen-tration des Vorproduktes im Folgeprodukt erfolgen und nach Abnahme durch den Kunden die Molchanlage in Betrieb genommen werden.

Bei automatisch betriebenen Molchanlagen muß die gesamte Anlage auf Funk-tionsfähigkeit aller Armaturen mit Antrieben Stellungs- und Molchmeldern sowie des Programmablaufs mit den vorgegebenen Schaltzeiten überprüft werden. Dazu gehört auch das Simulieren von Störungen, um das Verhalten der Steuerung in solchen Fällen zu analysieren.

Erst danach erfolgt, soweit erforderlich, eine Konzentrationsmessung und da-nach die Inbetriebnahme.

## 13.2.2   Konzentrationsmessung

Toträume in Armaturen, an Schweißnahtdurchhängen, an der Innenrauhigkeit des molchbaren Rohres oder an der Oberfläche des Molches durch offene Poren kann man mit einer Probemolchung jedoch nicht erkennen.

Dafür ist eine Konzentrationsmessung erforderlich, wie sie in Kapitel 10 be-schrieben wird. Werden bei Produktfamilien geringe Vermischungen vom Abneh-mer zugelassen, kann auf eine Konzentrationsmessung verzichtet werden.

## 13.2.3   Probemolchung am praktischen Beispiel

Wird an einer molchbaren, oder auch nicht molchbaren Rohrleitung eine Probe-molchung durchgeführt, so wird in der Auswertung nicht das gesamte Spektrum von Störquellen auftreten. Aus diesem Grund wurden die Ergebnisse von Probe-molchungen an verschiedenen molchbaren Rohrleitungen untersucht und analy-siert. Dabei kommt es darauf an zu zeigen, wie sich in der Auswertung z. B. Bö-gen, Flansche, Schweißnähte oder Beschädigungen darstellen.

**Meßaufbau und Funktion**

An der Sendestation wird eine Meßstrecke angeflanscht, die ausgestattet ist mit ei-nem Durchfluß- und Drucktransmitter sowie einem Treibmediumanschluß.

Druckverlauf und Strömungsgeschwindigkeit werden über die Meßstrecke er-faßt und in einen Einheitssignalbereich (4–20 mA) umgewandelt. Diese Signale werden in einem tragbaren PC (Laptop) so weiterverarbeitet, daß die Auswertung der Ergebnisse über einen Drucker dokumentiert werden kann.

*Probemolchungen und Auswertung*

Zur Darstellung der Störquellen im Druck-Zeit-Diagramm wurden Ausschnitte von sechs Probemolchungen ausgewählt (s. Abb. 13-2). Die Diagramme sind mit unterschiedlichen Auflösungen (Abtastraten) aufgezeichnet, da die untersuchten Rohrleitungen verschiedene Längen haben.

Der Druckanstieg ist ein Maß für die Behinderung der Molchfahrt durch eine Störquelle.

*Beispiel 1*

Der Ausschnitt zeigt eine molchbare Rohrleitung DN 50 aus Stahl in einer Produktionsanlage. Die gesamte Leitung verbindet zwei Produktionen und dient dem Transport von Chromdioxid.

Die Analyse des Druck-Zeit-Diagramms zeigt folgende Merkmale:

– Druckanstieg auf ca. $p=6,5$ bar, Bögen B1 bis B3
– Druckanstieg auf ca. $p=4,5$ bar, Flansche F1 bis F5
– Druckanstieg bei ca. $t=0,75$ bis 1,15 min auf $p=6,5$ bar.

Der Molch wurde bei $t=0,75$ min bis $t=1,15$ min in seiner Fahrt erheblich behindert. Nach genauer Untersuchung wurde eine äußere Beschädigung der Rohrleitung festgestellt, die zur Verringerung des Rohrquerschnittes führte. Der Schaden wurde anschließend behoben.

*Beispiel 2*

Bei diesem Rohrabschnitt handelt es sich um eine nicht molchbare Rohrleitung DN 80 aus Edelstahl (1.4541), welche die Verbindung zwischen einem molchbaren Verteiler und einem Lagerbehälter in einem Tanklager darstellt. Dieses Rohrleitungsstück sollte auf Molchbarkeit untersucht werden. In der Rohrleitung werden wasserähnliche Substanzen gefördert.

Die Analyse des Druck-Zeit-Diagramms zeigt folgende Merkmale:

– Druckanstieg auf ca. $p=2,0$ bar, Schweißnaht S1
– Druckabfall auf ca. $p=0,4$ bar, Flansche F1 bis F3.

Der Druckanstieg auf $p=2,0$ bar kommt durch eine Schweißnaht mit zu großem Wurzeldurchhang zustande. Der Wurzeldurchhang muß verschliffen werden. Durch kleine Durchmessererweiterung im Flanschbereich fällt der Druck auf ca. 0,4 bar ab. Das Ergebnis der Probemolchung läßt die Molchbarkeit der Rohrleitung, bei dem geforderten Reinigungsgrad C, zu.

*Beispiel 3*

Hier wurde eine molchbare Rohrleitung DN 50 aus Edelstahl (1.4571), in der flüssige Farbstoffe gefördert werden, getestet. Das im Druck-Zeit-Diagramm dargestellte Rohrleitungsteilstück wurde in der Produktion verlegt. Die Gesamtleitung verbindet die Produktion mit einem Lager.

Die Analyse des Druck-Zeit-Diagramms zeigt folgende Merkmale:

– Druckanstieg auf ca. p=4,5 bar, Bögen B1 bis B3
– Druckanstieg auf ca. p=3,0 bar, Schweißnähte z.B. S1 bis S9.

In diesem Beispiel sind die Bögen und Schweißnähte deutlich in der molchbaren Rohrleitung an dem unterschiedlichen Druckanstieg zu erkennen. Der Stick-slip-Effekt des Molches in den Rohrbögen ist durch den raschen Wechsel von Druckanstieg und Druckabfall in kurzen Zeiträumen zu erkennen.

*Beispiel 4*

Eine *nicht molchbare* Rohrleitung DN 100 aus Edelstahl (1.4541) wurde dennoch mit einem Kugelmolch gemolcht. Die Rohrleitung, in der Poly-THF gefördert werden, verbindet die Produktion mit einer Umfüllstelle. Für Beispiel 4 wurde ein Teilstück auf einer Rohrbrücke ausgewählt. Bei dem Molchvorgang mit dem Kugelmolch stellte sich ein Treibmediumdruck von p=7 bar ein. Mit der Änderung der Molchart, nämlich dem Einsatz eines Lippenmolches, konnte der Treibmediumdruck auf ca. p=2,2 bar gesenkt werden und eine wesentlich ruhigere Molchfahrt erzielt werden.

Die Analyse des Druck-Zeit-Diagramms zeigt folgendes Merkmal:

– Gleichmäßiger Druckanstieg auf ca. p=2,2 bar, Flansche F1 bis F4.

*Beispiel 5*

Eine ca. 100 m lange molchbare Rohrleitung DN 80 aus Edelstahl (1.4571), in einer verzweigten Molchanlage für Waschmittelrohstoffe, stellt die Verbindung zwischen der Produktion und einer Umfüllstelle dar. Bei einem Molchvorgang im Winter erreichte der Molch nicht die Empfangsstation. Die anschließend durchgeführte Probemolchung lokalisierte die Ursache (s. Beispiel 5).

Die Analyse des Druck-Zeit-Diagramms in Beispiel 5 zeigt das Merkmal:

– Druckabfall bei t=0,9 min auf p=0 bar.

An dieser Stelle wurde durch einen Frostschaden die Rohrleitung derart erweitert, daß das Produkt am Molch vorbeiströmen konnte. Nach Behebung des defekten Rohrleitungsstücks konnte die Rohrleitung wie gewohnt gemolcht werden.

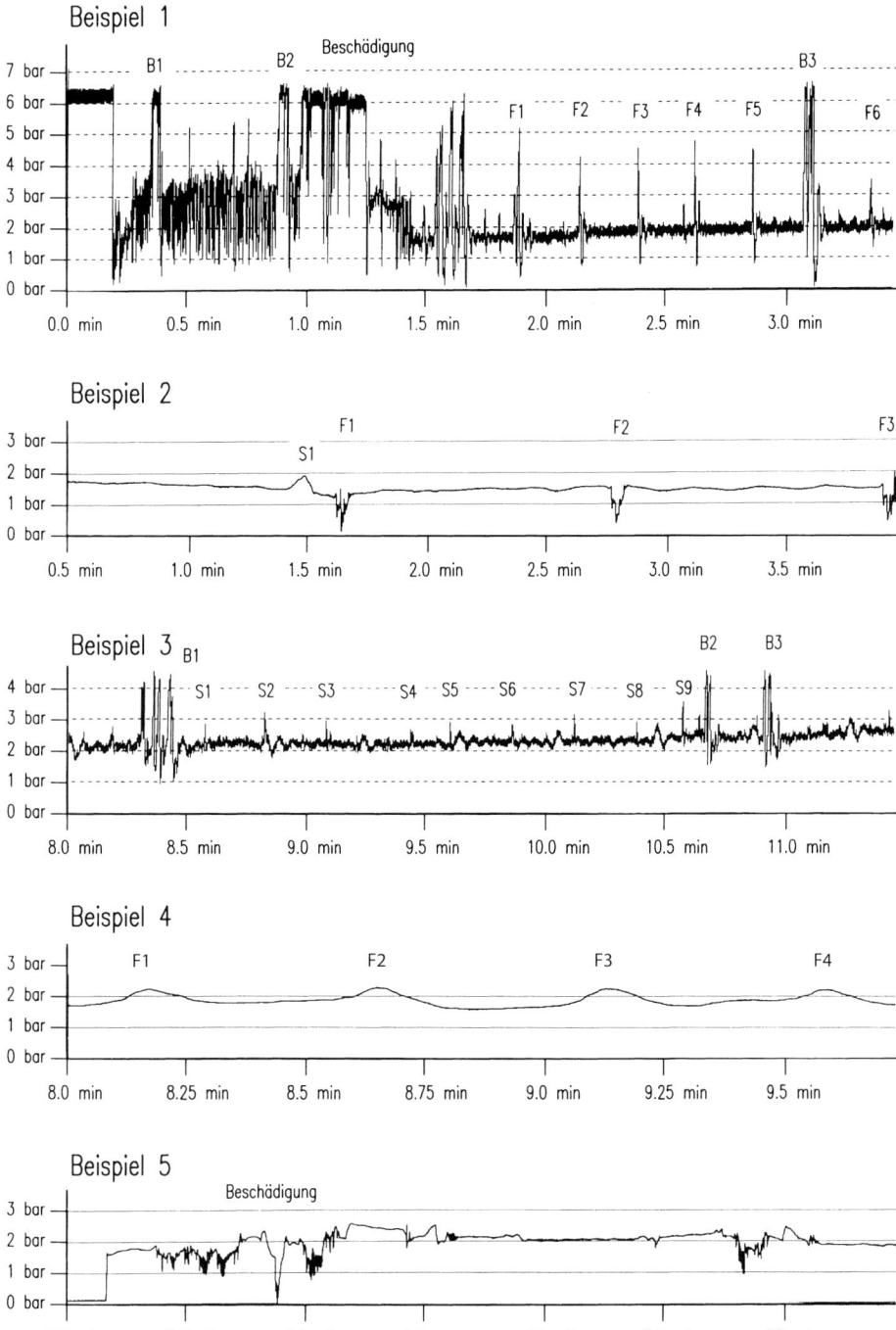

**Abb. 13-2.** Ausschnitte von Druck-Zeit-Diagrammen mehrerer Probemolchungen

Mit einer Probemolchung können in molchbaren und nicht molchbaren Rohrleitungen, wie in den Druck-Zeit-Diagrammen gezeigt wird, Montagenähte, Rohrbögen, Flansche, jeder Versatz oder Ovalität, sowie Beschädigungen an einer Rohrleitung leicht lokalisiert werden. Aus diesem Grund sollte auf eine Probemolchung niemals verzichtet werden.

# 14 Erfahrungen aus Molchanlagen

## 14.1 Erfahrungen vor der Inbetriebnahme

In diesem Kapitel werden Erfahrungen aus bestehenden Prozeßmolchanlagen (PMA) zusammengetragen und beschrieben.

Die positiven oder auch negativen Erfahrungen aus Prozeßmolchanlagen sollen dem Projektierer oder Betreiber helfen, die Anlage so zu konzipieren, daß der Betreiber problemlos mit der Prozeßmolchanlage umgehen kann. Es werden die Erfahrungen aus den einzelnen Phasen beim Entstehen einer Molchanlage nacheinander betrachtet:

- Entscheidungsfindung
- Planung
- Beschaffung
- Montage
- Mängel an Ausrüstungsteilen
- Störungen bei Inbetriebnahme und während des Betriebes
- Dokumentation seltener Ereignisse.

Neben den eigenen Überwachungsaufgaben wird z. B. bei einem Unitauftrag eine Prüfung vor Inbetriebnahme (s. Kap. 13) durch den Lieferant mit einer Probemolchung vorgenommen und die dabei aufgetretenen Mängel auch durch ihn kostenneutral beseitigt. In diesem Fall ist nicht immer garantiert, daß der Betreiber von allen beseitigten Mängeln in Kenntnis gesetzt wird.

Im Fall der Einzelvergabe wird der Betreiber bei der Prüfung vor Inbetriebnahme direkt mit den Mängeln an Ausrüstungsteilen oder Problemen an den Schnittstellen konfrontiert.

### 14.1.1 Entscheidungsfindung

Der Entscheidungsfindung (s. Kap. 9) sollte in jedem Fall eine Wirtschaftlichkeitsberechnung vorausgehen. Unumgänglich ist jedoch die Prüfung der Beständigkeit des Molchmaterials und der Molchbarkeit des Produktes. Bei einer Mehrprodukteanlage müssen die einzelnen Produkte daraufhin untersucht werden, inwieweit sie zu Produktfamilien zusammengefaßt werden können. Wurden die genannten Kriterien nicht sorgfältig genug untersucht, waren sie häufig der Grund für ein späteres Versagen der Prozeßmolchanlage.

Es muß klargestellt sein, daß die Produkte wirklich *einer* Produktfamilie angehören, d. h. gemeinsame physikalische und chemische Eigenschaften aufweisen. Dies ist entscheidend für die Verträglichkeit aufeinanderfolgender Produkte bzw. den Reinigungsgrad.

## 14.1.2  Planung

Bei der Planung einer Molchanlage kommt es gerade bei Prozeßmolchanlagen auf die Erfahrung des Projektierers an. Er muß die Eigenschaften der Produkte genau kennen und die Prozeßmolchanlage danach ausrichten. Die besten Erfahrungen liegen vor, wenn eine Molchanlage als Unit beschafft wurde, d. h. alles aus einer Hand, die Projektierung der Molchtechnik sowie der Prozeßleittechnik, die Beschaffung, Montage und Inbetriebnahme mit Garantielauf und Funktionsgarantie, abgewickelt wurde.

Funktionsgarantie bedeutet die Zusage, eine abnahmefähige Funktionseinheit als Prozeßmolchanlage erfolgreich betreiben zu können; dabei ist ein optimales Zusammenwirken von Rohrleitung, Armaturen, Molch und PLT anzustreben.

In der Regel liegen bei den Firmen, die komplette Molchanlagen liefern, auch die entsprechenden Erfahrungen vor. Zusammen mit der Kenntnis des Betreibers über seine Produkte ist der Unit-Gedanke die optimale Lösung für die Planung einer Prozeßmolchanlage. Ein wichtiges Kriterium dabei ist, daß die Gesamtverantwortung für das Projekt hin bis zur Inbetriebnahme nur bei einem Lieferanten liegt. Oft ist die Unit-Lösung auch kostengünstiger.

Wird eine Prozeßmolchanlage über einen Unitauftrag beschafft, werden die bekannt gewordenen Schnittstellenprobleme von vornherein ausgeschlossen.

Grundsätzlich ist die Klärung des Ablaufs der Molchung bzw. die Festlegung der Fahrweise in Form einer Tabelle erforderlich (s. Abschn. 2.4.1).

Eine Versuchsmolchanlage, in der Testmolchungen durchgeführt werden, ist bei größeren Projekten in jedem Fall sinnvoll.

Kompetente Firmen bieten Versuche in ihren Testmolchanlagen an.

## 14.1.3  Beschaffung

Sind die grundsätzlichen technischen und produktspezifischen Probleme geklärt, kann die Molchanlage angefragt und beschafft werden. Es ist dabei besonders darauf zu achten, daß alle Spezifikationen und die entsprechenden Wünsche des Betreibers in der Ausschreibung enthalten sind. Immer wieder zeigt die Erfahrung, daß nicht genügend ausgearbeitete technische Unterlagen später zu erheblichen Nachforderungen geführt haben. Hat sich der Betreiber für eine Unitvergabe entschieden, bedeutet dies, daß Molche, molchbare Armaturen, molchbare Rohrleitungen, PLT-Einrichtungen sowie die Versorgungsleitungen mit Armaturen von nur einem Vertragspartner geliefert und montiert werden.

Bei der Unitvergabe ist darauf zu achten, daß neben den Ausrüstungsteilen für die Molchanlage auch die Planungs- und Montageleistungen sowie die Inbetriebnahme und Dokumentation mit Gewährleistung bzw. Funktionsgarantie enthalten sind.

Bei der Einzelvergabe der Komponenten ist die Wahrscheinlichkeit des Auftretens von Problemen beim Zusammenspiel aller Komponenten relativ groß. Bei der Einzelvergabe liegt die Gewährleistung auch nur bei den Lieferanten der einzelnen Komponenten.

Bei der Beschaffung von Einzelkomponenten hat sich gezeigt, daß für die Beseitigung von Mängeln an den Schnittstellen und bis zur zuverlässigen Funktionserfüllung ein erheblicher Zeit- und Kostenaufwand notwendig ist.

Außerdem setzt eine Einzelvergabe das Vorhandensein von geeignetem Fachpersonal mit spezifischen Kenntnissen über die Molchtechnik voraus. Oft wurde hier beobachtet, daß die Molchtechnik in ihrer Komplexität weit unterschätzt wurde.

### 14.1.4 Montage

Wird die Montage der Anlagenteile sorgfältig durchgeführt, werden auch die Störungen bei Inbetriebnahme minimal sein. Der Montage der Rohrleitungen, Armaturen und PLT-Einrichtung kommt somit eine große Bedeutung zu. Die Montage ist ständig durch geschultes Personal zu überwachen. Erkannte Schwachstellen müssen sofort beseitigt werden.

Bei der Montage der Molchanlage sind folgende Punkte zu beachten:

*Rohrleitungen, Rohrbögen*

- Eingangskontrolle, Prüfung des Innendurchmessers, der Wandstärke des Materials und der Ovalität, die Rohrleitungen und Rohrbögen sind sorgfältig zu lagern, damit sie nicht beschädigt werden können
- die Rohrenden sind auf Rundheit zu überprüfen. Ovale Rohrenden sind mittels Kalibrierdorn nachzurichten
- die Rohrenden sind vor der Orbitalschweißung zu planen und zu entgraten
- die Schweißverbindungen sind sofort nach Herstellung durch eine unabhängige Schweißüberwachung zu überprüfen. Fehler müssen sofort beseitigt werden. Sie können auftreten bei Rohrversatz oder geänderten Schweißparametern. Großer Wert ist dabei auf die Prüfung des Wurzeldurchhangs zu legen. Werden die vorgegebenen Werte nicht erzielt, muß die Innennaht verschliffen oder die Rundnaht herausgetrennt und erneuert werden. Dic Rohrinnenseite ist auch auf Schweißspritzer zu untersuchen, die in jedem Fall entfernt werden müssen
- Müssen Abzweige an die Molchleitung angebracht werden, so ist darauf zu achten, daß keine Rohrenden in die Molchleitung hineinragen.
- Während der Montage der Rohrleitung und der Armaturen dürfen keine losen Teile in der molchbaren Rohrleitung verbleiben.

*Armaturen*

Am Anfang und Ende sowie bei Abzweigen müssen zum Einbau von Armaturen Flansche in die molchbare Rohrleitung eingeschweißt werden. Die Flansche müssen zentrierbar sein. Vor dem Einbau der Armatur ist der molchbare Innendurchmesser mit dem Innendurchmesser der molchbaren Rohrleitung abzugleichen, er muß absolut übereinstimmen. Kommen Flachdichtungen zum Einsatz, dürfen diese nicht ins Rohrinnere hineinragen.

Hervorstehende Dichtungen führen unweigerlich zu Störungen, die aber bereits bei der Probemolchung zutage treten.

*PLT-Einrichtungen*

Die Montagefehler, die bei PLT-Einrichtungen auftreten können, sind nicht auf Molchanlagen beschränkt. Sie können genauso auftreten bei der Montage einer herkömmlichen verfahrenstechnischen Anlage. Große Bedeutung ist jedoch der Prüfung der Software beizumessen. Durch Fehler in der Software, z.B. in einer SPS, sind bisher die meisten Störungen bei der Prüfung vor Inbetriebnahme verursacht worden. Für die Inbetriebnahme und Fehlersuche ist unbedingt darauf zu achten, daß eine ausreichende Dokumentation vorhanden ist.

## 14.2   Erfahrungen nach der Inbetriebnahme

### 14.2.1 Mängel an Ausrüstungsteilen

*Rohrleitungen*

Wurde hier nicht die Rohrleitung spezifikationsgerecht geliefert, so ergeben sich Probleme bei der Schweißung an den Stoßstellen von zwei zu verbindenden Rohrleitungen. Sind die Rohrenden nicht rund, so tritt beim Zusammenfügen an den Stoßkanten ein Versatz auf. Ein zu großer Schweißwurzeldurchhang ist dabei vorprogrammiert.

Als Schweißverfahren setzt sich immer mehr die Orbitalschweißung durch. Derzeit wird sie problemlos eingesetzt bei Wandstärken bis zu 3,2 mm. Darüber hinaus (bis 5 mm) bedarf es großer Erfahrung zur Herstellung von Schweißnähten mit zulässigem Wurzeldurchhang (s. Abschn. 5.4.2).

Immer wieder wurde festgestellt, daß Probeschweißungen in einer Werkstatt nicht zu vergleichen sind mit den Schweißbedingungen auf der Baustelle. Gibt es innerhalb einer Rohrleitungslieferung unterschiedliche Chargen, so müssen die Schweißparameter neu eingestellt werden. Wichtig ist auch die Qualität der gelieferten Rohrbögen. Sind sie oval, so gibt es einen Versatz an der Stoßstelle zur Rohrleitung, dies ist leider keine seltene Erscheinung.

Seltener beobachtet wurde, daß der Innendurchmesser der Rohrleitung nicht mit dem Innendurchmesser der molchbaren Armatur übereinstimmte. Dies kommt einem Versatz von Rohrleitungen gleich und ist in jedem Fall eine Störquelle für den Molch. Man sieht die Störung deutlich im Protokoll der Probemolchung.

Die Prüfung der Halterungen für die Molchleitung ist äußerst wichtig, da sie bekanntlich die Stoßkräfte aufnehmen müssen. Die Halterungen müssen kräftig ausgeführt sein und dürfen nicht zu Korrosion an der Molchleitung beitragen. Möglicherweise sind Zwischenlagescheiben erforderlich.

*Molchbare Armaturen*

Bei den molchbaren Armaturen wurden folgende Mängel bekannt:

– Dichtungen waren nicht beständig gegen das Produkt und sind gequollen
– bei klebrigen oder polymerisierenden Produkten verbleibt z.B. aushärtendes Produkt in nicht gespülten Räumen
– durch fest gewordenes Produkt in Federräumen verliert die Feder ihre Rückstellkraft und die Armatur wird undicht
– Undichtigkeit der Armatur nach außen durch nicht fachgerechtes Anziehen der Stopfbuchsbrille oder die Verwendung von nicht spezifikationsgerechtem Dichtungsmaterial
– Steckenbleiben oder zu langsames Bewegen der Schubstange bei pneumatisch betriebenen Armaturen, weil der Druckluftzylinder zu klein und nicht für den vorhandenen Betriebsdruck ausgelegt wurde
– Nichterreichen der Endlage z.B. bei einem Fangdorn, da die Hubbegrenzung am Zylinder nicht präzise eingestellt wurde. Die Folge ist die Beschädigung des Molches und Fangdorns.

*Molche*

Bevor ein Molch in die Rohrleitung eingesetzt wird, muß er überprüft werden (s. Abschn. 3.5). Der Molch selbst ist ein Glied in der Molchanlage, das seine Stärken und Schwächen erst nach einer längeren Betriebszeit zeigt.

Die am häufigsten aufgetretenen Mängel waren:

– zu geringe Laufzeit
– nicht ausreichende Beständigkeit gegen das Produkt
– Zerstörung durch ein in die Rohrleitung hineinragendes Hindernis
– Magnet wurde aus dem Molch herausgerissen.

*Steuerung*

Die häufigsten aufgetretenen Störungen bei der Steuerung einer Prozeßmolchanlage sind in der Regel zunächst Fehler in den Funktionsplänen, die bei der Programmierung übernommen wurden. Durch diese Fehler gelingt es dann nicht, von einem Steuerungsschritt in den nächsten zu gelangen. Nicht selten treten auch Fehler in der Signalverarbeitung auf. Falsch angepaßte Schaltzeiten bei der Schrittsteuerung führen ebenfalls zu Störungen, da unter Umständen der Molch nicht seine Endlage erreicht und dann auch nicht gemeldet wird, d.h. die Steuerung meldet dann eine Störung.

Der gleiche Effekt zeigt sich bei falsch positionierten, ungeeigneten oder defekten Molchmeldern. Die exakte und zuverlässige Anzeige von Molchmeldern sollte auf jeden Fall durch einen speziellen Funktionstest geprüft werden. Dies gilt insbesondere für luftbetriebene PMA mit größerer Nennweite.

### 14.2.2    Störungen während des Betriebes

Störungen, die bei Inbetriebnahme auftreten, können gleicher Natur sein wie Störungen während des Betriebes nach einer längeren Betriebsdauer. Erfahrungsgemäß unterliegt eine geprüfte und freigegebene Molchanlage bei entsprechender Wartung nur selten einer Störung.

Tritt dennoch eine Störung auf, sind es oftmals Ereignisse, wie sie bereits bei der Prüfung vor Inbetriebnahme (Abb. 14-1) beschrieben wurden. Dennoch werden an dieser Stelle spezifische Ereignisse nochmals benannt und beschrieben, die auch häufig nach Reparaturen oder Umbauten an der Anlage auftreten können. Die meisten Störungen sind auf Fehler bei der Rohrleitungs- und PLT-Montage zurückzuführen. In vielen Fällen sind auch Programmierfehler in der Software der Steuerung die Ursache von Störungen.

### Molch bleibt stecken

Kommt der Molch bei einer Molchung nicht in der Empfangs- oder Sendestation an, so ist er z.B. an einem Hindernis in der Molchleitung festgehalten worden.
Dieses Hindernis kann sein:

- ein zu großer Schweißnahtdurchhang
- ein Rohrleitungsversatz
- ein Flansch- oder Dichtungsversatz
- ein T-Ringschieber oder Fangdorn, der sich in einer Zwischenstellung befindet.

Weitere Gründe können sein:

- die Entspannungsleitung in der Empfangsstation ist mit Produkt verklebt
- der Molch ist zu stark abgenutzt, so daß z.B. das Treibmedium Luft an ihm vorbeistreicht und den Molch nicht mehr treibt
- die Treibmediumsversorgung ist ausgefallen
- der Molch wurde an einem Hindernis zerstört
- in der Steuerung liegt ein Fehler vor.

*Extreme Stick-slip-Bewegung des Molches*

In der Regel bewegt sich der Molch, wenn er mit einem kompressiblen Treibmedium gefördert wird, mit ungleichförmiger Geschwindigkeit. Bei langen geraden Strecken beschleunigt er und wird dann an Bögen gebremst. Der Treibgasdruck steigt an und beschleunigt den Molch nach Verlassen der Bögen wieder. Dieser Vorgang ist normal und wird kontrolliert durch eine Drosselung der Abluft vor dem Molch, z.B. beim Austritt aus der Empfangsstation oder dem Entspannungsgefäß.

Extreme Stick-slip-Bewegungen des Molches treten auf bei:

– Drosselung des Treibmediums anstelle Drosselung der Abluft, d.h. es steht nicht genügend Treibmedium zur Verfügung
– zu hoher Vorpressung des Molches
– nicht zulässigem Schweißnahtdurchhang
– zu großer Rohrrauhigkeit, z.B. wenn für eine Molchleitung keine molchbaren Rohre verwendet wurden, oder wenn eine vorhandene nicht molchbar ausgeführte Rohrleitung gemolcht werden soll
– bei Trockenfahrten des Molches (Luft gegen Luft) oder bei geringer Schmierfähigkeit des Produktes.

*Molch wird nicht gemeldet*

Diese Störung tritt erfahrungsgemäß am häufigsten auf, da die Störquellen, die Molchmelder, leicht ortsveränderliche Elemente sind.

Wird der Molch nicht in seiner vorgegebenen Position gemeldet, kann es an folgenden Gründen liegen:
– der Molchmelder ist nicht geeignet
– der Molchmelder ist defekt und muß ausgetauscht werden
– der Molchmelder ist dejustiert
– in der Steuerung wird das Eingangssignal nicht weiter verarbeitet
– der Molch hat die Ausgangsposition verlassen und ist aus den bereits bekannten Gründen nicht an der erwarteten Stelle angekommen. Das Verlassen z.B. der Sendestation wird angezeigt; kommt der Molch nach Ablauf einer vorgegebenen Zeit nicht an seinem Ziel an, meldet die Steuerung eine Störung.

*Molch erreicht nicht ganz die vorgegebene Zielstation*

Mit einem Molchsuchgerät wird der Molch über seinen Magnetkern in der Zielstation geortet. Die Molchmelder zeigen ihn jedoch nicht an, obwohl sie richtig justiert sind. Das bedeutet, daß der Molch nicht ganz in die Zielstation getrieben werden kann. Vor ihm baut sich ein Druck auf, der größer ist als der Druck des Treibmediums. Dies kann geschehen, wenn z.B. ausgehärtete Produktreste oder Produkt sich in der Zielstation befinden und eine Entspannungsleitung verschließen.

Geht ein Molch nicht ganz in seine Endlage oder bleibt ein Molch stecken, sind die Gründe oft die gleichen.

### *Molch verläßt die gewünschte Ruheposition*

Der Molch hat ordnungsgemäß seine Empfangs- oder Zielstation erreicht und wurde auch gemeldet. Zu einem späteren Zeitpunkt ist jedoch die Meldung verschwunden und der gewünschte Molchschritt kann nicht eingeleitet werden.

Die Ursache kann darin liegen, daß durch einen Pumpvorgang der Molch erfaßt, ein wenig aus der Endlage gezogen und dann in die Rohrleitung befördert wurde. Eine Molchmeldung ist dann nicht mehr möglich. Dies kann auch geschehen, wenn eingeschlossene Luft z.B. durch Erwärmung sich ausdehnt und den Molch aus seiner Endlage drückt. Grundsätzlich kann der Molch auch durch einen Bedienfehler des Personals bei Handfahrweise seine Endlage verlassen.

### *Molch wurde zerstört*

Einen entscheidenden Einfluß auf die Lebensdauer eines Molches hat die zulässige Geschwindigkeit. Ist sie zu hoch, d.h. es wird z.B. keine Drosselung der Abluft im Abgang vorgenommen, so kann der Molch ungebremst in die Empfangs- oder Zielstation getrieben werden. Dabei wird der Molch häufig beschädigt oder auch zerstört. Die gleiche Erscheinung tritt auch auf, wenn der Molch mit zu hoher Geschwindigkeit gegen ein Hindernis in der molchbaren Rohrleitung fährt. Die Molchqualität sowie die Beständigkeit des Molchmaterials gegen das Produkt haben ebenfalls großen Einfluß auf die Lebensdauer des Molches. Letzteres kommt in der Praxis jedoch nicht allzu häufig vor, da das Molchmaterial in der Regel entsprechend ausgewählt wurde.

### *14.2.3  Dokumentation seltener Ereignisse*

Sicher sind nicht alle extremen Ereignisse bekannt geworden. Sie sind sehr selten, haben jedoch u.a. ein hohes Gefahrenpotential und müssen schon deshalb genannt werden; dies sind im einzelnen:

- ein Vollkörpermolch dreht sich in der Rohrleitung um seine Querachse und bleibt stecken:
  der Molch wurde dabei durch ein Hindernis in der Rohrleitung spontan gebremst, gestaucht und um 90° gedreht. Das Produkt kann dann wie durch eine Drossel am Molch vorbeiströmen;
- Magnet wird aus dem Molch gerissen:
  durch einen spontanen Bremsvorgang kann der Permanentmagnet aufgrund seiner Massenträgheit aus dem Vollkörpermolch herausgetrennt werden. Der

**Abb. 14-1.** Zerstörter Bogen einer Rohrleitung

**Abb. 14-2.** Zerstörter Molch

Molch ist dann zerstört, wird nicht mehr gefördert und gemeldet. Der Magnet kann sich weit entfernt vom Molch befinden;

- der Molch ist in der molchbaren Rohrleitung nicht mehr auffindbar:
  durch einen Bedienungsfehler oder einen Fehler in der Steuerung konnte der Molch die Rohrleitung verlassen und wurde bei Reinigungsarbeiten in einem Prozeßbehälter wiedergefunden;
- der Molch schießt aus einer Sende- oder Empfangsstation ins Freie:
  Grundsätzlich darf an offenen Molchanlagen nur gearbeitet werden, wenn die Anlage außer Betrieb gesetzt und gesichert wurde. Durch Absprache- und Be-

dienungsfehler wurde die Anlage in Betrieb genommen, obwohl die Sendestation noch geöffnet war;

- Molch tritt an einem 90°-Rohrbogen ins Freie aus:
  bei einem Molchvorgang in einer Rohrleitung DN 80, PN 16 mit einer Wandstärke von ca. 1,85 mm trat ein hoher Gegendruck auf, wahrscheinlich aufgrund von Produktanbackungen. Durch Probleme in der Steuerung und zu hoch gewählten Treibdruck wurde der Molch durch den Rohrbogen geschossen und dabei zerstört. Molchteile flogen bis zu 250 m weit ins Freie (s. Abb. 14-1 und Abb. 14-2).

# 15  Anwendungen in der Chemischen Industrie

## 15.1  Polymerdispersionen

### 15.1.1  Produktionsanlage

Eine Produktionsanlage in der chemischen Industrie stellt wäßrige Polymerdispersionen her. Die Produkte werden ansatzweise (batch-Betrieb) erzeugt und in Fertigprodukttanks für die Abfüllung gepuffert. Um alle Produkte zu erzeugen, werden die unterschiedlichsten Rohstoffe (Einsatzstoffe) benötigt.

Die gesamte Produktionsanlage umfaßt Rohstofftankläger, mehrere Produktionsgebäude mit großen Lager- und Versandgebäuden. Sämtliche Bauten sind durch Rohrleitungen auf Rohrbrücken verbunden, die Abstände zwischen den einzelnen Gebäuden liegen bei ca. 100 m.

Die Produkte sind flüssig und werden in Tanklastzüge, Eisenbahn-Kesselwagen und in Gebinde (200-l-Fässer, 1000-l-Container) abgefüllt.

### 15.1.2  Produkteigenschaften

Polymerdispersionen sind Dispersionen von synthetischen Homopolymeren oder Copolymeren. Sie sind flüssig bis halbflüssig (Viskositätsbereich: 600–2000 mPas) und im allgemeinen milchig-weiß. Das Polymer liegt in einer wäßrigen Phase fein verteilt vor. In den Dispersionen sind oft Dispergiermittel und/oder andere Hilfsmittel enthalten.

Die Produkte verfilmen unter Lufteinfluß. Zudem neigen einige der Produkte zur Schaumbildung. Wäßrige Dispersionen sind frostempfindlich.

Das Arbeiten im batch-Betrieb und die große Produktanzahl machen häufige und aufwendige Spülvorgänge erforderlich. Diese führen zu hohen Abwasserkosten.

Aus diesen Gründen ist diese Anlage prädestiniert für den Molcheinsatz. Allerdings ist ein sehr aufwendiges ZMS mit VE-Wasser als Treibmittel erforderlich. Außerhalb von Gebäuden sind die Molchleitungen mit Dämmung und Begleitheizung (Frostschutz) ausgerüstet. Insgesamt gehören beinahe 1000 m Molchleitungen zur Anlage.

### 15.1.3    Zweck der Molchanlage

Nutzung einer Rohrleitung für mehrere Produkte
- Reinigen der Rohrleitung durch beinahe vollständige Entfernung des Produkts aus der Leitung
- Aufrechterhalten einer ständigen Füllung mit VE-Wasser in der nicht zur Produktförderung genutzten Leitung
- Flexibilität bei hoher Produktanzahl und häufig wechselnden Produkten, freie Zuordnung Lagertank – Produkt, flexible Nutzung der acht Produktionsstraßen
- erhebliche Einsparung bei den Abwasserkosten
- Rückgewinnung von Wertprodukt.

### 15.1.4    Technische Daten der Molchleitungen

Innerhalb der Produktionsanlage gibt es folgende Molchleitungen (s. Abb. 15-1):

Zwischen den Lager- und Versandeinrichtungen existieren folgende Molchleitungen:

- zu verschiedenen Tanklagern
- zu den TKW-Befüllstationen
- zu den Gebindeabfüllungen.

Die Molchleitungen haben folgende Eigenschaften:

- Nennweite DN 100
- Nenndruck PN 25
- Werkstoff: Austenitischer Stahl 1.4541
- Rohre längsnahtgeschweißt, Montagerundnähte orbitalgeschweißt
- jeweils eine Sende- und Empfangsstation
- Molchentnahmemöglichkeit an der Sendestation
- keine Weichen (unverzweigt)
- Abzweige über molchbare T-Stücke mit Kugelhahn
- Treibmedium VE-Wasser
- Molchsystem: ZMS
- Einsatzhäufigkeit: durchschnittlich mehrmals täglich
- Reinigungsgrad: D
- Lippenmolch aus Vulkollan, Lippen austauschbar
- voraussichtliche Standzeit der Molchkörper: 4 Jahre, der Lippen: 15 km
- durchschnittliche Länge einer Molchleitung: 200 m
- Steuerungstechnik: Ablaufsteuerung in der Betriebsart Automatikbetrieb, Anzeige-Bedien-Komponente (ABK), Prozeßnahe Komponenten (PNK) SPS, Fließbild-Visualisierung mit Anzeige der aktuellen Molchposition.

### 15.1.5 Funktionsbeschreibung

Fast alle Molchleitungen funktionieren nach dem Zwei-Molch-System. Nur so ist gewährleistet, daß nie Luft in der Leitung ist und daß das Produkt stets von Molchen bzw. VE-Wasser eingeschlossen ist. Die folgende Tabelle zeigt die Funktionsweise am Beispiel einer Molchleitung.

Produktförderung von Sonderbehälter zur Befüllstelle.

*Beschreibung der einzelnen Arbeitsschritte*

1. Grundstellung: Molche $M_1$, $M_2$ befinden sich in Sendestation. Die Molchleitung ist mit Treibmedium gefüllt.
2. Der Fangdorn $F_1$ wird am Produkteintritt gesetzt.
3. Molchfahrt: Die Molche $M_1$ und $M_2$ werden mittels Treibmedium bis zum Fangdorn $F_1$ getrieben.
4. Der Molch $M_1$ wird mit Produkt in Richtung Sendestation zurückgesetzt (zur Freigabe des Produkteintritts).
5. Der Fangdorn $F_1$ wird herausgefahren.
6. Molchfahrt: Das Produkt treibt den Molch $M_2$ bis hinter den gewählten Produktabzweig.
7. Die Abzweigarmatur öffnet, wenn die Freigabe von der Anschlußleitung erfolgt.
8. Der Befüllvorgang wird beendet und der Fangdorn $F_2$ am gewählten Abzweig gesetzt.
9. Molchvorgang: Molche $M_1$ und $M_2$ werden mittels Treibmedium bis zum Fangdorn $F_2$ getrieben, dabei wird die Molchleitung entleert.
10. Die Abzweigarmatur wird geschlossen.
11. Der Fangdorn $F_2$ wird herausgefahren.
12. Beide Molche $M_1$ und $M_2$ werden mittels Treibmedium zurück zur Sendestation getrieben.
Der Leitungsinhalt wird in Behälter B 3501 zurückgedrückt.
Das Treibmedium bleibt in der Molchleitung bis zum nächsten Molchvorgang.

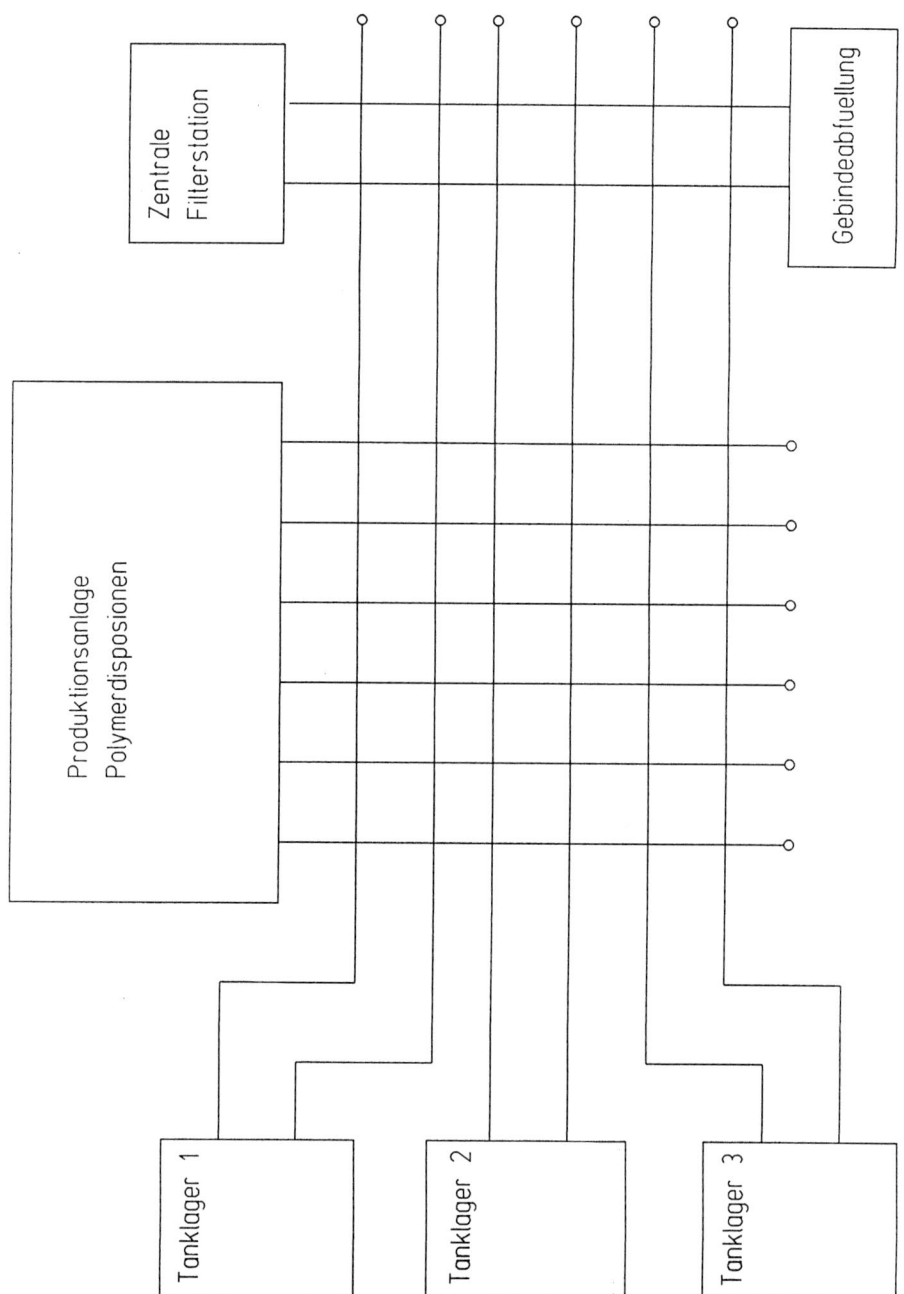

**Abb. 15-1.** Übersichtsschaubild über die Molchleitungen

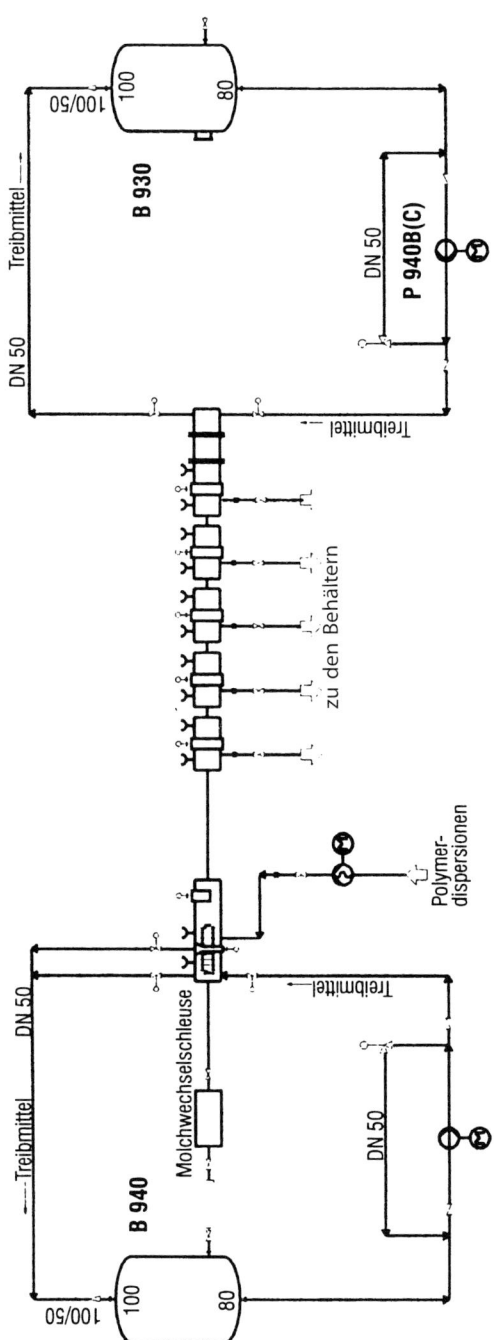

**Abb. 15-2.** Fließbild der Molchleitung

**Tab. 15-1.** Ablauftabelle eines Molchvorgangs in der Dispersionsherstellung

| Arbeitsschritt Nr. | Vorgang | Molchort/ -fahrtrichtung | Rohrleitung Inhalt | Treibmedium |
|---|---|---|---|---|
| 1 | Grundstellung | $M_1$, $M_2 = S$ | VE | – |
| 2 | Fangdorn $F_1$ ausfahren | – | – | – |
| 3 | Molchfahrt | $M_1$, $M_2 \rightarrow F_1$ | VE | VE |
| 4 | Molch zurückfahren | $M_1 \rightarrow S$ | VE | P |
| 5 | Fangdorn $F_1$ ziehen | – | – | – |
| 6 | Molchfahrt | $M_2 \rightarrow E$ | P | P |
| 7 | Abzweigarmatur öffnen | – | – | – |
| 8 | Fangdorn $F_2$ ausfahren | – | – | – |
| 9 | Molchvorgang | $M_1$, $M_2 \rightarrow F_2$ | VE | VE |
| 10 | Abzweigarmatur schließt | – | – | – |
| 11 | Fangdorn $F_2$ ziehen | – | – | – |
| 12 | Grundstellung | $M_1$, $M_2 \rightarrow S$ | VE | VE |

Erläuterungen:
M = Molch; S = Sendestation; E = Empfangsstation; F = Fangdorn; P = Produkt; VE = vollent-salztes Wasser; = : Ort bzw. Zustand; → : Molchfahrt nach …

## 15.2  Harnstoff-Formaldehyd-Kondensationsprodukte

### 15.2.1  Produktionsanlage

In einer Produktionsanlage werden derzeit ca. 360 000 t pro Jahr wäßrige Harn-stoff-Formaldehyd-Kondensationsprodukte im wesentlichen für die Spanplatten-industrie hergestellt.

Zur Herstellung der ca. 30 verschiedenen Produkttypen werden hauptsächlich wäßrige Harnstoff- und wäßrige Formaldehydlösung sowie Natronlauge und Ameisensäure benötigt. Der Umsetzungsgrad der Reaktionspartner hat entschei-denden Einfluß auf den jeweiligen Produkttyp.

Der gesamte Komplex besteht aus:

– der Produktionsanlage aus Produktionszwischenbehältern und einer Verteilersta-tion, die in einem Gebäude untergebracht sind
– zwei großen Tanklagern, die durch Rohrbrücken mit dem Produktionsgebäude verbunden sind. Die Abstände der verbindenden Rohrleitungen zwischen dem Produktionsgebäude und den Tanklägern betragen bis zu 300 m
– und Abfüllstellen für Tankkraftwagen und Eisenbahn-Kesselwagen, die aus dem Tanklager bedient werden.

Die wäßrigen Harnstoff-Formaldehyd-Kondensationsprodukte werden kontinuier-lich hergestellt und in Fertigprodukttanks bis zu 1000 m$^3$ in den Tanklagern gela-gert und nach einer Endkontrolle für den Versand bereitgestellt.

### 15.2.2 Produkteigenschaften

Wäßrige Harnstoff-Formaldehyd-Kondensationsprodukte sind im wesentlichen Leime mit einem Feststoffgehalt von ca. 65%. Sie sind flüssig und haben je nach Produkttyp und Temperatur eine Viskosität zwischen 500–6000 mPas. Die Produkte sind in der Regel klar oder auch milchig-weiß.

Die für die Produkte wichtigen Eigenschaften weisen beim Handling auch negative Eigenschaften auf, die letztendlich die Einführung der Molchtechnik bewirkt haben:

Verbleibt Produkt in Rohrleitungen, Behältern, Tanklastzügen oder Kesselwagen mehrere Tage unter Wärmeeinfluß (z.B. Sonneneinstrahlung) so steigt die Temperatur über die zulässige Lagertemperatur an. Das Produkt kondensiert dann weiter, wird zunehmend viskoser, kann nicht mehr gepumpt werden und wird so hart, daß es nur noch „bergmännisch" z.B. aus Behältern entfernt werden kann. Bei Rohrleitungen, die entleert werden, können sich durch Luft- und Wärmeeinwirkung Krusten bilden.

Da die Produkte naturgemäß klebrig sind, werden Toträume, die nicht ständig umspült sind, sowie dünne Leitungen leicht verstopfen.

Vor der Installation der Molchsysteme mußten häufig Spülvorgänge mit Wasser durchgeführt werden. Neben Produktverlust führte dies zu hohen Abwasserkosten.

### 15.2.3 Zweck der Molchanlage

– Nutzung einer Rohrleitung für mehrere Produkte einer Produktfamilie
– Entleerung und Reinigung der Rohrleitung durch nahezu vollständige Entfernung des Produktes
– rascher Produktwechsel bei vollkommener Produkttrennung der Produkte untereinander
– Vermeidung von Produktverlust durch Spülvorgänge, wirtschaftlicher Aspekt
– Verhindern des „Zukondensierens" von Rohrleitungen
– erhebliche Einsparung bei den Abwasserkosten
– Sicherstellung der gleichbleibenden, hohen Produktqualität.

Die Produkteigenschaften, die lange Jahre in der bestehenden Anlage zu Schwierigkeiten im Handling geführt haben, sprechen eindeutig für die Einführung der Molchtechnik in diesem Produktionszweig.

### 15.2.4 Technische Daten der Molchleitungen

Im wesentlichen wurden die einzelnen Molchleitungen mit dem anspruchsvollen ZMS ohne Spülmittel ausgerüstet.

Die verbindenden Molchleitungen zwischen Produktion und Tanklager müssen abhängig vom Nutzungsgrad gegebenenfalls gegen Wärmeeinstrahlung mit einer

Dämmung versehen werden. In der Produktionsanlage, auf den Rohrbrücken und in den Tanklagern sind ca. 2000 m molchbare Rohrleitungen installiert.

Innerhalb der Produktionsanlage selbst gibt es folgende Molchleitungen:

– von einer Behältergruppe A zur Verteilerstation (10 Dreiwegeweichen)
– von einer Behältergruppe B zur Verteilerstation
– von der Verteilerstation zu den Tanklagern I und II.

Zwischen den Lager- und Abfüllstellen führen Molchleitungen:
– von Tanklager I zu Tanklager II
– von 3 Behältergruppen zur Tanklkraftwagenbefüllung
– von 3 Behältergruppen zur Eisenbahnkesselwagenbefüllung (s. Abb. 15-3).
– Nennweite: DN 100
– Nenndruck: PN 10
– Werkstoff: Austenitischer Stahl 1.4541
– Rohre: längsgeschweißt, Rohrverbindung mit Muffen verschweißt
– jeweils eine Sende- und Empfangsstation
– Molchentnahmemöglichkeit an Sende- und Empfangsstation
– im Tanklager unverzweigte, in der Produktion über Weichen verzweigte Molch-leitungen, DN 150, 168,3 mm×5,0 mm
– Treibmedium: Produkt oder Luft $p_e = 4$ bar
– Einsatzhäufigkeit: durchschnittlich mehrmals täglich
– Reinigungsgrad: D
– Molch: Vollkörpermolch
– Molchsystem: ZMS

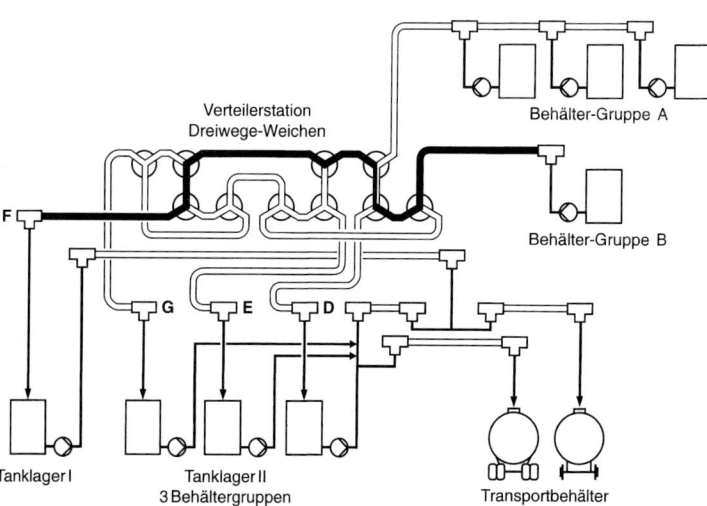

**Abb. 15-3.** Beispiel einer verzweigten Molchanlage

– durchschnittliche Länge der Molchleitungen: Förderleitungen aus der Produktion zum Tanklager: 150 m und vom Tanklager zum Transportbehälter: 70 m
– Prozeßleittechnik (PLT), Bedien- und Beobachtungsebene: Ablaufsteuerung im Automatikbetrieb, Anzeige-Bedien-Komponente (ABK), prozeßnahe Komponente (PNK) SPS, PLT, Visualisierung der Molchleitungen mit Armaturen und Anzeige der Molchposition in Sende- und Empfangsstation, bildschirmorientierte Bedienerführung mit Lichtgriffeleingabe bei menügesteuerter Führung des Bedienpersonals.

### 15.2.5    Funktionsbeschreibung

Die meisten der beschriebenen molchbaren Rohrleitungen werden im Zwei-Molch-System betrieben, somit werden Lufteinschlüsse weitgehend vermieden. Lufteinschlüsse sind in unserem Fall nicht schädlich für das Produkt, sie können aber zu Druckstößen in der Leitung und zu Fehlmessungen bei der Mengenbestimmung führen.

Die folgende Tabelle zeigt den Funktionsablauf am Beispiel einer Molchleitung für eine Tankkraftwagenbefüllung.

Die Produktförderung von Tanklager II, Behältergruppe D mit 6 Lagerbehältern zur Befüllstelle für Transportbehälter ist in den Abbildungen 15-3 und 15-4 nachzuvollziehen.

*Beschreibung der einzelnen Arbeitsschritte*

1. Grundstellung: Molch $M_1$ befindet sich in der Sendestation, Molch $M_2$ in der Empfangsstation. Die Molchleitung ist nur mit Luft gefüllt und drucklos.
2. Der T-Ringschieber wird am vorgewählten Behälter für den Produkteintritt geöffnet.
3. Molchfahrt: Molche $M_1$ und $M_2$ werden mit dem Treibmedium Luft bis zum T-Ringschieber getrieben.
4. Die Molche $M_1$ und $M_2$ werden mit Produkt in die Sende- bzw. Empfangsstation gedrückt. Die Produktförderung zur Abfüllstelle kann beginnen.
5. Molchfahrt: Molch $M_1$ wird von der Sendestation und Molch $M_2$ von der Empfangsstation zum T-Ringschieber mit dem Treibmedium Luft gedrückt. Das Restprodukt in der Leitung wird dabei in den Quellebehälter zurückgedrückt.
6. Der T-Ringschieber wird geschlossen und der Produkteintritt verschlossen.
7. Molchfahrt: Molche $M_1$ und $M_2$ werden mit Treibmedium vom T-Ringschieber gemeinsam zur Sendestation getrieben.
8. Molchfahrt: Molch $M_2$ wird von der Sendestation mit Treibmedium zur Empfangsstation gefördert, Molch $M_1$ verbleibt in der Sendestation.
9. Grundstellung: Molch $M_1$ befindet sich in der Sendestation, Molch $M_2$ in der Empfangsstation. Die Molchleitung ist ohne Produkt, drucklos und mit Luft gefüllt.

**Tab. 15-2.** Ablauftabelle eines Molchvorgangs in der Anlage für Harnstoff-Formaldehyd-Kondensationsprodukte

| Arbeitsschritt Nr. | Vorgang | Molchort/-fahrtrichtung | Rohrleitung | |
|---|---|---|---|---|
| | | | Inhalt | Treibmedium |
| 1 | Grundstellung | $M_1 = S$, $M_2 = E$ | L | – |
| 2 | T-Ringschieber öffnen | – | – | – |
| 3 | Molchfahrt | $M_1$, $M_2 \rightarrow TR$ | – | L |
| 4 | Molchfahrt | $M_1 \rightarrow S$, $M_2 \rightarrow E$ | – | P |
| 5 | Molchfahrt | $M_1 \rightarrow TR$ $M_2 \rightarrow TR$ | – | L |
| 6 | T-Ringschieber schließen | – | – | – |
| 7 | Molchfahrt | $M_1$, $M_2 \rightarrow S$ | – | L |
| 8 | Molchfahrt | $M_2 \rightarrow E$ | – | L |
| 9 | Grundstellung | $M_1 = S$, $M_2 = E$ | L | – |

Erläuterungen:

M = Molch; S = Sendestation; E = Empfangsstation; TR = T-Ringschieber am Produkteintritt; P = Produkt; L = Luft; = : Ort bzw. Zustand; → : Molchfahrt nach ...

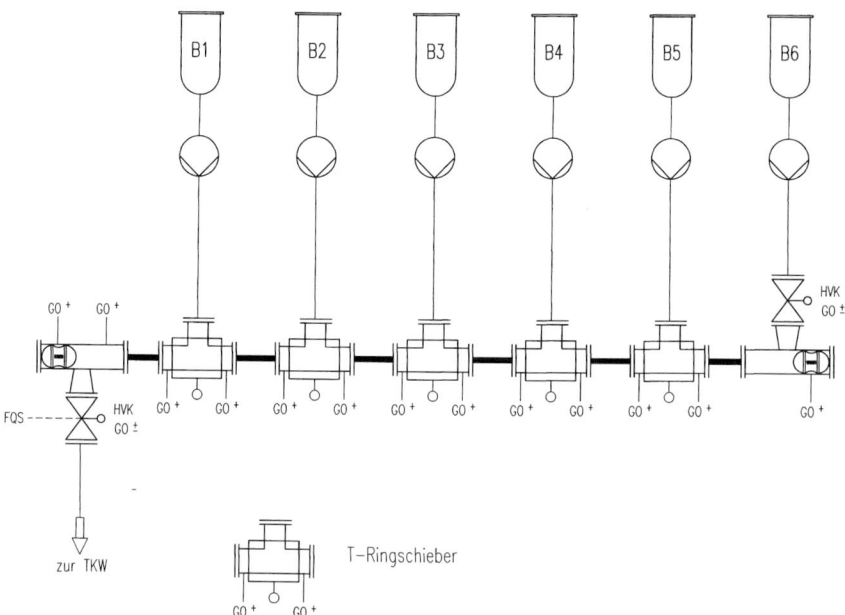

**Abb. 15-4.** Schema einer Molchanlage für Harnstoff-Formaldehyd-Kondensationsprodukte

# 15.3   Dispersionsklebstoffe

## 15.3.1   Produktionsanlage

In einem Produktionsgebäude mit drei automatischen Abfüllmaschinen werden flüssige und pastöse Dispersionskleber (z.B. Fliesen- und Parkettkleber) in verschiedene Kleingebinde von 0,5 bis 10 l abgefüllt.

Jede der drei Abfüllmaschinen ist dabei vorrangig auf eine Gebindeart abgestimmt, z.B. Dosen mit einem Inhalt von 0,5 bis 1 l. Dies hat zur Folge, daß alle drei Maschinen mit verschiedenen Produkten beschickt werden müssen. Um die Lagerhaltung zu minimieren, müssen auch kleinere Aufträge mit jeweils verschiedenen Produkten bearbeitet werden.

Die Gesamtanlage besteht im wesentlichen aus:

– Zwischenlagertanks im Obergeschoß des Gebäudes
– Abfüllbetrieb mit drei Abfüllmaschinen.

In den Zwischentanks werden in größeren Abständen Produktwechsel durchgeführt.

## 15.3.2   Produkteigenschaften

Die verarbeiteten Dispersionskleber auf Wasserbasis haben einen Feststoffgehalt von ca. 80%.

Sie sind je nach Produkt flüssig bis hochviskos und decken mit ihren Viskositäten einen Bereich von ca. 500 bis 30 000 mPas ab.

Die für diese Art von Produkten entscheidenden Eigenschaften machen das Handling im Produktionsbetrieb gerade aufgrund dieser Eigenschaften oft sehr schwierig: Das Produkt neigt bei Entzug von Wasser durch Kondensation zum Aushärten. Dies führt in der Folge bis zur Unbrauchbarkeit von Leitungen, Behältern und Maschinen. Die einzige Möglichkeit, dies zu verhindern, ist eine regelmäßige Reinigung dieser Anlagenteile. Dies bedeutet speziell bei Rohrleitungen einen erheblichen Aufwand an Spülwasser und beinhaltet auch dessen Entsorgung. Letztendlich waren dies die Gründe, diesen Teil der Anlage mit mehreren molchbaren Rohrleitungen auszurüsten.

## 15.3.3   Zweck der Molchanlage

– Nutzung nur einer Rohrleitung für ca. zehn verschiedene Produkte
– Entleerung und Reinigung der Rohrleitung durch nahezu vollständige Entfernung der Produkte
– rascher Produktwechsel bei vollkommener Trennung der Produkte untereinander

– erhebliche Minimierung der Umstellzeiten durch Wegfall der aufwendigen Rohrspülung
– weitgehende Vermeidung von kontaminiertem Abwasser, das bei Spülungen von Rohrleitungen im konventionellen System anfiel
– Reduzierung der Kosten für Spülmedium und Abwasser.

Aufgrund der genannten Produkteigenschaften waren die Kosten für die Spülung der herkömmlichen Leitungen sehr hoch. Außerdem kam es häufiger zu Schwierigkeiten mit peripheren Geräten, wie z. B. Pumpen, Armaturen usw., die aus einer unzureichenden Reinigung resultierten. Eine notwendige Ausweitung der Produktion und die behördlichen Auflagen, das Aufkommen an kontaminiertem Wasser zu reduzieren, haben zur Einführung der Molchtechnik geführt. Da dies in der Vergangenheit bereits einmal ohne Erfolg in Angriff genommen wurde, erstellte man zunächst nur einen kurzen Rohrleitungsstrang zur Erprobung. Aufgrund des durchschlagenden Erfolgs wurde die Komplettlösung bereits nach den allerersten Erfahrungen mit der Probeanlage ausgeführt.

### 15.3.4   Technische Daten der Molchleitungen

Die Molchleitung verbindet insgesamt vier Zwischenbehälter mit je 10 m$^3$ Inhalt über drei getrennte Molchstränge mit drei Abfüllmaschinen. Die Gesamtlänge der drei Rohrleitungen beträgt ca. 90 m.

Aufgrund der Produkteigenschaften und der oft längeren Stillstandszeiten einzelner Molchstränge wurde als Treibmedium teilweise Wasser eingesetzt. Dieses bleibt nach der Molchung in der Rohrleitung stehen, bis diese wieder benötigt wird. Diese Maßnahme verhindert zuverlässig die Aushärtung der Produkte in den Rohrleitungen und Armaturen  (s. Abb. 15-5).

– Nennweite: DN 100
– Nenndruck: PN 16
– Werkstoff: Austenitischer Stahl 1.4571, gebeizt
– Rohre längsnahtgeschweißt, Rohrverbindung mittels Orbitalschweißung
– je Strang eine Sendestation mit Molchwechselmöglichkeit, ein oder zwei Produkteingänge und einen Produktausgang als Empfangsstation; die Teilstränge sind unverzweigt
– Treibmedium: Druckwasser $p_e = 6$ bar und Druckluft $p_e = 6$ bar
– Einsatzhäufigkeit: bis zu 10mal pro Woche
– Reinigungsgrad: E
– Gesamtlänge der molchbaren Leitung 90 m.
– Es wird ein Vollkörpermolch in Material Silikonkautschuk mit Stabmagnet eingesetzt.
– Molchsystem: EMS
– Prozeßleittechnik mittels SPS mit Tableau-Steuerung durch das Bedienpersonal. Es werden alle Ventile auf einem Blockschema dargestellt. Die jeweilige Position der Armaturen und Molche kann an diesem System verfolgt werden.

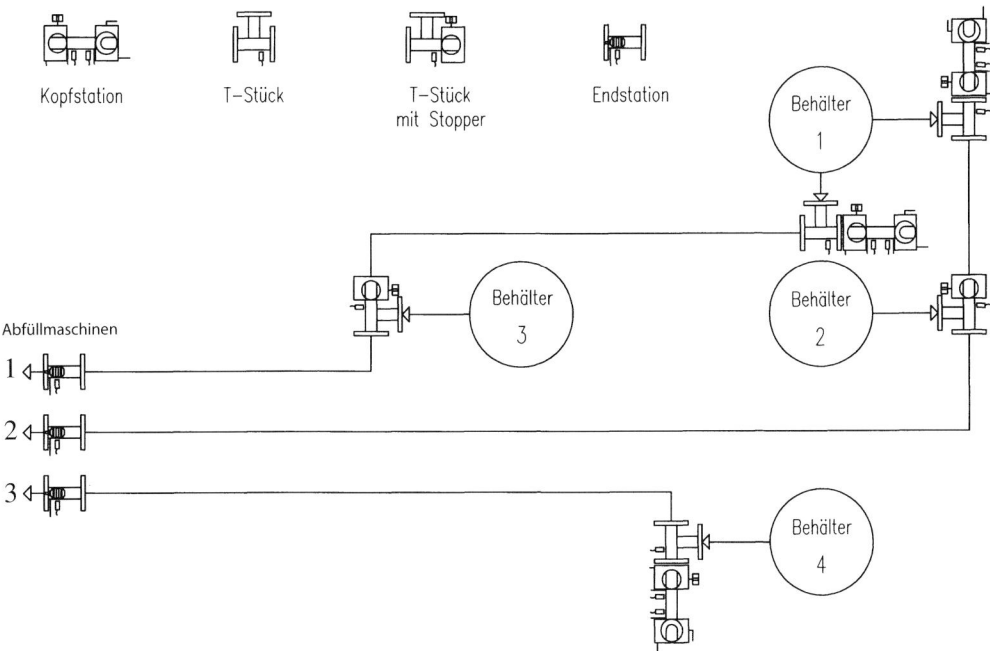

**Abb. 15-5.** Schema einer Molchanlage für Dispersionsklebstoffe

### 15.3.5 Funktionsbeschreibung

Die beschriebenen Molchleitungen werden im Ein-Molch-System betrieben, wobei der Rohrinhalt immer in die Abfüllanlage geschoben wird.

Die folgende Tabelle zeigt den Transport von einem der Zwischenbehälter zu einer der drei Abfüllmaschinen.

*Beschreibung der einzelnen Arbeitsschritte*

1. Grundstellung: Molch M befindet sich in der Empfangsstation. Die Molchleitung ist mit Wasser gefüllt und drucklos.
2. Molchfahrt: Molch M wird mit Druckluft zum gewählten Produkteingang gefahren, das Wasser wird dabei ausgetrieben.
3. Der Produkteingang und -ausgang werden geöffnet.
4. Das Produkt wird zur Abfüllmaschine gepumpt.
5. Nun wird der Produkteingang geschlossen.
6. Molchfahrt: Molch M wird mit Druckwasser als Treibmedium zur Empfangsstation gefahren und schiebt die Leitung leer in Richtung Abfüllstation.
7. Grundstellung: Molch M befindet sich in der Empfangsstation. Die Molchleitung ist mit Wasser gefüllt und drucklos.

**Tab. 15-3.** Ablauftabelle eines Molchvorgangs in der Produktionsstätte für Dispersions-klebstoffe

| Arbeitsschritt Nr. | Vorgang | Molchort/ -fahrtrichtung | Rohrleitung | |
|---|---|---|---|---|
| | | | Inhalt | Treibmedium |
| 1 | Grundstellung | M = E | VE | – |
| 2 | Molchfahrt | M → A | – | L |
| 3 | Eindosierung/Ausgang öffnen | – | L | – |
| 4 | Produktförderung | – | P | – |
| 5 | Eindosierung schließen | – | P | – |
| 6 | Molchfahrt | M → E | – | VE |
| 7 | Grundstellung | M = E | VE | – |

Erläuterungen:
M = Molch; E = Empfangsstation; A = Produkteingang; P = Produkt; VE = vollentsalztes Wasser; L = Luft; =: Ort bzw. Zustand; →: Molchfahrt nach ...

Der Molch wird lediglich zur Kontrolle und zum Austausch in die Sendestation gefahren.

## 15.4   Duftstoffe

### 15.4.1   Produktionsanlage

In einer Mischanlage werden ca. 200 t/Jahr flüssige Duftstoffe auf der Basis von Orangenöl als Zusatzstoff für ca. 150 Fertigprodukte aus den Bereichen Körperhygiene und Waschmittel hergestellt.

Bei der Herstellung der ca. 120 Mischungen werden etwa 200 verschiedene Einsatzstoffe im Batch-Verfahren mittels genauester Dosierung gemischt.

Die Gesamtanlage (s. Abb. 15-6) besteht im wesentlichen aus:

– Einsatzstoff-Tanklager und Dosieranlage in einem Gebäude
– Tanklager für Fertigmischungen, bestehend aus 14 Rührwerksbehältern
– Faßabfüllung für Fertigmischungen.

Die Duftstoff-Mischungen werden im Batchverfahren hergestellt, in einem der Rührwerksbehälter gemischt und dann zwischengelagert. Nach der Endkontrolle werden alle Produkte über eine molchbare Rohrleitung in der Faßabfüllanlage in 200 l Stahlfässer abgefüllt und dann den ca. 30 Kunden zur Verfügung gestellt, die die Mischungen weiterverarbeiten.

### 15.4.2   Produkteigenschaften

Die Duftstoffe bestehen aus einem Gemisch von verschiedensten flüssigen Rohstoffen mit einer jeweils charakteristischen Duftnote. Sie sind flüssig und haben je nach Typ bei Umgebungstemperatur von 20 °C eine Viskosität zwischen 100–1500 mPas. In der Regel sind die Produkte in der Farbe den jeweiligen Rohstoffen zuzuordnen und variieren von farblos klar bis milchig gelb.

Da die Anzahl der verschiedenen Produkte sehr hoch ist, kommt der Sauberkeit im gesamten Prozeß eine übergeordnete Bedeutung zu, d. h. es dürfen keinerlei Vermischungen zwischen den verschiedenen Typen vorkommen. Hinzu kommt die Tatsache, daß ein großer Teil der Produkte aufgrund der sehr kostenintensiven Rohstoffe extrem teuer ist (bis zu 15 000,– DM pro Liter).

### 15.4.3   Zweck der Molchanlage

– Nutzung nur einer Rohrleitung für ca. 200 verschiedene Produkte
– Entleerung und Reinigung der Rohrleitung durch nahezu vollständige Entfernung der Produkte
– rascher Produktwechsel bei vollkommener Produkttrennung
– Verkürzung der Batchzeiten durch Automatisierung des Fertigprodukttransportes zu den Rührwerksbehältern
– Vermeidung von kontaminiertem Abwasser durch Spülungen von Pumpen und Schläuchen, die vorher beim manuellen Handling benötigt wurden
– Sicherstellung der extrem hohen Reinheitsanforderungen durch den automatisierten Prozeß.

Aufgrund der Vielzahl an Fertigprodukten waren die durch das manuelle Handling der Produkte extrem hohen Entleerzeiten der Mischanlage sowie die Lohnkosten wirtschaftlich nicht mehr tragbar. Die wirtschaftliche Förderung dieser Produkte war nur mittels einer molchbaren Leitung möglich.

### 15.4.4   Technische Daten der Molchleitung

Die Molchleitung verbindet den Bereich Lagerung der Einsatzstoffe/Dosieranlage mit dem Bereich Mischung/Zwischenlagerung über eine ca. 150 m lange Molchleitung. Die Molchanlage arbeitet ohne zusätzliche Reinigungsmaßnahmen und ist im Außenbereich gegen zu hohen Wärmeverlust bzw. Schädigung durch Kälte gedämmt.

Das System wurde bei der Installation als unverzweigte Leitung erstellt und durch Einfügen von weiteren Rohrteilen und Armaturen zweimal erweitert, so daß heute eine zweite Dosieranlage und eine direkte Möglichkeit zur Faßabfüllung integriert sind.

– Nennweite: DN 50
– Nenndruck: PN16
– Werkstoff: Austenitischer Stahl 1.4571

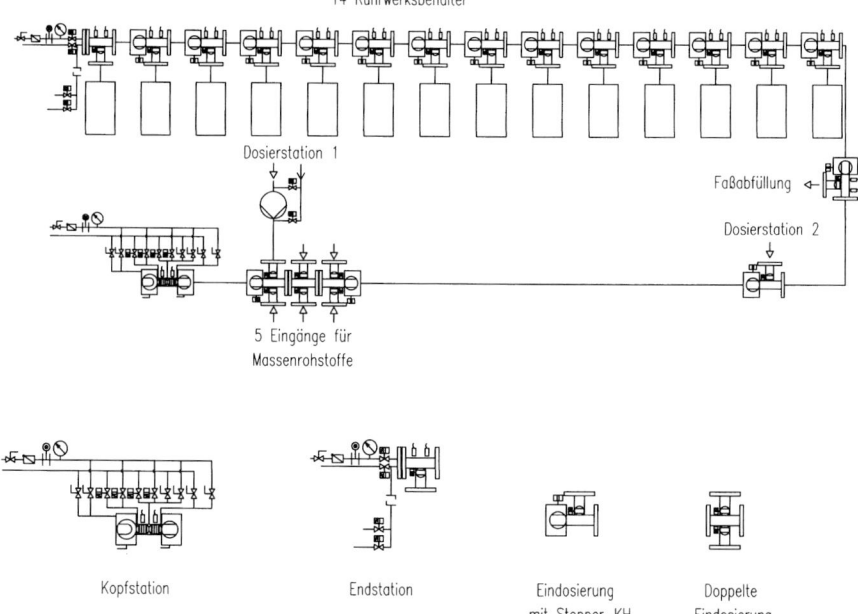

**Abb. 15-6.** Schema einer Molchanlage für Duftstoffe auf der Basis von Orangenöl

- Rohre längsnahtgeschweißt, Rohrverbindung mittels Orbitalschweißung
- eine Sendestation mit Molchwechselmöglichkeit, zur Zeit insgesamt sieben Produkteingänge und 15 Produktausgänge, ein Ausgang als Empfangsstation; die Anlage ist unverzweigt
- Treibmedium: Druckluft $p_e$ = 6 bar
- Einsatzhäufigkeit: ca. achtmal täglich
- Reinigungsgrad: F
- Länge der molchbaren Rohrleitung 150 m
- es wird ein Vollkörpermolch (Material Silikonkautschuk) mit Stabmagnet eingesetzt
- Molchsystem: ZMS
- Prozeßleittechnik mittels SPS mit integrierter Touch-Bildschirm-Steuerung durch das Bedienpersonal. Alle Ventile sind im Blockschema dargestellt. Die jeweilige Position der Armaturen und Molche kann an diesem System verfolgt werden. Neben der Steuerung der eigentlichen Molchanlage ist auch die Steuerung der Dosieranlage mit Rezepturverwaltung in der SPS integriert.

## 15.4.5   Funktionsbeschreibung

Die beschriebene Molchleitung wird im Zwei-Molch-System betrieben, wodurch in diesem Fall die Kontamination der Rohrleitung nach dem Molchdurchlauf auf ein durch Molchung nicht weiter zu reduzierendes Maß gesenkt wird.

Die folgende Tabelle zeigt den Produkttransport von der ersten Dosierstation zu einem Rührwerksbehälter.

*Beschreibung der einzelnen Arbeitsschritte*

1. Grundstellung: die Molche $M_1$ und $M_2$ befinden sich in der Sendestation. Die Molchleitung ist mit Luft gefüllt und drucklos.
2. Die Sendestation wird geöffnet. Der Stopperkugelhahn für $M_1$ am gewählten Rührwerksbehälter wird geschlossen.
3. Der Molch $M_1$ wird mittels Druckluft am Rührwerksbehälter positioniert.
4. Entsprechender Produkteingang bzw. -eingänge und Produktausgang wird/werden geöffnet.
5. Produkt wird in den Rührwerksbehälter gepumpt. Die Mengenmessung erfolgt a) über außerhalb der Molchleitung installierte Durchflußmesser oder b) über eine Dosieranlage außerhalb der Molchanlage.
6. Der/die Produkteingang/eingänge wird/werden geschlossen.
7. Molchfahrt: $M_2$ wird mittels Druckluft zum Rührwerksbehälter an Molch $M_1$ herangefahren und schiebt dabei den Rohrinhalt in den Rührbehälter.
8. Nun wird der entsprechende Produktausgang geschlossen.
9. Molchfahrt: Molche $M_1$ und $M_2$ werden gemeinsam mittels Druckluft zurück in die Sendestation gefahren. Die Sendestation wird geschlossen.
10. Grundstellung: Molche $M_1$ und $M_2$ befinden sich in der Sendestation. Molchleitung ist mit Luft gefüllt und drucklos.

**Tab. 15-4.** Ablauftabelle eines Molchvorgangs in der Herstellung von Duftstoffen auf der Basis von Orangenöl

| Arbeitsschritt Nr. | Vorgang | Molchort/ -fahrtrichtung | Rohrleitung | |
|---|---|---|---|---|
| | | | Inhalt | Treibmedium |
| 1 | Grundstellung | $M_1 = S, M_2 = S$ | L | – |
| 2 | Sendestation öffnen/ Stopper-KH schließen | – | – | – |
| 3 | Molchfahrt | $M_1 \rightarrow E$ | – | L |
| 4 | Eindosierung öffnen | – | L | – |
| 5 | Produktförderung | – | P | – |
| 6 | Eindosierung schließen | – | P | – |
| 7 | Molchfahrt | $M_2 \rightarrow E$ | P | L |
| 8 | Produktausgang schließen | – | L | – |
| 9 | Molchfahrt | $M_1 \rightarrow S, M_2 \rightarrow S$ | – | L |
| 10 | Grundstellung | $M_1 = S, M_2 = S$ | L | – |

Erläuterungen:
$M_1, M_2$ = Molch; S = Sendestation; E = Empfangsstation; P = Produkt; L = Luft; =: Ort bzw. Zustand; $\rightarrow$: Molchfahrt nach …

## 15.5    Einsatzstoffe

### 15.5.1    Produktionsanlage

In einem Produktionsgebäude mit sechs Reaktoren werden flüssige Produkte hergestellt, die als Zusatzstoff für zahlreiche Fertigprodukte weiter verwendet werden, z. B. Mittel zur Reduzierung der Oberflächenspannung für Wasser.

Bei der Herstellung der ca. 30 Mischungen im Batch-Verfahren werden eine Vielzahl von verschiedenen Einsatzstoffen benötigt.

Die Gesamtanlage (s. Abb. 15-7) besteht im wesentlichen aus:
– Einsatzstoff-Tanklager im Außenbereich
– Produktionsgebäude mit 6 Reaktoren.

Durch zwei neue Lagerbehälter im Außentanklager, die im Wechsel betrieben werden, besteht die Möglichkeit, jeweils zwei Einsatzstoffe einzulagern, die gerade für die Produktion benötigt werden.

### 15.5.2    Produkteigenschaften

Die in den beiden Lagerbehältern eingelagerten Einsatzstoffe sind sehr unterschiedlich in ihrer chemischen Struktur. Sie sind flüssig und decken mit ihren Viskositäten einen Bereich von ca. 0,33 bis 2000 mPas ab.

Da die zwei verschiedenen Produkte in den beiden Lagerbehältern oft abwechselnd benötigt werden und diese zwei *Wechseltanks* oft auch mehrmals in der Woche mit einem anderen Einsatzstoff belegt werden, ist vor allem die saubere Trennung der verschiedensten Stoffe zu gewährleisten. Erschwerend ist die Tatsache, daß neben weitgehend harmlosen Einsatzstoffen auch brennbare und hoch aggressive Einsatzstoffe, die unter die Gefahrenstoffverordnung fallen, eingesetzt werden. Die Auswahl des Molchwerkstoffs ist bei solchen Einsatzstoffen besonders schwierig und nicht ohne Vorversuche durchzuführen.

### 15.5.3    Zweck der Molchanlage

– Nutzung nur einer Rohrleitung für ca. 20 verschiedene Einsatzstoffe
– Entleerung und Reinigung der Rohrleitung durch nahezu vollständige Entfernung der Produkte
– rascher Einsatzstoffwechsel bei vollkommener Trennung der Einsatzstoffe untereinander
– Verkürzung der Batchzeiten durch Automatisierung des Einsatzstofftransportes zu den Reaktoren
– Vermeidung von kontaminiertem Abwasser durch Spülungen von Pumpen und Schläuchen, die vorher beim manuellen Handling benötigt wurden
– Sicherstellung der Wirtschaftlichkeit durch den weitgehend automatisierten Prozeß.

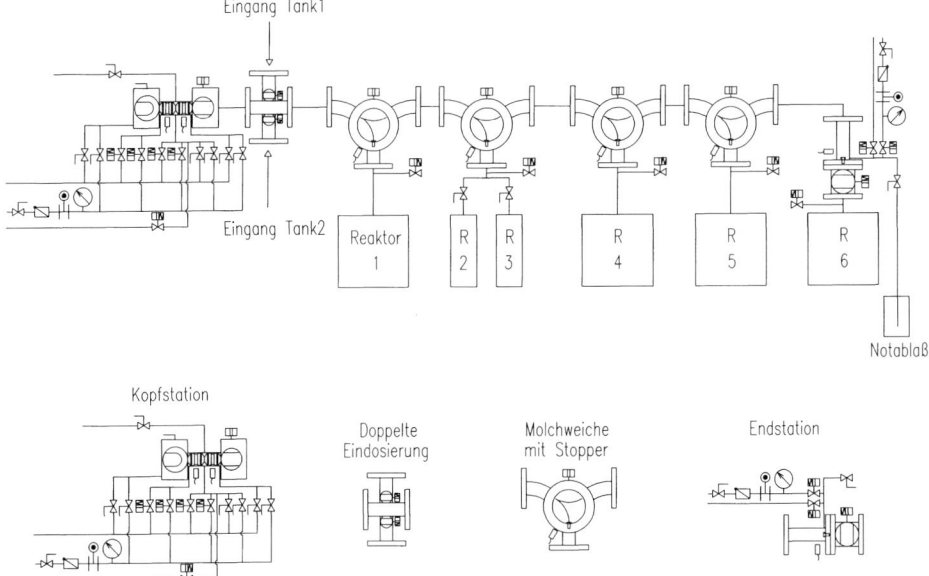

Eingang Tank1

Eingang Tank2

Reaktor 1

R 2

R 3

R 4

R 5

R 6

Notablaß

Kopfstation

Doppelte Eindosierung

Molchweiche mit Stopper

Endstation

**Abb. 15-7.** Schema einer Molchanlage für Einsatzstoffe

Durch die Vielzahl der Einsatzstoffe waren die durch das manuelle Handling bedingten Stillstandszeiten der Reaktoren zu hoch. Zur Kapazitätserhöhung der Anlage mußten neue Einsatzstofftanks und eine Verbindung dieser Tanks mit dem Produktionsgebäude erstellt werden. Die Vielzahl der Einsatzstoffe und der häufige Einsatzstoffwechsel erforderte die Installation einer Molchleitung. Die neuen Kapazitätsanforderungen an die Produktionsanlage waren u.a. nur durch die Installation der Molchanlage, mit deren Hilfe die hohen Stillstandszeiten der Reaktoren reduziert werden konnten, zu realisieren.

### 15.5.4  *Technische Daten der Molchleitung*

Die Molchleitung verbindet die beiden neuen Lagerbehälter mit je 30 m³ Inhalt über eine ca. 130 m lange Molchleitung mit insgesamt 6 Produktionsreaktoren in zwei Gebäuden.

Die Molchanlage ist so ausgestattet, daß mit einer Spülung über ein Molchtandem eine zusätzliche Reinigungsmaßnahme durchgeführt werden kann. Die Spülung wird bei Bedarf teilautomatisiert durchgeführt.

Das System ist gedämmt und elektrisch beheizt, damit die Förderung der bei Raumtemperatur teilweise nicht pumpfähigen Einsatzstoffe möglich wird. Das System wurde als einfache Molchleitung erstellt.

– Nennweite: DN 50
– Nenndruck: PN 16
– Werkstoff: Austenitischer Stahl 1.4571

– Rohre längsnahtgeschweißt, Rohrverbindung mittels Orbitalschweißung
– eine Sendestation mit Molchwechselmöglichkeit, zwei Produkteingänge und
  fünf Produktausgänge, ein Ausgang als Empfangsstation; die Anlage ist unver-
  zweigt.
– Treibmedium: Druckluft $p_e = 6$ bar
– Einsatzhäufigkeit: bis zu 7mal täglich
– Reinigungsgrad: F
– Länge der Molchleitung 130 m
– es wird eine spezieller Wechsellippenmolch in hochbeständigem Kunststoff mit
  Stabmagnet eingesetzt, dessen produktberührte Teile auch stark aggressiv wir-
  kenden Chemikalien widerstehen
– Molchsystem: EMS
– Prozeßleittechnik mittels SPS mit integrierter Bildschirm-Steuerung durch das
  Bedienpersonal. Es werden alle Ventile ähnlich einem Blockschema dargestellt.
  Die jeweilige Position der Armaturen und Molche kann an diesem System ver-
  folgt werden. Neben der Steuerung der eigentlichen Molchanlage ist auch die
  Mengenzählung in der SPS integriert.

### 15.5.5   Funktionsbeschreibung

Die beschriebene Molchleitung wird im Ein-Molch-System betrieben. Die Mengenzählung wird zwischen den beiden Lagerbehältern und dem Eingang in das
Molchsystem mit magnetinduktiven Durchflußmessern durchgeführt.

Die folgende Tabelle zeigt den Transport von einem der zwei Lagerbehälter zu
einem der ersten Reaktoren, deren Verbindung zur Molchleitung mittels einer speziellen Molchweiche realisiert wurde.

*Beschreibung der einzelnen Arbeitsschritte*

1. Grundstellung: Molch M befindet sich in der Sendestation. Die Molchleitung
   ist mit Stickstoff gefüllt und drucklos. In der Sendestation befindet sich noch
   ein zweiter Molch, der nur bei Spülvorgängen benutzt wird.
2. Der entsprechende Einsatzstoffeingang und -ausgang wird geöffnet.
3. Das Produkt wird in den Reaktor gepumpt, die Mengenmessung erfolgt über
   außerhalb der Molchleitung installierte Durchflußmesser.
4. Der entsprechende Einsatzstoffeingang wird geschlossen.
5. Molchfahrt: Nach Öffnen der Sendestation wird der Molch M mittels Stickstoff
   zum Reaktor gefahren und schiebt dabei den Rohrinhalt in denselben. In der
   entsprechenden Molchweiche wird der Molch M schließlich gestoppt.
6. Die Molchweiche wird mit dem Molch M gedreht, wodurch der Weg zum
   Reaktor verschlossen wird.
7. Molchfahrt: Der Molch M wird mittels Stickstoff zurück in die Sendestation
   gefahren. Die Sendestation wird geschlossen.
8. Grundstellung: Der Molch M befindet sich in der Sendestation. Die Molchleitung ist mit Stickstoff gefüllt und drucklos.

**Tab. 15-5.** Ablauftabelle eines Molchvorgangs in der Produktion von Einsatzstoffen

| Arbeitsschritt Nr. | Vorgang | Molchort/ -fahrtrichtung | Rohrleitung | |
|---|---|---|---|---|
| | | | Inhalt | Treibmedium |
| 1 | Grundstellung* | M = S | N | – |
| 2 | Eindosierung und Produkt- ausgang öffnen | – | N | – |
| 3 | Produktförderung | – | P | – |
| 4 | Eindosierung schließen | – | P | – |
| 5 | Molchfahrt | M → E | – | N |
| 6 | Produktausgang schließen | – | N | – |
| 7 | Molchfahrt | M → S | – | N |
| 8 | Grundstellung* | M = S | N | – |

\* Für gelegentliche Spülvorgänge befindet sich ein zweiter Molch in der Sendestation.
Erläuterungen:
M = Molch; S = Sendestation; E = Empfangsstation; P = Produkt; N = Stickstoff, = : Ort bzw. Zustand; → : Molchfahrt nach …

# 16  Molchen in der Steriltechnik

## 16.1  Besonderheiten der Steriltechnik

Unter dem Begriff „Steriltechnik" werden im folgenden alle Anwendungen der Molchtechnik zusammengefaßt, bei denen besondere Anforderungen bezüglich Sauberkeit und Hygiene erfüllt werden müssen.

Dies trifft besonders auf die Lebensmittel- und Getränkeindustrie, die kosmetische Industrie und die Pharma-Industrie einschließlich Biochemie und Gentechnik sowie auf spezielle Anwendungsbereiche innerhalb von Chemieanlagen zu.

Bei vollautomatisierten Prozessen in der Lebensmittel- und Getränkeindustrie ist aus hygienischen Gründen der Reinigungsvorgang von gleicher Bedeutung wie die Produktion selbst. Die Reinigungsvorgänge müssen zyklisch erfolgen; die Zeitabstände sind kurz, nicht selten täglich, um die geforderte Keimarmheit zu garantieren.

Die Produkte sind überwiegend hochwertig. Produktverluste müssen minimiert werden. Zyklische Reinigungsvorgänge führen zu hohen Entsorgungskosten.

Rohrleitungen in der Steriltechnik müssen innen und außen besonders glatt sein; die verwendeten Armaturen sind totraumfrei.

Die Molchtechnik eignet sich hervorragend als automatisierbares Reinigungsverfahren für Rohrleitungen in sterilen Anlagen. Sie ermöglicht geschlossene Rohrleitungssysteme.

Anwendungsbeispiele für Molchanlagen im Sterilbereich:

Lebensmittelindustrie:  Joghurt, Quark, Käse, Senf, Teig, Marmelade, Schokolade
Getränkeindustrie:  Molkereien, Brauereien und Kellereien, Sirup, Frucht- und Cola-Konzentrate
Kosmetika:  Sonnenmilch, Shampoo, Lotion, Creme, Zahnpasta
Pharmazeutika:  Salben, Hustensaft
Chemische Industrie:  Reinigungsmittel, Waschmittel, Vitamine, Dispersionen, Lacke und Farben.

Viele der o.g. Erzeugnisse sind pastös oder enthalten Feststoffe (beispielsweise Lacke und Farben verschiedenen Füllgrades) und weisen daher kein newtonsches Flüssigkeitsverhalten auf. Die rheologischen Eigenschaften sind bei der Prüfung der Molchbarkeit und Dimensionierung der Molchanlage entsprechend zu berücksichtigen (s. dazu Kap. 12).

*Hygienegerechtes Konstruieren*

Hygienische Aspekte sind bei der Gestaltung von Apparaten und Bauteilen für die Lebensmittel- und Pharmaindustrie zu berücksichtigen. Für die Konstruktion hygienischer und reinigbarer Bauteile (*Hygienic Design*) gibt es spezielle Regeln, die auch bei den Komponenten von Molchanlagen zu beachten sind. Die Konstruktion berücksichtigt die besonderen Eigenschaften von Mikroorganismen, die Haftkräfte von Produktmolekülen an den Oberflächen von Bauteilen, das Vermeiden von Einschlüssen in Spalten, Nuten und Toträumen sowie die Kontamination durch Durchdringen von außen an undichten Stellen (Penetration). Die Anlage muß reinigbar und als Folge keimarm (aseptisch) sein. Produktansammlungen, Entmischungsvorgänge und das Eintrocknen von Produkt führen zum mikrobiellen Verderb. Das Entstehen von Mikroorganismen in Bereichen konstruktiver Schwachstellen ist zu vermeiden.

Die Reinigung muß sicher und zuverlässig bei Minimierung des Reinigungsaufwandes funktionieren und bereits im Planungsstadium der Anlage berücksichtigt werden. Für die Anlagenreinigung ist ein Optimum zwischen Anlage- und Betriebskosten anzustreben.

Anlagen, die an Ort und Stelle gereinigt und ohne Zerlegung von den wichtigsten Mikroorganismen befreit werden können, sind automatisierbar und besitzen Vorteile gegenüber Anlagen, die erst nach Demontage gereinigt werden können.

Beispiel für gängige Probleme in der Steriltechnik:

Molchen ist in der Schokoladenindustrie unerläßlich. Denn bei der Schokoladenherstellung ohne Molchtechnik gibt es eine Reihe von Problemen:

Schokolade wird bei einer Temperatur von 35 °C bis 50 °C durch Rohrleitungen gefördert. Bei einer niedrigeren Temperatur ist die Pump- und Lagerfähigkeit nicht mehr gegeben. Deshalb haben viele Hersteller ein aufwendiges warmwasserbeheiztes Doppelmantelrohr eingesetzt.

Bei Produktionsstillstand beispielsweise während des Wochenendes kann die Leitung nicht vollständig entleert werden. Bei Alterung des Produktes tritt ein Qualitätsverlust ein, besonders bei Füllungen und bei weißer Schokolade. Bei Diätschokolade kann die Fructose auskristallisieren und zur Fehlcharge führen. Nicht molchbare Leitungen bringen bei Produktumstellungen durch die hohe Viskosität lange Mischphasen.

Einer der größten deutschen Schokoladenhersteller (Jahresproduktion 100 000 t/a) mit 15 Jahren Erfahrung in der Molchtechnik kann daher generell auf beheizte Leitungen verzichten und ist damit zufrieden.


*Unterschiede zu üblichen Prozeßmolchanlagen*

- Nennweite DN 25 bis DN 100
- strengste Anforderungen an Schweißen der Rohrrundnähte
- strengste Anforderungen an Totraumfreiheit
- Temperaturbeständigkeit bis 140 °C
- automatisierte Reinigungsvorgänge

– zusätzliche Anlagenfunktionen: Zu den Arbeitsschritten Produktförderung und Molchfahrt kommen die Funktionen Reinigung und Dämpfen hinzu.

*Anforderungen an Molchanlagen in der Steriltechnik*

– Verwendung physiologisch einwandfreier Werkstoffe
– Verwendung besonders glatter Rohrleitungen
– Dämpfbarkeit gewährleisten, insbesondere auch bei den Molchen
– Einsatz totraumfreier Armaturen
– Reinigungsvorgänge automatisierbar ausführen (CIP-, SIP-Stationen).

*Wichtige gesetzliche Vorschriften*

*GMP* (Good Manufacturing Practice, USA)
Von der WHO erstmals 1968 erlassene Empfehlungen für die „sachgerechte Herstellungspraxis" von Arzneimitteln. Die Richtlinien betreffen neben der Produkthygiene und der Vermeidung von Verunreinigungen außerdem die Vermeidung von Verwechslungen, die Absicherung aller Arbeitsgänge, Qualitätskontrolle und Dokumentation. Die später revidierten GMP-Richtlinien (deutsche Übersetzung im Bundesanzeiger) sind inzwischen zum Allgemeingut nicht nur in der pharmazeutischen Industrie geworden.
*FDA* (Food and Drug Administration, USA)
Code of Federal Regulations (CFR)
*EHEDG* (European Hygienic Design Group)
Upgrades Trends in Food Science and Technology
*BGA* (Bundesgesundheitsamt)
Richtlinien und Empfehlungen.

## 16.2 Begriffe in der Steriltechnik

Einige Begriffe sind bei sterilen hygienischen Anlagen gebräuchlich und auch in Zusammenhang mit der Molch- und Reinigungstechnik von Bedeutung. Sie sollen im folgenden näher betrachtet und definiert werden.

*Totraum*

Raum, in den Produkt bzw. Schmutz eindringt, in dem jedoch kein oder nur geringer Austausch (Totwassergebiet) während Reinigung bzw. Produktion erfolgt. Toträume sind als Oberflächendefekt anzusehen. Spalte sind enge Toträume. Flanschverbindungen, Rundnähte bei geschweißten Rohrverbindungen (auch Orbital-schweißungen) und besonders Armaturen, führen zu einer Vielzahl von Toträumen. In Bezug auf die Molchtechnik ist ein Totraum ein nicht vom Molch reinigbares Volumen (Abweichung vom idealen Rohrinnendurchmesser).

Streng genommen gibt es keine vollständig totraumfreien Armaturen, lediglich totraumarme. Bei Prozeßmolchanlagen sind stets totraumarme Armaturen einzusetzen. In der Steriltechnik sind jedoch besonders geringe Toträume erforderlich.

## CIP/SIP (cleaning in place/sterilization in place)

Unterteilt man potentielle Reinigungsverfahren nach dem dabei notwendigen Montageaufwand, so ergeben sich zwei Möglichkeiten:

– Reinigung nur nach Zerlegen von Bauteilen
– Reinigung ohne Zerlegen in Einzelteile

Das zuletzt genannte Reinigungsverfahren wird als CIP bezeichnet. Man versteht darunter die Reinigung/Sterilisation von Anlageteilen (z. B. Rohrleitungen, Armaturen, Apparate) in einem geschlossenen Kreislauf d. h. ohne Ausbau von Teilen zur Vermeidung einer Rekontamination von außen. Erfolgen die Reinigungsvorgänge regelmäßig und in kurzen Zeitabständen, ist eine Automatisierung wünschenswert und sinnvoll. Die Rohrleitungen können mittels Molchtechnik gereinigt werden. Zusätzlich wird in der Steriltechnik der Molch gereinigt bzw. sterilisiert. Dies kann in der Molchsende- bzw. -empfangsstation geschehen. Dazu muß der Molch in der Station frei umspült werden können und dämpfbar sein.

## Sterilisation

Unter Sterilisation versteht man das Freimachen eines Gegenstandes von lebenden Keimen, wobei nicht gefordert wird, daß die toten bzw. inaktivierten Keime abgetrennt werden. Steril bedeutet demnach frei von vermehrungsfähigen Mikroorganismen. Sterilisiert werden kann mit Heißluft, Dampf oder Desinfektionsmitteln.

Die Pasteurisation erfolgt bei Temperaturen unter $100\,°C$, dabei werden hitzeresistente Sporen nicht abgetötet, die Sterilisationstemperatur liegt über $100\,°C$.

## Desinfektionsmittel

Desinfektionsmittel (Antiseptika) sind Stoffe, die zur Desinfektion, d. h. zur Bekämpfung pathogener Mikroorganismen (Bakterien, Schimmelpilze, Hefen, Viren, Sporen), geeignet sind und zwar durch Anwesenheit an deren Oberfläche. Ihr Einwirken muß stets keimtötend (germizid) sein; ein Effekt, der sich nur wachstumshemmend auswirkt, ist nicht ausreichend. Beispiele für Desinfektionsmittel sind

Mischungen mit Formaldehyd, Peressigsäure, Phenole, Propionsäure oder 20–30%ige Wasserstoffperoxidlösung.

*Dämpfbarkeit*

Beständigkeit gegenüber Wasserdampf und Kondensat auch über eine längere Einwirkungszeit hinweg. Üblicherweise wird hierzu Sattdampf von 4 bar und 151 °C verwendet. Für Keimfreiheit sind beispielsweise 130 °C während 30 min Einwirkungszeit erforderlich.

*Schmutz*

Unter Schmutz versteht man alle organischen und anorganischen Verunreinigungen, die Produkt oder Funktion der Anlage gefährden können. Zu Schmutz werden alle unerwünschten bzw. schädlichen Substanzen einschließlich Produktrückständen (mit oder ohne Mikroorganismen) gerechnet. Insbesondere gehören Materialabrieb, Rückstände von Reinigungs- und Desinfektionsmitteln, Mikroorganismen und Toxine zum Schmutz.

Schmutz kann in kristalliner bis hochviskoser und schleimiger Struktur auftreten. Die Bindung an Flächen kann gering (Flocken) bis sehr hoch (Beläge) sein. Das Antrocknen von Schmutzsubstanzen kann sowohl die Festigkeit dieser Substanzen untereinander (Kohäsionskräfte) als auch deren Haftkräfte an der Oberfläche des Bauteils (Adhäsionskräfte) erhöhen.

*Reinigung*

Reinigung ist das Entfernen von Schmutz. Man unterscheidet verschiedene Reinigungsgrade:

– Entfernen von grobem Schmutz
– Entfernen von feinen Partikeln und Belägen
– Entfernen von Mikroorganismen (sterile Reinigung).

Kontamination, die Verunreinigung (Verseuchung) mit Schmutz bzw. mit schädlichen Substanzen, ist der Gegenbegriff zur Reinigung.

Je nach ihrer Wirkweise unterscheidet man mechanische oder chemische Reinigungsverfahren.

Einfaches Spülen ist noch keine mechanische Reinigung. Durch einfaches Spülen ist ein vorhandener Belag an Rohrinnenwänden nicht zu entfernen:

Wegen der laminaren Grenzschicht der Strömung in Wandnähe ist praktisch keine mechanische Reinigungswirkung vorhanden. Eine Abreinigung von Belägen kann bestenfalls durch Druckstöße (turbulente Strömung) erzielt werden. Durch die schabende Wirkung des Molchs kann auch im Rohrinnern mechanisch gereinigt werden. Wird die Molchtechnik nicht eingesetzt, können nur über eine ausreichende Einwirkungszeit die geforderten hygienischen Verhältnisse erzielt werden.

Chemische Reinigungsverfahren können mit alkalischen oder sauren Medien durchgeführt werden. Eine alkalische Reinigung ist beispielsweise mit Natronlauge bei einer 5% Konzentration, einer Temperatur bis 140 °C und einer Dauer von ca. 10 min möglich. Eine saure Reinigung kann beispielsweise mit Salpetersäure oder Phosphorsäure erfolgen.

*Mikroorganismen*

Mikroorganismen (Keime) sind Bakterien, Hefen, Schimmelpilze und als Sonderform Sporen.

Bakterien sind ca. 0,15–10 μm groß, d.h. kleine Bakterien liegen genau in der Größenordnung der Rauhtiefe von kaltgewalztem Stahlblech ($R_a = 0,2...0,8$ μm), dem Vormaterial beispielsweise für Rohrleitungen. Ein Kratzer auf einem Edelstahlblech ist ca. 10 μm tief.

Mikroorganismen können kugelige, stabförmige oder fadenförmige Formen aufweisen. Innerhalb eines Temperaturbereiches von −7 °C bis +70 °C ist Bakterienwachstum möglich. Unterschiedliche Eigenschaften weisen Bakterien auch hinsichtlich ihres Sauerstoffbedarfes (aerobe Keime: Wachstum bei Sauerstoffanwesenheit, Gegensatz: anaerobe Keime), ihrer pH-Empfindlichkeit und ihren Anforderungen an das Wachstumsmedium auf. Die meisten Bakterien vermehren sich bei mittleren Temperaturen, im pH-Bereich von 5 bis 8 in Gegenwart von Wasser.

*Produktberührte Flächen*

Zu den produktberührten Flächen gehören alle Oberflächen von Bauteilen, die beabsichtigt oder unbeabsichtigt (z.B. durch Spritzer) mit Produkt in Kontakt kommen können bzw. von denen Produkt oder Kondensat ablaufen, abtropfen oder auf eine andere Weise in das Produkt gelangen kann. Darüber hinaus zählen alle sonstigen Flächen, die indirekt produktberührte Flächen kreuzkontaminieren können, ebenfalls dazu.

Diese EHEDG-Definition ist sehr streng gefaßt und verdeutlicht, daß auch an die Außenflächen der Bauteile hohe Anforderungen gestellt werden.

## 16.3    Werkstoffe für die Steriltechnik

Werkstoffe müssen unter Gebrauchsbedingungen untoxisch sein, widerstandsfähig gegenüber Produkten und Reinigungsmitteln sein sowie nicht absorbierend wirken. Hauptanforderungen an den Werkstoff werden oft nicht vom Produkt selbst, sondern vom Reinigungsmittel bei Anwendungstemperatur erzeugt.

Physiologische und geschmackliche Unbedenklichkeit (lebensmittelgerechte Werkstoffe) sind bei den als Standardwerkstoffen in der Lebensmittel- und Getränkeindustrie eingesetzten rostfreien Stählen gewährleistet. Zu vermeiden sind Aluminium sowie vernickelte bzw. verchromte Oberflächen.

Für den Einsatz von Kunststoffen und Elastomeren gibt es BGA- und FDA-Empfehlungen.

Der Vorteil bei Anwendung der Molchtechnik ist, daß viele Molchwerkstoffe – da in konventionellen Sterilanlagen als Dichtungswerkstoff eingesetzt – bereits eine entsprechende Zulassung besitzen.

*Empfohlene Edelstähle*

AISI-, DIN- oder für Gußprodukte ACI-Typen in Abhängigkeit ihrer Korrosionseigenschaften

Produkte mit geringem Chloridanteil, Gefahr von Lochfraß:
AISI-304 oder DIN 1.4301

Produkte mit Chloriden, mäßige Temp. ($<60\,°C$), Gefahr von Spannungsrißkorrosion:
AISI-316 oder DIN 1.4401
AISI-316L oder DIN 1.4404

Produkte mit Chloriden, hohe Temp. ($60–150\,°C$), keine Spannungsrißkorrosion:

AISI-410 oder DIN 1.4006
AISI-409 oder DIN 1.4512
AISI-329 oder DIN 1.4460
Incoloy 825

*Empfohlene Kunststoffe und Elastomere (Auswahl)*

Polypropylen (PP) Novolen
Polyvinylchlorid (PVC) Hostalit
Polycarbonat (PC) Makrolon
hochdichtes Polyethylen (PE) Hostalen
Polytetrafluorethylen (PTFE) Teflon
Ethylen-Propylen-Diene-Monomer (EPDM) Vistalon
Nitril-Butyl-Gummi (NBR) Perbunan
Silikon-Kautschuk (VMQ) Silopren
Fluor-Kautschuk (FKM) Viton.

## 16.4    Elemente der Sterilen Molchtechnik

### 16.4.1    Molche

Auch eine Molchanlage im Sterilbereich ist eine Prozeßmolchanlage. Neben den in Kapitel 3 besprochenen Eigenschaften von Molchen gibt es bei den in der Steriltechnik eingesetzten einige weitere Anforderungen:

– Werkstoff physiologisch unbedenklich (BGA-Zulassung), geschlossenporige Elastomere
– Beständigkeit gegenüber Produkt, Reinigungsmedium und Wasserdampf
– verschleißfest, d. h. keine Bildung von Verschleißpartikeln durch Abrieb
– Temperaturbeständigkeit/Dämpfbarkeit, d. h. Beständigkeit gegenüber Dampf bis 140°C
– die Kontur ist strömungsgerecht gestaltet, um eine Ablösung der Strömung bei der Reinigung auszuschließen, Umspülbarkeit gewährleisten
– Totraumfreie Gestaltung, ohne Spalte und Hinterschneidungen (Vollkörpermolche), d. h. keine Eignung des Wechsellippenmolchs.

Sterilmolche von verschiedenen Herstellern sind in Kapitel 3 abgebildet. Es sind durchweg Vollkörpermolche (einheitlicher Werkstoff, einteilige Bauform, einfache Geometrie):

– Hantelform (Duo-Molch der Fa. I.S.T.)
– Zylinderform, Kanten abgerundet (Fa. Kiesel)
– Doppelkugel-Form, stark überlappt (Fa. Tuchenhagen).

Die sterile Prozeßmolchanlage ist hoch automatisiert einschließlich der Reinigungsvorgänge.

Häufiger wird das tandem-pigging eingesetzt: ein Flüssigkeitspolster wird zwischen zwei aufeinanderfolgenden, in gleicher Richtung fahrenden Molchen eindosiert. Man ist nun in der Lage, die Arbeitsschritte Spülen, Desinfizieren und Lösen vorzunehmen, ohne die gesamte Leitung fluten zu müssen.

Als Treibmedium wird destilliertes Wasser oder trockene, ölfreie, sterile Luft eingesetzt.

### 16.4.2    Molchreinigungsstationen

Wie bei einer Prozeßmolchanlage wird der Molch zur Reinigung der Rohrleitung verwendet. Im Sterilbereich kommt nun die Notwendigkeit hinzu, auch die Molche selbst reinigen zu müssen. Da dies sehr häufig durchgeführt werden muß, liegt es nahe, die Molchreinigung CIP-fähig und automatisierbar zu gestalten.

Die Molchreinigungsstation ist die Schlüsselkomponente der sterilen Prozeßmolchanlage.

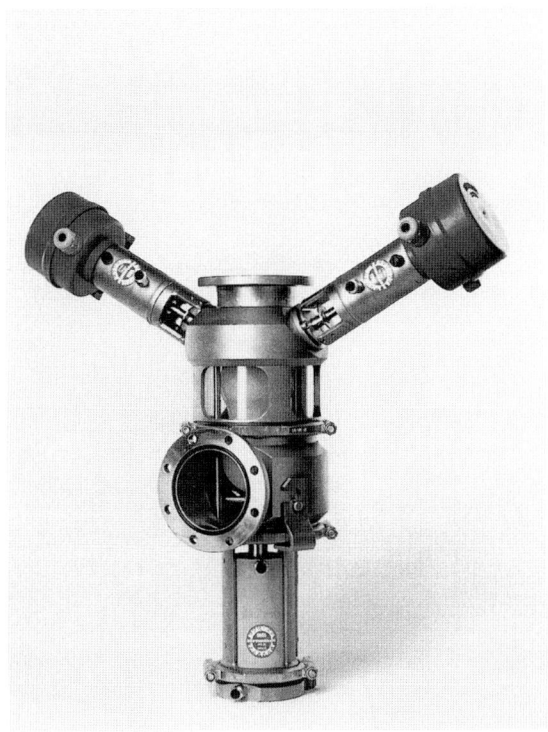

**Abb. 16-1.** Molchreinigungsstation
Werkbild Firma Tuchenhagen

Erst durch die Entwicklung einer CIP-fähigen Molchstation wurde die Molchtechnik für die Steriltechnik vollständig nutzbar. Es ist ausreichend, wenn eine der Stationen CIP-fähig ist.

Zur Molchreinigung in der Station ist keine Entnahme des Molchs erforderlich (Gefahr der Rekontamination). Trotz ständiger Reinigungsvorgänge liegt ein geschlossenes Molchsystem vor; der Molch muß nur am Ende seiner Lebensdauer herausgenommen werden. Ein Durchströmen der Molchstation mit Produkt, Spülmittel oder Dampf ist in beiden Richtungen möglich.

Es gibt keine nicht durchströmbaren Bereiche. Bei der Konstruktion der Station ist auf einen geringen Druckverlust durch gleiche Strömungsquerschnitte im Rohr und um den Molch in der Station zu achten. Eine beinahe berührungslose Lagefixierung, d. h. der Molch befindet sich frei aufliegend in der Station, ermöglicht eine 100%ige Umspülbarkeit. Zusätzlich ist auf eine gründliche Reinigung der Molchstirnseiten (Produktberührung) zu achten.

Die an der Molchstation angeschlossenen Ventile müssen ebenfalls einwandfrei reinigbar sein.

Automatische Funktionsabläufe sind wünschenswert.

### 16.4.3    Rohrleitungen

Durch Vernetzung von Produktlinien mit Reinigungskreisläufen entstehen in der Steriltechnik sehr komplexe Produktleitungssysteme.

Grundsätzlich können längsnahtgeschweißte und nahtlose Rohre aus rostfreien Stählen verwendet werden (s. a. Kap. 5). Hygienische Bedingungen erfordern eine genaue und strenge Spezifikation sowohl der inneren als auch der äußeren Oberflächenbeschaffenheit.

Bislang sind auch die für den Sterilbereich geeigneten Rohre in Außendurchmesser und Wanddicke genormt (DIN 11850: Rohre aus nichtrostenden Stählen für Lebensmittel).

Werkstoffe für Rohrleitungen sind im Standardfall 1.4301 oder 1.4571. Weitere häufig eingesetzte Edelstähle sind 1.4401, 1.4435 und 1.4541. Die Oberflächenqualität innen ist metallisch blank, der Schweißnahtbereich ist wanddickengleich eingeebnet und geglättet. Der Mittenrauhwert liegt zwischen $R_a = 2{,}5$ µm und $0{,}8$ µm, im Schweißnahtbereich bei $R_a = 1{,}6$ µm. Im Pharmabereich sind höhere Oberflächenqualitäten erforderlich: $R_a = 0{,}2$ µm. Außen wird die Rohrleitung entsprechend Körnung 400 geschliffen oder poliert.

Entsprechend den Technischen Lieferbedingungen sind die Rohre mit Hersteller, Werkstoffnummer und Oberflächenbeschaffenheit zu kennzeichnen.

### 16.4.4    Rohrleitungsverbindungen

*Geschweißte Rohrleitungsverbindungen*

Für Rohrleitungen nach DIN 11850 für den Einsatz im Lebensmittel- und Pharma-Bereich sind spezielle Schweißvorschriften sinnvoll.

Schweißnahtvorbereitung:
Der Hersteller hat die Schweißnähte konstruktiv so anzuordnen, daß sie maschinell schweißbar und prüfbar sind. Stumpfnähte sind so vorzubereiten, daß die Nahtflanken parallel, scharfkantig und gratfrei bleiben und die Ovalität kleiner +1% des Rohraußendurchmessers beträgt. Verunreinigungen im Bereich der Nahtflanken sind zu entfernen.

Die Wirksamkeit des Formiergases muß mit einem Restsauerstoffmeßgerät vor dem Schweißen und Heften festgestellt werden; unter 60 ppm Restsauerstoff kann mit dem Schweißen begonnen werden. Als Formiergas ist ein Argon-Wasserstoff-Gemisch mit 2% bis 10% Wasserstoff zu verwenden.

Zerstörungsfreie Prüfungen erfolgen visuell, durch Endoskopie bzw. Videoskopie, die Dokumentation erfolgt mit Fotos bzw. Videoprints von den nichteinsehbaren Schweißnähten. Für den Prüfbericht wird stichprobenartig die Güte der Schweißnähte und die Wirksamkeit der Schweißaufsicht dokumentiert. Weiterhin sind die Isometrien als Anlage im Prüfbericht anzufügen.

Die Druckprüfung muß mit chloridfreiem Wasser erfolgen.

*Lösbare Rohrleitungsverbindungen*

Lösbare Rohrleitungsverbindungen haben in der Lebensmittelindustrie eine besondere Bedeutung, da hier die Leitungen zu Reinigungszwecken oft demontiert (falls nicht gemolcht wird) oder flexible Umschlüsse vorgenommen werden müssen. Neben der geflanschten Verbindung gibt es zur schnellen Demontage lösbare Rohrleitungsverbindungen, die mit einem Nutmutternschlüssel zu öffnen sind.

An eine lösbare Rohrverbindung in hygienegerechter Ausführung für die Steriltechnik, die zudem molchbar sein soll, werden viele zum Teil widersprüchliche Anforderungen gestellt:

- keine Toträume, keine Vor- und Rücksprünge
- Zentrierung sicherstellen
- Dichtstelle frei von Spalten.

Das Konstruktionsprinzip einer hygienegerechten Schraubverbindung ist es, durch eine radiale Zentrierung und einen axialen Anschlag der Verschraubungsteile eine von der Verschraubungskraft unabhängige Pressung der Dichtung zu erzeugen.

Beispiele für bewährte Konstruktionen sind:

- Rohrverschraubungen nach DIN 11851 („Milchrohrverschraubung")
  Diese Rohrverschraubung gibt es in Ausführungen zum Einwalzen und Anschweißen an Rohre nach DIN 11850. Sie besteht aus vier Einzelteilen: Gewindestutzen mit Rundgewinde, Kegelstutzen, Nutüberwurfmutter, und Dichtung. Die Dichtung ist ein Dichtring (O-Ring) aus EPDM, FKM, HNBR, MVQ oder NBR. Flüssigkeitsberührte Innenflächen sind in der Oberflächenqualität $R_a < 1{,}6\ \mu m$, die Außenflächen mit $R_a < 3{,}2\ \mu m$ ausgeführt. Die Verbindung ist molchbar.
- Aseptik-Flanschverbindung nach DIN 11864-2
  Die DIN 11864 über Armaturen für Lebensmittel, Chemie und Pharmazie wurde auf Grundlage der Empfehlungen der EHEDG erarbeitet. Die Norm gilt für Aseptik-Verbindungen mit O-Ring oder Formdichtungen. Die Dichtungen aus EPDM sind gekammert (O-Ringe oder Formdichtungen). Sie schließen nach dem Anziehen spaltfrei mit dem Innendurchmesser ab, ragen jedoch nicht in den Innenraum hinein. Die Aseptik-Verbindungen sind für Betriebsüberdrücke DN40 bis 25 bar, bis DN100 bis 16 bar und bis DN150 bis 10 bar geeignet. Die Drücke können bis zu einer Temperatur von max. 140 °C angewandt werden. Die Rohrverbindungen können stumpf angeschweißt werden an Rohre nach DIN 11850 oder DIN EN ISO 1127 , ISO 2037 oder BS 4825. Die Verbindung ist molchbar.
  Eine firmenspezifische Ausführung zeigt Abbildung 16-2.
- Aseptik-Rohrverschraubung nach DIN 11864-1
  Diese Rohrverschraubung ist ähnlich der Milchrohrverschraubung ausgeführt und besitzt ebenfalls eine Nutüberwurfmutter. Die Dichtung ist wie in Teil 2 der Norm konstruiert. Die Verbindung ist molchbar.

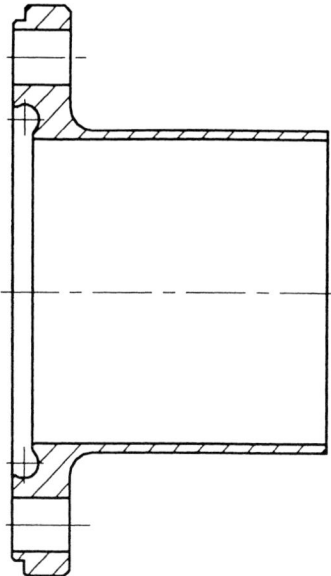

**Abb. 16-2.** Aseptik-Verbindung System Tuchenhagen

- T-Ring-Verschraubung nach ISO 2853
  Sowohl die Ausführung zum Einwalzen als auch die entsprechende Ausführung zum Anschweißen sind molchbar. Einzelteile: die beiden Anschweiß-/Einwalz-stutzen mit und ohne Trapezgewinde, Rund- oder Sechskantmutter, Stützring und Formdichtung. Diese Rohrverschraubung ist für Rohre nach ISO 2037 vorgesehen.
- Edelstahl Clamp-Verschraubung nach ISO 2852
  Diese schnell lösbare Rohrverbindung für Rohre nach ISO 2037 besteht aus zwei kegeligen Außenbunden, die über eine Kegelschale angepreßt werden. Dazwischen ist eine Formdichtung eingespannt. Die Clamp-Verbindung ist molchbar.

## 16.5  Anwendungsbeispiel

Als Beispiel für eine Ablaufsteuerung im Sterilbereich wird eine mittels Molch reinigbare Rohrleitung in der Getränkeindustrie beschrieben. Zum Einsatz kommt eine Einmolchanlage (EMS) mit steriler Luft als Treibmedium (s. Abb. 16-3 und Tab. 16-1).

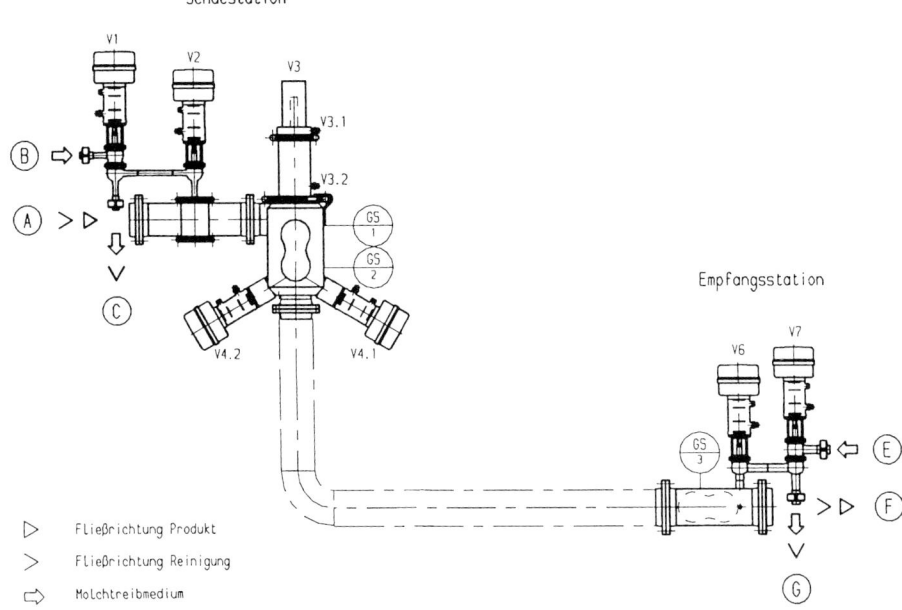

**Abb. 16-3.** Fließbild Sterile Prozeßmolchanlage

**Tab. 16-1.** Ablauftabelle eines Molchvorgangs im Sterilbereich

| Arbeits-schritt Nr. | Vorgang | Molchort/ -fahrtrichtung | Rohrleitung | |
|---|---|---|---|---|
| | | | Inhalt | Treibmedium |
| 1 | Grundstellung | M = S | Luft | – |
| 2 | Produktförderung | M = S | Produkt | – |
| 3 | Molchfahrt | M → E | – | Luft |
| 4 | Molchfahrt | M → S | – | Luft |
| 5 | Reinigen | M = S | Reinigungsmittel | – |
| 6 | Dämpfen | M = S | Dampf/Kondensat | – |
| 7 | Grundstellung | M = S | Luft | – |

M = Molch; S = Sendestation; E = Empfangsstation; =: Ort bzw. Zustand; →: Molchfahrt

*Funktionsweise*

1. Grundstellung:
   Der Molch befindet sich lagefixiert in der Molch-Reinigungseinheit der Sende-station.
   Die Leitung ist mit Luft gefüllt. Die Produktventile sind geschlossen.

2. Produktförderung:
   Das Produkt tritt über Stutzen A ein, umströmt den Molch und tritt an der Empfangsstation in Richtung F wieder aus.
3. Molchfahrt (Produktausschub):
   A wird geschlossen, der Molch drückt das Produkt in Richtung F. Nachdem der Molch über den Magnetschalter G04 erkannt worden ist, wird zusätzlich das Ventil F abgesperrt.
4. Molchfahrt:
   Der Molch fährt zurück zur Sendestation.
5. CIP-Vorgang:
   Reinigungsmittel tritt am Stutzen A ein. Die Rohrleitungen in den Richtungen FGC werden von Reinigungsmittel durchströmt. Der Molch wird bei Durchströmung der Reinigungseinheit mitgereinigt.
6. Dämpfen:
   Der Dampfeintritt kann über A oder F erfolgen. Abhängig von der Dampf-Strömungsrichtung kann das Kondensat über A oder F abgeführt werden.

# 17 Molchen von Fernleitungen

## 17.1 Abgrenzung zu Prozeßmolchanlagen

Im Gegensatz zu den bisher besprochenen Molchanlagen (Prozeßmolchanlagen) wird im folgenden Kapitel auf eine Anwendung der Molchtechnik bei sehr großen und langen Rohrleitungen (Fernleitungsmolchanlagen) eingegangen.

Das vorliegende Buch ist kein Buch über Fernleitungsmolche; vielmehr ist es primär an der chemischen Industrie orientiert. Trotzdem darf in einem Gesamtwerk über die Molchtechnik ein Kapitel zu diesem wichtigen und ältesten Einsatzgebiet nicht fehlen. Viele Probleme und deren Lösungen in der Fernleitungstechnik sind bei Prozeßmolchanlagen in ähnlicher Weise vorhanden, so daß es Sinn macht, sich mit diesem Sondergebiet der Molchtechnik näher zu beschäftigen.

Fernleitungen dienen dem Transport von Primärenergie und pumpfähigen Massengütern. Sie werden eingesetzt zwischen der Energielagerstätte und den Verarbeitungs- und Verbrauchszentren. Fernleitungen können ausschließlich zum Transport eines einzigen Produktes errichtet sein, es gibt jedoch auch Mehrproduktpipelines, durch die man z. B. verschiedene Rohölsorten fördern kann.

Rohrfernleitungen (Pipelines) besitzen andere Eigenschaften als die Rohrleitungen auf Rohrbrücken bzw. Rohrtrassen oder innerhalb von Anlagen. Neben der Länge und dem Durchmesser gibt es folgende grundlegende Unterschiede:

– Fernleitungen werden im Gelände verlegt, sind also nicht sackfrei (d.h. nicht selbsttätig entleerbar). Eine sackfreie Verlegung ist absolut unmöglich, während im Bereich der Chemischen Industrie eine sackfreie Rohrleitungsverlegung in begrenztem Umfang erreicht werden kann. Die Sackvolumina sind sehr groß (Feldbögen)
– Der Holdup einer Fernleitung ist extrem hoch Mengen- bzw. Durchflußbilanzierungssysteme sind vorgeschrieben
– Große Teile der Fernleitung sind nicht oder nur sehr aufwendig von außen zugänglich; dies gilt in besonderem Maß für den Offshore-Bereich
– Anlagenrohrleitungen weisen wesentlich mehr Formstücke (Rohrbögen, Abzweige) und Armaturen auf
– Fernleitungen werden für wenige Produkte eingesetzt: Rohöl, raffiniertes Öl, Erdgas und Wasser, während Rohrleitungen in Industrieanlagen das gesamte Spektrum der Chemikalien transportieren können

– Molchverfahren/Molchsysteme sind bei Prozeßmolchanlagen wesentlich komplexer, hier erübrigt sich eine Funktionstabelle.

Eine klare Trennung zwischen Fernleitung und Anlagenrohrleitung ist jedoch nicht möglich; in der Praxis existiert ein weiter Überlappungsbereich. Auch innerhalb von Chemieanlagen kann es extrem lange Rohrleitungen großer Nennweite geben, beispielsweise Naphtha-Leitungen als Steamcracker-feed zwischen einer Schiffsentladestelle und dem Tanklager.

In diesem Zusammenhang haben auch die Molchanlagen, Molche und Molchsysteme unterschiedliche Aufgaben. Einige die Molchtechnik betreffende Unterschiede sind in der folgenden Tabelle (Tab. 17-1) aufgeführt.

In Tabelle 17-2 sind einige molchbare Fernleitungen ausgewählt; deren Eckdaten sollen die Unterschiede zu den bisher behandelten Prozeßmolchanlagen veranschaulichen.

Fernleitungen werden je nach Gelände in Onshore-, Offshore- und Subsea-Leitungen unterteilt. Für diese Bereiche gelten jeweils spezielle Anforderungen in bezug auf Festigkeit, Beständigkeit und Verlegetechnik. Für den Betrieb und die Inspektion solcher Leitungen müssen Molche die verschiedensten Aufgaben erfüllen.

Üblicherweise ist eine Fernleitung in mehrere Abschnitte unterteilt, die durch Stationen getrennt sind. In der Pipelinetechnik haben diese Stationen die Aufgabe, die Leitung sektionsweise absperren zu können, den Leitungsdruck zu erzeugen (Kompressor- bzw. Pumpstationen) und zu regeln, sowie Messungen durchzuführen. Die Station ermöglicht auch den Molchbetrieb. Einrichtungen für den Molchbetrieb befinden sich auch an Stellen, wo der Durchmesser der Pipeline geändert wird. Die längste Strecke zwischen zwei molchbaren Stationen liegt derzeit bei 800 km. Solche Entfernungen sind naturgemäß im Subsea-Bereich zu finden.

**Tab. 17-1.** Vergleich von Prozeßmolchanlagen (PMA) mit Fernleitungsmolchanlagen (FMA)

| Charakteristika | PMA | FMA |
|---|---|---|
| Nennweite | 50 ..... 200 mm | 150 ..... 1400 mm |
| Länge | <1000 m | 150 ..... 1000 km |
| Wandstärke bzw. | <5 mm | <50 mm |
| Druckstufe | bis 25 bar | bis 150 bar |
| Einsatzhäufigkeit | regelmäßig | gelegentlich |
| Automatisierungsgrad | hoch | manuelle Handhabung |
| Werkstoff | Edelstahl | C-Stahl |
| Reinigungsgrad | hoch | grob |

**Tab. 17-2.** Beispiele von Fernleitungen mit Molcheinsatz

| Name | Erläuterung | Start | Ziel | On/Offshore | Medium | Durch-messer | Druck | Länge |
|---|---|---|---|---|---|---|---|---|
| MIDAL | Mitte-Deutschland-Anbindungs-Leitung | Rysum (Belgien) | Jockgrim | Onshore | Erdgas | 800 mm | 84 bar | 640 km |
| STEGAL | Sachsen-Thüringen-Erdgas-Leitung | Olbernhau (Deutschland) | Reckrod | Onshore | Erdgas | 800 mm | 84 bar | 320 km |
| TOM | Total Oil Marine PLC | Frigg Field (Schottland) | St. Fergus Gas Terminal | Offshore | Erdgas | 32″ | 149 bar | 360 km |
| FORTIES | BP Forties Field Line | Forties Field (Schottland) | Cruden Bay | Offshore | Erdöl | 32″ | 142 bar | 169 km |
| TAPS | Trans Alaska Pipeline System | Prudhoe Bay (Alaska) | Valdez | Onshore | Erdöl | 48″ | 92 bar | 1300 km |
| AGEC | Alberta Gas Ethylene Corporation | Red Deer (Canada) | Edmonton | Onshore | Ethylen | 12″ | 90 bar | 180 km |

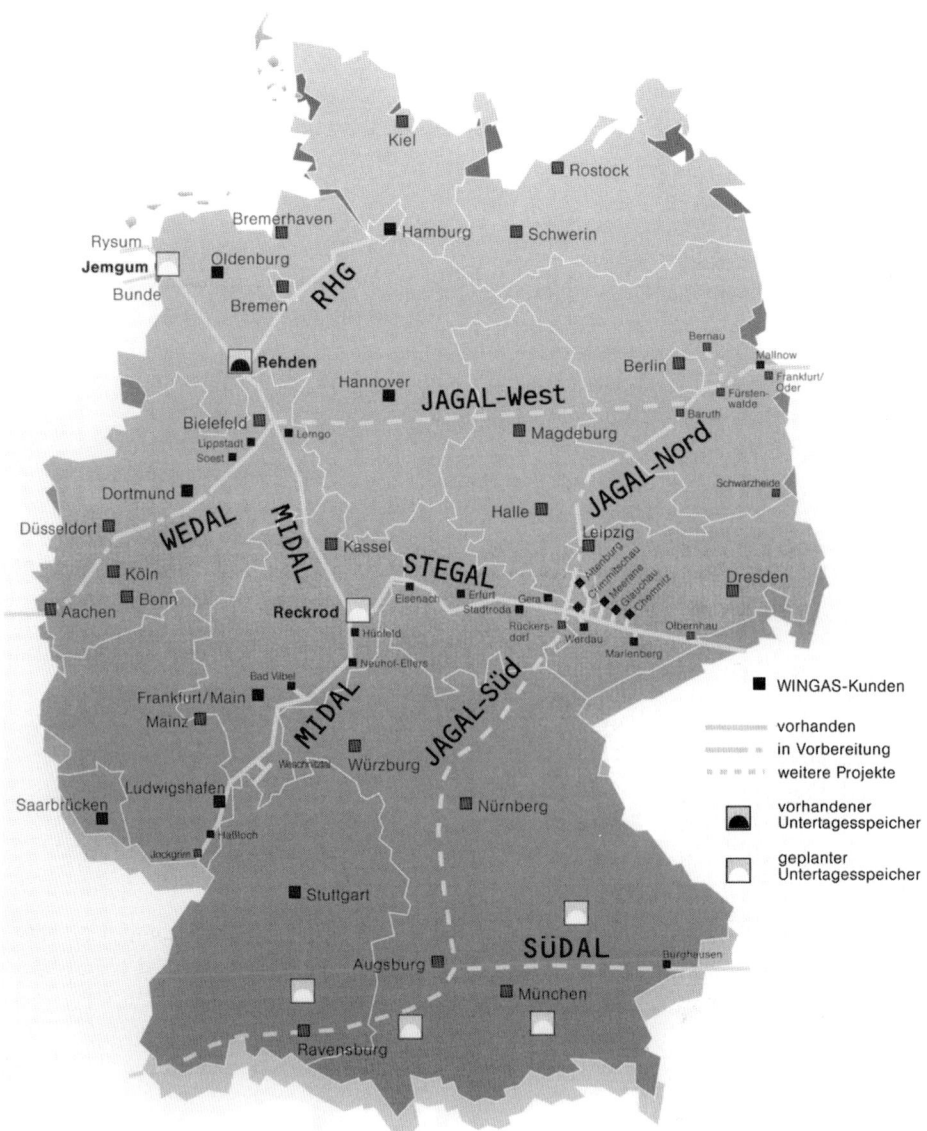

**Abb. 17-1.** Fernleitungsnetz in Deutschland, Wingas, Kassel

## 17.2  Rohre und Formstücke bei Fernleitungen

Grundsätzlich ist jede Fernleitung auch molchbar. An das Ergebnis der Molchung dürfen jedoch nicht die gleichen Kriterien angelegt werden wie bei den Prozeßmolchanlagen.

Unterschiede und Besonderheiten ergeben sich nicht nur durch den Größeneffekt, sondern auch durch die andersartigen Anforderungen bei einer Fernleitungsmolchung.

Auf diese Besonderheiten von Rohren und Formstücken bei Fernleitungen wird im folgenden näher eingegangen.

### 17.2.1  Rohre

Große Rohrdurchmesser und hohe Betriebsdrücke erfordern beim Rohrwerkstoff verschärfte Anforderungen an die Beständigkeit gegen Rißentstehung und -fortpflanzung, d.h. an die Zähigkeitseigenschaften (Mindestkerbschlagzähigkeit). Besonders die Notwendigkeit, Pipelines auch in kritischen Gebieten wie Permafrostzonen und Offshore-Bereichen zu verlegen, führte zu einer ständigen Verbesserung der Schweißeignung ihrer Werkstoffe. Ebenfalls weiterentwickelt wurde ihre Beständigkeit gegenüber Schwefelwasserstoff, da in der Vergangenheit Korrosionsschäden durch Sauergas (wasserstoffinduzierte Risse) aufgetreten waren.

Die Anforderungen bezüglich Werkstoff und Herstellung für Stahlrohre zum Transport von brennbaren Flüssigkeiten und Gasen wurde bereits Mitte der sechziger Jahre in der DIN 17 172 geregelt. Im Laufe der Jahre wurden in dieser Norm die inzwischen weiterentwickelten Rohrstähle höherer Festigkeit ergänzt. Seit Dezember 1996 gibt es einen Vorschlag (Entwurf) für eine Europäische Norm: E DIN 17172-100 Teil 1–3.

Die in dieser Norm festgelegten Stähle sind unlegierte und legierte Edelstähle, wie z.B.: St E 290, St E 360, St E 480 nach DIN 17 172 bzw. ISO 4948: L 290, L 360, L 485.

*Nahtlose Rohre* ( Kurzbezeichnung S-, seamless)

Das Rohr wird durch Warmumformen hergestellt, dem sich eine Maßumformung oder Kaltfertigumformung zur Erzielung der gewünschten Maße anschließen kann.

Für dickwandige Rohre bis ca. 660 mm Durchmesser ist das nahtlose Rohr optimal herstellbar und wirtschaftlich. Folgende Herstellverfahren dominieren:

– Rohrkontiverfahren:
  Durchmesserbereich 21 bis 140 mm, Dickenbereich 2 bis 25 mm
– Stopfenwalzverfahren:
  Durchmesserbereich 140 bis 406 mm, Dickenbereich 3 bis 40 mm
– Schrägwalz-Pilgerschrittverfahren:
  Durchmesserbereich 250 bis 660 mm, Dickenbereich 3 bis 125 mm.

*Geschweißte Rohre*

Für den Bau speziell großer Fernleitungen beherrscht das geschweißte Leitungsrohr das Feld. Ausgangsmaterial für die Rohrherstellung ist Warm- oder Kaltband, dessen Kanten gleichmäßig auf genaue Breite besäumt werden. Man unterscheidet:

– Hochfrequenz-Widerstandsschweißverfahren:
  Durchmesser bis 508 mm (20″) (Kurzbezeichnung HFW)
– Unterpulverschweißverfahren:
  Durchmesser bis 1620 mm (64″) (Kurzbezeichnung SAW)
– Kombiniertes Schutzgas- und Unterpulverschweißverfahren:
  Durchmesser bis 1620 mm (64″) (Kurzbezeichnung COW).

Geschweißte Rohre können wie bei Rohrleitungen für Chemieanlagen Längsnaht-geschweißt (Kurzbezeichnung SAWL, COWL) sein, möglich ist auch der Einsatz von Spiralnaht-geschweißten Rohren (Kurzbezeichnung SAWH, COWH).

## 17.2.2   Maßtoleranzen

Fernleitungsrohre sind nach Außendurchmesser genormt.
Die Grenzabmaße für Außendurchmesser und Unrundheit zeigt Tabelle 17-3.
Dabei gibt es verschiedene Toleranzen für das Rohrstück zwischen den Enden und für das Rohrende (ein Abschnitt von 100 mm Länge).
Bei der Wanddicke gibt es Grenzabmaße bis 1 mm (s. Tab. 17-4).
Weitere Toleranzen beziehen sich auf Geradheit, auf den radialen Versatz der Blech- bzw. Bandkanten und auf die Schweißnahtüberhöhung (Höhe des Stauch-wulstes) (s. Abb. 17-2).

Beispiel:
Analog zur Darstellung in Abschnitt 5.3.1 sollen hier im Vergleich zum Anlagen-rohr die Toleranzen für das Fernleitungsrohr erläutert werden:
Berechnung der Toleranz (Differenz von Größt- und Kleinstmaß) des Rohres:

Rohr S EN 10208-2-L415MB-813×14,2-r2
DN 800 (32″), PN 84
Außendurchmesser D: 813 mm, Wanddicke T: 14,2 mm
Durchmessertoleranz: $\pm 0{,}5\%$ D=$\pm 4$ mm
D/T=57,2 >20 Wanddickentoleranz: +15%, −12,5%
kleinster Innendurchmesser unter maximaler Ausnutzung der zulässigen Toleranz:
Kombination von kleinstem Außendurchmesser und dickster Wand
$D_{min}$=813−4−2·14,2−2·2,13=776,4 mm
größter Innendurchmesser unter maximaler Ausnutzung der zulässigen Toleranz:
Kombination von größtem Außendurchmesser und dünnster Wand
$D_{max}$=813+4−2·14,2+2·1,775=792,0 mm
Differenz: $\Delta$D=792,0 mm−776,4 mm=15,6 mm.

**Tab. 17-3.** Grenzabmaße für Außendurchmesser und Unrundheit

| Außendurchmesser D [mm] | Grenzabmaße des Durchmessers | | | | Grenzabmaße der Unrundheit | |
|---|---|---|---|---|---|---|
| | Rohre mit Ausnahme der Enden | | Rohrenden | | Rohre mit Ausnahme der Enden | Rohrenden |
| | nahtlose | geschweißte | nahtlose | geschweißte | | |
| D≤60 | ±0,5 mm oder ±0,75% D (es gilt jeweils der größere Wert) | ±0,5 mm oder ±0,75% D (es gilt jeweils der größere Wert), höchstens aber ±3 mm | ±0,5 mm oder ±0,5 D (es gilt jeweils der größere Wert), höchstens aber ±1,6 mm | | (in den Durchmessergrenzabmaßen enthalten) | |
| 60<D≤610 | | | | | 2,0% | 1,5% |
| 610<D≤1430 | ±1% D | ±0,5% D, höchstens aber ±4 mm | ±2,0 mm | ±1,6 mm | 1,5% (höchstens aber 15° mm) für $\frac{D}{T}$ ≤75<br>2,0% für $\frac{D}{T}$ >75 | 1,0% für $\frac{D}{T}$ ≤75<br>1,5% für $\frac{D}{T}$ >75 |
| D>1430 | nach Vereinbarung | | nach Vereinbarung | | nach Vereinbarung | |

**Tab. 17-4.** Grenzabmaße für die Wanddicke

| Wanddicke T [mm] | Grenzabmaße |
|---|---|
| Nahtlose Rohre | |
| $T \leq 4$ | +0,6 mm/–0,5 mm |
| $4 < T < 25$ | +15%/–12,5% |
| $T \geq 25$ | +3,75 mm/–3,0 mm |
| | oder ±10% |
| | (es gilt jeweils der größere Wert) |
| Geschweißte Rohre | |
| $T \leq 10$ | +1,0 mm/–0,5 mm |
| $10 < T < 20$ | +10%/–5% |
| $T \geq 20$ | +2,0 mm/–1,0 mm |

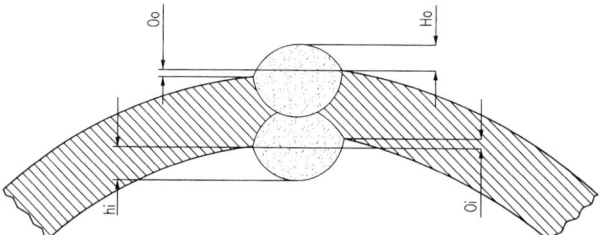

**Abb. 17-2.** Höhe des Stauchwulstes

Bei maximaler Ausnutzung der Toleranz müßte der Molch in der Lage sein, eine Durchmesseränderung von 15,6 mm auszugleichen.

### 17.2.3 Formstücke

Fittings bzw. Formstücke werden in folgende Arten unterteilt: Bögen, Abzweige, Reduzier- und Übergangsstücke. Für den Einsatz der Molchtechnik von Interesse sind Bögen und Abzweige.

Reduzierstücke sind konzentrische oder exzentrische Verbindungsteile zwischen Rohren unterschiedlicher Durchmesser. Übergangsstücke werden zum Ausgleich verschiedener Wanddicken bei gleichem Durchmesser eingesetzt, sie sind lediglich für Sondermolche in begrenztem Rahmen molchbar.

### Bögen

Rohrkrümmer werden wie bei den „kleineren" Rohrleitungen für PMA mit verschiedenen Biegeradien in der Werkstatt gefertigt (*Werkstattkrümmer*).

Die Bögen werden in 1,5 $d_a$, 3 $d_a$ und 5 $d_a$ Ausführung verwendet. Die 1,5 $d_a$ Ausführung ist lediglich für Kugelmolche verwendbar. Für die Molchbarkeit gilt die Grundregel: je größer der Durchmesser der Pipeline, desto kleiner kann der zulässige Bogen sein:

Zur fabrikmäßigen Fertigung dieser Krümmer gibt es verschiedene Methoden. Induktivkrümmer werden in einem Induktor aus einem Stück geraden Rohres gefertigt. Dabei wird am Ausgangsrohr eine schmale Zone kurzzeitig erwärmt. Halbschalenkrümmer werden durch Schweißen von 2 oder mehr Schalenteilen gefertigt. Diese engen Bögen sind meist in den Stationen und nicht auf der Strecke anzutreffen. Schenkelverlängerungen sind vorzusehen.

Bis zu 20% der Rohre müssen jedoch auf der Baustelle gebogen werden (*Kaltbögen*, Rohrkrümmer mit großem Radius r >40 $d_a$). Zum Einsatz kommen spezielle hydraulisch arbeitende Biegemaschinen, die mit auf den Durchmesser abgestimmten Werkzeugen, z. B. einen Innenstützkörper (Mandrel), eingerichtet werden. Weiterhin kommt es zu Eigenverformungen der Rohrleitung durch Gewichtskräfte. Diese Kaltbögen sind für den Molchvorgang von geringfügigem Interesse, da in diesem Fall die entstehenden Radien in der Größenordnung von mehreren 100 m liegen.

Segmentbögen sind für den Molch problematisch und dürfen nicht verwendet werden.

**Tab. 17-5.** Minimaler Biegeradius von Fernleitungsbögen

| Durchmesser | | Biegeradius r |
|---|---|---|
| ≤4″ | (bis DN 100) | 10 $d_a$ |
| 6″ … 12″ | (DN 150 … DN 300) | 5 $d_a$ |
| >12″ | (ab DN 300) | 3 $d_a$ |

*Abzweige*

Abzweige sind senkrecht oder schräg (Hosenstücke) zur Fernleitung liegende Abgänge. Sie werden durch Aushalsen, Schweißen oder Schmieden gefertigt.

Je nach der Größe des Abzweiges im Verhältnis zur Nennweite der Molchleitung und nach seiner Einbaulage (nach oben oder unten) richtet sich die Entscheidung, ob der Abzweig mit oder ohne Führungsstegen ausgeführt werden muß.

Das Durchmesserverhältnis Produktabzweig zum Durchgangsrohr ($q = d_A/d_D$) kann bei Abzweigen die Werte 0,3……1,0 annehmen.

Abgänge mit kleinen q-Werten (0,1…..0,3) sind die für die Molchbarkeit unproblematischen Stutzen (Weldolets, Aufschweißstutzen).

Die meisten Molche überfahren Öffnungen bis 0,5 $d_D$ (in Ausnahmefällen 0,6 $d_D$) der Molchleitung. Auch hier ist nicht das L/D-Verhältnis entscheidend sondern der relative Abstand der Dichtscheiben (L*/D-Verhältnis).

Für die Molchbarkeit von Interesse ist zudem der Abstand zweier dicht hintereinanderliegender Abzweige, um ein Verkanten und Klemmen des Molches sicher ausschließen zu können (s. Abb. 17-3).

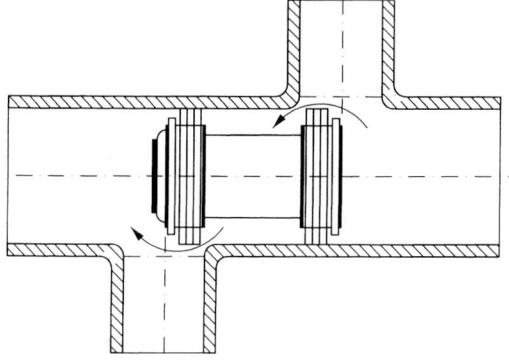

**Abb. 17-3.** Verkanten eines Molchs bei der Durchfahrt zweier hinterein-anderliegender Produktabzweige

## 17.3  Aufgaben von Molchen in Fernleitungen

Bau und Betrieb von Fernleitungen sind ohne Molchtechnik nicht möglich. Zahlreiche Teilaufgaben sind wirtschaftlich nur von Molchen zu lösen; die Pipelinetechnik ist eng mit der Molchtechnik verknüpft. Jede Fernleitung ist mit Molchstationen ausgerüstet.

Deshalb hängen die ersten Einsätze von Molchen auch zeitgleich mit dem Bau der ersten Pipelines zusammen. Um 1870 wurden in den USA die ersten Fernleitungen für Rohöl verlegt. In dieser Zeit wird der Begriff Molch das erste Mal verwendet.

Sowohl in der Bauphase als auch später beim Betreiben der Pipeline, beim Inspizieren und bei Wartungs- und Reparaturmaßnahmen können und müssen Molche eingesetzt werden.

Zweckmäßigerweise untergliedert man in die Einsatzgebiete Bau, Betrieb, Inspektion und Reparatur:

- Einsatz beim Bau
  - Beseitigen von grobem Schmutz
  - Entfernen von Flüssigkeit, trocknen
  - Dokumentation des gelegten Zustandes
- Einsatz bei der Inbetriebnahme
  - Vollständiges Fluten bei der Wasserdruckprobe
  - Eichen von Durchflußmeßgeräten
- Einsatz beim Betrieb
  - Reinigen (Wachsschicht oder Feststoffe entfernen)
  - Entfernen von Kondensat
  - Trennen verschiedener Produkte
- Einsatz bei der Inspektion
  - Überprüfung der Geometrie
  - Detektion von Korrosion, Rissen und Fehlern
  - Lecksuche

- Einsatz bei der Reparatur
  - In situ-In-line-Coating
  - Korrosionsinhibitoren auftragen
  - Verschließen von Rohrleitungsabschnitten
  - Außerbetriebnahme von Leitungen.

Bereits beim Bau von Fernleitungen ist die Molchtechnik ein integraler Bestandteil der Verlegetechnik. Die erste Anwendung der Molchtechnik stellt gewöhnlich bei der Fertigstellung eines Teilabschnittes die Fahrt eines Reinigungsmolches dar. Grober Schmutz, Schweißnahtreste, aber auch Sand, Steine, und andere Feststoffteile, welche beim Bau in die Leitung gelangt sind, werden entfernt. Ein mit Druckluft angetriebener Bürstenmolch (s. Abb. 17-4) übernimmt diese Grobreinigung. Oftmals sind mehrere Molchfahrten notwendig. Nach diesen Anwendungen ist die Leitung „besenrein".

Als nächsten Schritt wird die Geometrie überprüft, d. h. primär die Sicherstellung des minimalen Innendurchmessers. Neben dem Schweißnahtdurchhang, der Ovalität von Bögen führen besonders die Verformungen beim Verlegen zur Veränderung des Durchmessers.

Üblicherweise wird hierzu eine Kalibrierscheibe aus Aluminium verwendet (s. Abb. 17-5). Bei großen Nennweiten sind diese Scheiben segmentiert. Der Durchmesser beginnt bei ca. 0,9 $d_i$. Je nach den Schäden am Umfang dieser Scheibe werden dann 0,95 $d_i$ und 0,97 $d_i$ verwendet.

Bei sehr langen Prüfabschnitten bzw. nicht zugänglichen Leitungsabschnitten (Subsea-Leitungen) sollte aus Sicherheitsgründen ein bidirektionaler Molch eingesetzt werden.

Wesentlich genauere Informationen liefern sog. intelligente Molche. Der Abstand zum Rohrinnendurchmesser kann damit berührungslos rund um den Umfang und über die Länge erfaßt und protokolliert werden.

Dieser Bericht kann dazu verwendet werden, Fehler zu lokalisieren und evtl. notwendige Reparaturarbeiten einzuleiten. Der Geometriemolch durchläuft die Pipeline, ohne sich oder die Rohrleitung zu beschädigen.

Ein Durchfahren vorab mit dem Grobreinigungsmolch ist sinnvoll. Intelligente Molche mit Signalaufzeichnung reagieren empfindlich auf Schwankungen (Stick-Slip-Effekte) der Geschwindigkeit. Deshalb werden sie besser durch ein flüssiges Treibmedium angetrieben.

Ist die verlegte Pipeline (as laid) auf diese Weise überprüft worden und sind die Fehler beseitigt, wird die Wasserdruckprobe (Streßtest) durchgeführt.

Nur durch die Verwendung eines durch das eingepumpte Wasser angetriebenen Molches kann eine im Gelände verlegte Leitung vollständig geflutet werden. Bei der Wasserdruckprobe sind Gasblasen und mit Luft gefüllte Hochpunkte unbedingt zu vermeiden.

Beim vollständigen Entfernen des Wassers nach der Druckprobe bzw. beim Trocknen der Leitung werden wieder Molche verwendet. Erdgasleitungen müssen beispielsweise sehr gut getrocknet sein, um die Bildung von Hydraten zu verringern.

**Abb. 17-4.** Bürstenmolch,
Firma Caramant

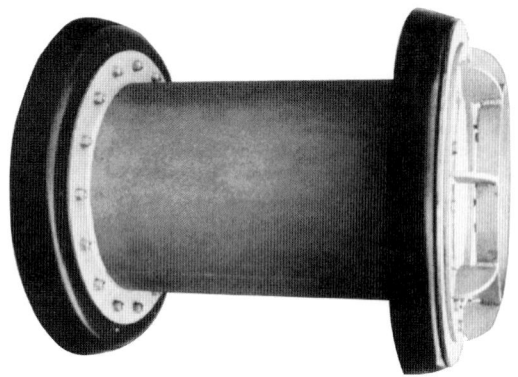

**Abb. 17-5.** Kalibriermolch,
Firma Caramant

Auch beim Eichen der Durchflußmeßgeräte nutzt man die Tatsache, daß nur durch einen vor dem Produkt gesetzten Molch die Leitung vollständig, d. h. ohne Lufteinschlüsse, befüllt werden kann.

In gleicher Weise kann die Leitung in Betrieb genommen werden, d. h. mit Produkt gefüllt werden. Soll eine Fernleitung ohne Einsatz eines Molches mit Erdgas gefüllt werden, muß am Leitungsende der in der Konzentration langsam ansteigende Produktstrom sorgfältig überwacht werden, bis er die gewünschte Spezifikation erreicht. Dabei geht viel Produkt verloren.

Während des Betriebs der Fernleitung können von Molchen produktspezifisch verschiedene Aufgaben wahrgenommen werden. Bei Gasleitungen wird durch einen regelmäßig vorgenommenen Molchlauf das Kondensat aus der Leitung entfernt. Bei Rohölpipelines muß das an den Innenseiten anhaftende Wachs entfernt werden. Die schnell anwachsende Wachsschicht erhöht bereits nach wenigen 100 Betriebsstunden den Druckverlust und kann den Durchfluß sogar vollkommen stoppen.

Bei Inspektionen während des Betriebes können Innendurchmesser und damit Korrosionseinflüsse überwacht werden. Bei der In-line-Inspektion werden diese

Daten ermittelt, ohne die Leitung von Produkt zu reinigen bzw. zu öffnen. Leck-suchmolche können aufgrund von Schallmessungen eine Leckagestelle orten. Wei-tere Detektionen und Untersuchungen sind möglich und werden im Abschnitt 17.4.2 näher beschrieben.

Selbst Reparaturarbeiten können von speziellen Molchen ausgeführt werden. Viele Erdgasleitungen sind innen beschichtet. Es gibt Molche, die diese Beschich-tung beim Durchfahren einer Leitung aufbringen können.

Mittels zweier Tandemmolche können im Batchverfahren Korrosionsinhibitoren in die Leitung eingebracht werden.

Nicht zuletzt können Molche auch bei einer Außerbetriebnahme einer Pipeline die Entleerung, Reinigung oder Trocknung vornehmen.

## 17.4   Molche für Fernleitungen

Je nach Aufgabe werden die unterschiedlichen Molchbauarten eingesetzt. Man unter-scheidet mechanische und intelligente Molche. Trennmolche, Sperrmolche und Rei-nigungsmolche gehören zu den *mechanischen Molchen*, während Prüf-, Detektions-und Inspektionsmolche den *intelligenten Molchen* zugeordnet werden.

### Molchmelder

Zur Molchmeldung in Fernleitungen stehen verschiedene Prinzipien zur Verfügung: Mechanisch, Ultraschall, Radioaktive Ortung, und Sender-/Empfängersysteme.

Da Fernleitungen aus ferritischen Stählen bestehen, ist eine Molchortung wie bei Prozeßmolchanlagen durch eingebaute Permanentmagnete nicht möglich.

Die mechanischen Melder haben den Nachteil, daß für diese Geräte die Leitung angebohrt werden muß. Sie sind wartungsintensiv und relativ störanfällig. Es gibt Ausführungen zur Detektion von Molchdurchfahrten in beiden Richtungen.

Molche, die ein radioaktives Isotop mitführen, können durch einen Geigerzäh-ler geortet werden. Beim Ultraschall-Melder wird ein 1000 kHz-Signal radial durch das Rohr gesendet, das vom durchfahrenden Molch unterbrochen wird.

Große Molche werden mit einem Sender (Transmitter) bestückt, der ein niedrig-frequentes Signal sendet. Dieses Signal durchdringt sowohl die Rohrwand als auch das Erdreich und kann mit einer Antennenspule auf der Trasse empfangen werden. Der Molch kann auf ca. 50 cm genau geortet werden.

### 17.4.1   Mechanische Molche

Vollkörpermolche für den Einsatz in Fernleitungen sind meistens aus offenzelligem Polyurethan und nicht aus massiven Kunststoffen wie bei den Prozeßmolchanlagen. Molche aus offenzelligem Polyurethan sind in unterschiedlicher Dichte oder mit Polyurethanstreifen am Umfang erhältlich. Diese Schaumstoffmolche (Poly Pigs) besitzen eine geschoßähnliche Form (s. Abb. 17-6). Sie werden für einfache Reinigungsaufgaben (Wischen, Trocknen) oftmals als Einwegmolch eingesetzt. Schwere Reinigungsvorgänge, wie Wachs oder andere fest anhaftende Ablagerungen entfernen, sind nur durch metallische Bürstenmolche zu bewerkstelligen.

Molche für Fernleitungen sind aufgrund der Größe gebaute (mehrteilige) Molche. Ausgenutzt wird das Baukastenprinzip: ein einheitlicher Grundkörper kann mit verschiedenen Anbauten versehen werden (s. Abb. 17-7). Verschleißteile können auf diese Weise ausgetauscht werden.

Bei einem rein mechanischen Molch können am Grundkörper die verschiedenen Scheiben, Dichtlippen und/oder Bürsten befestigt sein. Je nach Bestückung sind sie dann nur in einer Richtung oder bidirektional einsetzbar.

### 17.4.2   Intelligente Molche

Molche, die nicht nur aus mechanischen Elementen (mechanische Molche) bestehen, sondern zusätzlich einen elektrischen/elektronischen Teil besitzen und damit Meßdaten erfassen, verarbeiten und speichern/senden können, werden als *intelligente Molche* (engl. Smart Pigs) bezeichnet.

Der mechanische Teil besteht aus einem Molchkörper, der als Baugruppenträger für den elektrischen/elektronischen Teil ausgeführt ist. Es können auch mehrere Molchkörper durch Gelenke (Bogenfahrt) miteinander verbunden sein. In diesem Fall ist der erste Körper ein mit Dichtmanschetten versehener Antriebsmolch.

Zum mechanischen Teil gehören die Führungselemente, die das Gewicht des Molches aufnehmen und für Zentrierung und Fortbewegung sorgen. Der Antrieb dieser Molche erfolgt wie bei den Prozeßmolchanlagen durch ein Treibmedium in der Rohrleitung und durch Dichtlippen bzw. Manschetten am Molch.

Der elektrische/elektronische Teil besteht in den meisten Fällen aus Meßaufnehmer (Sensorik), Signalverarbeitung und Signalspeicherung bzw. -übertragung sowie eine elektrische Energieversorgung. Empfindliche Elektronik, die nicht mit Produkt oder Treibmedium in Berührung kommen darf, muß druckfest gekapselt werden.

Bei einer druckdichten Ausführung bis 120 bar kann der Molch in Öl- und Gasleitungen beim üblichen Betriebsdruck eingesetzt werden.

Zudem muß die Elektronik stoßfest zur Aufnahme von extremen Beschleunigungen ausgeführt sein.

Man benötigt diese Molche zur *In-line-Inspektion* einer Fernleitung und nutzt die Methoden der zerstörungsfreien Werkstoffprüfung oder der optischen Erfassung (Videotechnik).

Von den Methoden der zerstörungsfreien Werkstoffprüfung werden bei intelligenten Molchen vor allem folgende angewendet:

– Magnetstreuflußtechnik
– Ultraschall
– Wirbelstrom.

| Pig Type | STYLE | SIZES | DENSITY | FUNCTION |
|---|---|---|---|---|
| **LD**<br>(low density) |  | 2" to 48" | LOW<br>35 kg/m$^3$ | pipeline<br>Drying |
| **AB**<br>(Apua Bare) | 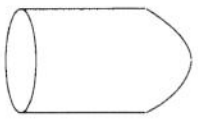 | | | Regular Drying<br>Up to 10 Ml |
| **ACC**<br>(Apua Criss Cross) | 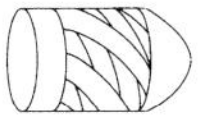 | 2" to 60" | MEDIUM<br>Approximately<br>80 kg/m$^3$ | Longer Wiping<br>Up to 25 Ml |
| **ACC-WB**<br>(Apua Criss Cross Wire Brush) |  | | | Longer Scraping<br>Up to 25 Ml |
| **ACC-SC**<br>(Apua Criss Cross Silicon Carbide) |  | | | Longer Scraping<br>Up to 25 Ml |
| **SBD**<br>(Scarlet bare durafoam) |  | | | Heavy Drying<br>Up to 200 Ml |
| **SCC**<br>(Scarlet Criss Cross) | 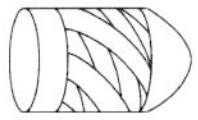 | 2" to 60" | HEAVY<br>Approximately<br>128 kg/m$^3$ | Heaviest Wiping<br>Up to 300 Ml |
| **SCC-WB**<br>(Scarlet Criss Cross Wire Brush) |  | | | Heaviest Scraping<br>Up to 300 Ml |
| **SCC-SC**<br>(Scarlet Criss Cross Silicon Carbide) |  | | | Heaviest Scraping<br>Up to 300 Ml |

### SPECIAL APPLICATIONS

| Pig Type | STYLE | SIZES | DENSITY | FUNCTION |
|---|---|---|---|---|
| **UNICAST** | 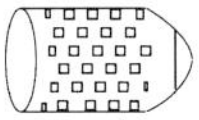 | 2" to 60" | 320 kg/m$^3$ | Long Range cleaning<br>Up to 2000 Ml |
| **GRAY HARD SCALE** |  | | | Industrial Scraping<br>Up to 300 Ml |
| **MAXI-BRUSH**<br>(Light Wire) | 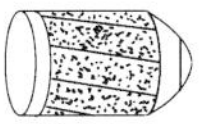 | 2" to 60" | HEAVY<br>Approximately<br>128 kg/m$^3$ | Maximum Scraping<br>Up to 300 Ml |
| **MAXI-BRUSH**<br>(Heavy Wire) | 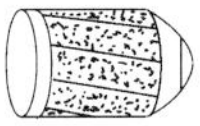 | | | Maximum Scraping<br>Up to 300 Ml |

**Abb. 17-6.** Schaumstoffmolche, Firma Kopp

Die Anwendung der magnetischen Verfahren setzen das Vorhandensein eines magnetischen Flusses voraus, ist also nur auf ferromagnetische Werkstoffe anwendbar.

Es wird der Hall-Effekt ausgenutzt: Ein von einem elektrischen Strom durchflossenes Plättchen liefert im Magnetfeld an seinen Seiten eine elektrische Spannung. Wird die Hallsonde in einem bekannten Feld geeicht, kann damit die magnetische Kraftflußdichte bzw. ihre Veränderung gemessen werden.

Magnete induzieren mit Hilfe von Spezialbürsten ein magnetisches Feld in der zu prüfenden Rohrwand. Die Rohrwand wird dabei magnetisch gesättigt. Fehler

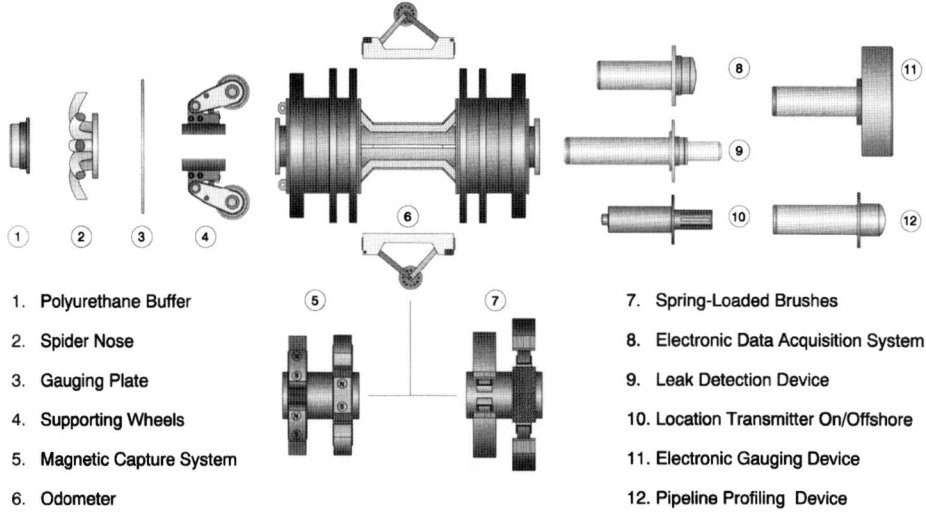

1. Polyurethane Buffer
2. Spider Nose
3. Gauging Plate
4. Supporting Wheels
5. Magnetic Capture System
6. Odometer
7. Spring-Loaded Brushes
8. Electronic Data Acquisition System
9. Leak Detection Device
10. Location Transmitter On/Offshore
11. Electronic Gauging Device
12. Pipeline Profiling Device

**Abb. 17-7.** Baukastenprinzip bei mehrteiligen Fernleitungsmolchen, Firma H. Rosen Eng.

erkennt man, da an geschwächten Stellen die Intensität des aus der Wand austretenden Teils des Magnetfeldes größer ist als an unbeschädigten Stellen.

Mit Ultraschallsonden ist die Wanddicke direkt meßbar und man ist nicht auf Kalibrierungen angewiesen. Beim Übergang von einem Medium in ein anderes wird der Schall an der Grenzfläche um so stärker reflektiert, je größer der Unterschied zwischen den Schallwiderständen der beiden Medien ist. Darum muß der Luftfilm zwischen Schallgeber und Rohrwand durch Öl oder Wasser verdrängt werden.

Zur Anwendung der Ultraschalltechnik wird jedoch ein Kopplungsmedium benötigt. In Ölpipelines kann das Öl als Kopplungsmedium verwendet werden. In gasführenden Pipelines muß für den Prüflauf Wasser verwendet werden. Aus den Reflexionen der als Sender und Empfänger ausgelegten Ultraschallsensoren an der Innen- und Außenseite kann die jeweilige Wandstärke errechnet werden.

Wirbelstromsensoren kann man sehr klein und leicht bauen. Sie eignen sich daher mehr zur Inspektion kleinerer Leitungssysteme.

- Detektion von Materialabtrag

  Unter Materialabtrag sind insbesondere die Oberflächendefekte Korrosion (Pitting, Lochfraßkorrosion, $CO_2$-Korrosion, Korrosion an Schweißnähten) und Abrieb durch mechanische Einwirkungen (Kratzer) zu verstehen. Die hierfür eingesetzten Molche werden kurz als Korrosionsmolche bezeichnet.

  Bei der Entwicklung dieser Meßmolche und der Auswahl eines Anbieters stehen folgende Kriterien im Vordergrund:

  – Defekterkennbarkeit (Mindestdefektgröße)

  – Exaktheit der Zuordnung zu einer bestimmten Defektart und

  – Genauigkeit der Lokalisierung (Entfernung, Winkelposition) des Defektortes.

Als Beispiel dient der HRE (H. Rosen Engineering, Lingen) CDS-Molch (Corrosion detection survey). Er nutzt die Magnetstreuflußtechnik und besitzt Hall-Sensoren.

Einen weiteren Korrosionsmeßmolch hat 3P Services, Geeste entwickelt. Der PiCoLo (Pipe Corrosion Logger) ist für kleinkalibrige Rohrleitungen (DN 200) vorgesehen.

- Erfassen von Geometriedaten
  Eine Pipeline ist nach dem Bau vielen Einflüssen ausgesetzt: Erdbeben, Versetzungen, Setzungen, Frost, Überflutungen und Beschädigungen von außen.
  Ist die Leitung nach den Angaben in der Spezifikation ausgeführt worden, ist die Leitung beschädigt worden, kann ein teurer intelligenter Molch ohne Schaden durchfahren? Diese Fragen beantwortet ein Geometriemolch. Diese Molche liefern „as built"-Daten von der verlegten Pipeline. Es gibt berührungslos arbeitende Systeme und mit Rollen ausgestattete Molche. Bögen, Beulen, Ovalitäten, Armaturen, Flansche, Rundnähte und Änderungen des Innendurchmessers können so registriert werden.

Ein Beispiel hierfür ist der Geometriemeßmolch von H. Rosen, genannt EGP (Electronic Geometry Pig). Er wird verwendet für Pipelines von 6–8″, 10–14″ und 16–56″. Seine charakteristischen Größen sind (s. Abb. 17-10):
Maximale Inspektionslänge: 1000 km
Maximaler Druck: 150 bar
Minimal benötigter Innendurchmesser: 85% ID
Mindestgröße für die Detektion von Beulen und Ovalitäten: 1% ID.

Ein Molch, der speziell zur Leitungsvermessung entwickelt wurde, ist der Scout-Scan von Pipetronix. Mit dem Einsatz können gleich zwei Aufgabengebiete abgedeckt werden:

- Aufnahme der geodätischen Koordinaten und damit der räumlichen Lage (Raumkurve)
- Aufnahme der Verformungen, aus denen die Beanspruchung des Rohres berechnet werden kann (Spannungsanalyse).

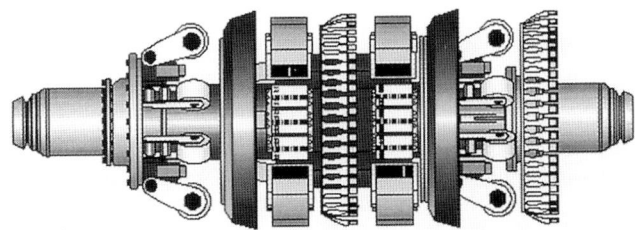

**Abb. 17-8.** Corrosion Dedection Survey-Molch, Firma H. Rosen Eng.

**Abb. 17-9.** PiCoLo von 3P Services

Der ScoutScan besteht aus zwei Körpern, die durch ein Gelenk verbunden sind. Der erste Körper ist ein mit Dichtmanschetten bestücktes Zugmodul. Der zweite Körper wird auf Rollen geführt. Das erste Modul enthält die Energieversorgung und das Antennensystem zur Ortung im Feld, während im zweiten Modul die Meßwertaufnahme- und Datenspeichereinheit (Gyroskop) untergebracht sind. Durch Federkraft wird ein Reibrad an die Rohrinnenwand gedrückt (Odometer) und so die vom Molch zurückgelegte Wegstrecke gemessen.

- Detektion von Rissen
  Zur Detektion von Rissen in Rohrleitungen hat das Unternehmen Pipetronix zusammen mit dem Forschungszentrum Karlsruhe (FZK) und dem Institut für zerstörungsfreie Prüfverfahren Saarbrücken einen speziellen Molch (UltraScan CD) entwickelt.
  Das Neue bei diesem Molch ist die Anordnung der Sensoren. Sie stehen nicht wie beim üblichen Ultraschallmolch in einem rechten Winkel zur Rohrwand sondern sind um 45° gegenüber der Rohrwand geneigt. Die unter diesem Winkel abgesandten Impulse setzen sich in der Rohrwandung zickzackförmig fort, wobei die Impulsstärke mit zunehmender Entfernung abnimmt.
  Trifft ein Signal jedoch auf einen Riß, wird der Impuls teilweise reflektiert.
  Aus der Laufzeit kann das Gerät die Beschädigung lokalisieren. Die Amplitude

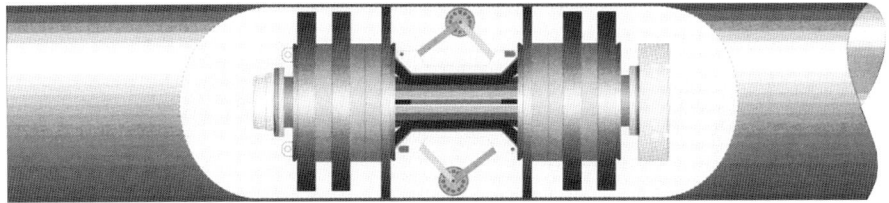

**Abb. 17-10.** Electronic Geometry Pig, Firma H. Rosen Eng.

des reflektierten Schalls läßt Rückschlüsse auf die Art und Größe des Risses zu. Maximal 896 dieser Sensoren finden auf diese Weise noch Risse, die weniger als 1 mm tief und weniger als 30 mm lang sind.

- Detektion von Leckagen
  Die Feststellung von Undichtigkeiten bei Fernleitungen ist nicht zuletzt auch durch den Gesetzgeber gefordert. Neben der kontinuierlichen Betriebsüberwachung (Mengenbilanzierung) und dem Verfahren der Differenzdruckmessung kommen *Lecksuchmolche* zum Einsatz. Es gestaltet sich überaus schwierig, gerade bei großen Leitungen, Leckagen im Bereich von 10 bis 100 l/h („schleichende" Leckagen) zu ermitteln, d. h. zu verifizieren und zu orten.
  Beim Ausströmen von Gasen und Flüssigkeiten durch feine Öffnungen werden Geräusche im Ultraschallbereich emittiert. Diese Geräusche können durch hochempfindliche Mikrofone, die in Molche eingebaut sind, empfangen werden. Bei dem von der Firma Maihak entwickelten Molch wird der vom Leckgeräusch stammende Signalpegel über der Laufzeit und zusätzlichen Markersignalen aufgezeichnet, so daß eine exakte Lokalisierung der Leckstelle möglich ist.
  Der Lecksuchmolch wird durch Dichtmanschetten und Produkt angetrieben, aber auf Rollen in der Rohrleitung geführt, um nur geringe Eigengeräusche zu erzeugen.

- Optische Untersuchungen
  Optische Untersuchungen in Rohrleitungen werden in der letzten Zeit vorwiegend mittels Videotechnik durchgeführt. In Verbindung mit elektronischer Speicherung und Bildverarbeitung steht damit ein sehr zuverlässiges und aussagefähiges Verfahren zur Verfügung. Kameras gibt es in Farb-, Schwarz/Weiß- und Infrarotaufnahmetechnik für den Einsatz in explosionsgefährdeten Bereichen. Entweder geschieht die Signalweiterleitung über Kabel oder die Information wird aufgezeichnet. Die Speicherung auf Disketten bzw. CD-ROM ist möglich; für eine Auswertung können Videoprints in Fotoqualität erzeugt werden.

*Kanalinspektion:* Besonders bekannt ist das Verfahren in der *Kanalinspektion*, der Abwassertechnik. Bedingt durch die bei Abwasserleitungen oft anzutreffenden großen Nennweiten (z. B. Innendurchmesser 2800 mm) werden hier selbstfahrende Kamerawagen eingesetzt. Auch gezogene und mit Schiebestangen bewegliche Geräte werden verwendet. Die Grenzen zum Begriff Molch („Dichtkörper mit Treibmedium") sind hier erreicht.

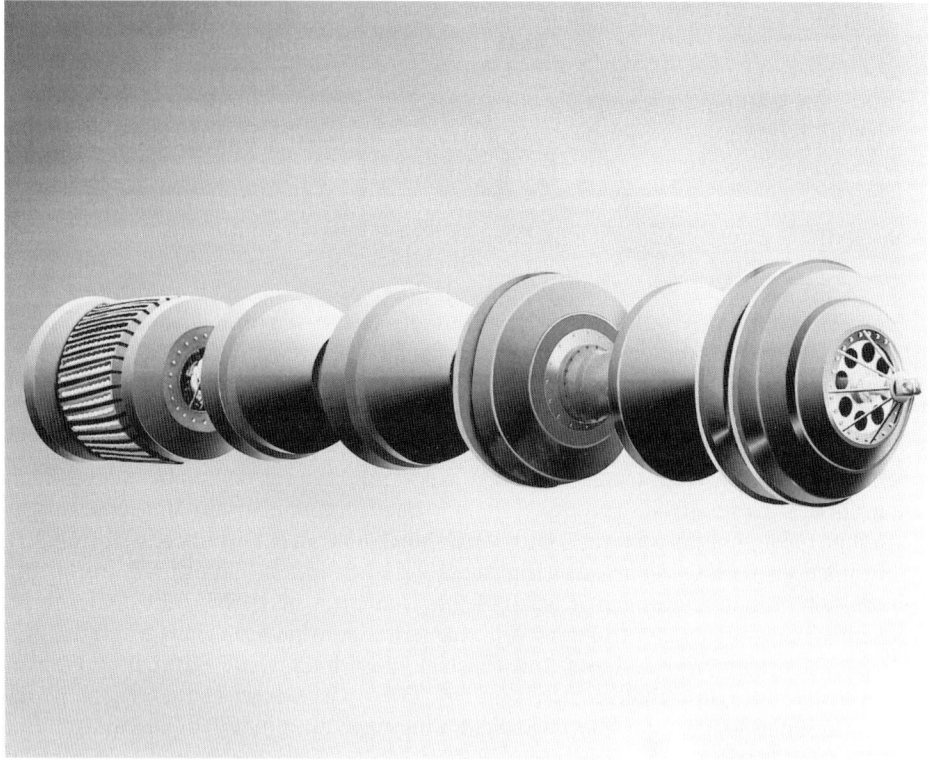

**Abb. 17-11.** Rißprüfmolch von Pipetronix

Viele Kanal-, Rohrreinigungs- und -sanierungsfirmen bieten inzwischen Video-inspektionen („Kanal-Fernsehen") an.

*Geschwindigkeitsgeregelte Molche:* Eine interessante Entwicklung ist der Varia-ble-Speed-Pig (Apache Industries). Über eine ferngesteuerte veränderbare Blende wird der Durchfluß eines im Molch liegenden Bypass verkleinert oder vergrößert. Die Geschwindigkeit des Molchs kann so geregelt werden. Tatsächliche (Ist) und gewünschte Molchgeschwindigkeit (Soll) werden aufgezeichnet. Einsatzmöglich-keit sind vor allem geschwindigkeitsempfindliche In-line-Messungen mit intelli-genten Molchen, die eine konstante Geschwindigkeit besitzen sollen (gasführende Leitungen).

### 17.4.3  Gel-Molche

Molche müssen nicht unbedingt aus einem Feststoff bestehen. Es können auch Sub-stanzen mit einer im Unterschied zum Produkt höheren Viskosität als Molch verwen-det werden. Bedingung für den Einsatz einer solchen Substanz, die direkt mit dem Produkt in Berührung steht, ist eine chemische Verträglichkeit und Unlöslichkeit.

Der Pfropfen aus einer oft gallertartigen Masse wird als Gel-Molch bezeichnet.

Diese Gel-Molche werden in einer Länge von mehreren Metern, ohne oder mit einseitiger/zweiseitiger Begrenzung durch einen mechanischen Molch, durch die Fernleitung gepumpt. Diese spezielle Methode ist besonders geeignet, um bei sich ändernden Rohrleitungsdurchmessern eine Trennung zwischen verschiedenen Produkten zu gewährleisten.

## 17.5  Molchschleusen für Fernleitungen

Molchsende- und Empfangsstationen für Fernleitungen sind gleichzeitig auch Molcheinführ- und -entnahmestationen und besitzen aufgrund ihrer Größe mehr den Charakter einer Schleuse oder Schleusenkammer. Sie können mobil (Bauabschnittsmolchung) oder stationär in der Pump-/Kompressorstation der Fernleitung vorhanden sein. Im Gegensatz zu Prozeßmolchanlagen wird der Molch oftmals während der Produktförderung eingeschleust.

Die Molchstation besteht im wesentlichen aus einem zylindrischen Aufnahmeteil für den Molch (s. Abb. 17-12). Der zylindrische Aufnahmeteil ist auf der einen Seite durch einen stabilen Verschlußdeckel verriegelbar. Auf der anderen Seite schließt sich ein Konusteil an, der die Innendurchmesser von Aufnahmeteil und Pipeline angleicht. Zwischen Konusteil und dem Beginn der Pipeline sitzt das Trennventil. Der Verschlußdeckel ist in der Regel mit einer Sicherheitsverriegelung und einer hydraulisch zu betätigenden Deckeldreh- und -schwenkvorrichtung ausgestattet. Das Öffnen der Molchschleuse ist nur in drucklosem Zustand möglich.

Der Aufnahmezylinder für den Molch ist gegenüber der Rohrleitung mit Übermaß versehen (s. Tab. 17-6).

Bei großen Molchen wird ein exzentrischer Konusteil mit einem Einfahrwagen oder eine zusätzliche Zentriereinrichtung (Führungsstege) verwendet. Mehrere Molche können ebenfalls in einem Korb mit Gleitschienen angeordnet werden.

Das Trennventil bzw. ein Schleusenschieber trennt die Molchstation von Druck und Durchfluß der Fernleitung. Weitere Rohrleitungsanschlüsse an der Molchstation dienen zum Fluten, Entspannen und Entleeren.

Für das Einlegen und Herausnehmen großer Molche ist ein Kettenzug oder ein Hydraulikkran notwendig.

Bei der Dimensionierung des Aufnahmeteils ist auch der Einsatz von sehr langen Molchen zu berücksichtigen, d. h. eine gewisse Überlänge ist sinnvoll. Bei Einsatz von modular zusammengesetzten Molchen (z. B. Zugmolch mit gelenkig verbundenem Meß- und Batterieteil) sind extrem lange Aufnahmeteile notwendig. Der axiale Freiraum zwischen dem längsten Molch und dem Verschluß sollte die Größenordnung des Durchmessers aufweisen.

Bei Mehrproduktpipelines werden die einzelnen Produkte durch Molche getrennt. Eine solche Mehrproduktpipeline kann nur dann wirtschaftlich betrieben werden, wenn es gelingt, die Batchgrenzen genau zu erkennen. Mischgut und Puffer, welche man zwischen zwei unverträglichen Produkten einsetzt, können vermieden werden, wenn Trennmolche eingesetzt werden (Batch-pigging). Für diese

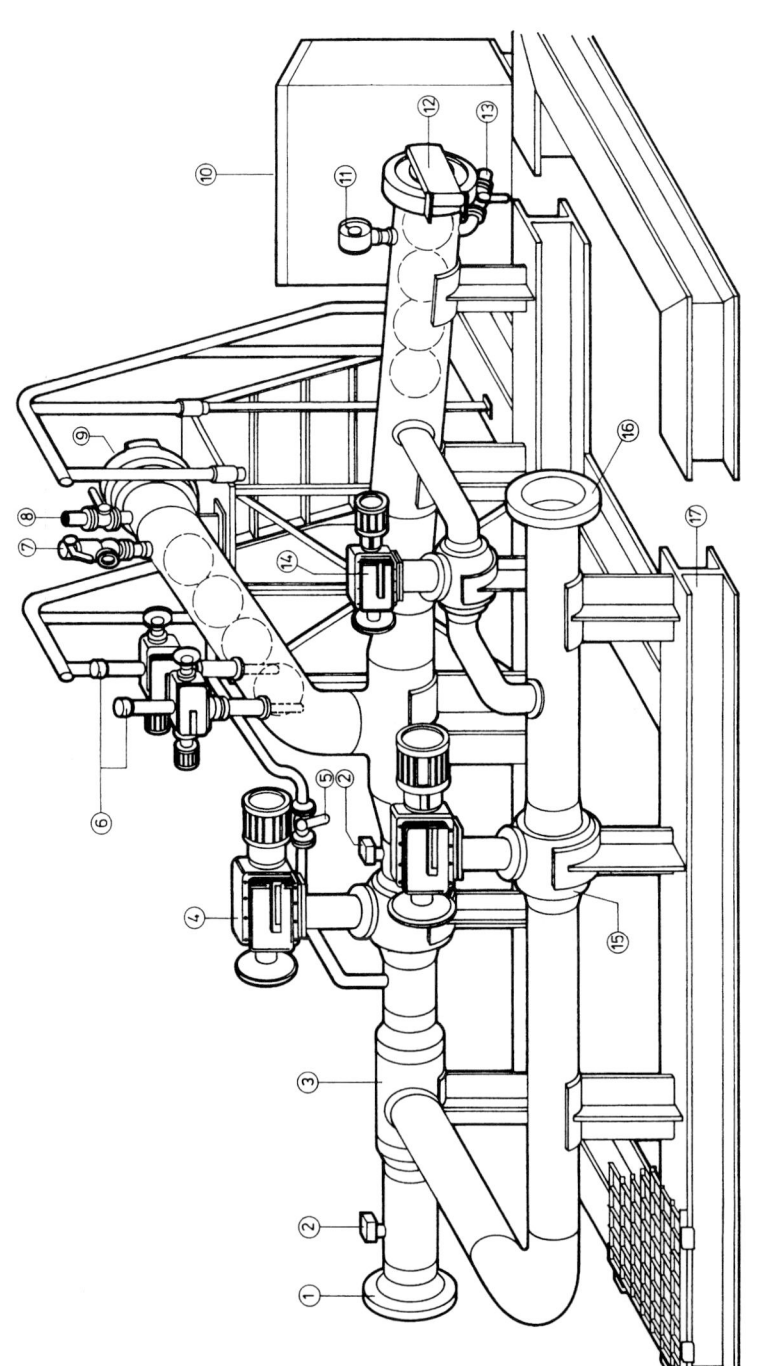

1  Anschlußflansch
2  Pig Sig
3  Flow Tee
4  Kugelhahn mit E-Antrieb
5  Druckausgleichsventil
6  Pin Units m.E-Antr. Linear

7  Sicherheitsventil
8  Entlüftung
9  Verschluß I
10 Kontrollschrank
11 Manometer
12 Verschluß II

13 Entleerung
14 Bypassventil mit E-Antrieb
15 Kugelhahn m.E-Antr. Umgehungsltg.
16 Anschlußflansch
17 Grundrahmen

**Abb. 17-12.** Molchschleuse für Fernleitungen, Firma Prematechnik

**Tab. 17-6.** Übermaßrichtwerte für Molchaufnahmezylinder

| Durchmesserbereich | | Übermaß |
|---|---|---|
| <10″ | (<DN250) | 2″ |
| 12–26″ | (DN 300–660) | 4″ |
| >28″ | (> DN 700) | 6″ |

Aufgabe werden neben üblichen Trennmolchen mit zwei Dichtmanschetten auch Kugelmolche eingesetzt.

Mehr noch als bei der Sendestation ist bei der Empfangsstation auf eine ausreichende Länge zu achten. In diesem Bereich erfolgt das Auslaufen des Molchs bis zum Stillstand.

Der Molch verliert seine Geschwindigkeit, sobald seine in Fahrtrichtung letzte Dichtung im konischen Erweiterungsteil der Empfangsstation einläuft. Ohne Antrieb wird er durch die abluftseitige Drosselung rasch abgebremst und er kommt zum Stillstand. Es muß sichergestellt werden, daß dann der Molchrücken nicht mehr mit dem Trennventil in Berührung ist, damit das Ventil sicher und vollständig geschlossen werden kann.

In Notfällen ist es sogar sinnvoll, die Station für die Aufnahme von gleichzeitig zwei Molchen zu dimensionieren. Dann kann bei Festfahren des ersten Molches mit einem weiteren versucht werden, den ersten Molch zu lösen.

Vor der Beschaffung einer Empfangsstation für eine Fernleitung sollten die Abmessungen (Längen) der kommerziell erhältlichen Inspektionsmolche vorab geklärt sein.

# IV Gesetze und Verordnungen

# 18 Rechtliche Anforderungen

## 18.1 Gesetze, Verordnungen und Richtlinien

Molchsysteme im Sinn des Gesetzes sind Rohrleitungsanlagen zum Befördern brennbarer oder nicht brennbarer, wassergefährdender Flüssigkeiten oder Gase, unter Verwendung eines Treibmediumdruckes. Damit müssen in Deutschland neben dem Gerätesicherheitsgesetz (GSG), dem Wasserhaushaltsgesetz (WHG), die Unfallverhütungsvorschriften der BG Chemie (VBG) sowie die nachfolgenden Verordnungen beachtet werden.

Die genannten Vorschriften fordern zum einen bei bestimmten Anlagen eine Genehmigung, zum anderen Prüfungen durch amtlich zugelassene Sachverständige der Überwachungsorganisationen und durch betriebliche Sachkundige.

Als Grundlage für die Beurteilung von Molchanlagen dienen:

- das Gerätesicherheitsgesetz mit
  - der Druckbehälterverordnung (DruckbehV), nach Ratifizierung gefolgt von der Druckgeräterichtlinie 97/23/EG des europäischen Parlaments und einer ausstehenden Umsetzung in nationales deutsches Recht
  - der Verordnung über brennbare Flüssigkeiten (VbF)
  - der Verordnung über elektrische Anlagen in explosionsgefährdeten Räumen (ElexV), gefolgt von der verabschiedeten Richtlinie 94/9/EG des europäischen Parlaments und der Umsetzung in nationales deutsches Recht mit der Explosionsschutzverordnung (ExVO)
- das Wasserhaushaltsgesetz mit
  - der Verordnung über Anlagen zum Umgang mit wassergefährdenden Flüssigkeiten (VAwS)
  - die Technischen Regeln brennbare Flüssigkeiten (TRbF), besonders TRbF 180, 301
  - die Ex-RL Richtlinien für die Vermeidung der Gefahren durch explosionsfähige Atmosphäre mit Beispielsammlung
- die Unfallverhütungsvorschriften der BG Chemie
  - die VBG 15 Schweißen, Schneiden und verwandte Arbeitsverfahren
  - die VBG 16 Verdichter
  - die VBG 61 Gase

- die Richtlinien der BG Chemie
  - die ZH 1/10 Richtlinie für die Vermeidung der Gefahren durch explosions-fähige Atmosphäre
  - die ZH 1/200 Richtlinie für die Vermeidung von Zündgefahren infolge elek-trostatischer Aufladung
- die Richtlinie des VDMA
  - die VDMA 24169 (Richtlinie für Ventilatoren zur Förderung von brennbare Gase, Dämpfe oder Nebel enthaltender Atmosphäre.

Während die DruckbehV, die VbF und die übrigen genannten Richtlinien bundes-weite Geltung haben, unterliegen die Verordnungen zum Wasserhaushaltsgesetz der Hoheit der jeweiligen Bundesländer.

Soweit den Autoren bekannt, unterscheidet sich die Genehmigungs- und Prüf-pflicht bestimmter Anlagenteile in den einzelnen Verordnungen jedoch nicht wesent-lich.

## 18.2   *Erforderliche Genehmigungen und Prüfungen*

### 18.2.1   *Druckbehälterverordnung*

*Prüfung vor Inbetriebnahme*

Grundlage für die Durchführung der Prüfungen ist der § 30a (1), (2) DruckbehV.

Rohrleitungen, für die schriftliche Festlegungen seitens des Betreibers vorlie-gen, unterliegen dem § 30a (3) DruckbehV.

Genehmigungen sind nicht erforderlich nach §§ 4,13 DruckbehV.

Prüfungen sind abhängig von Nennweite und Merkmalen des Mediums nach Gef.stoffV., wenn der durch das Treibmedium erzeugte Druck mehr als 0,1 bar Überdruck beträgt.

In Abbildung 18-1 ist ein Flußdiagramm gezeigt, anhand dessen man die Prüf-zuständigkeit ermitteln kann (s. Tab. 18-1).

Muß ein amtlich anerkannter Sachverständiger einer technischen Überwachungs-organisation mit der Prüfung beauftragt werden, besteht die Möglichkeit, als Betreiber mit diesem Vereinbarungen über Prüfprocedere zu treffen und die Prüfungen von einem Sachkundigen durchführen zu lassen („schriftliche Festlegungen").

*Wiederkehrende Prüfungen*

Grundlage für die Durchführung der Prüfungen ist der § 30b (1), (2) DruckbehV.

Rohrleitungen, für die schriftliche Festlegungen seitens des Betreibers vorlie-gen, unterliegen dem § 30b (3) DruckbehV.

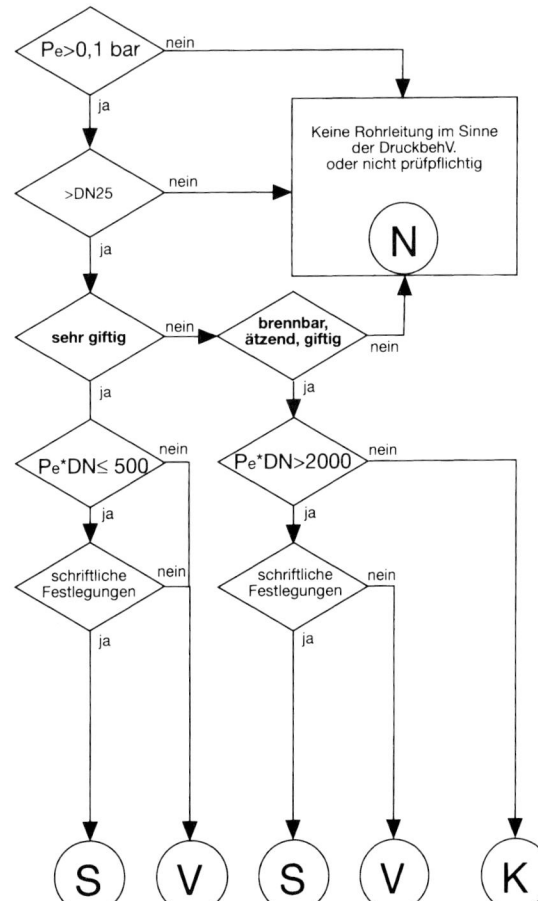

**Abb. 18-1.** Flußdiagramm einer Abnahmeprüfung vor Inbetriebnahme

**Tab. 18-1.** Prüfzuständigkeit

| Prüfgruppe | Prüfzuständigkeit |
|---|---|
| N | keine Prüfung oder Bescheinigung gemäß DruckbehV. |
| K | Prüfung durch Sachkundigen |
| S | Prüfung durch Sachkundigen aufgrund schriftlicher Festlegungen und stichprobenweise Prüfung durch Sachverständigen |
| V | Prüfung durch Sachverständigen |

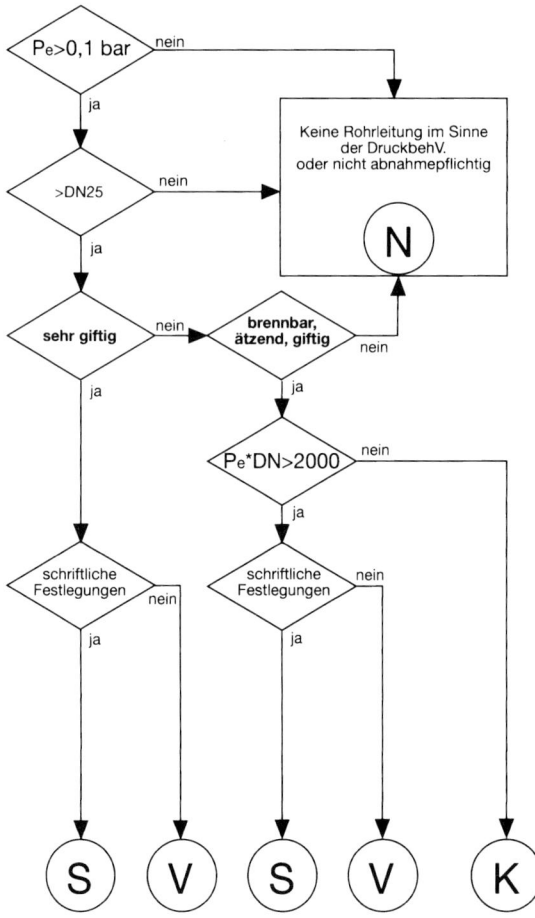

**Abb. 18-2.** Flußdiagramm für wiederkehrende Prüfungen

Besonderer Betrachtung bedarf der mögliche Erosionsabtrag in den Rohrbögen aufgrund der Produkt- und Molchreibung.

Darüber hinaus sind die Sicherheitsventile der möglicherweise vorhandenen Druckreduzierstationen der Treibmediumversorgung regelmäßig zu warten und einzustellen.

Das gesamte Molch- und Abluftsystem, sowie angeschlossene Behälter und Armaturen müssen entsprechend dem Absicherungsdruck dimensioniert sein.

Muß ein amtlich anerkannter Sachverständiger einer technischen Überwachungsorganisation mit der Prüfung beauftragt werden, besteht die Möglichkeit, als Betreiber mit diesem Vereinbarungen über Prüfprocedere zu treffen und die Prüfungen von einem Sachkundigen durchführen zu lassen („schriftliche Festlegungen").

### 18.2.2 *Verordnung über brennbare Flüssigkeiten*

Es sind keine separaten Genehmigungen und Prüfungen erforderlich.

Sind an das Molchsystem Abfüllstellen im Sinn der VbF angeschlossen, so wird die Molchanlage im Rahmen der Abfüllstellenprüfung betrachtet.

Nach der TRbF 100 (2) besteht für bestimmte Teile und Armaturen von Rohrleitungen sowie Geräten der Prozeßleittechnik die Pflicht des Nachweises einer Bauartzulassung.

### 18.2.3 *Wasserhaushaltsgesetz, VAwS der Bundesländer*

Ein Molchsystem ist, bedingt durch seine Bauart, den Rohrleitungen zuzuordnen. Rohrleitungsanlagen, die den Bereich eines Werksgeländes nicht überschreiten, sind nach § 19a WHG nicht genehmigungspflichtig.

Da Molchanlagen betrieblich jedoch mit einer LAU- (Lagern, Abfüllen, Umschlagen) oder HBV-Anlage (Herstellen, Behandeln, Verwenden) verbunden sein können, sind sie im Rahmen dieser Anlagen prüfpflichtig.

Von der zuständigen Behörde können jedoch dem Betreiber Prüfungen auferlegt werden, wenn eine Gefährdung des Grundwassers zu befürchten ist.

## 18.3 *Europäische Normung*

### 18.3.1 *Druckgeräterichtlinie 97/23/EG (DGRL)*

Künftig müssen Druckgeräte, das sind Behälter, Rohrleitungen und Armaturen, die in der europäischen Gemeinschaft hergestellt und in Verkehr gebracht werden, mit einer Kennzeichnung versehen und mit einer Erklärung vom Hersteller ausgestattet werden.

Allerdings gilt dies nur für Druckgeräte mit bedeutendem Druckrisiko. Wie die Ausführungen zeigen werden, ist das durch europäisches Recht definierte Risiko bei den meisten Molchanlagen nicht bedeutend.

Als Kennzeichnung muß das CE-Zeichen verwendet werden, welches besagt, daß das Druckgerät nach der geltenden europäischen Druckgeräterichtlinie gefertigt wurde.

Der Hersteller bestätigt in der sog. Konformitätserklärung, daß die Fertigung des Druckgerätes nach der Richtlinie 97/23/EG vorgenommen wurde und berechtigt ist, das CE-Zeichen zu tragen. Diese Erklärung kann auch von einer sog. Betreiberprüfstelle ausgestellt werden, wenn der Betreiber im eigenen Werk eine anerkannte Sachverständigenorganisation unterhält. Diese Organisation ist jedoch nicht berechtigt, das CE-Kennzeichen anzubringen.

Neben dem Hersteller selbst dürfen auch von diesem durch Vollmacht benannte Vertriebsbüros in anderen Ländern der EG diese Erklärung ausstellen.

Dies gilt besonders für sog. Baugruppen, die aus mehreren einzelnen Druckgeräten bestehen.

Die deutsche DruckBehV muß spätestens im Mai 1999 an die 1997 verabschie-
dete Richtlinie 97/23/EG angepaßt sein.

Ab November 1999 können Druckgeräte nach dieser Richtlinie bestellt werden
und ab Mai 2002 ist diese rechtsverbindlich anzuwenden.

Hersteller von sog. Baugruppen, d.h. die Zusammenstellung von Druckgeräten
eines oder mehrerer Hersteller zu einer zusammenhängenden funktionalen Einheit,
müssen bei Auslieferung der Unit eine CE-Kennzeichnung anbringen, auch wenn
die einzelnen Geräte bereits eine Kennzeichnung tragen.

Die zugehörige Konformitätserklärung bestätigt die Gültigkeit für die gesamte
Unit und ist zusammen mit der Anlage auszuliefern.

Der Geltungsbereich der Richtlinie erstreckt sich auf Druckgeräte mit einem zu-
lässigen Überdruck von mehr als 0,5 bar, die in Abhängigkeit von transportiertem
Fluid und Druckliterprodukt gemäß Anhang II der Richtlinie in unterschiedliche
Kategorien eingestuft werden.

Fluide, die in Molchanlagen gehandhabt werden, haben im allgemeinen keinen
Dampfdruck größer 500 mbar bei Arbeitstemperatur, so daß hier exemplarisch
Grenzen für die Anwendbarkeit der Richtlinie gegeben werden können
(s. Tab. 18-2).

Zu *Gruppe 1* zählen Fluide, die wie folgt eingestuft werden: explosionsgefährlich,
hochentzündlich, leicht entzündlich, entzündlich, sehr giftig, giftig, brandfördernd.

Zu *Gruppe 2* zählen alle in Gruppe 1 nicht genannten Fluide.

Da als Druckstufe für Behälter PN 16 empfohlen wird, unterliegen demnach
erst Volumina größer 625 Liter den Anforderungen der Druckgeräterichtlinie,
wenn weder brennbare noch giftige Fluide gemolcht werden (Gruppe 2).

Molchanlagen üblicher Dimensionierung weisen keine Nennweiten größer DN
250 auf, so daß für Fluide der Gruppe 2 die Richtlinie ebenfalls nicht auf Rohrleitungen angewendet werden muß.

**Tab. 18-2.** Geltungsbereich der Druckgeräterichtlinie

| | | | |
|---|---|---|---|
| Behälter | Fluide Gruppe 1 | PN 10 | ab Volumina >20 Liter |
| | | PN 16 | ab Volumina >12,5 Liter |
| | Fluide Gruppe 2 | PN 10 | ab Volumina >1000 Liter |
| | | PN 16 | ab Volumina >625 Liter |
| Rohrleitungen | Fluide Gruppe 1 | PN 10 | ab Nennweite >DN 200 |
| | | PN 16 | ab Nennweite >DN 125 |
| | Fluide Gruppe 2 | PN 10 | ab Nennweite >DN 500 |
| | | PN 16 | ab Nennweite >DN 300 |

Das bedeutet, daß diese Komponenten lediglich nach der im jeweiligen Herstellerland geltenden guten Ingenieurpraxis (GMP) ausgelegt und hergestellt werden und kein CE-Zeichen tragen müssen.

Das Festlegen von Prüffristen und -pflichten bleibt unabhängig von der Druckgeräterichtlinie den Mitgliedstaaten überlassen und wird in Deutschland nach wie vor von der DruckBehV geregelt (s. Kap. 18.1).

### 18.3.2 *Explosionsschutzrichtlinie 94/9/EG (ATEX 100a)*

Die europäische Richtlinie 94/9/EG wurde am 19.12.96 mit der Explosionsschutzverordnung (ExVO) in nationales deutsches Recht umgesetzt. Der Richtlinie unterliegen nur solche Geräte, die für die Benutzung innerhalb explosionsgefährdeter Bereiche vorgesehen sind und gleichzeitig über eine eigene potentielle Zündquelle durch ihren Betrieb verfügen.

In diese Gruppe fallen beispielsweise elektrische Geräte, wie Motoren, Stellantriebe, Schalter oder Meßgeräte und Molchmelder, sowie Ventilatoren.

Geräte, Betriebsmittel und Verbindungseinrichtungen, die nur aufgrund ihrer verfahrenstechnischen Einbindung zur Zündquelle werden können, sind keine Geräte im Sinne der ExVO.

Hierunter werden Behälter, Abscheider, Rohrleitungen und Armaturen, wie Handventile, Stellgeräte oder Weichen und sonstige mechanische Einrichtungen verstanden.

Geräte, die erst auf der Baustelle montiert werden, unterliegen aufgrund § 4 zu Sonderanfertigungen der ExVO.

Der Betreiber von Anlagen mit Geräten, die der ExVO unterliegen, kann im Rahmen der Übergangsbestimmungen bis 30. Juni 2003 gemäß den Festlegungen der früheren ElexV verfahren, der nur elektrische Geräte unterlegen haben.

Die Pflicht, auch nichtelektrische Geräte entsprechend zu behandeln, besteht erst ab 01. Juli 2003, was jedoch nicht heißt, daß schon heute gemäß der ExVO bestellt oder geliefert werden *kann*.

Unterschiede zwischen den beiden Richtlinien bestehen hauptsächlich in der Ausweitung von grundlegenden Sicherheitsanforderungen und der Notwendigkeit der Anwendung von Konformitätsbewertungsverfahren.

In erster Linie wendet sich die Richtlinie an Hersteller explosionsgeschützter Geräte, während dem Betreiber eine Überwachungsfunktion bei Bestellung und konformitätsgerechtem Einsatz der Geräte zukommt.

# 19 Sicherheit und Arbeitsschutz

Jede technische Anlage ist entsprechend den geltenden Regeln der Technik so zu dimensionieren und zu betreiben, daß Beschäftigte und Dritte nicht gefährdet werden. Eine Übersicht über die hierbei zu beachtenden Gesetze, Technischen Regeln, Verordnungen und Richtlinien wurde in Kapitel 18 gegeben. Die bei Molchanlagen auftretenden Gefahrenquellen sind in erster Linie drei Ursachen zuzuordnen:

– kinetisches Potential der bewegten Molche
– durch das Treibmedium hervorgerufene Drücke bzw. Druckstöße
– zündfähige Dampf-Luft-Gemische bei Molchung von brennbaren Flüssigkeiten mit Luft.

## 19.1  Kinetisches Potential des Molches

Molche haben, bedingt durch die hohen Geschwindigkeiten, eine große kinetische Energie. Treffen sie ungebremst auf ein Hindernis oder werden sie aus einer Öffnung „herausgeschossen", können nicht unerhebliche Schäden entstehen.

Insbesondere bei offenen Enden können sehr hohe Geschwindigkeiten erreicht werden, nach Berechnungen etwa 100 m/s. Allerdings ist zu berücksichtigen, daß offene Enden nur im Probebetrieb auftreten und dann auch besonders zu sichern sind.

Bedingt durch die relativ große Masse liegt der Wert der kinetischen Energie bei etwa dem 1–2fachen eines Gewehrgeschosses (s. Abb. 19-1).

Einfache Molchentnahmestationen bestehen meist aus einem durch Blinddeckel und vier Gewindebolzen gehalterten Siebkorb. Die Dimensionierung der Bolzen muß auf Zugbelastung, die des Deckels auf Biegung erfolgen. Bei der Molchung von brennbaren Flüssigkeiten mit Luft muß bei der Entnahme des Molches die Leitung geschlossen sein. Die möglicherweise aus der Austrittsöffnung austretenden Dampf-Luft-Gemische dürfen das Betriebspersonal und Dritte nicht gefährden. Die Festigkeit der Armaturen muß ausreichend hoch sein, um bleibende Verformungen auszuschließen.

Aufgrund des hohen Gefahrenpotentials ist der Molch im geschlossenen System zu betreiben und über Spezialarmaturen zu entnehmen.

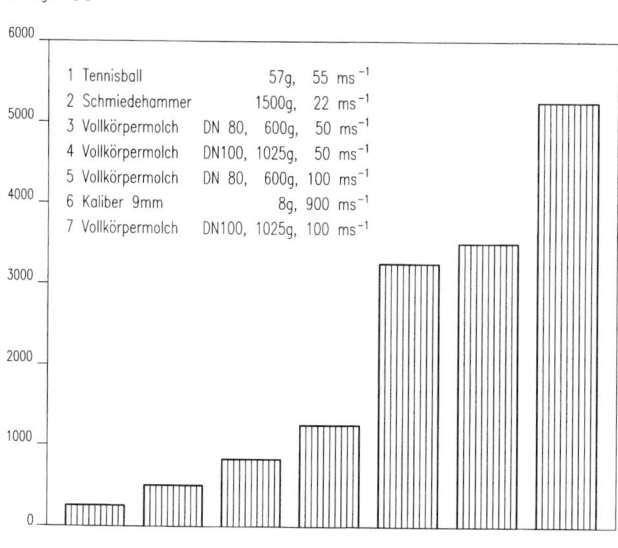

**Abb. 19-1.** Vergleich von Auftreffenergien unterschiedlicher Körper

Offene Rohrleitungen sind nicht zulässig, sie sind entsprechend durch Armaturen, Flansche, Kupplungen, Sicherheitsriegel, usw. zu sichern.

Der hohen Bewegungsenergie ist insbesondere bei der Gestaltung der Einsatz- und Entnahmearmaturen Rechnung zu tragen, wenn die Molche dem System entnommen werden müssen.

## 19.2  Energieinhalt des Treibmediums

Anlagen, die mit Drücken größer 100 mbar betrieben werden, sind nicht mehr als drucklos zu bezeichnen und bergen, auch wenn sie nicht der DruckbehV. unterliegen, ein nicht unerhebliches Risiko. Die verwendeten Rohrleitungsbauteile, Armaturen und Komponenten sind im allgemeinen aus Gründen der Erosion und Formstabilität so dimensioniert, daß sie die durch das Treibmedium hervorgerufenen Drücke ertragen. Dort kommen Arbeitsdrücke von 4 oder 5 bar Überdruck zum Einsatz, wenn Gas als Treibmedium verwendet wird. Da diese Drücke meist durch Reduzierung einer höheren Druckstufe erreicht werden, ist zu beachten, daß bei Versagen der Reduzierung das System nicht unzulässig belastet wird. Dies kann den Einsatz eines Sicherheitsventils erforderlich machen, wenn ein Entspannungsweg nicht *ständig* offen ist. Es muß hier berücksichtigt werden, daß Molche aufgrund ihres Übermaßes und ihrer Formgebung als sehr gute Drucksperren wirken können. Möglicherweise unter Druck stehende Anlagenteile dürfen nur dann geöffnet werden, wenn eine Entspannungsmöglichkeit vorhanden ist, die Entspannung kontrolliert werden kann und das Betriebspersonal entsprechend eingewiesen ist. Dies spielt eine Rolle bei der regelmäßigen Kontrolle von Abluftleitungen, wenn Produkte gehandhabt werden, die zu Verklebungen oder Zuwachsungen führen können. Nach Abschnitt 6.1 sollen Entspannungsgefäße des Abluftsystems in Nenndruckstufe PN 10 ausgeführt werden. Insbesondere spielt dies dann eine Rolle, wenn das Abluftsystem aus Reinigungsgründen mit einer Absperrarmatur versehen ist, die die offene Verbindung zur drucklosen Umgebung unterbrechen kann. Auch hier ist der Fall des Versagens der Reduzierstation zu berücksichtigen. Sind bei Altanlagen Apparate mit niedrigeren Nenndruckstufen vorhanden, so muß im Einzelfall geprüft werden, ob der Behälter unzulässig stark belastet werden könnte.

Wird Flüssigkeit als Treibmedium verwendet, können wesentlich höhere Drücke auftreten als die bei Gas üblichen 5–6 bar. Das kann zum einen daran liegen, daß die zur Förderleistung eingesetzten Pumpen stärker dimensioniert sind oder aber an dem inkompressiblen Verhalten der Flüssigkeiten. Eingeblockte Flüssigkeitsmengen bewirken bei Erwärmung sehr viel größere Drucksteigerungen als Gase. Die wesentlichste, oftmals stark unterschätzte Folge der Inkompressibilität von Flüssigkeiten ist jedoch der Druckstoß, der bei dem plötzlichen Abbremsen der bewegten Flüssigkeit, etwa durch das Schließen von Ventilen oder das Einfahren von Molchen in einen Füllkopf, auftritt. Der Russe Joukowsky (1847–1921) hat erstmals für den Fall reibungsfreier Strömung bei unendlich langem Rohr und Aufschlag auf ein geschlossenes Ende eine analytische Lösung gefunden, die heute seinen Namen trägt. In Molchanlagen können Druckstöße dieser Art im wesentlichen bei zwei Betriebszuständen auftreten:

1. Ein flüssiges Treibmedium schiebt den Molch gegen eine Armatur, die Produkt durchläßt, Molche aber stoppt.
2. Eine Nottrennstelle, wie sie bei Befüllungen beispielsweise von Schiffen eingesetzt wird, schließt, während Produkt gefördert oder gemolcht wird.

Strömende Flüssigkeiten stellen aufgrund der bewegten Masse kinetische Energie dar. Wird die Flüssigkeit in der Leitung mit ihrer Masse auf annähernd Null verzögert, baut sich infolge der Massenkräfte ein Druckstoß auf. Da die Verzögerung aufgrund endlicher Schließzeiten nicht augenblicklich erfolgt und sich sowohl die Flüssigkeit als auch die Rohrwandung elastisch verhalten, ist der Druckstoß nicht unendlich hoch. Jedoch kann der Druck aufgrund der gestiegenen Massendichte in der Flüssigkeit bedeutende Werte erreichen, die imstande sind, zu niedrig dimensionierte Rohrleitungen oder Armaturen zu zerstören. Das folgende Beispiel soll zeigen mit welchen Größenordnungen zu rechnen ist.

*Beispiel*

In einer 200 m langen austenitischen Rohrleitung DN 50 mit Wanddicke 2,6 mm wird Öl bei einer Geschwindigkeit von 7 m/s gefördert (das entspricht einem

Volumenstrom von 60 m³/h). Eine Nottrennstelle an der Abfüllung unterbricht im Falle eines unbeabsichtigten Verschiebens des Transportfahrzeugs die Abfüllung.

| | | | |
|---|---|---|---|
| B | Kompressibilitätsmodul der Flüssigkeit | $= 1,15 \cdot 10^9$ | N/m² |

B₂ Kompressibilitätsmodul des Systems
Flüssigkeit/Wand unter Berücksichtigung
der Elastizität von Stahl $= \dfrac{B}{\left[1 + \frac{B \cdot D}{E \cdot s}\right]} = 1,29 \cdot 10^9 \, \text{N/m}^2$

| | | | |
|---|---|---|---|
| E | E-Modul von Stahl | $= 200\,000$ | N/mm² |
| D | Innendurchmesser der Rohrleitung | $= 55,1$ | mm |
| s | Wanddicke der Rohrleitung | $= 2,6$ | mm |
| a | Geschwindigkeit der Stoßwelle | $= \sqrt{B_2/\rho} = 1199$ | m/s |
| $\rho$ | Dichte der Flüssigkeit | $= 900$ | kg/m³ |
| p | Joukowsky-Druck | $= v \cdot a \cdot \rho = 75,5$ | bar |
| v | Strömungsgeschwindigkeit | $= 7$ | m/s |

Man erkennt, daß der maximale Enddruck von der Länge der Rohrleitung unabhängig ist. Die Berücksichtigung der Elastizität des Stahls verringert den Kompressibilitätsmodul des Systems um 14%.

Der Druck in der Stoßwelle ist demnach erstaunlich hoch. Bei einer Schallgeschwindigkeit von a=1200 m/s braucht die Stoßwelle nur 160 ms, um das 200 m lange Rohr zu durchlaufen. Nach dieser kurzen Zeit steht das ganze Rohr unter Druck. Da die Schließzeit des Ventils mit etwa 100 ms unterhalb dieses Wertes liegt, schwächt sich der Wert des Maximaldrucks hierdurch nicht wesentlich ab. Mit längeren Schließzeiten kann sich der Druck aufgrund der Umwandlung kinetischer Energie wie bei einer Drossel leichter abbauen und die auftretenden Drücke verringern sich dadurch deutlich. Abbildung 19-2 zeigt die Veränderung des Enddruckes bei unterschiedlichen Schließzeiten. Es wurden die Werte aus dem oben behandelten Beispiel zugrundegelegt.

Die geschlossene analytische Lösung nach Joukowsky arbeitet, wie vorne erwähnt, mit reibungsfreier Strömung. Wird die Fluidreibung berücksichtigt, ergeben sich höhere Werte als nach der Joukowsky-Formel. Insofern ist diese Abschätzung nicht konservativ. Vorhandene Gaspolster oder längere Ventilschließzeiten verringern allerdings den Maximaldruck. Für die Praxis ist die geschlossene Lösung nach Joukowsky ausreichend, zumal die rechnerische Berücksichtigung aller Einflußfaktoren nur mit leistungsfähigen Rechenprogrammen möglich ist. Nach

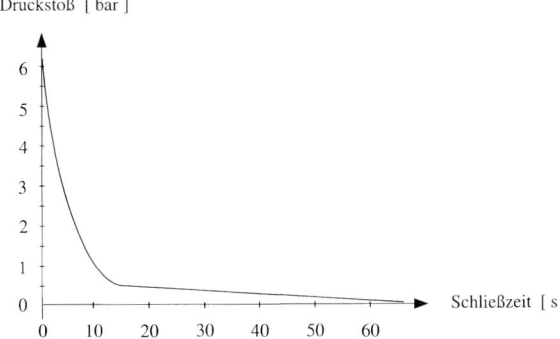

**Abb. 19-2.** Druckstoß in Abhängigkeit der Ventilschließzeit

der im Abschnitt 5.3.1 empfohlenen Dimensionierung der Rohrleitung in Nenndruckstufe 10 wäre der Nenndruck im Beispiel weit überschritten und demnach ein Schaden zu erwarten. Daß dem nicht so ist zeigt ein Blick auf die sog. Kesselformel, die zur Dimensionierung von zylindrischen Hohlkörpern herangezogen wird.

$$s = \frac{(D + 2 \cdot s) \cdot p}{20 \cdot K/S \cdot 0{,}85 + p} \quad \text{mit}$$

$$K = 235 \text{ N/mm}^2 \text{ (Stahl)}$$
$$S = 1{,}5$$
$$p \text{ in bar}$$
$$D, s \text{ in mm}$$

Ein Rohr der betrachteten Dimensionen würde demnach beispielsweise einem Druck von 110 bar standhalten. Unabhängig davon ist mit den Armaturenherstellern der Maximaldruck für diesen Fall zu klären. Insbesondere ist auch auf Flanschverbindungen und Dichtungen zu achten, da dort im Fall eines Druckstoßes am wahrscheinlichsten mit Undichtheiten zu rechnen ist.

Bei der Sterilisierung von Rohrleitungen mit Dampf kann eine Dampfblase nach Beendigung des Reinigungsvorgangs durch Wärmeabgabe kondensieren. Öffnet dann wieder ein Produktventil, so schlägt die einschießende Flüssigkeit auf ein geschlossenes Ventil am Ende auf, ohne daß ein dämpfendes Gaspolster vorhanden wäre. Die abrupte Änderung der Strömungsgeschwindigkeit erzeugt einen heftigen Druckstoß. Abhilfe kann hier eine gedrosselte Befüllung der Leitung mit Produkt durch geringfügiges Öffnen des Produktventils schaffen. Den beiden eingangs erwähnten Gefahrenquellen aufgrund physikalischer Ursachen wie Druck und Geschwindigkeit steht eine Dritte, chemische gegenüber, die sich aufgrund der Zündgefährlichkeit von Dampf-Luft-Gemischen ergibt, besonders wenn Luft als Treibmedium zur Reinigung von Rohrleitungen für brennbare Flüssigkeiten verwendet wird.

## 19.3    Begriffserläuterungen zur Explosionsgefährlichkeit

### 19.3.1    Zündfähigkeit und Zündtemperatur

*Zündfähigkeit*

Kriterium für die Bildung zündfähiger Gemische ist neben der Anwesenheit von Sauerstoff in erster Linie der Flammpunkt. Erst wenn die Flüssigkeitstemperatur in der Nähe des Flammpunktes erwärmt wird, können sich ausreichende Mengen brennbarer Dämpfe entwickeln. Bei unbeheizten Anlagen sind davon alle Stoffe mit Flammpunkten $<25\,°C$ betroffen; kann die Rohrleitung außerdem durch die Sonne erwärmt werden, so ist dies zu berücksichtigen. Der Flammpunkt ist stoff-spezifisch und kann Sicherheitsdatenblättern entnommen werden. Eine Auswahl für die Lösemittel befindet sich im Anhang. Für die Entwicklung der Dämpfe ist es unerheblich, ob die Flüssigkeit wasserlöslich ist oder nicht. Die Einteilung der Verordnung über brennbare Flüssigkeiten (VbF) in die Gefahrklassen B, AI–AIII ist hierfür nur bedingt heranzuziehen, da auch wasserlösliche Flüssigkeiten, deren Flammpunkte über $21\,°C$ liegen, brennbare Dampf-Luft-Gemische entwickeln kön-nen. Als brennbar ist im folgenden jede Flüssigkeit anzusehen, deren Temperatur in Nähe des Flammpunktes liegen kann, besonders dann, wenn mit Begleitbehei-zung gefördert wird. Dabei ist eine Unterschreitung des Flammpunktes von min-destens 5 K als ungefährlich anzusehen.

*Zündtemperatur*

Wird in Gegenwart von Sauerstoff die Zündtemperatur erreicht, so entzündet sich das Gemisch spontan von selbst. Zündtemperaturen werden durch normale Be-triebszustände nicht erreicht. Es ist jedoch beispielsweise bei Schweißarbeiten an produktgefüllten Leitungen darauf zu achten, daß an dieser Stelle die Zündtempe-ratur nicht erreicht wird. Die Zündtemperatur kann in gasführenden Systemen je-doch auch ohne äußere Zündquelle erreicht werden. Dies geschieht dann, wenn aufgrund eines geschlossenen Ventils das Dampf-Luft-Gemisch komprimiert wer-den kann. Da aufgrund des geringen Volumens die Kompression sehr schnell ver-läuft, kann von einem Vorgang ohne Wärmeverlust ausgegangen werden (adiabate Zustandsänderung).

Befindet sich in einer Rohrleitung ein zündfähiges Dampf-Luft-Gemisch und kann es, z. B. vom Umgebungsdruck auf einen Enddruck von 4 bar absolut kom-primiert werden, so ergibt sich aus Tabelle 19-1 eine Temperaturerhöhung von 298 K auf 443 K ($25\,°C$ auf $170\,°C$), wenn ideales Gasverhalten unterstellt wird. Für die Temperatur des Gesamtsystems setzt man meistens $40\,°C$ an. Es sei denn, Produkte werden gekühlt gefördert oder Temperatureinwirkungen von außen sind auszuschließen. Wenn keine Versprühungen auftreten, sind Dampf-Luft-Gemische dann nicht zündfähig, wenn die Sattdampfkonzentration bei der entsprechenden Temperatur unterhalb der unteren Explosionsgrenze (UEG) liegt. Dies ist dann der Fall, wenn die Produkttemperatur mindestens 5 K unterhalb des Flammpunktes

**Tab. 19-1.** Maximale Temperatur $T_2$ ausgehend von 1 bar in Abhängigkeit zweier Anfangstemperaturen $T_1$ und zweier Enddrücke $p_2$.

| Enddruck $p_2$/Anfangstemperatur | $T_1 = 298$ K (25 °C) | $T_1 = 313$ K (40 °C) |
|---|---|---|
| p = 4 bar ($p_e$ = 3 bar) | $T_2 = 443$ K (170 °C) | $T_2 = 465$ K (192 °C) |
| p = 5 bar ($p_e$ = 4 bar) | $T_2 = 472$ K (199 °C) | $T_2 = 496$ K (223 °C) |

liegt. Je nach Produkt sind die Konzentrationsgrenzen verschieden. Durch geeignete Wahl der Systemparameter kann so die Wahrscheinlichkeit von Selbstentzündungen eingeschränkt werden. Exemplarisch sei gesagt, daß für eine Anfangstemperatur von 40 °C und einem möglichen Enddruck von 5 bar absolut bei einem Heptan-Luft-Gemisch beispielsweise eine Zündung erfolgen würde.

### 19.3.2 Ex-Schutz Umgebung und Abgas

Um betrieblicherweise vorhandene Öffnungen herum ist aufgrund der Wahrscheinlichkeit des Auftretens explosionsfähiger Gemische ein Bereich festzulegen, in dem besondere Vorkehrungen gegen das Auftreten von Zündquellen zu treffen sind. Diese Bereiche werden in sog. Zonen eingeteilt. Entsprechend TRbF 100 umfaßt die *Zone 1* Bereiche, in denen damit zu rechnen ist, daß gefährliche explosionsfähige *Gasgemische* gelegentlich vorkommen. Betriebsmittel, Anlagen und Anlagenteile, an denen mit dem Auftreten von Zündquellen zu rechnen ist, müssen explosionsgeschützt ausgeführt werden und erforderlichenfalls funktionssicher sein.

*Zone 2* umfaßt Bereiche, in denen damit zu rechnen ist, daß gefährliche explosionsfähige Atmosphäre nur selten und dann auch nur kurzzeitig auftritt. Beispielsweise erstreckt sich bei Rohrleitungen in Räumen die Zone 2 um Armaturen 3 m horizontal bis zum Boden. Im Freien gibt es aufgrund der Witterungseinflüsse keine Beschränkungen. Detailliertere Informationen finden sich in der TRbF 100 3.1 bis 3.35. Bei der Frage des Ex-Schutzes ist stets zu berücksichtigen, ob eventuell durchgeführte Reinigungsvorgänge mit brennbaren Lösemitteln durchgeführt werden, auch wenn sonst keine brennbaren Flüssigkeiten gehandhabt werden.

Das Abgassystem wird meist nicht so detailliert in die Gesamtplanung eingebunden, wie die molchbaren Anlagenteile. Mit Abgas werden dampfförmige Rohrinhalte oder Gemische aus gasförmigem Treibmedium und Produktdämpfen bezeichnet. Das durch den Molch herausgeschobene Abgas oder sich entspannendes Treibmedium muß gefahrlos abgeleitet werden. Wenn eine Nachbehandlung der Abgase erforderlich ist, muß den in dem Abgassystem vorliegenden Zündgefahren Rechnung getragen werden. Apparate und Maschinen zur Erzeugung von Unterdruck, wie Ventilatoren, oder Behandlung der Abluft, wie Wäscher oder thermische Nachverbrennungsanlagen (TNV), können ebenfalls Zündquellen sein. Zusammen mit der Explosionszoneneinstufung der Rohrleitung können nach der TRbF 100 Tafel 1 die Maßnahmen festgelegt werden, die die Flammendurchschlagsicherheit gewährleisten. Ventilatoren benötigen beispielsweise, wenn sie in explosionsfähigen Bereichen der Zone 1 oder 2 eingesetzt werden, eine Bescheinigung nach der Richtlinie für Ventilatoren zur Förderung von brennbare Gase, Dämpfe oder Nebel enthaltender Atmosphäre VDMA 24169 Teil 1. Für die Einstufung der Rohrleitung in eine Explosionszone ist die Zusammensetzung des geförderten Gemischs von Bedeutung – ein Punkt der im Abschnitt 19.4.2 behandelt wird. Bei Molchfahrten mit offenem Abluftweg sind die Armaturen zu angeschlossenen, nicht explosionsdruckstoßfesten Behältern, wie z. B. bei Vorratstanks oder an Abfüllstellen, stets geschlossen zu halten. Beim Öffnen von Molcharmaturen sind die Wege zum Abluftsystem und zu den angeschlossenen Behältern verschlossen zu halten. Dies kann durch geeignete Steuerung der Abläufe oder im Einzelfall durch organisatorische Maßnahmen erreicht werden.

### 19.3.3   Ex-Schutz Elektrostatik

Überall dort, wo sich zwei verschiedenartige Stoffe berühren oder sich relativ zueinander bewegen können (Reibung) kann es zum Trennen von Ladungen kommen. Ladungstrennung führt fast immer zu einem Ladungsüberschuß auf einem der Stoffe. Ist einer der Stoffe aufladbar, können gefährliche Aufladungen auftreten, z. B. beim Strömen von aufladbaren Flüssigkeiten durch leitfähige oder nichtleitfähige Rohrleitungen. Sind dagegen beide Stoffe hinsichtlich der Aufladbarkeit ausreichend leitfähig, ist der Ladungsüberschuß vernachlässigbar klein und es ist keine Gefährdung zu befürchten. Feststoffe, wie z. B. Molche oder Metalle, werden als aufladbar bezeichnet, wenn der Oberflächenwiderstand größer $10^8$ Ohm ist (DIN 5382). Bei Flüssigkeiten ist zwischen einphasigen und mehrphasigen Flüssigkeiten zu unterscheiden. Von Mehrphasigkeit wird dann gesprochen, wenn in der Flüssigkeit feste oder gasförmige Bestandteile mitgeführt werden können. Einphasige Flüssigkeiten gelten als nicht aufladbar, wenn die elektrische Leitfähigkeit mehr als 50 pS/m beträgt. Bei mehrphasigen Flüssigkeiten liegt der Wert bei 1000 pS/m. Elektrostatische Aufladungen können durch Reibvorgänge des Molches an der im allgemeinen ableitfähigen, metallischen Rohrleitung oder durch Strömungsvorgänge hervorgerufen werden. Da die meisten Molche aus nichtleitfähigen Kunststoffen bestehen, wird mit Aufladungen zu rechnen sein.

Inwieweit diese gefährlicher Natur sind, hängt zum einen davon ab, welche Flüssigkeit und mit welchem Medium der Molch angetrieben wird. Die Hauptgefährdung durch elektrostatische Aufladung ist beim Molchen mit Druckluft gegeben, aus diesem Grund wird in Absatz 19.4.5 auf Abhilfemöglichkeiten eingegangen.

### 19.3.4   Arbeitsschutz bei explosionsgefährlichen Anlagen

Anlagen, in denen Produkte, die entzündliche Dämpfe entwickeln können, gemolcht werden, sind vor dem Öffnen so zu spülen, daß sich kein explosionsfähiges Dampf-Luft-Gemisch bilden kann. Nach VBG 16 § 18 (1) darf von dieser Forderung abgesehen werden, wenn Maßnahmen getroffen sind, mit denen verhindert wird, daß Beschäftigte oder Dritte gefährdet werden können. Brennbare Gemische entwickeln sich voraussichtlich nur beim Molchen mit Luft als Treibmedium. Dieser Fall wird im Abschnitt 19.4 behandelt. Der Spülvorgang kann gemäß VBG 16 § 18 (1) auch mit Luft vorgenommen werden.

Darüber hinaus sind beim Öffnen von Armaturen stets Maßnahmen zum Schutz der Beschäftigten gegen die Einwirkung gefährlicher Stoffe zu treffen. Maßnahmen können auch dadurch getroffen werden, daß die Umgebung der Molchanlage und deren Armaturen in die Zoneneinteilung mit einbezogen werden. Die angesprochenen Punkte sind besonders dann zu berücksichtigen, wenn die Molchleitung zusätzlich noch einem Reinigungsvorgang unterzogen wird. In jedem Fall muß der Auslegungsdruck jedes Teilstücks des Gesamtsystems dem von der Treibmediumversorgung oder anderen Druckerzeugern hervorgerufenen Druck entsprechen. Im folgenden Abschnitt werden die vorangegangenen Betrachtungen im Hinblick auf die ständige Anwesenheit von Dampf-Luft-Gemischen präzisiert. Die Verwendung von Luft als Treibmedium trifft auf über 80% der Molchsysteme zu.

*Betriebsmäßige Öffnungen*

Das Öffnen von Armaturen, Rohrleitungen oder Behältern kann während des Betriebs erfolgen, wenn Schutzvorkehrungen getroffen wurden. Betriebsmäßige Öffnungen können sein Spülvorgänge, Schaltfunktionen, die Wege zum Treibmedium oder Produkt versperren, oder gleichwertige Maßnahmen nach VBG 16 § 18 (1).

Das Öffnen einer Molchschleuse z.B. zur Entnahme eines Molches stellt ebenfalls eine betriebsmäßige Öffnung dar.

## 19.4 Zündgefahren durch Luft als Treibmedium

Im folgenden Abschnitt wird auf die Gefahren, speziell bei Prozeßmolchanlagen die mit Druckluft betrieben werden, eingegangen.

Unproblematisch stellt sich eine Verwendung von Druckluft zur Förderung nicht brennbarer Flüssigkeiten dar. In diesem Fall sind die allgemeinen Sicherheitshinweise aus Abschnitt 19.1 und 19.2 zu beachten. Wird eine Einzelfallbetrachtung durchgeführt, können auch brennbare Flüssigkeiten mit Luft gemolcht werden. Die folgenden Betrachtungen sind also immer unter dem Aspekt der Einzelfallbetrachtung für die jeweilige gesamte Molchanlage zu sehen. Es wird im folgenden davon ausgegangen, daß ein möglicherweise zündfähiges Gemisch ständig oder langzeitig in der Rohrleitung vorhanden sein kann. Nach TRbF 100 3.34 (1) ist das Innere der Rohrleitung in Zone 0 einzustufen. Damit müssen Maßnahmen getroffen werden, die das Auftreten von Zündquellen sicher verhindern, was für die Verwendung von Betriebsmitteln und Anlagenteilen die Eignung für die jeweilige Zone vorschreibt.

In der Zone 0 sind nach TRbF 100 3.213 auch Zündquellen, wie sie durch selten auftretende Betriebsstörungen auftreten können zu vermeiden. Folgende Bereiche werden auf das Vorhandensein von Zündquellen hin untersucht:

– Selbstentzündung durch Druck und Temperatur
– Stellarmaturen und Antriebe
– Betriebsmäßige Öffnungen
– Abluftsystem
– Elektrostatik.

Die Nutzung von Stickstoff als Treibmedium für Molchanlagen ist wegen der damit verbundenen Gefahr der Sauerstoffverdrängung in der Raumluft bei Undichtigkeiten nicht unproblematisch. Da Stickstoff zudem nicht überall aus dem betriebseigenen Netz bezogen werden kann, bietet Druckluft aus Verfügbarkeitsgründen eine günstige Alternative. Es ist jedoch zu beachten, daß die Treibmediumsversorgung in keinem Fall an das Steuerluftnetz für pneumatische Armaturen angeschlossen werden darf und aus Sicherheitsgründen mit einer Rückschlagarmatur auszurüsten ist.

### 19.4.1   *Zündfähigkeit und Zündtemperatur*

Für die Temperatur des Gesamtsystems sind im allgemeinen 40 °C anzusetzen, es sei denn, Produkte werden gekühlt gefördert oder Temperatureinwirkungen von außen sind auszuschließen. Wenn keine Versprühungen auftreten, sind Dampf-Luft-Gemische dann nicht zündfähig, wenn die Sattdampfkonzentration bei der entsprechenden Temperatur unterhalb der unteren Explosionsgrenze (UEG) liegt. Dies ist im Allgemeinen dann der Fall, wenn die Produkttemperatur mindestens 5 K unterhalb des Flammpunktes liegt. Je nach Produkt sind die Konzentrationsgrenzen verschieden. Durch geeignete Wahl der Systemparameter kann so die Wahrscheinlichkeit von Zündungen eingeschränkt werden. Eine Methode zur abschätzenden Berechnung von Konzentrationen wird im Abschnitt 19.4.2 „Gemischzusammensetzung" gegeben. Wenn man von einer adiabaten Kompression mit einer Anfangstemperatur von 40 °C ausgeht, so können bei einem Überdruck des Treibmediums von 3 bar Produkte der Temperaturklassen T1 (beispielsweise entsprechend einer maximal zulässigen Oberflächentemperatur von 450 °C), T2 und T3, bei 4 bar Überdruck Produkte der Klassen T1 und T2 gemolcht werden. Die Temperaturklasse ist eine produktspezifische sicherheitstechnische Kenngröße und gibt den Temperaturbereich an, in dem das Produkt gehandhabt werden kann, ohne daß es zu einer Selbstzündung kommt. Die Treibmediumsversorgung muß in diesem Fall mit einem entsprechend eingestellten Sicherheitsventil und einer Rückschlagsicherung ausgerüstet sein. Bei 25 °C Anfangstemperatur können auch bei einem Überdruck von 4 bar Produkte bis Temperaturklasse T3 gemolcht werden. (s. Abschn. 19.3.1 Zündtemperatur).

### 19.4.2 Berechnung der Gemischzusammensetzung und Volumenkonzentration in einer Rohrleitung

Bei jeder Molchfahrt von brennbaren Flüssigkeiten mit Luft können sich vor und hinter dem Molch je nach Füllgrad explosionsfähige Gemische bilden, z.B. Gemisch mit Sattdampfkonzentration nach längerem Stillstand einer nur teilgefüllten Leitung. Die Konzentration ist dabei von der Umgebungstemperatur abhängig.

Dieses Gemisch wird während des Molchens, vom Molch durch das sich vor dem Molch aufbauende Flüssigkeitsvolumen getrennt und in die Richtung des Auffangbehälters ausgeschoben.

Für die Beurteilung der Zündfähigkeit des Gemisches ist ausschlaggebend, ob die Dampfkonzentration innerhalb der Explosionsgrenzen des Produktes liegt. Die Dampfkonzentration wird wie die untere Explosionsgrenze (UEG) und obere Explosionsgrenze (OEG) in $m^3$ Produkt pro $m^3$ Gesamtvolumen angegeben, einer Volumenkonzentration.

Auf der Rückseite des Molches strömt Druckluft aus der Treibmediumversorgungsleitung nach. Da der Molch die Rohrleitung nicht vollständig reinigt, bleibt an der Wandung ein Produktfilm haften.

Für die Betrachtung geht man von einer Schichtdicke von etwa 20 µm aus, ein Wert, der natürlich auch vom Abnutzungsgrad des Molches abhängt. Diese Menge wird Produkt verdunsten. Die Zeitdauer bis zur vollständigen Verdunstung hängt unter anderem vom Dampfdruck des Produktes und dem Volumenstrom des Treibmediums ab.

Die Volumenkonzentration an Produkt in der hinter dem Molch strömenden Druckluft wird also, ausgehend von Null, proportional zur Zeit ansteigen. Hat der Molch die Fangstation erreicht, wird die Druckluft meist nicht sofort abgestellt, sondern strömt aus Systemgründen noch eine definierte Zeitspanne nach. Das gesamte Volumen wird anschließend noch entspannt.

Je nach Größe dieser Zeitspanne wird sich die Konzentration der Abluft entsprechend erhöhen. Führt man eine Berechnung der Konzentration in Abhängigkeit der Systemparameter durch, so kann die Zeitdauer errechnet werden, nach der die Konzentration die UEG erreicht, d.h. den Zeitpunkt, zu dem zündfähiges Gemisch vorliegt. Die Ergebnisse aus der Rechnung können als Grundlage für eine Änderung der Systemparameter dienen, so daß die Zoneneinteilung der Abluftleitung eingeschränkt oder sogar aufgehoben werden kann. Wird nach Beendigung des Molchvorgangs wieder zurück Richtung Sendegefäß gemolcht, so ist für die Konzentrationsberechnung zu berücksichtigen, daß in der Zeit nach dem Molchvorgang bereits Produkt verdunstet ist. Das bei dieser Molchung verdrängte Volumen wird in die Abluftleitung emittiert. Wie sich gezeigt hat, sind die Konzentrationsverläufe stark system- bzw. produktabhängig, so daß hier Möglichkeiten bestehen, die Ex-Zonen-Einstufung positiv zu beeinflussen.

An einem Beispiel sei für zwei verschiedene Produkte gezeigt, wie sich die Konzentration der Abluft berechnen läßt und in welcher Größenordnung Konzentration und Zeitspanne liegen.

*Beispiel der Berechnung der Volumenkonzentration*

Für die Berechnung wird eine Stoffbilanz innerhalb der Rohrleitung aufgestellt. Die Stoffbilanz folgt einem in der Stoffübertragung gebräuchlichen Modell, dessen Vereinfachungen hier genannt werden:

- die Rohrleitung ist nach dem Molchvorgang durch einen dünnen Film gleichmäßig benetzt
- die Dicke des Filmes beträgt etwa 20 μm (Erfahrungswert)
- es wird die Konzentration des am Ende der Molchleitung austretenden Dampf-Luft-Gemischs berechnet
- in der Abluftleitung verändert sich die Konzentration nicht mehr
- der dünne Film dunstet gleichmäßig ab
- für die Verdunstung wird ein linearer kinetischer Ansatz verwendet
- das in der Molchleitung strömende Dampf-Luft-Gemisch enthält keine Tröpfchen und strömt mit gleichmäßiger Geschwindigkeit
- die Molchgeschwindigkeit ist sehr viel größer als die Strömungsgeschwindigkeit des Treibmediums u(t).

Ermitteln der Funktion Cv(t):
In Abbildung 19-3 wird dargestellt, wie man die Massenbilanz in einem Rohr ermitteln kann.

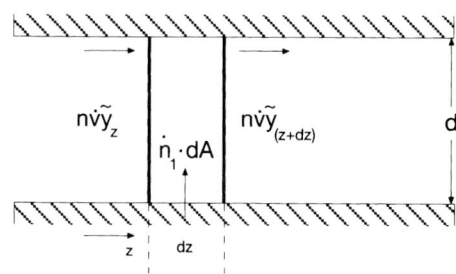

| | | |
|---|---|---|
| d: | Innendurchmesser | m |
| z: | Längenkoordinate | m |
| v: | kinemat. Viskosität | $m^2/s$ |
| ∂: | Diffusionskoeffizient Stoff „1" in Luft | $m^2/s$ |
| $\dot{V}$: | Volumenstrom | $m^3/s$ |
| u(t): | Geschwindigkeit | m/s |
| $V_v(t)$: | Volumenkonzentration | $\frac{m^3 \, „1"}{m^3 \, „1" + m^3 \, \text{Luft}}$ |
| Re: | Reynoldszahl | |
| Sc: | Schmidtzahl | – |
| Sh. | Sherwoodzahl | – |
| $\tilde{Y}_z$: | molare Beladung | $\frac{\text{mol} \, „1"}{\text{mol} \, \text{Luft}}$ |
| $\tilde{y}_z$: | Molenbruch | $\frac{\text{mol} \, „1"}{\text{mol} \, „1" + \text{mol} \, \text{Luft}}$ |

**Abb. 19-3.** Massenbilanz im Rohr

Die Bilanz für das Lösemittel Stoff „1" ergibt sich zu:

$$n \cdot \dot{v} \cdot \tilde{Y}_z + \dot{n}_1 \, dA - n \cdot \dot{v} \cdot \tilde{Y}_{(z+dz)} = 0$$

Der Stoffübergang gehorcht folgendem kinetischen Ansatz:

$$\dot{n}_1 = n \, \beta \, (\tilde{Y}^* - \tilde{Y})$$

Für kleine Beladungen gilt die Näherung:

$$\tilde{Y} = \tilde{y}$$

Die relative Feuchte berechnet sich nach:

$$\varphi = \frac{P_1}{P_1^*} = \frac{\tilde{y}_{aus}}{\tilde{y}^*}$$

$$\varphi_{(z)} = 1 - \exp\left[ -\frac{4Sh}{Re \cdot Sc \cdot d/z} \right]$$

Die Volumenkonzentration ist das Verhältnis der Dampfdichten:

$$C_v(z) = \frac{\rho_1}{\rho_D}$$

$M_{m1}$: Molmasse Stoff „1"  kg/kmol
p1*: Sattdampfdruck
    Stoff „1" bei Temp. T  mbar
R:  allgem. Gaskonstante  kJ/kmol/K
$\rho_D$:  Dampfdichte Stoff „1"  kg/m$^3$
T:  Systemtemperatur  K

mit:

$$\rho_1 = \frac{p_1}{R_1 \cdot T \cdot 10}$$

Bei niedrigen Konzentrationen kann der Dampf als ideales Gas angesehen werden. Somit folgt:

$$C_v(z) = \varphi(z) \cdot p_1^* \cdot \frac{M_{m1}}{\rho_D \cdot T \cdot R \cdot 10} \quad \left[ \frac{m^3 \text{ Stoff „1"}}{m^3 \text{ Luft} + m^3 \text{ Stoff „1"}} \right]$$

Bewegt sich das Gasgemisch mit konstanter Geschwindigkeit u(t), so gilt näherungsweise:

$$\varphi(z) \rightarrow \varphi(t)$$

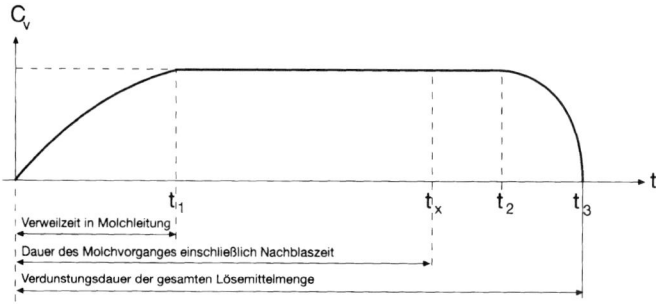

**Abb. 19-4.** Volumenkonzentration in der Abluftleitung

Damit läßt sich der zeitliche Verlauf der Konzentration bestimmen, wenn die gesamte zu verdunstende Stoffmenge des Stoffes „1" bekannt ist.

Der Konzentrationsverlauf in der Molch- und Abluftleitung kann nun in Abhängigkeit der Zeit angegeben werden, wobei die Zeitdauer zu berücksichtigen ist, in der der gesamte Lösemittelfilm verdunstet ist.

Der Konzentrationsverlauf mit der Zeit ist in Abbildung 19-4 dargestellt.

Somit kann bestimmt werden, ob und wie lange sich die Gemischkonzentration innerhalb der Explosionsgrenzen bewegt oder ob sie sogar außerhalb verläuft. Die Zeit, die zum Durchfahren des explosionsfähigen Bereichs benötigt wird, gibt Auskunft, wie wahrscheinlich das Eintreten eines Zündereignisses ist. Auf dieser Grundlage können Schutzmaßnahmen ergriffen und abgesprochen werden. Liegt die Sattdampfkonzentration bei der entsprechenden Temperatur schon unterhalb der UEG, so ist keine Zündgefahr gegeben.

*Beispiele*

In den Abbildungen 19-5 und 19-6 werden die Konzentrationsverläufe der häufig verwendeten Lösemittel Aceton und Isobutanol gezeigt. Beide Funktionen wurden ermittelt für die Nennweite DN 100 bei einer Gasgeschwindigkeit von 3,3 m/s und einer Temperatur von 25 °C.

Man erkennt, daß die Konzentration in der Abluftleitung bei Isobutanol zu jedem Zeitpunkt unterhalb der UEG und damit stets im nicht-zündfähigen Bereich liegt.

Bei Aceton wird für dieses System der Zündbereich in einer großen Zeitspanne durchfahren. Eine Einschränkung der Zündwahrscheinlichkeit könnten hier durch eine Erhöhung der Gasgeschwindigkeit oder eine Erhöhung der Temperatur erreicht werden.

*19.4.3 Elektrostatik*

Das Thema Elektrostatik wurde bereits im Abschnitt 19.3.3 angesprochen. Geht man von metallischen, geerdeten Rohrleitungen aus, so muß bei folgenden Paarungen mit Aufladungen gerechnet werden:

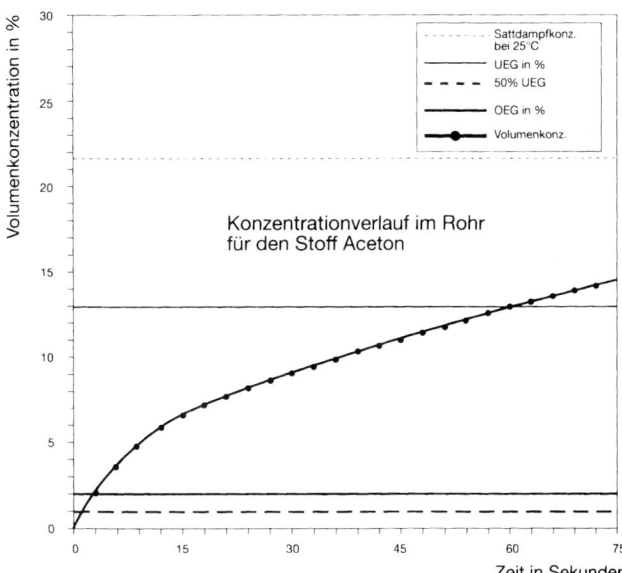

**Abb. 19-5.**Volumenkonzentration für Aceton

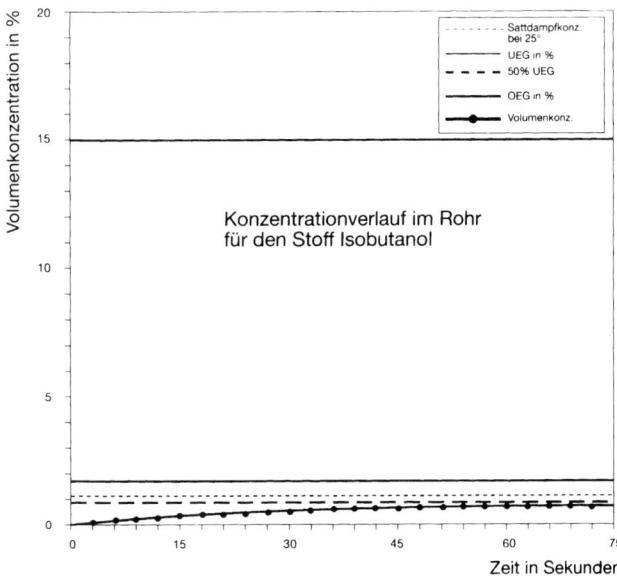

**Abb. 19-6.** Volumenkonzentration für Isobutanol

a) aufladbarer Molch – ableitfähige, brennbare Flüssigkeit
b) ableitfähiger Molch – aufladbare, brennbare Flüssigkeit
c) aufladbarer Molch – aufladbare, brennbare Flüssigkeit.

Die aufladbare Fläche eines Molches ist trotz Teilbenetzung ausreichend groß, so daß sie oberhalb der nach ZH 1/200 zulässigen Größe von 25 cm$^2$ liegt, ab der Maßnahmen ergriffen werden müssen.

zu a) aufladbarer Molch – ableitfähige, brennbare Flüssigkeit

Der Einsatz eines aufladbaren Molches in einem mit Druckluft betriebenen Molchsystem ist nur dann möglich, wenn er nicht als Zündquelle wirken kann, d.h. sich nicht aufladen kann. Dies ist dann gewährleistet, wenn der Molch ableitfähige Flüssigkeit vor sich her schiebt und er von dieser Flüssigkeit benetzt ist. Da die Dichtlippen nie so dicht sind, daß die Rohrwandung nach Abreinigung durch den Molch völlig trocken sind, ist davon auszugehen, daß die Oberfläche des Molches mit ableitfähiger Flüssigkeit benetzt ist und er sich somit nicht auflädt.

zu b) ableitfähiger Molch – aufladbare, brennbare Flüssigkeit

Die Schichtdicke von Produktresten auf der nicht direkt mit Produkt benetzten Oberfläche des ableitfähigen Molches, liegt nach Erfahrungswerten deutlich unter 100 µm. (s. Kap. 10).
   Für Stoffe der Explosionsgruppen IIA und IIB ist im allgemeinen nach ZH 1/200 7.1.15 nicht mit Entzündungen zu rechnen.
   Die Physikalisch Technische Bundesanstalt in Braunschweig (PTB) bewertet das Gefährdungspotential an der produktbenetzten Stirnseite ebenfalls als gering und empfiehlt die Entnahme des Molches aus einer Entnahmestation nur bei entkoppeltem System. Im Zweifelsfall wird eine Einzelfallbetrachtung vorgeschlagen.

zu c) aufladbarer Molch – aufladbare, brennbare Flüssigkeit

Für dieses System ist in jedem Fall eine Einzelbetrachtung durchzuführen.
   Für alle Paarungen gilt, daß Stoffe der Explosionsgruppe IIC (z.B. Schwefelkohlenstoff) nicht mit Luft als Treibmedium gemolcht werden sollen.
   Die vorangegangenen Betrachtungen haben das Thema Zündquellen aus den wichtigsten Blickwinkeln beleuchtet. Es wurde davon ausgegangen, daß zündfähiges Gemisch vorhanden ist. Da die Frage nach der Zündfähigkeit des Gemisches neben dem Vorhandensein von Zündquellen für die Explosionsgefährlichkeit von entscheidender Bedeutung ist, sollte nach einer Möglichkeit gesucht werden, die Konzentration in einer Rohrleitung zu berechnen und eine Aussage über die Zündfähigkeit und die Dauer des Vorliegens dieser Konzentration zu treffen.

### 19.4.4 Arbeitsschutz bei Anlagenkomponenten

- Stellarmaturen und Antriebe
  Bei der Vielfalt der Bauarten und Herstellerfirmen ist eine Einstufung der nicht-elektrischen Betriebsmittel (z.B. Armaturen) in eine Klasse der Zündwahrscheinlichkeit im Einzelfall zu prüfen.
- Abluftsystem
  Apparate und Maschinen zur Erzeugung von Unterdruck, wie Ventilatoren, oder Behandlung der Abluft, wie Wäscher oder thermische Nachverbrennungsanlagen (TNV), können ebenfalls Zündquellen sein. Zusammen mit der Explosionszoneneinstufung der Rohrleitung können nach der TRbF 100 Tafel 1 die Anzahl der Maßnahmen festgelegt werden, die die Flammendurchschlagsicherheit gewährleisten. Ventilatoren benötigen, wie bereits erwähnt, in den Zonen 1 oder 2, eine Bescheinigung nach der Richtlinie VDMA 24169 Teil 1. Für die Einstufung der Rohrleitung in eine Explosionszone ist die Zusammensetzung des geförderten Gemisches von Bedeutung, ein Punkt der im Abschnitt 19.4.2 behandelt wird. Bei Molchfahrten mit offenem Abluftweg sind die Armaturen zu angeschlossenen, nicht explosionsdruckstoßfesten Behältern, wie z.B. bei Vorrattanks oder an Abfüllstellen, stets geschlossen zu halten.

Beim Öffnen von Molcharmaturen sind die Wege zum Abluftsystem und den angeschlossenen Behältern verschlossen zu halten. Dies kann durch geeignete Schaltbedingungen oder im Einzelfall durch organisatorische Maßnahmen erreicht werden.

### 19.4.5 Abhilfe bei gefährlichen Betriebszuständen

Kann durch betriebsseitige Änderung nichts an der Zündfähigkeit des Dampf-Luft-Gemisches geändert werden und sind Zündquellen nicht auszuschließen, muß auf die Verwendung von Luft als Treibmedium verzichtet und auf Stickstoff umgestellt werden. Kann dies aus Gründen der Versorgung und Wirtschaftlichkeit nicht erfolgen, muß das gesamte Molchsystem auf Explosionsdruckstoßfestigkeit geprüft werden.

Das System ist dann explosionsdruckstoßfest gebaut, wenn nachgewiesen ist, daß es einer Explosion im Innern standhält ohne aufzureißen; dabei sind bleibende Verformungen zulässig. Der Explosionsdruck ist stoffspezifisch und abhängig vom Ausgangsdruck, bei dem die Zündung in der Rohrleitung oder Armatur erfolgt. Für den Ausgangsdruck von 1 bar (Atmosphärendruck) kann der maximale Explosionsdruck der Stoffe einschlägigen Tabellenwerken (z.B. K. Nabert/ G. Schön, Sicherheitstechnische Kennzahlen brennbarer Gase und Dämpfe) entnommen werden. Es ist auch zulässig, den maximalen Enddruck mit 10 bar anzusetzen. Der höchste auftretende Enddruck ergibt sich durch Multiplikation des Explosionsdruckes mit dem Ausgangsdruck als Faktor. Das Abluftsystem (Ausgangsdruck $p_{abs} = 1$ bar) gilt nach der TRbF 120 Anlage 1 als explosionsdruckstoßfest bei Dimensionierung auf 10 bar. Sind Teile des Abluftsystems nicht entsprechend ausgeführt, so muß die Aufstellung so vorgenommen werden, daß bei einem möglichen Zündereignis Beschäftigte oder Dritte nicht gefährdet werden können. Dies kann auch die Montage von Druckentlastungsöffnungen erforderlich machen. Für Molchanlagen verwendete Rohrleitungen sind nach den technischen Blättern (s. Kap. 5.3.1) aufgrund ihrer Wanddicke explosionsdruckstoßfest. Mit der Physikalisch Technischen Bundesanstalt in Braunschweig (PTB) wurde am 29.11.88 festgelegt, daß Armaturen der Firma I.S.T. bis Nennweite 100 als explosionsdruckstoßfest gelten, wenn sie für Nenndruck PN 16 ausgelegt sind. Für den Nachweis der Druckstoßfestigkeit bei größeren Nennweiten oder Armaturen anderer Firmen ist eine Aussage der Herstellerfirma erforderlich.

In den Molchsystemen, bei denen der Molch einen vorhandenen Abluftweg im Fall einer Explosion versperren kann, darf nach Auskunft der PTB in Braunschweig angenommen werden, daß ein Vollkörpermolch, wenn er gleichzeitig dichtend und elastisch ist, als gute Explosionsdrucksperre bezeichnet werden kann, die ein Weiterlaufen einer möglichen Explosion verhindert. Andere Bauformen, wie z. B. der Lippenmolch, besitzen diese Eigenschaft nicht, so daß in diesen Fällen stets eine Einzelfallbetrachtung durchzuführen ist. Eine Übersicht über die betrachteten Gefahrenquellen und Maßnahmen zu ihrer Abhilfe gibt der folgende Abschnitt, der im Hinblick auf die sicherheitstechnische Abnahmeprüfung von Molchanlagen nach DruckbehV. durch amtlich anerkannte Sachverständige entwickelt wurde.

## 19.5    *Konzept zur Beurteilung der Betriebssicherheit und Ex-Einstufung von Molchanlagen*

Die unter „Maßnahmen" aufgeführten Möglichkeiten zur Gefahrenbeseitigung sind als Ansatz für weiterreichende Überlegungen zu verstehen, die in jedem Fall mit dem Sicherheitsbeauftragten oder, bei der Notwendigkeit der Abnahme nach DruckbehV., mit dem zuständigen Sachverständigen der Überwachungsorganisation abzustimmen ist. Beispielsweise kann auch der Molchwerkstoff, wenn das zu fördernde Produkt dies zuläßt, durch Beimischung von Kohlenstoff (Ruß) in seiner Leitfähigkeit verändert werden. Ist die Anlage nur durch den Sachkundigen zu überprüfen, so kann dieser das Konzept als Grundlage für seine weitere Entscheidungsfindung verwenden (s. Abb. 19-7).

Entscheidung   Erläuterungen   Entscheidung   Maßnahmen

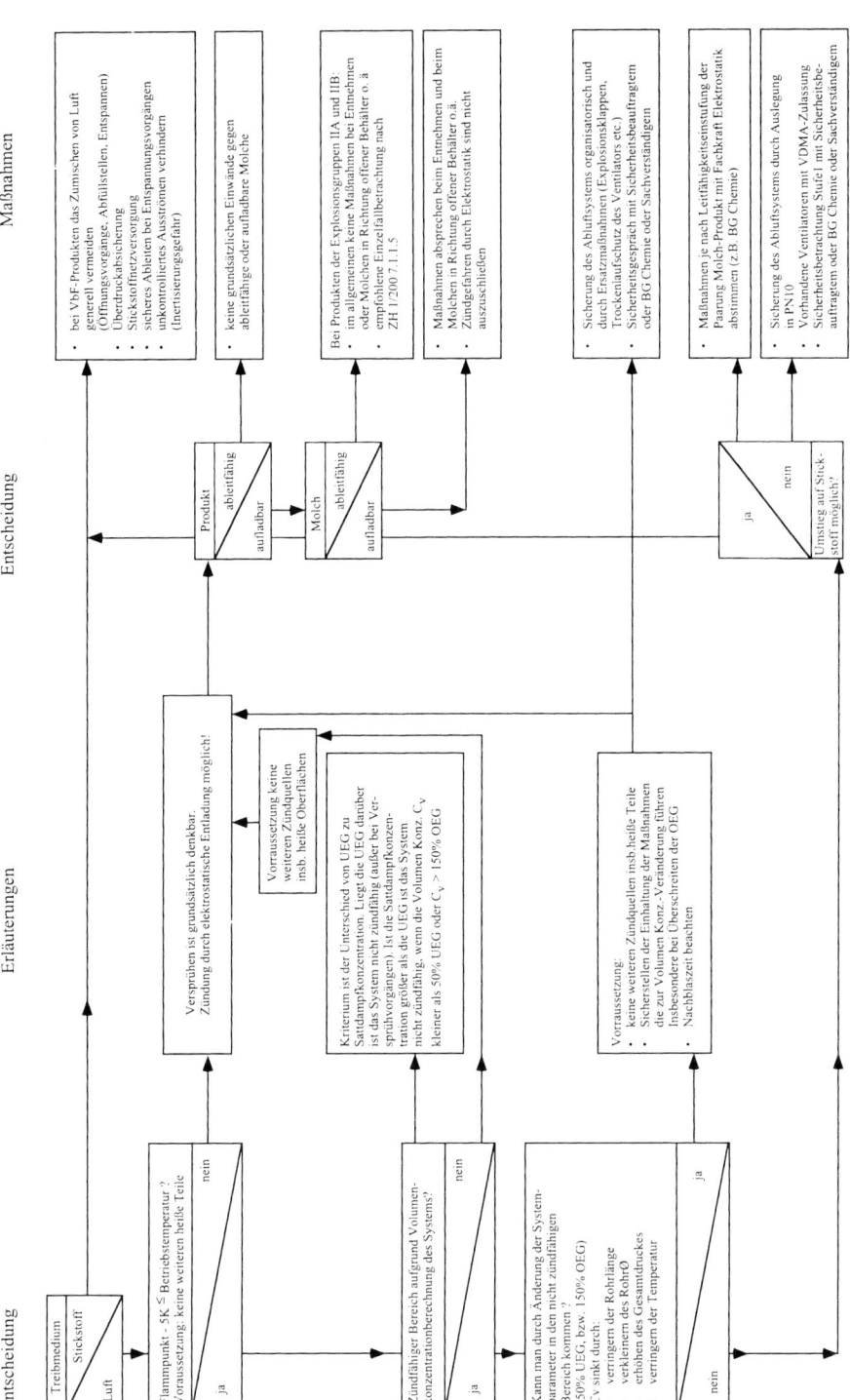

**Abb. 19-7.** Konzept zur Beurteilung der Betriebssicherheit und Ex-Einstufung von Molchanlagen – Gefahrenquellen durch Gasdruck und brennbare Gemische)

*V   Anhang*

# Literaturverzeichnis

[1] Eberz, J.; Hiltscher, G.; Mühlthaler, W.; Smits, J.H.: Leitfaden Molchtechnik BASF AG 1996

**Kap. 1**
[1] Mühlthaler, W.: Anwendung der Molchtechnik in der chemischen Industrie. Chem.-Ing.-Tech. 67 (1995) Nr. 2
[2] N.N.: Wirtschaftliche und saubere Produktförderung. Chemie – anlagen + verfahren 3 (1991)

**Kap. 2**
[1] Meyer, F.: Rohrleitungen mit Molchsystemen für rationelle Produktförderung. Chemie – Technik 15 (1986)

**Kap. 3**
[1] Patentschrift Rohrleitungsmolch EP 0405075 B1 vom 16.6.1993

**Kap. 4**
[1] Fürer, S.; Rauch, J.; Sanden, F.J.: Konzepte und Technologien für Mehrproduktanlagen. CIT (1996) Nr. 4

**Kap. 5**
[1] Jüttner, P.; Schulze, R.D.: Rohrleitungen und Rohre für molchbare Systeme. Butting Journal
[2] Schwaigerer, S: Rohrleitungen. Theorie und Praxis. Springer-Verlag. Berlin, Heidelberg New York 1967
[3] Patentschrift Verfahren für das Lichtbogenschweißen einer vertikal orientierten in sich geschlossenen Naht mit zweidimensionalem Verlauf, insbesondere für Rundnähte molchbarer Rohrleitungen. DBP 19724434 vom 11.6.1997

**Kap. 7**
[1] N.N.: Geschwindigkeitsverhalten von Molchen. Diplomarbeit FH Hamburg 1995

**Kap. 8**
[1] Endress, U. u.a.: Durchflussfibel. Flowtec-Verlag, Reinach, 3. Ausgabe 1990
[2] Tauschnitz, T.; Drathen, H.: Prozeßleittechnik der Zukunft: Anforderungen, Technik und Wirtschaftlichkeit. atp Automatisierungstechnische Praxis 40 (1998) 3
[3] Wölfel, H.: Die Entwicklung der Prozeßleittechnik – Ein Rückblick. atp Automatisierungstechnische Praxis. 40 (1998) 4.
[4] Pfleger, J.A.H.: Verteilung der Automatisierungsaufgaben bei Feldbuseinsatz. atp Automatisierungstechnische Praxis 40 (1998) 3

**Kap. 9**
[1] Santhoff, Marc: Umweltschutz mit Gewinn – Wirtschaftlicher Einsatz der Molchtechnik auch bei kurzen Rohrleitungen. CAV 12/97

**Kap. 10**

[1] Kludas, H.D.: Möglichkeiten und Grenzen der Molchtechnik. Chemie-Technik 5/95
[2] Schweizer, P., Kistler, S.: Liquid Film Coating. Chapman & Hall 1997
[3] Hetzel, S.: Restmengen in molchbefahrenen Rohrleitungssystemen. Diplomarbeit FH Köln 1995

**Kap. 11**

[1] Habig, K.H.: Verschleiß und Härte von Werkstoffen. Carl Hanser Verlag, München Wien 1980

**Kap. 16**

[1] Lagoni-Opitz, Carolin: Eine Alternative zur beheizten Rohrleitung – Molchtechnik in der Schokoladenindustrie. ZSW Fachzeitschrift für die Süßwarenindustrie 8–9/97
[2] Gahr, G.; Blecken, Ch.; Hielscher, C.: Neue CIP-fähige Molchstation für den automatisierten Betrieb. ZFL 42 (1991) Nr. 5
[3] Stein, W.; Blecken, Ch.; Stahlkopf, R.: Einsatz der Molchtechnik in CIP-fähigen Anlagen
[4] N.N.: Molchtechnik in der Lebensmittelindustrie. Die Ernährungsindustrie 5/94

**Kap. 17**

[1] Krass, W.; Kittel, A.; Uhde, A.: Pipelinetechnik – Mineralölfernleitungen. Verlag TÜV Rheinland, Köln 1979
[2] Symposium des TÜV Rheinland und der DGMK Bad Neuenahr. Rohrfernleitungstechnik. Verlag TÜV Rheinland, Köln 1976.
[3] Cordell, Jim; Vanzant, Hershel: All about Pigging. On-Stream Systems LTD, Cirencester, UK und Vanzant & Associates, Claremore USA, 1996
[4] Tiratsoo, J.N.H. (Editor): Pipeline Pigging Technology. Gulf Publishing Company, Houston 1992
[5] Riess, N.; Schittko, H.: Ausrüstung zur Prüfung, Inspektion und Betriebsüberwachung von Pipelines. Rohrleitungstechnik 1 (1983)
[6] Oppermann, W.; Künkel, G.; Hitzel, R.: Visuelle Rohrinnenprüfung mit selbstfahrenden Inspektionssystemen. Rohrleitungstechnik 4 (1987)

**Kap. 19**

[1] Joukowsky, N.: Über den hydraulischen Stoß in Wasserleitungsröhren. Memoires de l'Academie Imperiale des Sciences de St. Petersbourg. Series 8 (1998) Nr. 5

*Beständigkeitsliste*

mit freundlicher Genehmigung der Firma Freudenberg, Weinheim

**A** = Geringer oder kein Angriff

**B** = Schwacher bis mäßiger Angriff

**C** = Starker Angriff bis vollständige Zerstörung

**D** = Keine Daten vorhanden, wahrscheinlich geeignet, vor Einsatz prüfen

**E** = Keine Daten vorhanden, wahrscheinlich nicht geeignet

**F** = besonderer Mischungsaufbau erforderlich

| Medium | Temperaturangabe °C | Acrylnitril-Butadien-Kautschuk **NBR** | Hydrierter Acrylnitril-Butadien-Kautschuk **HNBR** | Chlorbutadien-Kautschuk **CR** | Acrylat-Kautschuk **ACM** | Silikon-Kautschuk **VMQ** | Fluorsilikon-Kautschuk **FVMQ** | Fluor-Kautschuk **FPM** | Perfluor-Kautschuk **FFPM** | Polyurethan **AU** | Naturkautschuk **NR** | Styrol-Butadien-Kautschuk **SBR** | Ethylen-Propylen-Dien-Kautschuk **EPDM** | Butyl-Kautschuk **IIR** | chlorsulfoniertes Polyethylen **CSM** | Polytetrafluorethylen **PTFE** |
|---|---|---|---|---|---|---|---|---|---|---|---|---|---|---|---|---|
| Abgase, fluorwasserstoffhaltig, Spuren | 60 | A | A | A | D | D | D | A | A | E | A | A | A | A | A | A |
| Abgase, kohlendioxidhaltig | 60 | A | A | A | A | A | A | A | A | D | A | A | A | A | A | A |
| Abgase, kohlenoxidhaltig | 60 | A | A | A | A | A | A | A | A | A | A | A | A | A | A | A |
| Abgase, nitrosehaltig, Spuren | 60 | D | D | A | C | C | B | A | A | E | C | D | A | B | A | A |
| Abgase, nitrosehaltig, Spuren | 80 | D | D | A | C | C | B | A | A | E | C | D | A | B | A | A |
| Abgase, salzsäurehaltig | 60 | B | B | A | E | D | D | A | A | E | A | A | A | A | A | A |
| Abgase, schwefeldioxidhaltig | 60 | B | B | A | E | D | D | A | A | E | B | B | A | A | A | A |
| Abgase, schwefelsäurehaltig | 60 | B | B | B | E | D | D | A | A | E | B | B | A | A | A | A |
| Abgase, schwefelsäurehaltig | 80 | C | C | B | E | D | D | A | A | E | B | B | A | A | A | A |
| Acetaldehyd mit Essigsäure, 90/10% | 20 | C | C | C | C | C | C | C | A | E | B | B | B | B | B | A |
| Acetamid | 20 | D | D | E | E | E | D | E | A | E | E | E | D | D | D | A |
| Aceton | 20 | C | C | C | C | C | C | C | A | C | A | A | A | A | D | A |
| Acetophenon | 20 | E | E | E | E | E | E | E | A | E | E | E | D | D | D | A |
| Acetylen | 60 | A | A | A | A | A | A | A | A | D | A | A | A | A | A | A |
| Acrylnitril | 60 | C | C | C | E | C | C | C | A | E | C | C | D | C | E | A |
| Acrylsäureethylester | 20 | C | C | E | C | C | C | C | A | C | E | E | D | B | E | A |
| Adipinsäure, wäßrig | 20 | A | A | A | D | D | D | A | A | D | A | A | A | A | A | A |
| Akkusäure (Schwefelsäure) | 60 | C | C | C | E | E | E | A | A | C | B | B | A | A | A | A |
| Alaun, wäßrig | 60 | C | C | C | E | E | E | A | A | C | B | B | A | A | A | A |
| Alaun, wäßrig | 100 | A | A | A | E | D | D | A | A | E | C | A | A | A | A | A |
| Allylalkohol | 80 | B | B | B | E | E | E | C | A | C | A | A | A | A | B | A |
| Aluminiumsulfat, wäßrig | 60 | A | A | B | E | D | D | A | A | C | A | A | A | A | A | A |
| Aluminiumsulfat, wäßrig | 100 | A | A | B | E | D | D | C | A | C | B | A | A | A | A | A |
| Ameisensäure, wäßrig | 60 | C | C | C | E | E | E | E | A | C | B | B | B | B | B | A |

| Medium | °C | NBR | HNBR | CR | ACM | VMQ | FVMQ | FPM | FFPM | AU | NR | SBR | EPDM | IIR | CSM | PTFE |
|---|---|---|---|---|---|---|---|---|---|---|---|---|---|---|---|---|
| Ammoniak, 100% | 20 | B | B | E | E | E | E | C | B | C | A | A | A | A | A | A |
| Ammoniakwasser (Salmiakgeist) | 40 | A | A | E | C | B | B | C | A | C | A | A | A | A | A | A |
| Ammoniumacetat, wäßrig | 60 | A | A | B | E | D | D | C | A | C | A | A | A | A | A | A |
| Ammoniumcarbonat | 60 | A | A | B | E | D | D | C | A | C | A | A | A | A | A | A |
| Ammoniumchlorid, wäßrig | 60 | A | A | B | E | D | D | A | A | C | A | A | A | A | A | A |
| Ammoniumfluorid, wäßrig | 20 | A | A | B | E | A | A | A | A | E | A | A | A | A | A | A |
| Ammoniumfluorid, wäßrig | 100 | A | A | B | E | D | D | C | A | E | C | A | A | A | A | A |
| Ammoniumnitrat, wäßrig | 60 | A | A | B | E | D | D | A | A | C | A | A | A | A | A | A |
| Ammoniumnitrat, wäßrig | 100 | A | A | B | E | D | D | C | A | E | C | A | A | A | A | A |
| Ammoniumphosphat, wäßrig | 60 | A | A | B | E | D | D | C | A | C | A | A | A | A | A | A |
| Ammoniumsulfat | 60 | A | A | B | E | D | D | A | A | C | A | A | A | A | A | A |
| Ammoniumsulfat | 100 | A | A | B | E | D | D | C | A | C | C | A | A | A | A | A |
| Ammonsulfid, wäßrig | 60 | A | A | B | E | D | D | A | A | C | A | A | A | A | A | A |
| Ammonsulfid, wäßrig | 100 | B | B | B | E | D | D | C | A | C | B | A | A | A | A | A |
| Amylacetat | 20 | C | C | E | E | E | E | C | A | E | A | C | A | A | D | A |
| Amylalkohol | 60 | B | B | B | E | D | D | C | A | C | A | A | A | A | A | A |
| Anilin | 60 | C | C | C | E | C | C | C | A | C | C | C | E | E | E | A |
| Anilinchlorhydrat | 20 | B | B | B | E | B | D | A | A | C | C | C | B | B | B | A |
| Anilinchlorhydrat | 100 | C | C | D | E | E | E | E | A | C | C | C | E | E | E | A |
| Anisol | 20 | C | C | C | E | E | E | E | A | E | C | C | E | E | E | A |
| Anon | 20 | C | C | C | E | E | E | E | A | E | C | C | C | E | A |
| Anthrachinonsulfonsäure, wäßrig | 30 | B | B | E | E | E | E | E | A | C | A | A | A | A | A | A |
| Antimonchlorid, wäßrig | 20 | A | A | A | A | A | A | A | A | E | A | A | A | A | A | A |
| Antimontrichlorid, wasserfrei | 60 | A | A | B | E | E | E | E | A | E | A | A | A | A | A | A |
| Arsensäure, wäßrig | 100 | A | A | B | E | D | D | C | A | E | C | A | A | A | A | A |
| Arsensäure, wäßrig | 60 | A | A | B | D | D | D | A | A | C | A | A | A | A | A | A |
| Asphalt | 100 | E | E | E | D | E | E | D | A | E | E | E | E | E | E | A |
| ASTM-Kraftstoff A | 60 | A | A | B | B | C | A | A | A | A | C | C | C | C | B | A |
| ASTM-Kraftstoff B | 60 | B | B | C | C | C | A | A | A | C | C | C | C | C | C | A |
| ASTM-Kraftstoff C | 60 | C | C | C | C | B | A | A | C | C | C | C | C | C | A |
| ASTM-Öl Nr. 1 | 100 | A | A | A | A | A | A | A | A | B | C | C | C | C | A |
| ASTM-Öl Nr. 2 | 100 | A | A | B | A | A | A | A | A | B | C | C | C | C | A |
| ASTM-Öl Nr. 3 | 100 | A | B | B | A | B | A | A | A | B | C | C | C | C | A |

| Medium | °C | NBR | HNBR | CR | ACM | VMQ | FVMQ | FPM | FFPM | AU | NR | SBR | EPDM | IIR | CSM | PTFE |
|---|---|---|---|---|---|---|---|---|---|---|---|---|---|---|---|---|
| ATE-Bremsflüssigkeit | 100 | C | C | B | C | A | A | C | D | E | A | A | A | A | E | A |
| ATF-Öl | 100 | A | A | B | C | B | A | A | A | B | C | C | C | C | C | A |
| Bariumhydroxid, wäßrig | 60 | A | A | A | E | D | D | A | A | C | A | A | A | A | A | A |
| Bariumsalze, wäßrig | 60 | A | A | B | E | A | A | A | A | C | A | A | A | A | A | A |
| Baumwollsaatöl | 20 | A | A | B | D | D | D | A | A | A | B | B | B | B | B | A |
| Benzaldehyd, wäßrig | 60 | C | C | C | E | E | E | A | A | C | B | B | B | B | E | A |
| Benzin | 60 | B | B | B | B | C | A | A | A | A | C | C | C | C | C | A |
| Benzin-Benzol-Äthanol, 50/30/20% | 20 | C | C | C | C | C | B | F | A | C | C | C | C | C | C | A |
| Benzin-Benzol-Gemisch, 50/50% | 20 | C | C | C | C | C | B | A | A | B | C | C | C | C | C | A |
| Benzin-Benzol-Gemisch, 60/40% | 20 | C | C | C | C | C | B | A | A | B | C | C | C | C | C | A |
| Benzin-Benzol-Gemisch, 70/30% | 20 | B | C | C | B | C | A | A | A | A | C | C | C | C | C | A |
| Benzin-Benzol-Gemisch, 80/20% | 20 | B | C | C | B | C | A | A | A | A | C | C | C | C | C | A |
| Benzoesäure, wäßrig | 60 | A | A | B | E | A | A | A | A | C | A | A | A | A | A | A |
| Benzol | 20 | C | C | C | C | C | B | B | A | C | C | C | C | C | C | A |
| Benzylalkohol | 60 | E | E | E | E | B | B | E | A | C | D | D | D | D | D | A |
| Bernsteinsäure, wäßrig | 60 | A | A | B | E | D | D | A | A | C | A | A | A | A | A | A |
| Bier | 20 | A | A | A | A | A | A | A | A | A | A | A | A | A | A | A |
| Biogas | 20 | A | A | A | D | A | C | A | A | B | C | C | E | E | A | A |
| Bisulfitlauge | 50 | B | B | B | E | D | D | E | B | C | A | A | A | A | A | A |
| Bitumen | 60 | C | C | C | E | E | E | A | A | E | E | E | E | E | E | A |
| Blausäure | 20 | D | D | B | E | A | D | D | A | E | D | D | D | A | A | A |
| Bleiacetat, wäßrig | 60 | A | B | B | E | D | D | A | A | C | A | A | A | A | A | A |
| Bleiacetat, wäßrig | 100 | A | B | B | E | D | D | C | A | C | A | A | A | A | A | A |
| Bleichlauge | 60 | C | C | B | E | E | E | B | A | C | C | B | A | B | A | A |
| Bleinitrat, wäßrig | 20 | A | A | B | D | D | D | A | A | C | A | A | A | A | A | A |
| Borax, wäßrig | 60 | A | A | B | E | A | A | A | A | C | A | A | A | A | A | A |
| Borsäure, wäßrig | 60 | A | A | B | E | A | A | A | A | C | A | A | A | A | A | A |
| Bremsflüssigkeiten (Glykolether) | 80 | C | C | B | C | A | A | E | D | E | A | A | A | A | D | A |
| Brom, flüssig | 20 | C | C | C | E | E | E | E | D | E | C | C | D | D | B | A |
| Brombenzol | 20 | E | E | E | E | E | D | D | D | E | E | E | E | E | E | A |
| Bromdämpfe | 20 | C | C | C | E | E | E | E | D | E | C | C | D | D | B | A |
| Bromwasser, kalt gesättigt | 20 | C | C | C | E | E | E | E | D | E | C | C | D | D | B | A |
| Bromwasserstoffsäure, wäßrig | 60 | B | B | B | E | E | E | E | D | C | D | D | A | A | A | A |

| Medium | °C | NBR | HNBR | CR | ACM | VMQ | FVMQ | FPM | FFPM | AU | NR | SBR | EPDM | IIR | CSM | PTFE |
|---|---|---|---|---|---|---|---|---|---|---|---|---|---|---|---|---|
| Bunkeröl | 60 | B | B | E | D | E | D | D | D | E | E | E | E | E | E | A |
| Butadien | 60 | D | D | B | E | B | A | A | A | D | C | C | C | C | C | A |
| Butan, gasförmig | 20 | A | A | B | A | D | A | A | A | A | C | C | C | C | C | A |
| Butandiol, wäßrig | 20 | A | A | B | E | D | D | B | A | D | A | A | A | A | A | A |
| Butandiol, wäßrig | 60 | A | A | A | E | D | D | D | D | C | B | A | A | A | A | A |
| Butanol, wäßrig | 20 | A | B | C | B | A | A | B | A | A | A | A | A | A | A | A |
| Butanol, wäßrig | 60 | C | C | B | E | D | D | E | A | C | A | A | A | A | A | A |
| Butindiol | 20 | A | A | B | E | D | D | B | B | A | A | A | A | A | A | A |
| Butter | 20 | A | A | A | D | A | A | A | A | E | E | E | E | E | A |
| Butter | 80 | A | A | B | D | D | D | A | A | D | C | C | E | E | E | A |
| Buttersäure, wäßrig | 20 | A | A | B | E | D | D | A | A | D | C | D | D | D | D | A |
| Butylacetat | 20 | C | C | C | E | E | E | C | A | E | B | C | B | B | C | A |
| Butylalkohol | 60 | C | C | B | E | D | D | E | A | C | A | A | A | A | A | A |
| Butylen, flüssig | 20 | A | A | B | D | D | A | A | A | C | C | E | E | E | A |
| Butylenglykol | 60 | A | A | A | E | A | A | B | A | A | A | A | A | A | A | A |
| Butylphenol | 20 | C | C | C | C | C | E | B | A | C | C | C | C | C | C | A |
| Butyraldehyd | 20 | E | E | E | E | E | E | E | B | E | B | B | B | B | B | A |
| Calciumbisulfit, wäßrig | 20 | A | A | A | E | D | D | A | A | A | A | A | A | A | A | A |
| Calciumchlorid, wäßrig | 100 | A | A | A | E | A | A | A | A | C | C | A | A | A | A | A |
| Calciumhydroxid, wäßrig | 20 | A | A | A | E | A | A | A | A | C | A | A | A | A | A | A |
| Calciumhypochlorid, wäßrig | 60 | C | C | B | C | E | E | B | A | C | C | C | A | A | A | A |
| Calciumnitrat, wäßrig | 40 | A | A | A | E | A | A | A | A | E | A | A | A | A | A | A |
| Calciumphosphat, wäßrig | 20 | A | A | A | E | A | A | A | A | D | A | A | A | A | A | A |
| Campher | 20 | A | A | B | E | E | E | B | A | E | C | C | C | C | A | A |
| Campher-Öl | 20 | A | B | C | E | E | E | B | A | E | C | C | C | B | A | A |
| Carbolineum | 60 | E | E | E | E | E | D | D | A | E | E | E | B | B | B | A |
| Cellosolve | 20 | E | E | E | E | E | E | E | D | E | E | E | B | B | B | A |
| Chlor, flüssig | 20 | C | C | C | E | E | E | A | A | E | C | C | A | A | A | A |
| Chlor, gasförmig feucht | 20 | C | C | C | E | E | E | A | A | E | C | C | A | A | A | A |
| Chlor, gasförmig trocken | 20 | C | C | C | E | D | D | A | A | D | C | C | A | A | A | A |
| Chloralhydrat, wäßrig | 60 | C | C | C | E | E | E | B | A | E | C | C | B | B | B | A |
| Chloramin, wäßrig | 20 | A | A | A | D | D | D | E | B | D | A | A | A | A | A | A |
| Chloräthanol | 60 | C | C | C | E | E | E | C | B | E | C | C | B | B | B | A |

| Medium | °C | NBR | HNBR | CR | ACM | VMQ | FVMQ | FPM | FFPM | AU | NR | SBR | EPDM | IIR | CSM | PTFE |
|---|---|---|---|---|---|---|---|---|---|---|---|---|---|---|---|---|
| Chlorbenzol | 20 | C | C | C | C | C | C | B | B | D | C | C | C | C | C | A |
| Chlorbrommethan | 20 | E | E | E | E | E | B | B | B | E | E | E | B | B | B | A |
| Chloressigsäure | 60 | B | B | B | E | E | E | E | B | C | C | C | A | A | A | A |
| Chlorkalk, wäßrig | 60 | C | C | C | E | E | E | A | A | C | C | C | A | A | A | A |
| Chlormethyl | 20 | C | C | C | E | E | E | B | A | B | C | C | C | C | C | A |
| Chloroform | 20 | C | C | C | E | E | E | B | A | C | C | C | C | C | C | A |
| Chlorsäure, wäßrig | 80 | C | C | C | E | E | E | B | A | E | C | C | B | B | B | A |
| Chlorsulfonsäure | 20 | C | C | C | C | C | C | E | D | E | C | C | C | C | C | A |
| Chlorwasser, gesättigt | 20 | C | C | C | E | E | E | A | A | E | C | C | A | B | A | A |
| Chlorwasserstoffgas | 60 | C | C | C | E | E | E | A | A | E | B | B | A | A | A | A |
| Chromsäure, wäßrig | 60 | C | C | C | E | E | E | A | A | E | C | C | D | D | A | A |
| Chromsäure/Schwefelsäure/Wasser, 50/15/35% | 40 | C | C | C | E | E | E | A | A | E | C | C | D | D | A | A |
| Clophen T 64 | 100 | C | C | C | D | B | D | A | A | C | C | C | E | E | E | A |
| Clophen-A-Typen | 100 | C | C | C | D | A | A | A | A | C | C | C | E | E | E | A |
| Crotonaldehyd | 20 | E | E | E | E | E | E | C | B | D | B | B | A | A | A | A |
| Cyankali, wäßrig | 40 | A | A | B | E | A | A | A | A | D | A | A | A | A | A | A |
| Cyankali, wäßrig | 80 | B | B | B | E | A | A | A | A | C | C | C | A | A | A | A |
| Cyclohexan | 20 | A | A | C | B | B | B | A | A | A | C | C | C | C | E | A |
| Cyclohexanol | 20 | A | A | C | E | E | B | E | A | A | C | C | C | C | C | A |
| Cyclohexanon | 20 | C | C | C | E | E | E | E | A | E | C | C | C | C | C | A |
| Cyclohexylamin | 20 | C | C | C | E | E | E | C | B | E | C | C | C | C | C | A |
| Dampf | 130 | C | C | C | E | C | C | F | C | C | C | A | A | B | A | A |
| Dekahydronaphtalin (Dekalin) | 20 | C | C | C | B | E | E | B | B | E | C | C | C | C | C | A |
| Dekahydronaphtalin (Dekalin) | 60 | C | C | C | B | E | E | B | B | E | C | C | C | C | C | A |
| Desmodur T | 20 | C | C | C | C | E | E | E | B | B | C | C | C | C | C | A |
| Desmophen 2000 | 80 | A | A | D | D | D | D | D | D | E | D | A | D | D | D | A |
| Detergentien | 100 | A | A | B | E | E | E | B | B | E | C | B | A | A | A | A |
| Dextrin, wäßrig | 60 | A | A | A | E | A | A | A | A | C | A | A | A | A | A | A |
| Diacetonalkohol | 20 | B | B | B | E | D | D | E | A | D | A | A | A | A | A | A |
| Dibenzylether | 20 | C | C | C | E | E | E | C | A | E | C | C | B | B | B | A |
| Dibuthylether | 20 | C | C | C | E | E | E | C | A | E | C | C | B | B | B | A |
| Dibuthylphtalat | 20 | C | C | C | E | A | A | A | A | C | C | D | D | D | D | A |
| Dibuthylphtalat | 60 | C | C | C | E | A | A | B | A | D | C | C | D | D | D | A |

| Medium | °C | NBR | HNBR | CR | ACM | VMQ | FVMQ | FPM | FFPM | AU | NR | SBR | EPDM | IIR | CSM | PTFE |
|---|---|---|---|---|---|---|---|---|---|---|---|---|---|---|---|---|
| Dibuthylsebacat | 60 | C | C | C | E | B | B | E | B | D | C | C | C | C | C | A |
| Dichlorbenzol | 20 | C | C | C | E | E | B | A | A | E | C | C | C | C | C | A |
| Dichlorbutylen | 20 | C | C | C | E | E | E | B | A | E | C | C | C | C | C | A |
| Dichloressigsäure | 60 | C | C | C | E | E | E | C | B | C | C | C | A | A | A | A |
| Dichlorethan | 20 | C | C | C | C | C | D | B | B | C | C | C | C | C | E | A |
| Dichlorethylen | 20 | C | C | C | E | E | E | B | B | E | C | C | E | E | E | A |
| Dichlormethan | 20 | C | C | C | C | C | E | A | A | C | C | C | C | C | C | A |
| Dieselkraftstoff | 60 | A | A | B | B | B | A | A | A | B | C | C | C | C | C | A |
| Diethylamin | 20 | B | B | C | E | E | E | C | B | E | C | C | A | A | A | A |
| Diethylenglykol | 20 | A | A | A | E | A | A | A | A | E | A | A | A | A | A | A |
| Diethylether | 20 | C | C | C | E | E | E | C | A | E | C | C | C | C | C | A |
| Diethylsebacat | 20 | C | C | C | E | E | E | B | B | E | C | C | B | B | B | A |
| Diglykolsäure, wäßrig | 60 | B | B | B | E | D | D | A | A | E | A | A | A | A | A | A |
| Dihexylphtalat | 60 | C | C | C | E | E | E | C | B | E | C | C | E | E | C | A |
| Diisobutylketon | 60 | C | C | C | E | E | E | C | B | E | B | C | A | A | D | A |
| Dimethylamin | 20 | C | C | C | E | E | E | C | B | E | C | C | A | A | A | A |
| Dimethylether | 20 | C | C | C | E | E | E | C | B | E | B | C | A | A | A | A |
| Dimethylformamid | 60 | C | C | C | D | C | D | C | B | C | B | C | B | B | B | A |
| Dinonylphtalat | 30 | C | C | C | E | E | E | C | B | E | C | C | E | E | C | A |
| Dioctylphtalat | 60 | C | C | C | C | E | E | B | A | E | C | C | E | E | C | A |
| Dioctylsebacat | 60 | C | C | C | E | E | E | C | B | E | C | C | E | E | E | A |
| Dioxan | 60 | C | C | C | E | E | E | C | D | E | B | B | B | B | B | A |
| Dipenten | 20 | B | B | C | D | D | D | A | A | D | C | C | C | C | C | A |
| Diphenyl | 20 | C | C | C | E | E | E | A | A | D | C | C | C | C | C | A |
| Diphenyloxid | 100 | E | E | E | E | E | E | E | D | E | E | E | E | E | E | A |
| Düngesalz, wäßrig | 60 | A | A | B | E | A | A | A | A | E | A | A | A | A | A | A |
| Eisen(III)-chlorid, wäßrig | 40 | A | A | A | E | D | D | A | A | D | A | A | A | A | A | A |
| Eisessig | 60 | C | C | C | E | E | E | C | B | C | C | C | B | B | B | A |
| Epichlorhydrin | 20 | E | E | E | E | E | E | C | D | E | E | E | B | E | E | A |
| Erdgas | 20 | A | A | A | A | A | A | A | A | B | B | B | B | B | B | A |
| Erdöl | 20 | A | B | B | A | B | A | A | A | A | C | C | C | C | B | A |
| Essigester | 20 | C | C | E | E | E | E | C | B | E | C | C | A | D | A | A |
| Essigsäure, wäßrig, 25 bis 60% | 60 | C | C | E | E | E | E | E | A | E | C | C | A | A | A | A |

| Medium | °C | NBR | HNBR | CR | ACM | VMQ | FVMQ | FPM | FFPM | AU | NR | SBR | EPDM | IIR | CSM | PTFE |
|---|---|---|---|---|---|---|---|---|---|---|---|---|---|---|---|---|
| Essigsäure, wäßrig, 85% | 100 | C | C | E | E | E | E | E | A | E | C | C | D | D | D | A |
| Essigsäureanhydrid | 20 | C | C | A | E | E | E | C | A | E | B | A | A | A | A | A |
| Essigsäureanhydrid | 80 | C | C | B | E | E | E | C | B | E | C | B | D | D | D | A |
| Ethan | 20 | A | A | B | A | B | A | A | A | A | C | C | C | C | C | A |
| Ethanol (Spiritus) | 20 | A | A | A | E | A | A | F | A | B | A | A | A | A | A | A |
| Ethanol (Spiritus) | 80 | C | C | C | E | D | D | F | A | C | A | A | A | A | A | A |
| Ethanol (Spiritus) mit Essigsäure (Gärungsgemisch) | 60 | C | C | C | E | E | E | F | A | E | A | A | A | A | A | A |
| Ethanol (Spiritus) mit Essigsäure (Gärungsgemisch) | 20 | C | C | B | E | E | E | F | A | E | A | A | A | A | A | A |
| Etherische Öle | 20 | C | C | C | E | E | E | B | A | E | C | C | C | C | C | A |
| Ethylacetat | 60 | C | C | C | E | E | E | C | A | C | C | C | C | C | C | A |
| Ethylacrylat | 20 | C | C | E | C | C | C | C | B | E | E | E | D | B | E | A |
| Ethylbenzol | 20 | C | C | C | C | C | B | B | A | D | C | C | C | C | C | A |
| Ethylchlorid | 20 | B | B | B | C | C | E | B | A | B | B | B | B | B | D | A |
| Ethylenchlorid | 20 | B | B | B | C | C | E | B | A | B | B | B | B | B | D | A |
| Ethylendiamin | 60 | C | C | C | C | C | E | C | B | C | B | B | A | A | D | A |
| Ethylenglykol | 100 | A | A | B | E | B | D | A | A | C | C | A | A | A | D | A |
| Ethylentrichlorid | 20 | E | E | E | E | E | E | D | B | E | E | E | E | E | E | A |
| Ethylether | 20 | C | C | C | C | C | C | C | A | C | B | C | B | B | C | A |
| FAM-Prüfkraftstoffe DIN 51 604-A | 20 | B | B | C | E | C | A | A | A | A | C | C | C | C | C | A |
| FAM-Prüfkraftstoffe DIN 51 604-C | 20 | C | C | C | C | C | B | F | A | C | C | C | C | C | C | A |
| Fettalkohol | 20 | A | A | A | A | A | D | A | A | E | B | B | B | B | B | A |
| Fette, mineralisch, tierisch bzw. pflanzlich | 80 | A | A | B | A | A | A | A | A | A | C | C | C | C | B | A |
| Fettsäuren | 100 | B | B | B | E | E | E | A | A | E | E | E | E | E | B | A |
| Fichtennadelöl | 20 | B | B | C | E | E | D | A | A | D | C | C | E | C | E | A |
| Fischtran | 20 | A | A | A | A | A | A | A | A | D | B | B | B | B | B | A |
| Flugmotorenkraftstoffe JP3 (MIL-J-5624) | 20 | A | B | C | B | C | A | A | A | B | C | C | C | C | C | A |
| Flugmotorenkraftstoffe JP4 (MIL-J-5624) | 20 | A | B | C | B | C | B | A | A | B | C | C | C | C | C | A |
| Flugmotorenkraftstoffe JP5 (MIL-J-5624) | 20 | A | B | C | B | C | B | A | A | B | C | C | C | C | C | A |
| Flugmotorenkraftstoffe JP6 (MIL-J-25656) | 20 | A | B | C | B | C | B | A | A | B | C | C | C | C | C | A |
| Fluor, trocken | 60 | C | C | E | E | E | E | E | D | E | C | E | E | E | E | A |
| Fluorammon, wäßrig | 20 | A | A | B | E | A | A | A | A | E | A | A | A | A | A | A |
| Fluorammon, wäßrig | 100 | A | A | B | E | D | D | C | B | E | C | A | A | B | A | A |
| Fluorbenzol | 20 | C | C | C | C | C | C | B | A | E | C | C | C | C | C | A |

| Medium | °C | NBR | HNBR | CR | ACM | VMQ | FVMQ | FPM | FFPM | AU | NR | SBR | EPDM | IIR | CSM | PTFE |
|---|---|---|---|---|---|---|---|---|---|---|---|---|---|---|---|---|
| Fluorcarbonöle | 100 | D | D | D | D | A | D | D | D | D | D | D | D | D | D | A |
| Fluorkieselsäure | 100 | D | D | D | E | D | D | D | D | E | C | D | D | D | D | A |
| Flußsäure, konz. | 20 | E | E | E | E | E | E | E | B | E | E | B | B | B | B | A |
| Formaldehyd, wäßrig | 60 | B | B | B | C | D | D | E | B | E | A | A | A | A | A | A |
| Formamid | 60 | C | C | C | E | E | E | B | A | E | A | D | A | A | A | A |
| Foto-Emulsionen | 20 | A | A | A | E | D | D | A | A | E | A | A | A | A | A | A |
| Foto-Entwickler | 40 | B | B | B | E | D | D | A | A | E | A | A | A | A | A | A |
| Foto-Fixierbäder | 40 | B | B | B | E | D | D | A | A | E | A | A | A | A | A | A |
| Freon gemäß DIN 8962 R 11 | 20 | A | B | B | E | E | D | B | E | E | E | E | E | E | E | A |
| Freon gemäß DIN 8962 R 12 | 20 | A | B | A | E | E | E | B | E | A | B | B | B | B | B | A |
| Freon gemäß DIN 8962 R 13 | 20 | A | B | A | E | E | E | B | E | B | E | A | A | A | A | A |
| Freon gemäß DIN 8962 R 22 | 20 | C | C | A | E | E | D | C | E | B | A | A | A | A | A | A |
| Freon gemäß DIN 8962 R 113 | 20 | A | B | A | E | E | D | B | E | B | E | E | E | E | E | A |
| Freon gemäß DIN 8962 R 114 | 20 | A | B | A | E | E | D | D | E | A | A | A | A | A | A | A |
| Freon gemäß DIN 8962 R 134a | 20 | B | B | A | E | E | D | C | C | E | E | E | A | E | E | A |
| Frostschutzmittel (Kfz) | 60 | A | A | A | E | A | A | A | A | C | A | A | A | A | A | A |
| Fruchtsäfte | 100 | B | B | B | E | A | D | A | A | C | C | A | A | A | A | A |
| Furan | 20 | E | E | E | E | E | E | C | B | C | E | E | E | E | E | A |
| Furfurol | 20 | C | C | E | E | E | E | E | B | C | E | E | E | E | E | A |
| Furfurylalkohol | 20 | E | E | E | E | E | E | B | C | E | E | E | E | E | E | A |
| Gasohol | 20 | C | C | C | C | B | F | A | C | C | C | C | C | C | C | A |
| Gasöl | 80 | A | A | B | A | B | A | A | A | A | C | C | C | C | C | A |
| Gaswasser | 40 | A | A | C | C | C | C | A | A | E | C | C | C | C | C | A |
| Gelatine, wäßrig | 40 | A | A | B | B | A | A | A | A | E | A | A | A | A | A | A |
| Gerbextrakte | 20 | A | A | B | B | A | A | A | A | E | A | A | A | A | A | A |
| Gerbsäure | 60 | A | A | B | B | A | A | A | A | E | A | A | A | A | A | A |
| Glaubersalz, wäßrig | 20 | A | A | B | B | D | D | A | A | E | A | A | A | A | A | A |
| Glukose, wäßrig | 80 | A | A | B | E | A | A | A | A | E | B | A | A | A | A | A |
| Glykokoll, wäßrig, 10% | 40 | B | B | A | D | D | D | A | A | E | B | B | A | A | B | A |
| Glykol, wäßrig | 100 | A | A | B | E | B | D | B | A | C | B | A | A | A | A | A |
| Glykolsäure, wäßrig, 37% | 20 | A | A | B | E | A | A | A | A | E | A | A | A | A | A | A |
| Glyzerin, wäßrig | 100 | A | A | B | E | A | A | A | A | E | B | A | A | A | A | A |
| Glyzerinchlorhydrin | 60 | C | C | C | E | E | E | E | B | E | B | B | B | B | B | A |

| Medium | °C | NBR | HNBR | CR | ACM | VMQ | FVMQ | FPM | FFPM | AU | NR | SBR | EPDM | IIR | CSM | PTFE |
|---|---|---|---|---|---|---|---|---|---|---|---|---|---|---|---|---|
| Grubengas | 20 | A | A | A | A | A | A | A | A | D | B | B | B | B | B | A |
| Harnstoff, wäßrig | 60 | A | A | B | E | D | D | A | A | E | A | A | A | A | A | A |
| Hefe, wäßrig | 20 | A | A | A | E | A | A | A | A | D | A | A | A | A | A | A |
| Heizöl Erdölbasis | 60 | A | A | B | A | B | A | A | A | A | C | C | C | C | C | A |
| Henkel P 3-Lösung | 100 | A | A | B | E | D | D | E | A | E | B | A | A | A | A | A |
| Heptan | 60 | A | A | B | A | C | A | A | A | A | C | C | C | C | C | A |
| Hexachlorbutadien | 20 | C | C | E | E | E | E | A | A | E | C | C | E | E | E | A |
| Hexachlorcyclohexan | 20 | E | E | E | E | E | D | A | A | B | C | C | E | E | E | A |
| Hexaldehyd | 20 | C | C | C | E | E | E | E | B | E | C | C | E | E | E | A |
| Hexan | 60 | A | A | B | A | C | A | A | A | A | C | C | C | C | C | A |
| Hexantriol | 20 | A | A | B | E | A | A | A | A | E | D | D | A | A | A | A |
| Hexen | 20 | B | B | B | A | D | A | A | A | A | C | C | C | C | B | A |
| Hochofengas | 100 | B | B | B | A | A | A | A | A | D | C | B | B | B | B | A |
| Hydraulikflüssigkeiten, Hydrauliköle DIN 51 524 | 80 | A | A | B | A | B | A | A | A | A | C | C | C | C | C | A |
| Hydraulikflüssigkeiten, Phosphorsäureester HFD | 80 | C | C | C | C | C | C | F | A | C | C | C | F | F | C | A |
| Hydraulikflüssigkeiten, Polyglykol-Wasser HFC | 60 | A | A | B | E | A | A | A | A | E | A | A | A | A | A | A |
| Hydraulikflüssigkeiten, Öl-in-Wasser-Emulsionen HFA | 55 | A | A | B | E | D | D | F | A | E | C | C | C | C | C | A |
| Hydraulikflüssigkeiten, Wasser-Öl-Emulsionen HFB | 60 | F | F | B | E | D | D | F | A | E | C | C | C | C | C | A |
| Hydrazinhydrat | 20 | B | B | B | E | E | B | E | B | B | C | B | A | A | A | A |
| Hydrochinon, wäßrig | 20 | A | A | B | B | D | D | A | A | E | B | B | A | A | A | A |
| Hydrosulfit, wäßrig | 40 | B | B | B | E | D | D | E | B | E | A | A | A | A | A | A |
| Hydroxylaminsulfat, wäßrig | 35 | A | A | B | E | A | A | E | B | E | A | A | A | A | A | A |
| Isobutylalkohol | 20 | B | B | A | C | A | B | A | A | C | A | A | A | A | A | A |
| Isooctan | 20 | A | A | B | A | B | A | A | A | B | C | C | C | C | C | A |
| Isophoron | 20 | D | D | D | D | D | D | D | B | B | D | D | A | A | D | A |
| Isopropanol | 60 | B | B | B | C | A | A | F | A | E | A | A | A | A | A | A |
| Isopropylacetat | 80 | C | C | C | C | C | C | C | B | E | C | C | B | B | B | A |
| Isopropylchlorid | 20 | C | C | C | C | C | B | A | A | C | C | C | C | C | C | A |
| Isopropyläther | 60 | C | C | C | C | C | C | C | A | C | E | C | E | E | E | A |
| Jodoform | 20 | E | E | E | E | E | E | A | A | E | E | E | A | A | E | A |
| Jodtinktur | 20 | A | A | B | E | B | B | A | A | C | A | A | A | A | A | A |
| Kalilauge, 50% | 60 | B | B | B | C | C | C | C | B | C | B | B | A | A | A | A |
| Kaliumacetat, wäßrig | 20 | A | B | B | E | D | D | A | A | B | A | A | A | A | A | A |

| Medium | °C | NBR | HNBR | CR | ACM | VMQ | FVMQ | FPM | FFPM | AU | NR | SBR | EPDM | IIR | CSM | PTFE |
|---|---|---|---|---|---|---|---|---|---|---|---|---|---|---|---|---|
| Kaliumbisulfat, wäßrig | 40 | A | A | B | E | D | D | A | A | C | A | A | A | A | A | A |
| Kaliumborat, wäßrig | 60 | A | A | B | E | D | D | A | A | C | A | A | A | A | A | A |
| Kaliumbromat, 10% | 60 | A | A | B | E | D | D | A | A | C | A | A | A | A | A | A |
| Kaliumbromid, wäßrig | 60 | A | A | B | E | D | D | A | A | C | A | A | A | A | A | A |
| Kaliumcarbonat, wäßrig | 40 | A | A | B | E | A | A | A | A | E | A | A | A | A | A | A |
| Kaliumchlorat, wäßrig | 60 | C | C | B | E | D | D | A | A | C | B | B | A | A | A | A |
| Kaliumchlorid, wäßrig | 60 | A | A | B | E | D | D | A | A | C | A | A | A | A | A | A |
| Kaliumchromat, wäßrig | 20 | B | B | B | E | D | D | A | A | C | A | A | A | A | A | A |
| Kaliumdichromat, wäßrig 40% | 20 | B | B | B | E | D | D | A | A | E | C | B | A | A | A | A |
| Kaliumjodid, wäßrig | 60 | A | A | B | E | D | D | A | A | C | B | A | A | A | A | A |
| Kaliumnitrat, wäßrig | 60 | A | A | B | E | D | D | A | A | C | A | A | A | A | A | A |
| Kaliumperchlorat, wäßrig | 80 | C | C | B | E | D | D | A | A | E | C | A | A | A | A | A |
| Kaliumpermanganat, wäßrig | 40 | C | C | B | E | E | E | A | A | E | C | B | A | A | A | A |
| Kaliumpersulfat, wäßrig | 60 | C | C | C | E | E | E | A | A | E | C | B | A | A | A | A |
| Kaliumsulfat, wäßrig | 60 | A | A | B | E | D | D | A | A | E | A | A | A | A | A | A |
| Kalkmilch | 80 | C | C | B | E | E | E | A | A | E | C | B | D | D | D | A |
| Karbolineum | 80 | C | C | C | C | A | A | A | A | C | C | C | C | C | A |
| Kältemittel gemäß DIN 8962 R 11 | 20 | A | B | B | E | E | D | B | E | E | E | E | E | E | E | A |
| Kältemittel gemäß DIN 8962 R 12 | 20 | A | B | A | E | E | E | B | E | A | B | B | B | B | B | A |
| Kältemittel gemäß DIN 8962 R 13 | 20 | A | B | A | E | E | E | B | E | B | E | A | A | A | A | A |
| Kältemittel gemäß DIN 8962 R 22 | 20 | C | C | A | E | E | D | C | E | B | A | A | A | A | A | A |
| Kältemittel gemäß DIN 8962 R 113 | 20 | A | B | A | E | E | D | B | E | B | E | E | E | E | E | A |
| Kältemittel gemäß DIN 8962 R 114 | 20 | A | B | A | E | E | D | D | E | A | A | A | A | A | A | A |
| Kältemittel gemäß DIN 8962 R 134a | 20 | B | B | A | E | E | D | C | C | E | E | E | A | E | E | A |
| Kerosin | 20 | A | B | C | A | B | A | A | A | C | C | C | C | C | A |
| Kiefernnadelöl | 60 | B | B | C | A | B | A | A | A | C | C | C | C | C | A |
| Kieselfluorwasserstoffsäure, wäßrig | 60 | A | A | B | E | E | E | A | A | E | A | A | A | A | A | A |
| Kieselsäure, wäßrig | 60 | A | A | B | E | E | E | A | A | E | A | A | A | A | A | A |
| Knochenöl | 60 | A | A | C | A | B | A | A | A | C | C | C | C | C | A |
| Kohlendioxid, trocken | 60 | A | A | A | A | A | A | A | D | A | A | A | A | A | A |
| Kohlenoxid, feucht | 20 | A | A | A | A | A | A | A | E | A | A | A | A | A | A |
| Kohlenoxid, trocken | 60 | A | A | A | A | A | A | A | A | A | A | A | A | A | A |
| Kokosfett | 80 | A | A | B | A | A | A | A | A | C | C | C | C | C | A |

| Medium | °C | NBR | HNBR | CR | ACM | VMQ | FVMQ | FPM | FFPM | AU | NR | SBR | EPDM | IIR | CSM | PTFE |
|---|---|---|---|---|---|---|---|---|---|---|---|---|---|---|---|---|
| Kokosfettalkohol | 20 | A | A | A | D | D | D | A | A | E | B | B | B | B | B | A |
| Kokosnußöl | 80 | A | A | B | D | D | D | A | A | D | C | C | E | E | E | A |
| Kokosnußöl | 60 | A | A | B | A | A | A | A | A | A | C | C | C | C | C | A |
| Koksofengas | 80 | C | C | C | E | D | D | A | A | E | C | C | C | C | C | A |
| Kresol, wäßrig | 45 | C | C | C | E | E | E | A | A | A | C | C | C | C | C | A |
| Kupfer(I)-chlorid, wäßrig | 20 | A | A | B | A | A | A | A | A | A | A | A | A | A | A | A |
| Kupferfluorid, wäßrig | 50 | A | A | B | E | D | D | A | A | E | A | A | A | A | A | A |
| Kupfernitrat, wäßrig | 60 | A | A | B | E | D | D | A | A | E | A | A | A | A | A | A |
| Kupfersulfat, wäßrig | 60 | A | A | B | E | D | D | A | A | E | A | A | A | A | A | A |
| Königswasser | 20 | C | C | C | C | C | C | C | A | C | C | C | C | C | C | A |
| Lachgas | 20 | A | A | A | A | A | A | A | A | A | A | A | A | A | A | A |
| Lactam | 80 | C | C | C | E | E | E | C | B | E | C | C | C | C | C | A |
| Lanolin (Wollfett) | 60 | A | A | B | A | A | A | A | A | B | B | B | C | C | B | A |
| Laurylalkohol | 20 | A | A | A | D | D | D | A | A | D | B | B | B | B | B | A |
| Lavendelöl | 20 | B | B | C | B | E | B | A | A | D | E | E | E | E | E | A |
| Lebertran | 20 | A | A | A | A | A | A | A | A | B | B | B | B | B | B | A |
| Leim | 20 | A | A | A | A | A | A | A | A | A | A | A | A | A | A | A |
| Leinöl | 60 | A | A | A | D | A | D | A | A | B | B | B | B | B | B | A |
| Leuchtgas, benzolfrei | 20 | A | A | B | A | A | A | A | A | C | C | C | C | C | A |
| Liköre | 20 | A | A | A | A | A | A | A | A | A | A | A | A | A | A | A |
| Linolsäure | 20 | B | B | E | E | B | D | B | A | D | E | E | E | E | E | A |
| Lithiumbromid, wäßrig | 20 | A | A | B | E | A | A | A | A | A | A | A | A | A | A | A |
| Lithiumchlorid, wäßrig | 20 | A | A | B | E | A | A | A | A | A | A | A | A | A | A | A |
| Luft, rein | 80 | A | A | A | A | A | A | A | A | A | A | A | A | A | A | A |
| Luft, ölhaltig | 80 | A | A | A | A | A | A | A | A | C | B | C | C | A | A |
| Magnesiumchlorid, wäßrig | 100 | A | A | B | C | D | D | A | A | E | E | A | A | A | A | A |
| Magnesiumsulfat, wäßrig | 100 | A | A | B | C | D | D | A | A | E | E | A | A | A | A | A |
| Maiskeimöl | 60 | A | A | B | D | D | D | A | A | D | C | C | C | C | E | A |
| Maleinsäure, wäßrig | 100 | A | A | B | E | D | D | A | A | E | C | C | A | A | A | A |
| Maleinsäureanhydrid | 60 | E | E | E | E | E | D | A | A | E | E | E | E | E | E | A |
| Margarine | 80 | A | A | B | A | A | A | A | A | C | C | C | C | C | A |
| Maschinenöle, mineralisch | 80 | A | A | B | A | B | A | A | A | C | C | C | C | C | A |
| Meerwasser | 20 | A | A | B | E | A | A | A | B | A | A | A | A | A | A |

| Medium | °C | NBR | HNBR | CR | ACM | VMQ | FVMQ | FPM | FFPM | AU | NR | SBR | EPDM | IIR | CSM | PTFE |
|---|---|---|---|---|---|---|---|---|---|---|---|---|---|---|---|---|
| Melasse | 100 | A | A | B | E | D | D | A | A | E | C | C | B | B | B | A |
| Menthol | 60 | C | C | C | E | E | E | B | A | E | C | C | C | C | C | A |
| Mesityloxid | 20 | D | D | E | E | E | D | D | D | D | E | E | B | B | E | A |
| Methan | 20 | A | A | A | A | A | A | A | A | D | B | B | B | B | B | A |
| Methanol | 60 | B | B | B | E | B | A | F | A | E | A | A | A | A | A | A |
| Methoxybutanol | 60 | A | A | B | E | D | D | A | A | D | C | C | B | B | B | A |
| Methylacrylat | 20 | C | C | C | C | C | C | C | B | C | C | C | C | C | C | A |
| Methylamin, wäßrig | 20 | C | C | E | E | E | E | C | B | E | B | B | A | A | A | A |
| Methylbromid | 20 | C | C | C | C | C | D | A | A | C | C | C | C | C | C | A |
| Methylenchlorid | 20 | C | C | C | C | C | E | A | A | C | C | C | C | C | C | A |
| Methylethylketon | 20 | C | C | C | C | C | C | C | A | C | C | C | B | B | B | A |
| Methylisobuthylketon | 20 | C | C | C | C | C | C | C | B | C | C | C | B | B | C | A |
| Methylmethacrylat | 20 | C | C | C | C | C | C | C | B | C | C | C | C | C | C | A |
| Milch | 20 | A | A | A | E | A | A | A | A | A | B | B | B | B | B | A |
| Milchsäure, wäßrig 10% | 40 | A | A | A | E | D | D | A | A | A | A | A | A | A | A | A |
| Mineralöl | 100 | A | A | C | A | B | A | A | A | B | C | C | C | C | C | A |
| Mineralwasser | 60 | A | A | B | E | A | A | A | A | D | A | A | A | A | A | A |
| Mischsäure I (Schwefelsäure/Salpetersäure/Wasser) | 20 | C | C | B | C | C | C | A | A | C | C | C | A | A | A | A |
| Mischsäure II (Schwefelsäure/Phosphorsäure/Wasser) | 40 | C | C | C | E | E | E | A | A | E | B | B | A | A | A | A |
| Monobrombenzol | 20 | C | C | C | C | C | C | B | A | C | C | C | C | C | C | A |
| Monochloressigsäureethylester | 60 | C | C | C | C | C | C | B | A | C | C | C | B | B | B | A |
| Monochloressigsäuremethylester | 60 | C | C | C | C | C | C | B | A | C | C | C | A | A | C | A |
| Morpholin | 60 | C | C | C | E | D | D | E | D | E | C | C | B | B | B | A |
| Motorenöle | 100 | A | A | B | A | B | A | A | A | B | C | C | C | C | C | A |
| Myristylalkohol | 20 | A | A | A | A | D | D | A | A | D | A | A | A | A | A | A |
| n-Propanol | 60 | B | B | B | E | A | A | B | A | C | A | A | A | A | A | A |
| Naftolen ZD | 20 | B | B | C | D | E | D | A | A | E | C | C | C | C | C | A |
| Naphta | 20 | C | C | C | B | E | B | A | A | C | E | E | E | E | E | A |
| Naphthalin | 60 | C | C | C | E | E | E | A | A | E | C | C | C | C | C | A |
| Naphtoesäure | 20 | B | B | D | E | E | A | A | A | E | E | E | E | E | E | A |
| Natriumbenzoat, wäßrig | 40 | A | A | B | E | D | D | A | A | D | A | A | A | A | A | A |
| Natriumbicarbonat | 60 | A | A | B | E | D | D | A | A | E | A | A | A | A | A | A |
| Natriumbicarbonat, wäßrig | 60 | A | A | B | E | D | D | A | A | E | A | A | A | A | A | A |

| Medium | °C | NBR | HNBR | CR | ACM | VMQ | FVMQ | FPM | FFPM | AU | NR | SBR | EPDM | IIR | CSM | PTFE |
|---|---|---|---|---|---|---|---|---|---|---|---|---|---|---|---|---|
| Natriumbisulfit, wäßrig | 100 | A | A | B | E | D | D | A | A | E | A | A | A | A | A | A |
| Natriumchlorat | 20 | C | C | C | E | D | D | A | A | E | C | C | A | A | A | A |
| Natriumchlorid | 100 | A | A | B | E | D | D | A | A | E | E | A | A | A | A | A |
| Natriumhypochlorit, wäßrig | 20 | B | B | B | E | D | D | A | A | E | C | C | A | A | A | A |
| Natriumnitrat, wäßrig | 60 | A | A | B | E | D | D | A | A | E | A | A | A | A | A | A |
| Natriumnitrit | 60 | B | B | B | E | D | D | A | A | E | A | A | A | A | A | A |
| Natriumphosphat, wäßrig | 60 | A | A | B | E | D | D | A | A | E | A | A | A | A | A | A |
| Natriumsilikat, wäßrig | 60 | A | A | B | E | D | D | A | A | E | A | A | A | A | A | A |
| Natriumsulfat, wäßrig | 60 | A | A | B | E | D | D | A | A | E | A | A | A | A | A | A |
| Natriumsulfid | 40 | A | A | B | E | D | D | A | A | E | A | A | A | A | A | A |
| Natriumsulfid | 100 | B | B | B | E | D | D | A | A | E | C | B | A | B | A | A |
| Natriumthiosulfat | 60 | C | C | A | D | D | D | A | A | E | A | A | A | A | A | A |
| Natronlauge | 20 | B | B | B | C | C | C | C | A | E | B | B | A | A | A | A |
| Naturgas | 20 | A | A | A | D | A | C | A | A | B | C | C | E | E | A | A |
| Nickelacetat, wäßrig | 20 | A | A | B | E | D | D | D | B | C | A | A | A | A | A | A |
| Nickelchlorid, wäßrig | 20 | A | A | B | E | D | D | A | A | E | A | A | A | A | A | A |
| Nickelsulfat, wäßrig | 60 | A | A | B | E | D | D | A | A | E | A | A | A | A | A | A |
| Nitrobenzol | 60 | C | C | C | C | C | C | C | B | C | C | C | C | C | C | A |
| Nitroglykol, wäßrig | 20 | C | C | B | E | D | D | A | A | D | D | D | A | A | A | A |
| Nitroglyzerin | 20 | C | C | E | E | E | E | A | A | E | B | B | A | A | A | A |
| Nitromethan | 20 | C | C | E | C | C | C | C | B | C | B | B | B | B | B | A |
| Nitropropan | 20 | C | C | C | C | C | C | C | D | C | B | B | B | B | B | A |
| Nitrose-Gase | 20 | C | C | C | C | C | A | A | C | C | A | A | A | A | A | A |
| o-Nitrotoluol | 60 | C | C | C | C | C | C | C | D | E | C | C | C | C | C | A |
| Octylkresol | 20 | E | E | C | C | C | B | B | B | E | C | C | C | C | C | A |
| Oktan | 20 | D | D | E | E | E | B | A | A | D | E | E | E | E | E | A |
| Oktylalkohol | 20 | B | B | A | E | B | B | A | A | E | B | B | A | A | A | A |
| Oleum, 10% | 20 | C | C | C | C | C | A | A | C | C | C | B | B | B | B | A |
| Oleylalkohol | 20 | A | A | A | A | A | A | A | A | C | A | A | A | A | A | A |
| Olivenöl | 60 | A | A | A | A | A | A | A | D | B | B | B | B | B | B | A |
| Oxalsäure, wäßrig | 100 | C | C | C | E | E | E | A | A | E | C | B | A | A | A | A |
| Ozon | 20 | C | C | B | B | A | A | A | A | D | C | C | A | B | A | A |
| Palmitinsäure | 60 | B | B | B | D | D | D | A | A | D | C | C | C | C | C | A |

| Medium | °C | NBR | HNBR | CR | ACM | VMQ | FVMQ | FPM | FFPM | AU | NR | SBR | EPDM | IIR | CSM | PTFE |
|---|---|---|---|---|---|---|---|---|---|---|---|---|---|---|---|---|
| Palmkernfettsäure | 60 | A | A | A | D | D | D | A | A | D | C | C | C | C | C | A |
| Paraffin | 60 | A | A | A | D | D | D | A | A | D | C | C | C | C | C | A |
| Paraffinemulsionen | 40 | A | A | A | A | A | A | A | A | A | C | C | C | C | C | A |
| Paraffinöl | 60 | A | A | A | A | A | A | A | A | A | C | C | C | C | C | A |
| Pektin | 20 | A | A | A | A | A | A | A | A | A | A | A | A | A | A | A |
| Pentachlordiphenyl | 60 | C | C | C | E | E | E | E | D | E | C | C | C | C | C | A |
| Pentan | 20 | A | A | B | D | D | D | A | A | D | C | C | C | C | C | A |
| Perchlorethylen | 60 | C | C | C | E | C | E | A | A | E | C | C | C | C | C | A |
| Perchlorsäure | 100 | C | C | C | E | E | E | A | A | E | C | C | A | A | A | A |
| Peressigsäure, < 10% | 40 | C | C | C | C | C | C | F | A | C | C | C | B | C | C | A |
| Peressigsäure, < 1% | 40 | C | C | C | C | C | A | A | A | C | C | C | A | C | C | A |
| Petrolether | 60 | A | B | B | A | B | A | A | A | C | C | C | C | C | A |
| Petroleum | 60 | A | A | B | A | B | A | A | A | C | C | C | C | C | A |
| Phenol, wäßrig, bis 90% | 80 | C | C | C | E | E | E | B | A | E | C | C | C | C | C | A |
| Phenylbenzol | 20 | C | C | C | E | E | E | B | A | E | C | C | C | C | C | A |
| Phenyläthylether | 20 | C | C | C | C | C | C | C | B | C | C | C | C | C | C | A |
| Phenylhydrazin | 60 | B | B | C | E | E | E | B | A | E | C | C | C | C | C | A |
| Phenylhydrazin-Chlorhydrat, wäßrig | 80 | B | B | C | E | E | E | B | B | E | C | A | A | A | B | A |
| Phosgen | 20 | E | E | E | E | E | E | D | D | E | E | E | D | E | D | A |
| Phosphoroxychlorid | 20 | C | C | E | E | E | E | D | D | E | E | D | D | E | D | A |
| Phosphorsäure, wäßrig | 60 | C | C | B | E | E | E | A | A | E | B | A | A | A | A | A |
| Phosphortrichlorid | 20 | C | C | C | E | E | E | B | B | E | A | D | A | A | A | A |
| Phosphorwasserstoff | 20 | C | C | B | E | D | D | B | B | E | A | D | A | A | A | A |
| Phthalsäure, wäßrig | 60 | A | A | B | E | D | D | A | A | E | C | D | A | A | A | A |
| Pickel-Lösung (Lederpickel) | 20 | D | D | D | E | E | E | B | B | E | E | E | B | B | B | A |
| Pikrinsäure | 20 | B | B | A | E | E | B | A | A | B | B | B | B | B | B | A |
| Pikrinsäure, wäßrig | 20 | A | A | B | E | A | A | A | A | E | A | A | A | A | A | A |
| Pinen | 20 | B | B | B | E | E | B | A | A | B | E | E | E | E | B | A |
| Piperidin | 20 | E | E | E | E | E | E | E | D | E | E | E | E | E | E | A |
| Pottasche, wäßrig | 40 | A | A | B | E | A | A | A | A | E | A | A | A | A | A | A |
| Propan, flüssig  gasförmig | 20 | A | A | A | A | A | A | A | A | A | C | C | E | E | E | A |
| Propargylalkohol, wäßrig | 60 | A | A | A | D | D | D | A | A | E | B | D | A | A | A | A |
| Propionsäure, wäßrig | 60 | A | A | B | E | E | E | A | A | E | E | D | D | D | D | A |

| Medium | °C | NBR | HNBR | CR | ACM | VMQ | FVMQ | FPM | FFPM | AU | NR | SBR | EPDM | IIR | CSM | PTFE |
|---|---|---|---|---|---|---|---|---|---|---|---|---|---|---|---|---|
| Propylenglykol | 60 | A | A | B | E | D | D | A | A | E | A | A | A | A | A | A |
| Propylenoxid | 20 | C | C | E | E | E | E | E | B | E | E | E | E | E | E | A |
| Pyridin | 20 | C | C | C | C | C | C | C | D | C | C | C | E | E | E | A |
| Pyrrol | 20 | E | E | E | E | B | B | D | D | E | C | C | C | C | E | A |
| Quecksilber | 60 | A | A | A | A | A | A | A | A | A | A | A | A | A | A | A |
| Quecksilbersalze, wäßrig | 60 | A | A | B | E | A | A | A | A | E | A | A | A | A | A | A |
| Rapsöl | 20 | B | B | B | B | E | A | A | A | B | E | E | B | B | B | A |
| Rindertalg-Emulsion, sulfuriert | 20 | A | A | B | E | B | B | A | A | E | C | C | C | C | A | A |
| Röstgase, trocken | 60 | C | C | B | E | A | A | A | A | E | A | A | A | A | A | A |
| Sagrotan | 20 | B | B | B | E | A | A | A | A | C | A | A | A | A | A | A |
| Salicylsäure | 20 | A | A | A | E | E | E | A | A | A | A | A | A | A | A | A |
| Salpetersäure, konz. | 80 | C | C | C | E | E | E | C | D | C | C | C | C | C | A | A |
| Salpetersäure, rauchend | 60 | C | C | C | E | E | E | C | D | C | C | C | C | C | C | A |
| Salpetersäure, verdünnt | 80 | B | B | B | E | B | E | A | A | E | C | B | B | B | A | A |
| Salzsäure, konz. | 80 | C | C | C | E | E | E | A | A | E | C | C | A | A | A | A |
| Salzsäure, konz. | 20 | C | C | C | E | E | E | A | A | E | B | B | A | A | A | A |
| Salzsäure, verdünnt | 20 | A | B | B | E | E | E | A | A | C | A | A | A | A | A | A |
| Salzwasser | 20 | A | A | E | E | A | A | A | E | A | A | A | A | A | A | A |
| Schwarzlauge | 100 | B | B | B | E | E | E | A | A | E | B | B | A | A | A | A |
| Schwefel | 60 | E | E | E | E | D | D | A | A | D | E | E | A | A | A | A |
| Schwefelchlorid | 20 | C | C | C | E | E | A | A | A | E | E | E | E | E | B | A |
| Schwefeldioxid, flüssig | 60 | C | C | C | E | E | E | A | A | E | C | E | A | A | A | A |
| Schwefeldioxid, trocken | 80 | C | C | C | E | D | D | A | A | E | C | B | A | A | A | A |
| Schwefeldioxid, wäßrig | 60 | C | C | C | E | E | E | A | A | E | C | B | A | A | A | A |
| Schwefelhexafluorid | 20 | A | A | A | D | A | A | A | A | D | D | A | A | A | A | A |
| Schwefelkohlenstoff | 20 | C | C | C | E | C | E | A | A | C | C | C | C | C | B | A |
| Schwefelsäure, konz. | 50 | C | C | C | E | C | E | A | A | C | C | B | A | A | A | A |
| Schwefelsäure, verdünnt | 20 | B | B | C | E | E | E | A | A | E | B | B | F | A | A | A |
| Schwefelwasserstoff, trocken | 60 | B | B | B | E | D | D | A | A | D | B | B | A | A | A | A |
| Schwefelwasserstoff, wäßrig | 60 | B | B | B | E | E | E | A | A | E | B | A | A | A | A | A |
| Seifenlösung, wäßrig | 20 | A | A | B | E | D | D | A | A | A | A | A | A | A | A | A |
| Silbernitrat, wäßrig | 100 | B | B | B | E | D | D | A | A | E | E | B | A | A | A | A |
| Silbersalze, wäßrig | 60 | B | B | B | E | A | A | A | A | E | B | B | A | A | A | A |

| Medium | °C | NBR | HNBR | CR | ACM | VMQ | FVMQ | FPM | FFPM | AU | NR | SBR | EPDM | IIR | CSM | PTFE |
|---|---|---|---|---|---|---|---|---|---|---|---|---|---|---|---|---|
| Silikonfett | 20 | A | A | A | A | C | A | A | A | A | B | A | A | A | A | A |
| Silikonöl | 20 | A | A | A | A | C | A | A | A | A | B | A | A | A | A | A |
| Skydrol | 20 | C | C | C | C | C | C | C | B | C | C | C | B | D | E | A |
| Soda, wäßrig | 60 | A | A | B | E | A | A | A | A | E | A | A | A | A | A | A |
| Spindelöl | 60 | A | A | B | A | A | A | A | A | A | C | C | C | C | C | A |
| Stärke, wäßrig | 60 | A | A | A | E | A | A | A | A | E | A | A | A | A | A | A |
| Stärkesirup | 60 | A | A | A | E | D | D | A | A | E | A | A | A | A | A | A |
| Stearinsäure | 60 | A | A | B | A | A | A | A | A | A | C | A | A | A | A | A |
| Stickstoff | 20 | A | A | A | A | A | A | A | A | A | A | A | A | A | A | A |
| Stickstofftetraoxid | 20 | E | E | E | E | C | E | E | D | E | E | E | C | C | E | A |
| Stoddard-Solvent | 20 | A | A | C | A | E | A | A | A | E | E | E | E | C | A |  |
| Styrol | 20 | C | C | C | E | C | E | B | D | E | C | C | C | C | C | A |
| Sulfurylchlorid | 20 | C | C | C | E | E | E | A | A | E | B | B | B | B | A | A |
| Talg | 60 | A | A | B | D | D | D | A | A | E | C | C | C | C | C | A |
| Tannin | 40 | B | B | A | E | D | D | A | A | A | A | A | A | A | A | A |
| Teer | 20 | C | C | C | E | E | E | D | A | E | C | C | C | C | C | A |
| Teeröl | 20 | C | C | C | E | E | E | D | A | E | C | C | C | C | C | A |
| Terpentin | 60 | B | B | C | D | E | E | A | A | C | C | C | C | C | C | A |
| Terpentinöl | 20 | B | B | C | D | E | E | A | A | E | C | C | C | C | C | A |
| Testbenzin | 60 | A | B | B | A | D | D | A | A | D | C | C | C | C | C | A |
| Tetrachlorethan | 60 | C | C | C | E | E | E | B | A | E | C | C | C | C | C | A |
| Tetrachlorethylen | 60 | C | C | C | E | E | E | B | A | E | C | C | C | C | C | A |
| Tetrachlorkohlenstoff | 60 | C | C | C | E | E | E | A | A | E | C | C | C | C | C | A |
| Tetraethylblei | 20 | B | B | C | E | E | B | A | A | E | E | E | E | E | C | A |
| Tetrahydrofuran | 20 | C | C | C | E | E | E | C | B | E | C | C | C | C | C | A |
| Tetrahydronaphthalin (Tetralin) | 20 | C | C | C | E | E | D | A | A | E | C | C | C | C | C | A |
| Thionylchlorid | 20 | C | C | C | E | E | E | A | A | E | B | B | A | A | A | A |
| Thiophen | 60 | C | C | C | E | E | E | C | D | E | C | C | C | C | C | A |
| Tinte | 20 | A | B | A | A | A | A | B | A | A | A | A | A | A | A | A |
| Titantetrachlorid | 20 | A | A | B | B | B | B | B | A | A | A | A | A | A | A | A |
| Toluol | 20 | C | C | C | C | C | C | B | A | C | C | C | C | C | C | A |
| Trafoöl | 60 | A | B | C | A | B | A | A | A | A | C | C | C | C | C | A |
| Transmission Fluid Type A | 20 | A | A | B | A | B | A | A | A | A | E | E | E | E | B | A |

| Medium | °C | NBR | HNBR | CR | ACM | VMQ | FVMQ | FPM | FFPM | AU | NR | SBR | EPDM | IIR | CSM | PTFE |
|---|---|---|---|---|---|---|---|---|---|---|---|---|---|---|---|---|
| Traubenzucker, wäßrig | 80 | A | A | A | E | A | A | A | A | E | C | A | A | A | A | A |
| Triacetin | 20 | B | B | B | E | E | E | E | D | E | B | C | A | A | B | A |
| Tributhylphosphat | 60 | C | C | C | E | E | E | B | A | C | C | C | C | C | C | A |
| Tributoxyethylphosphat | 20 | C | C | C | E | E | E | B | A | E | C | C | C | C | C | A |
| Trichloressigsäure, wäßrig | 60 | B | B | C | E | E | E | C | A | E | B | B | B | B | B | A |
| Trichlorethylen | 20 | C | C | C | E | C | E | B | A | C | C | C | C | C | C | A |
| Trichlorethylphosphat | 20 | C | C | C | E | E | E | C | B | E | E | E | E | E | E | A |
| Triäthanolamin | 20 | C | C | B | E | E | E | E | B | E | C | D | B | B | B | A |
| Triäthylaluminium | 20 | E | E | E | E | E | E | B | B | E | E | E | E | E | E | A |
| Triäthylboran | 20 | E | E | E | E | E | E | A | A | E | E | E | E | E | E | A |
| Triglykol | 20 | A | A | A | E | D | D | A | A | D | A | A | A | A | A | A |
| Trikresylphosphat | 60 | C | C | C | E | E | D | B | D | B | C | C | B | B | C | A |
| Trimethylolpropan, wäßrig | 100 | C | C | B | E | D | D | A | A | E | B | D | B | B | B | A |
| Trinatriumphosphat | 20 | A | A | B | E | A | A | A | A | D | A | A | A | A | A | A |
| Trinitrotoluol | 20 | E | E | B | E | E | B | B | A | E | E | E | E | E | B | A |
| Trioctylphosphat | 60 | C | C | C | E | E | D | B | A | E | C | E | B | B | B | A |
| Vaseline | 60 | A | A | A | A | B | A | A | A | D | C | C | C | C | B | A |
| Vaselinöl | 60 | A | A | A | A | B | A | A | A | D | C | C | C | C | B | A |
| Vinylacetat | 20 | E | E | E | E | E | E | E | B | E | E | E | E | E | E | A |
| Vinylchlorid, flüssig | 20 | E | E | E | E | E | E | E | B | E | E | E | E | E | E | A |
| Ölsäure | 60 | A | A | B | A | B | B | A | A | E | C | C | C | C | C | A |
| Wachsalkohol | 60 | A | B | B | D | D | D | A | A | D | C | E | C | C | C | A |
| Walrat | 20 | A | A | B | D | D | D | A | A | D | C | E | C | C | C | A |
| Waschmittel, synthetische | 60 | A | A | B | C | D | D | A | A | D | A | A | A | A | A | A |
| Wasser | 100 | A | A | B | C | B | D | A | A | C | B | A | A | A | A | A |
| Wasserdampf | 130 | C | C | C | E | C | C | F | C | C | C | A | A | A | B | A |
| Wasserstoff | 20 | A | A | A | A | A | A | A | A | E | A | A | A | A | A | A |
| Wasserstoffperoxid, wäßrig | 20 | C | C | C | E | B | B | A | A | E | C | C | A | A | A | A |
| Wein | 20 | A | A | A | D | A | A | A | A | A | A | A | A | A | A | A |
| Weinsäure, wäßrig | 60 | A | A | B | E | A | A | A | A | E | A | A | A | A | A | A |
| Weißlauge | 100 | B | B | B | E | E | E | C | B | E | C | A | A | A | A | A |
| Weißöl | 20 | A | A | B | A | A | A | A | A | D | E | E | E | E | B | A |
| Whisky | 20 | A | A | A | E | A | A | A | A | A | A | A | A | A | A | A |

| Medium | °C | NBR | HNBR | CR | ACM | VMQ | FVMQ | FPM | FFPM | AU | NR | SBR | EPDM | IIR | CSM | PTFE |
|---|---|---|---|---|---|---|---|---|---|---|---|---|---|---|---|---|
| Wollfett | 50 | A | A | A | A | A | A | A | A | A | B | A | A | A | A | A |
| Xylamon | 20 | C | C | C | C | E | E | B | A | B | C | C | C | C | C | A |
| Xylol | 20 | C | C | C | C | C | C | B | A | C | C | C | C | C | C | A |
| Zeolite | 20 | A | A | A | A | A | A | A | A | A | A | A | A | A | A | A |
| Zinkacetat | 20 | B | B | B | A | A | A | A | A | A | A | C | A | A | B | A |
| Zinn(II)-chlorid, wäßrig | 80 | A | A | B | E | D | D | A | A | E | A | A | A | A | A | A |
| Zitronensaft, unverdünnt | 20 | A | A | B | E | A | D | F | A | D | A | A | D | D | D | A |
| Zitronensäure, wäßrig | 60 | A | A | B | E | D | D | F | A | E | A | A | A | A | A | A |
| Zuckersirup | 60 | A | A | E | E | D | D | A | A | E | A | D | A | A | A | A |

# Lösemittelkenndaten

| Lösemittel | Molmasse in kg/kmol | rel. Dampf-dichte | Dampfdruck bei 20 °C in mbar | Flüssig-dichte in kg/m$^3$ | Flamm-punkt in °C | UEG in % | OEG in % |
|---|---|---|---|---|---|---|---|
| Aceton | 58,10 | 2 | 233 | 0,79 | −19 | 2,3 | 13 |
| Benzin | 95,00 | 4 | 87 | 0,71 | −10 | 0,8 | 6,5 |
| Benzol | 78,11 | 2,7 | 100 | 0,88 | −11 | 1,2 | 8 |
| Butanol-1 | 74,12 | 2,56 | 5,6 | 0,81 | 35 | 1,4 | 11,3 |
| Cyclohexan | 84,20 | 2,9 | 104 | 0,78 | −18 | 1,2 | 8,3 |
| Cyclohexanon | 98,10 | 3,4 | 4,7 | 0,95 | 43 | 1,1 | 9,4 |
| DMF | 73,10 | 2,5 | 4 | 0,95 | 58 | 2,2 | 16 |
| Ethanol | 46,10 | 1,59 | 77 | 0,79 | 12 | 3,4 | 15 |
| Heptan-1 | 100,20 | 3,6 | 48 | 0,68 | −4 | 1 | 6,7 |
| Hexan-1 | 86,20 | 2,97 | 190 | 0,65 | −20 | 1 | 7,5 |
| Isobutanol | 74,10 | 2,6 | 11,7 | 0,8 | 27 | 1,7 | 15 |
| Isopropanol | 60,10 | 2,08 | 43 | 0,79 | 12 | 2 | 12 |
| Methanol | 32,04 | 1,1 | 128 | 0,79 | 11 | 5,5 | 31 |
| Methylformiat | 60,10 | 2,1 | 640 | 0,97 | −20 | 5 | 23 |
| Propanol-1 | 60,10 | 2,07 | 18,7 | 0,8 | 22 | 2,1 | 13,5 |
| Styrol | 104,20 | 3,6 | 6 | 0,91 | 32 | 1,1 | 8 |
| THF | 72,11 | 2,49 | 200 | 0,89 | −20 | 2 | 12,4 |
| Toluol | 92,14 | 3,2 | 29 | 0,87 | 6 | 1,2 | 7 |
| Xylol | 106,20 | 3,7 | 8,8 | 0,87 | 25 | 1 | 7,6 |

| Lösemittel | Zünd-temperatur in °C | Temperatur-klasse | Ex-Gruppe | Leitfähig-keit bei 25 °C in pS/m | aufladbar im Sinne ZH 1/200 |
|---|---|---|---|---|---|
| Aceton | 540 | T1 | II A | 4,9E+05 | nein |
| Benzin | 220 | T3 | II A | 1,0E-01 | ja |
| Benzol | 555 | T1 | II A | 1,0E-04 | ja |
| Butanol-1 | 340 | T2 | II A | 9,1E+05 | nein |
| Cyclohexan | 260 | T3 | II A | 1,5E+03 | nein |
| Cyclohexanon | 430 | T2 | II A | 5,0E-04 | ja |
| DMF | 440 | T2 | II A | 6,0E+06 | nein |
| Ethanol | 425 | T2 | II A/B | 1,4E+05 | nein |
| Heptan-1 | 215 | T3 | II A/B | <100 | ja |
| Hexan-1 | 260 | T3 | II A | 1,9E+00 | ja |
| Isobutanol | 430 | T2 | II A | 1,6E+06 | nein |
| Isopropanol | 425 | T2 | II A | 5,8E+06 | nein |
| Methanol | 455 | T1 | II A | 1,5E+05 | nein |
| Methylformiat | 450 | T2 | II A | 1,9E+08 | nein |
| Propanol-1 | 405 | T2 | II A/B | 9,2E+05 | nein |
| Styrol | 490 | T1 | II A | aufladbar | ja |
| THF | 230 | T3 | II B | 1,2E+05 | nein |
| Toluol | 535 | T1 | II A | <1 | ja |
| Xylol | 460 | T1 | II A | 1,0E-01 | ja |

Die Daten wurden aus Angaben von Sicherheitsdatenblättern, persönlichen Kontakten und den Merkblättern „Gefährliche Arbeitsstoffe" zusammengestellt und sollen als Anhaltspunkt dienen. In jedem Fall sind die Werte aus den Originalquellen zu verwenden.

# Marktübersicht

| | PMA, Planung | Molche | Molchbare Armaturen | Reparatur Armaturen | Molchbare Rohrleitungen | Montage Rohrleitung | Fernleitungsmolchtechnik | Steuerung | Molchmelder | Molchbare Schläuche | Pumpen | Füllventile | Massenstr.-durchfl.-messer | Rohreinbiegungen | Probemolchungen |
|---|---|---|---|---|---|---|---|---|---|---|---|---|---|---|---|
| 3 P Services | | | | | | | × | | | | | | | | |
| AbK | × | × | | | | | | | | | | | | | |
| Allweiler | | | | | | | | | | | × | | | | |
| Avesta | | | | | × | | | | | | | | | | |
| Berghöfer | | | | | | | | | | × | | | | | |
| Bornemann | | | | | | | | | | | × | | | | |
| Butting | | | | | × | | | | | | | | | × | |
| Caramant | | | | | | × | | | | | | | | | |
| EHR | | | | | | × | | | | | | | | × | |
| Endres+Hauser | | | | | | | | | | | | | × | | |
| Feige | | | | | | | | | | | | × | | | |
| FMC | × | × | × | | | | | | | | | | | | |
| GTA | × | × | × | | | | | × | | | | | | | |
| H. Rosen Engineering | | | | | | | × | | | | | | | | |
| Hartmann & Braun | | | | | | | | × | | | | | | | |
| Honeywell | | | | | | | | × | | | | | | | |
| I.S.T. | × | × | × | | | | | | | | | | | | |
| IMO | | | | | | × | | | | | | | | | |
| Kastner | | | | | × | | | | | | | | | | |
| Kiesel | × | × | | | | | | | | | | | | | |
| Kieselmann | × | × | | | | | | | | | | | | | |
| Kopp | | | | | | | × | | | | | | | | |
| KSB | | | | | | | | | | | × | | | | |
| Lang und Peitler | | | | | | | | × | | | | | | | |
| Lauer Dillingen | | | | | | × | | | | | | | | × | |
| Markert | | | | | | | | | | × | | | | | |
| Pepperl+Fuchs | | | | | | | | | × | | | | | | |
| Pfeiffer | × | × | × | | | | | | | | | | | | |
| Pipetronix | | | | | | | × | | | | | | | | |
| Pratteln | | | | | | | | | | | | | | × | |
| Prematechnik | | | | | | | × | | | | | | | | |
| Probst | | | | × | | | | | | | | | | | |
| Resistoflex | | | | | | | | | | × | | | | | |
| Roth | | | | | | | | | | × | | | | | |
| RSI | | | | | | × | | | | | | | | × | |
| Sandvik | | | | | × | | | | | | | | | | |
| Schweißtechnik Nord | | | | | | | | | | | | | | | |
| SIHI-Halberg | | | | | | | | | | | × | | | | |
| Skibowski | | | | | | | | | | | | | | | × |
| Tecno Plast | | | | | | | | | | × | | | | | |
| Tuchenhagen | × | × | × | | | | | | | | | | | | |
| Turck | | | | | | | | | × | | | | | | |

# Lieferanten-Anschriftenverzeichnis

| Firma Kurzname | Firma Name | Produktgruppe | Straße | Stadt |
|---|---|---|---|---|
| 3P Services | Pipeline, Petroleum & Precision Services GmbH & Co. KG | Fernleitungsmolche | Industriestraße 7 | 49744 Geeste/Dalum |
| A. Hak | A. Hak Industrial Services | Rohrreinigung Rohrinspektion | Am Heiligenstock 12 | 61200 Wölfersheim |
| AbK | AbK Armaturenbau GmbH | Armaturen | Otto-Hahn-Straße 23 | 50997 Köln |
| Allweiler | Allweiler AG | Pumpen | Hauptstraße 74 | 63333 Dreieich |
| Avesta | Avesta Sheffield Rohr & Fittings GmbH | Edelstahlrohr-leitungen | Postfach 11 64 | 76457 Muggensturm |
| Berghöfer | Chr. Berghöfer GmbH | Schläuche | Postfach 420 120 | 34070 Kassel |
| Bornemann | J.H. Bornemann GmbH & Co. KG | Pumpen | Bornemannstraße 1 | 31683 Obernkirchen |
| beta SENSORIK | beta Sensorik | Molchmelder | Am Anger 2a | 96328 Küps/Ofr. |
| Butting | H. Butting GmbH & Co. KG | Edelstahlrohre Rohreinbiegungen | | 29377 Wittingen |
| Caramant | Caramant Handels-gesellschaft | Fernleitungsmolche | Adolfsallee 27–29 | 65185 Wiesbaden |
| EHR | Essener Hochdruck Rohrleitungsbau | Montagen | Wolbeckstraße 25 | 45329 Essen |
| endopur | endopur Reintechnik GmbH | PMA, Sterilbereich | Baumhofstraße 116 | 37520 Osterode |
| Endres + Hauser | Endres + Hauser Meßtechnik GmbH+Co. | Massedurchfluß-messer | Postfach 22 22 | 79574 Weil/Rhein |
| Feige | Feige GmbH Abfülltechnik | Abfülltechnik | Postfach 1161 | 23831 Bad Oldesloe |
| FMC | FMC Fluid Transfer Systems GmbH | PMA | Grunerstraße 43 | 40239 Düsseldorf |
| GTA | Gesellschaft für Tech-nische Anlagen mbH | PMA, Steuerungen | K 3, 17 | 68159 Mannheim |
| H. Rosen Engineering | H. Rosen Engineering | Fernleitungsmolche | Am Seitenkanal 8 | 49811 Lingen |
| Hartmann & Braun | Hartmann & Braun AG | Steuerungen | Gräfstraße 97 | 60487 Frankfurt |
| Honeywell | Honeywell Holding AG | Steuerungen | Kaiserleistraße 39 | 63067 Offenbach |

| Firma Kurzname | Firma Name | Produktgruppe | Straße | Stadt |
|---|---|---|---|---|
| I.S.T. | I.S.T. Molchtechnik GmbH | PMA | Albert-Schweitzer-Ring 23 | 22045 Hamburg |
| IMO | IMO Bau Hüther GmbH | Montagen | Kreuzholzstraße 7 | 67069 Ludwigshafen |
| ITAG | ITAG Hermann von Rautenkranz Internationale Tiefbohr GmbH & Co. KG | Molchschleusen, Dreiwegehähne für Fernleitungen | Itagstraße | 29221 Celle |
| Kastner | A.Kastner GmbH&Co.KG | Rohreinbiegungen, Montagen | Roseller Straße 4 | 41539 Dormagen |
| Kiesel | G.A. Kiesel GmbH | PMA | Wannenäcker-straße 20 | 74078 Heilbronn |
| Kieselmann | Kieselmann Anlagenbau GmbH | Molchanlagen, Steriltechnik | Paul-Kieselmann-Straße 6 | 75438 Knittlingen |
| Kopp | Kopp Pipetronix GmbH | Fernleitungsmolche | Friedrich-Ebert-Straße 131 | 49811 Lingen |
| KSB | KSB Aktiengesellschaft | Pumpen | Johann-Klein-Straße 6 | 67227 Frankenthal |
| Lang und Peitler | Lang und Peitler Automation GmbH | Steuerungen | Am Herrschaftsweiher 23 | 67071 Ludwigshafen-Ruchheim |
| Lauer Dillingen | Alois Lauer Stahl- und Rohrleitungsbau GmbH | Montagen | Industriestraße 1 | 66763 Dillingen/Saar |
| Lauer Ludwigshafen | Alois Lauer Ludwigshafen Stahl- u. Rohrleitungsbau GmbH | Montagen | Industriestraße 59 | 67063 Ludwigshafen |
| Maihak | Maihak AG Prozess- und Umwelt-Meßtechnik | Leckdetektoren für Fernleitungen | Semperstraße 38 | 22303 Hamburg |
| Markert | A. Markert + Co. GmbH | Schläuche | Gadelanderstraße 135 | 24539 Neumünster |
| Pepperl + Fuchs | Pepperl + Fuchs GmbH | Magnetsensoren | Königsberger Allee 87 | 68307 Mannheim |
| Pfeiffer | Pfeiffer Chemie-Armaturenbau GmbH | PMA | Hooghe Weg 41 | 47906 Kempen |
| Pipetronix | Pipetronix GmbH | Fernleitungsmolche | Lorenzstraße 10 | 76297 Stutensee |
| Pratteln | RP Rohrbogen Pratteln AG | Rohreinbiegungen | | CH-4133 Pratteln |
| Prematechnik | Prematechnik GmbH | Molchanlagen | Rathenauplatz 2–8 | 60313 Frankfurt |
| Probst | H. Probst GmbH Armaturen-Recycling | Armaturen-Wartung | Robert-Bunsen-Straße 18 | 67098 Bad Dürkheim |
| Resistoflex | Resistoflex GmbH | Schläuche | Industriestraße 96 | 75181 Pforzheim |
| Roth | Dieter A. Roth | Schläuche | Boschstraße 1–3 | 75204 Keltern |
| RSI | RSI GmbH | Rohreinbiegungen, Montagen | Auestraße 37–39 | 67346 Speyer |
| Sandvik | Sandvik GmbH | Edelstahlrohrleitungen | Heerdter Landstraße 229–243 | 40035 Düsseldorf |
| Schweißtechnik Nord | Schweißtechnik Nord GmbH | Schweißtechnik | Dorfstraße 21 | 22885 Barsbüttel-Stemwarde |

| Firma Kurzname | Firma Name | Produktgruppe | Straße | Stadt |
|---|---|---|---|---|
| Sewerin | Hermann Sewerin GmbH | Molchortungssysteme | Postfach 28 51 | 33326 Gütersloh |
| SIHI-Halberg (Sterling Fluid Systems) | SIHI-Halberg Vertriebsgesellschaft mbH | Pumpen | Neustadter Straße 37–39 | 68309 Mannheim |
| Skibowski | SJ Technischer Service | Probemolchungen | Schierenberg 74 | 22149 Hamburg |
| Südmo | Südmo Holding GmbH | PMA, Sterilbereich | Industriestr. 7 | 73469 Riesbürg |
| Techno Pipe | Techno Pipe Gesellschaft für Pipeline- und Anlagentechnik mbH | Fernleitungs-Molchtechnik, Prozeß-molchanlagen | Johann-Gutenberg-Straße 5 | 61273 Wehrheim |
| Tecno Plast | Tecno Plast Industrietechnik GmbH | Schläuche | Willstätter Straße 5 | 40549 Düsseldorf |
| Tuchenhagen | Tuchenhagen GmbH | PMA, Sterilbereich | Am Industriepark 2–10 | 21514 Büchen |
| Turck | Hans Turck GmbH & Co. KG | Magnetsensoren | Witzlebenstraße 7 | 45472 Mühlheim/Ruhr |
| Xomox Naegelen Tuflin | Xomox International GmbH & Co. | Armaturen | Weinstraße 90 | 67157 Wachenheim |

# Sachverzeichnis

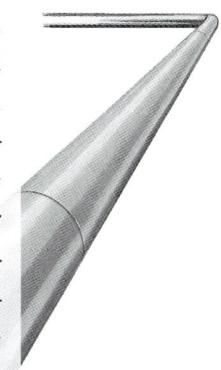
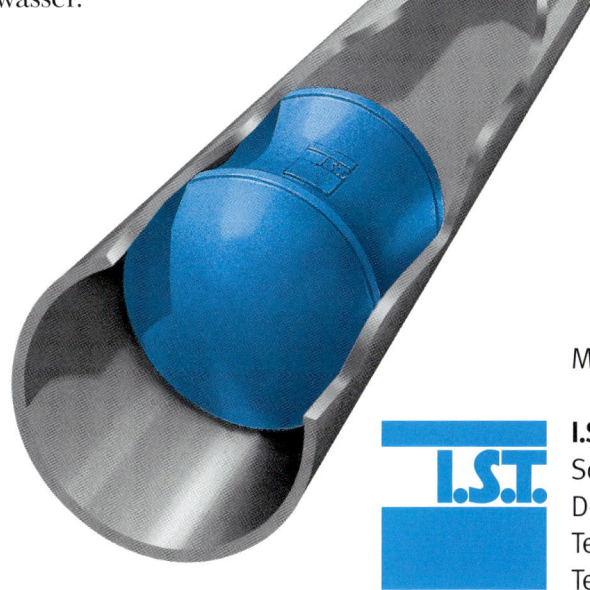

**Lauer**

*DILLINGEN*

## Leistungs-palette

- **Industrieller Anlagenbau**
  - Planung maßgeschneiderter Konzepte
  - Hohe Fertigungsqualität
  - Fertigung von Anlagenkomponenten
  - Montage vor Ort

- **Dienstleistungsservice, Wartung und Instandhaltung**
  - Umfassender Service
  - Wartung und Instand- haltung von Teil- und Komplettanlagen

Traditioneller Schwerpunkt ist der industrielle Rohrleitungsbau. Zu unserem Leistungsumfang gehören die Planung und Dimensionierung komplexer Rohrleitungssysteme sowie die Auslegung und Berechnung warm- und kaltgehender Rohrleitungssysteme. Hier verarbeiten wir alle gängigen Materialien von C-Stählen, nicht rostenden Stählen, diversen Sonderstählen bis hin zu Kunststoffen.

## Die Qualitäts-standards

- Qualitätsmanagementsystem nach DIN EN ISO 9001 Zertifikat-Register-Nr. 71 100 6 065
- AD-Merkblatt HP 0/TRD 201 / TRR 100
- Großer Eignungsnachweis nach DIN 18 800 Teil 7 Abs. 6.2
- KTA (Regel des kerntechnischen Ausschusses)
- Anerkennung als Fachbetrieb nach § 19 I WHG
- Strahlenschutzverordnung § 20 a
- Befähigungs- und Eignungsnachweise nach sonstigen nationalen und internationalen Vorschriften und Regeln: TRD, ASME Code, API-Standards, ÖNORM, BRITISH STANDARD, CODAP, etc.

**Alois Lauer**
Stahl- und Rohrleitungsbau GmbH

Industriestraße 1
66763 Dillingen/Saar

Tel. (0 68 31) 7 66 - 0
Fax (0 68 31) 7 66 - 1 69

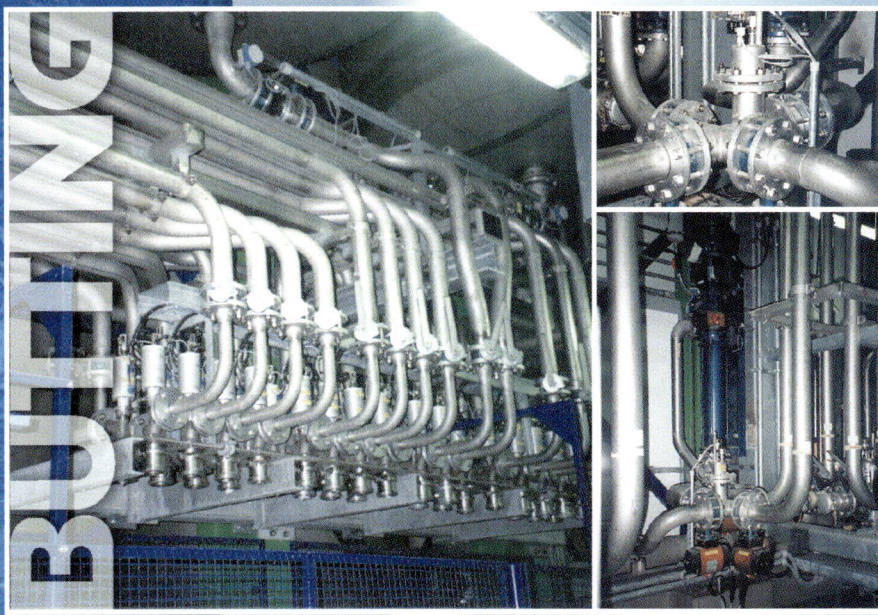

# Ihr Spezialist für Fluorkunststoffe.
# HEUTE + zukünftig.

Seit über 25 Jahren ist unser Unternehmen auf dem Gebiet der Fluorkunststoff-Verarbeitung tätig. Für den Bereich der chemischen Industrie fertigen wir eine Vielzahl kundenspezifischer PTFE-Konstruktionsteile. Selbstverständlich liefern wir auch alle üblichen PTFE-Compounds. Dieses sind Mischungen aus PTFE mit Füllstoffen wie Glasfaser, Kohle, Graphit und einer ständig wachsenden Anzahl von anorganischen Füllstoffen.

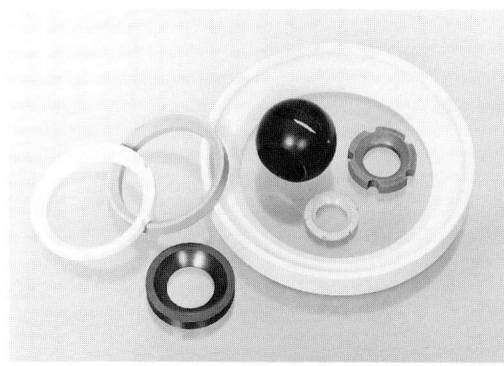

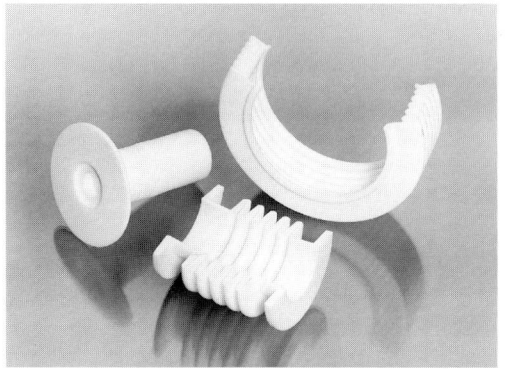

Unser Tätigkeitsschwerpunkt sind PTFE-Dreh- und Frästeile nach Kundenspezifikation wie z.B. Faltenbälge, Abdichtelemente für Kugelhähne, Spindeldichtungen, Dachmanschetten-Sätze und Flachdichtungen in Groß- und Kleinserien.

Mit dem thermoplastischen Fluorkunststoff PFA, der dem PTFE vergleichbare Eigenschaften besitzt, ummanteln wir Klappenscheiben und Konstruktionsteile. Auch Pumpen, Schaugläser, Durchflußmengenmeßgeräte und Stellventile werden im Kundenauftrag ausgekleidet. Weiterhin fertigen wir Inliner für molchbare Armaturen. Als weitere Auskleidungsmaterialien kommen PVDF und FEP zum Einsatz.

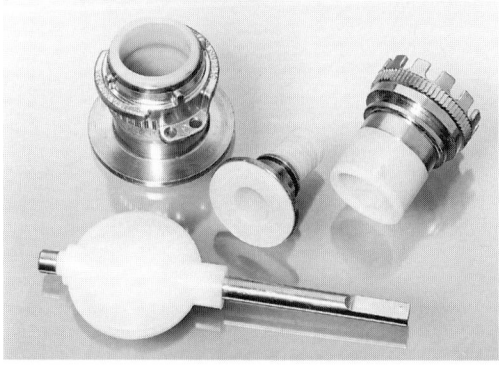

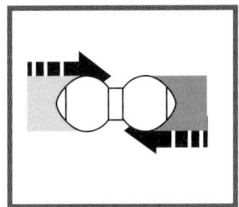
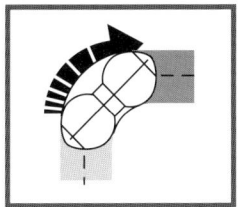
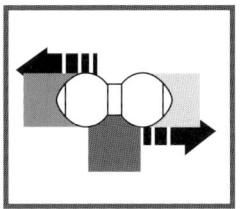
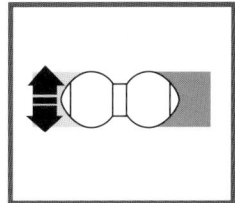

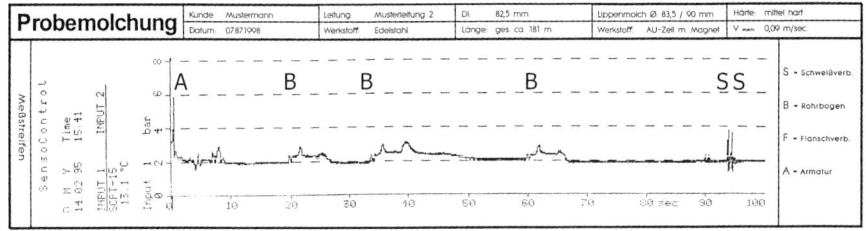

## Unser Know-how :
## eine optimale Lösung für Produktförderung anbieten

### Eine erprobte Technologie

Als Ergebnis einer vierzigjährigen Erfahrung im Bereich Produktförderung werden die FMC-Molchreinigungs-Systeme in allen Bereichen der chemischen Industrie sowie der Ölindustrie angewandt inklusive bei diffizilen Produkten wie Säuren, Lösungsmitteln, Flüssiggas usw. Über 250 molchbare Einrichtungen in der ganzen Welt bestätigen von der FMC-Kompetenz in diesem Bereich.

### Eine sehr breite Produktpalette

Diese wurde in enger Zusammenarbeit zwischen Experten und Anwendern entwickelt. Die FMC molchbare Produktpalette bietet eine optimale Lösung für jeden industriellen Prozess.

*Molchbare Armaturen:*
- Molchsende- und Empfangsstation: 2" – 16"
- T - Stück mit integriertem Kugelhahn: 2" – 16"
- 3 - Wegeweiche : 2" – 16"
- Mehrwegeweiche (verbindet 1 Eingang mit max. 8 Ausgängen): 2" – 8" (für weitere Durchmesser bitte anfragen)
- Multi - T - Stück: 2" – 6"

*Molchbare Manifolds:*
- manuelle Mehrwegeverteiler (verbinden max. 10 Eingänge mit max. 20 Ausgängen): 3" – 6" (für weitere Durchmesser bitte anfragen)
- vollautomatische Mehrwegeverteiler (verbinden max. 28 Eingänge mit max. 60 Ausgängen): 3" – 4"

*Molchbare Verlade- und Entladearme:*
- Schiffsverladearme
- TKW und KW Verladearme

*Molchbares Fass-Füllsystem:*
- für Fässer von 60 bis 200 Liter

Gerne entwickelt FMC jegliche weitere für Ihre Bedürfnisse angepasste Lösung.

### FMC Ihr Partner für den Molchprozess:
von Grundausrüstungen bis zu schlüsselfertigen Einrichtungen

FMC liefert den gesamten Molchvorgang:
- mechanisches Konzept
- Automatisierung
- Kontrollsysteme inklusive Hardware und Software.

Unsere masskonzipierten Einrichtungen – von den einfachsten bis zu den hochentwickelsten (vollautomatisiert, schlüsselfertig) – erlauben uns, die leistungsfähigste molchbare Lösung für jede Anwendung anzubieten.

Die bestehenden Patente zeugen von der Dynamik des Werkes. Ausserdem sind wir bestrebt, unsere Spitzenposition zu stärken, indem fortwährend im Bereich Entwicklung und Forschung investiert wird.

### Qualitätsleistungen

- Installation,
- Fachpersonen werden bereitgestellt für Inbetriebnahme, Instandhaltung sowie Umbau
- Ausbildung des ausführenden Betriebspersonals
- Technische Unterstützung in der ganzen Welt rund um die Uhr
- Ersatzteile werden weltweit geliefert.

*Unser örtlicher Vertreter :*
**FLMC Fluid Transfer Systems GmbH**
Grunerstrasse 43 - D-40239 Düsseldorf
Tel. (49) 211 - 626388 - Fax. (49) 211 - 614751

**FMC**

*Wir erteilen Ihnen gerne weitere Auskünfte:*
**FMC Europe SA**
BP 705 - F-89107 Sens Cedex
Tél. (33) 386 95 87 38 - Fax (33) 386 65 17 21

# Mehr Sicherheit
## bei der Molchabfrage

## Magnetische Sensoren mit hohen Schaltabständen

verlängern den Überfahrschaltweg
und somit die Signaldauer.

Sie ermöglichen zuverlässige Erfassung
von Molchen auch in Problembereichen:

■ sehr schnell bewegte Molche werden der SPS durch
die längere Signaldauer zuverlässig angezeigt

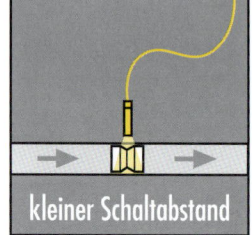

kleiner Schaltabstand

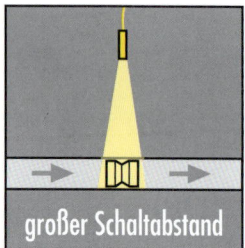

großer Schaltabstand

■ hohe Schaltabstände ermöglichen größere Montage-
abstände der Sensoren (z.B. erforderlich durch
hohe Temperaturen, starke Isolationsschichten,
große Rohrdurchmesser und Rohrwandungen)

■ zuverlässige Erfassung von zurückfedernden
Molchen in Endlagen

■ auch Magnete mit kleiner Feldstärke (z.B. durch
kleine Molche bedingt) werden sicher erfasst